Probenahme und Analyse von Eisen und Stahl

Hand- und Hilfsbuch für Eisenhütten-Laboratorien

von

Prof. Dipl.-Ing. O. Bauer und **Dipl.-Ing. E. Deiß**

Privatdozent, ständiger Mitarbeiter in der Abteilung für Metallographie am Kgl. Materialprüfungsamt zu Groß-Lichterfelde W.

Ständiger Mitarbeiter in der Abteilung für allgemeine Chemie am Kgl. Materialprüfungsamt zu Groß-Lichterfelde W.

Mit 128 Textabbildungen

Springer-Verlag

Berlin Heidelberg GmbH

1912

ISBN 978-3-662-35539-8   ISBN 978-3-662-36367-6 (eBook)
DOI 10.1007/978-3-662-36367-6

Vorwort.

Während ihrer langjährigen Tätigkeit im Königlichen Materialprüfungsamt haben die Verfasser in zahlreichen Fällen Gelegenheit gehabt zu beobachten, wie wenig sorgfältig und wie unsachgemäß vielfach bei der Probenahme für die chemische Analyse von Eisen und Stahl verfahren wird.

Der Praktiker geht meist von der Voraussetzung aus, daß das zu
analysierende Material in allen Teilen des Querschnitts die gleiche chemische
Zusammensetzung hat, daß es daher gleichgültig sei, wie und wo die Analysenspäne entnommen werden. Obige Voraussetzung trifft vielfach nicht zu.

Der dem Hüttenchemiker oft gemachte ´Vorwurf schlechter Übereinstimmung der gefundenen analytischen Werte ist oft unberechtigt; übersteigen doch die durch Seigerung bedingten Unterschiede in der chemischen
Zusammensetzung des Materials innerhalb desselben Querschnitts oft um ein
Vielfaches die Fehlergrenzen der analytischen Verfahren.

Die Möglichkeit, dem Analytiker hier helfend beizuspringen, ist gegeben, seit die Metallographie, vor allem die in Deutschland in erster Linie
durch E. Heyn ausgebildete und vertretene makroskopische Gefügeuntersuchung gestattet, schnell und sicher festzustellen, ob Seigerung
vorhanden ist oder nicht.

Der erste Teil des Buches zeigt an der Hand zahlreicher, der metallographischen Praxis entnommener Beispiele, wie stark das Analysenergebnis
durch unsachgemäße Probenahme beeinflußt werden kann.

Eine kurze Anleitung zur metallographischen Untersuchung ist voraus-
geschickt, die notwendigen Apparate, die anzuwendenden Ätzverfahren und
die kennzeichnenden Gefügebildner sind beschrieben.

Im zweiten Teil sind für die chemische Untersuchung geeignete Verfahren eingehend beschrieben. Bei der Zusammenstellung ist das Haupt-
gewicht darauf gelegt, nur solche Verfahren anzugeben, die sich bei lang-
jährigem Gebrauch im Amt als durchaus sicher und zuverlässig erwiesen
haben, die daher auch für Schiedsanalysen angewendet werden können.
Von der Beschreibung der in Hüttebenenbetri vielfach gebräuchlichen
Schnellverfahren ist abgesehen, da die Anforderungen, die an diese Verfahren gestellt werden, weniger auf hohe Genauigkeit der Werte, als auf
rasche Ausführbarkeit der Bestimmungen gerichtet sind.

Es ist den Verfassern eine angenehme Pflicht, dem Direktor des Königlichen Materialprüfungsamtes, Herrn Geheimen Oberregierungsrat Professor Dr. ing. h. c. A. Martens, sowie dem Unterdirektor Herrn Professor E. Heyn ihren Dank auszusprechen für die ihnen in liebenswürdigster Weise gewährte Erlaubnis, die Einrichtungen und Hilfsmittel des Amtes bei der Bearbeitung vorliegenden Buches ausgiebig benützen zu dürfen. So entstammen z. B. sämtliche wiedergegebenen Lichtbilder der über 6000 Platten enthaltenden Sammlung des Königl. Materialprüfungsamtes.

$\dfrac{\text{Groß-Lichterfelde}}{\text{Steglitz}}$, im Januar 1912.

O. Bauer. E. Deiß.

Inhaltsverzeichnis.

Zweiter Teil.

Analyse von Eisen und Stahl.

Von Dipl.-Ing. E. Deiß.

Inhaltsverzeichnis.

Erster Teil.

Probenahme von Eisen und Stahl.

Von

Professor **O. Bauer.**

I. Allgemeiner Teil.

Allgemeines über die Probenahme und über die Hilfsmittel zur Gewinnung einwandfreier Durchschnittsproben.

A. Die Bedeutung sachgemäßer Probenahme für die chemische Analyse. |

Die Probenahme von Massengütern und Rohstoffen der Eisen- und Stahlindustrie, z. B. von ganzen Wagenladungen Roheisen, Schiffsladungen von Eisenerzen, Manganerzen, Kohle, Koks usw. für die chemische Analyse ist in zahlreichen Einzelabhandlungen [1] und in der einschlägigen Fachliteratur [2] ausführlich beschrieben. Auf ihre Wichtigkeit für Beurteilung und Wertbemessung beim Ein- und Verkauf von Massengütern ist ausführlich hingewiesen. Mit vollem Fug und Recht untersteht sie auf größeren Hüttenwerken vielfach dem verantwortlichen Leiter des chemischen Laboratoriums, der ihre sachgemäße Handhabung entweder selbst beaufsichtigt oder durch einen seiner akademisch gebildeten Hüttenchemiker beaufsichtigen läßt. Auf die Probenahme von Massengütern soll daher im vorliegenden Buch nicht eingegangen werden.

Die Probenahme für die chemische Analyse von Zwischenprodukten (Roheisenmasseln, Blöcken, Knüppeln usw.) und Fertigerzeugnissen (Gußwaren, Walzeisen, Profileisen, Bleche usw.) der Eisen- und Stahlindustrie ist in der Fachliteratur meist nur sehr stiefmütterlich behandelt. Ihr Wert wird in der Technik selbst meist nicht richtig erkannt und gewürdigt. Vielfach hat in der Praxis der verantwortliche Leiter des chemischen Laboratoriums gar keinen Einfluß auf die Entnahme der ihm zur Untersuchung übergebenen Analysenspäne. Er kann somit wohl die Gewähr für die Richtigkeit der Analyse übernehmen, nicht aber dafür, daß der gefundene

---

[1] Vergl. C. Bender, „Das Nehmen von Durchschnittsproben für die chemische Analyse." Stahl und Eisen 1903, Nr. 5. S. 309; ferner W. J. Rattle & Sohn, „Eng. and Min. Journ." 1905, 80. S. 824; ferner „Die Methoden für Probenahme und Untersuchung der Eisenerze bei der United States Steel Corporation" Stahl u. Eisen 1910, Nr. 15. S. 556. u. v. a.

[2] Vergl. die Leitfaden für Eisenhütten-Laboratorien von Ledebur, Wedding u. anderen.

Gehalt an einzelnen Stoffen, z. B. an Phosphor, Schwefel, Kohlenstoff usw. auch dem tatsächlichen Durchschnittsgehalt des zu untersuchenden Stückes entspricht, da die Zusammensetzung des Materials nicht unbedingt an allen Stellen des Querschnitts die gleiche zu sein braucht und es in vielen Fällen auch nicht ist.

Beanstandungen bezüglich der chemischen Zusammensetzung lassen sich aus obigem Grunde allein auf Grund der chemischen Analyse nicht immer erledigen, da das Analysenergebnis in hohem Maße durch die Art der Probenahme beeinflußt werden kann. Vergleichsanalysen, die von verschiedenen Chemikern mit Spänen aus ein und demselben Stück ausgeführt werden, haben nur dann einen Wert, wenn das hierfür zur Verwendung gelangende Material vorher auf Gleichartigkeit an allen Stellen des Querschnitts untersucht wurde. Auch ein großer Teil der Uneinigkeit der Chemiker bezüglich der anzuwendenden Analysenverfahren mag in Ungleichmäßigkeiten im Versuchsmaterial und in fehlerhafter Probenahme seinen Grund haben.

In einer an die „Iron Trade Review" gerichteten Mitteilung[1] spricht sich H. E. Field über den Wert der chemischen Analyse für die Beurteilung von Gießereiroheisen wie folgt aus:

„Der Haupteinwand gegen die Benutzung der chemischen Analyse zur Wertbeurteilung des Roheisens war immer der, daß die Arbeiten der Chemiker so voneinander abwichen, daß es unmöglich war, einigermaßen übereinstimmende Ergebnisse zu erreichen."

Daß dieser dem Eisenhüttenchemiker gemachte Vorwurf nur bedingte Geltung hat, soll an zahlreichen Beispielen im „Speziellen Teil" dieses Buches dargetan werden. Übersteigen doch die im Material infolge örtlicher Entmischung (Seigerung) auftretenden Ungleichmäßigkeiten in der chemischen Zusammensetzung oft um ein Vielfaches die Fehlergrenzen der analytischen Verfahren. Letzteres gilt nicht nur für Gießereiroheisen, sondern für alle vorkommenden Eisen- und Stahlsorten.

Bei der Feststellung solcher örtlicher Verschiedenheiten im Material leistet die Metallographie dem häufig zu Unrecht geschmähten Chemiker die wertvollsten Dienste. In vielen Fällen ist die Feststellung, ob örtliche Unterschiede in der chemischen Zusammensetzung vorhanden sind, überhaupt nur mit Hilfe der Metallographie möglich.

Es liegt daher sowohl im Interesse des Werkes selbst wie auch im Interesse des Analytikers, daß

1. der verantwortliche Leiter des chemischen Laboratoriums zugleich metallographisch durchgebildet ist;
2. jedem chemischen Betriebslaboratorium ein, wenn auch nur kleines metallographisches Laboratorium angegliedert ist, und daß
3. in allen Fällen die Probenahme unter Kontrolle und Verantwortung des für die Analyse Verantwortlichen zu erfolgen hat[2].

---

[1] „Iron Trade Review". 26. Februar 1903. Aus „Stahl und Eisen" 1903, Nr. 6. S. 428.

[2] Eine Ausnahme hiervon macht selbstverständlich die Entnahme der laufenden Betriebsproben zur Kontrolle des Ofenganges usw.

Die Kontrolle soll sich nicht nur auf Angabe der Stellen, an denen Späne zu entnehmen sind, erstrecken, sondern auch auf die Art der Entnahme, wie Hobeln oder Bohren und Sammeln der Späne in der mechanischen Werkstätte, da auch hierbei bei unsachgemäßem Arbeiten Fehlerquellen entstehen können, durch die das Ergebnis der Analyse stark beeinflußt werden kann, wie in den nachfolgenden Kapiteln gezeigt wird.

Wo, wie auf vielen größeren Werken, eigene metallographische Laboratorien bereits bestehen, ist enger Anschluß des chemischen Laboratoriums an das metallographische oder umgekehrt dringend zu empfehlen.

Als ganz wesentlicher Vorzug der metallographischen Untersuchung gegenüber der rein analytischen muß eben hervorgehoben werden, daß erstere Aufschluß über den Aufbau des Stoffes, über die Art der Verteilung eines Fremdkörpers in ihm, vielfach auch Aufschluß über vorausgegangene fehlerhafte Behandlung [1]) gibt, während die chemische Analyse stets nur eine Pauschalanalyse ist.

B. Einrichtung eines metallographischen Laboratoriums zur Unterstützung bei der Probenahme für die Analyse.

Die im Nachstehenden beschriebene Einrichtung ist im Anschluß an ein chemisches Laboratorium gedacht. Sie soll lediglich dem Zwecke dienen, den Analytiker bei der Probenahme für die Analyse von Eisen und Stahl zu unterstützen, ihn in Stand zu setzen, etwaige Ungleichmäßigkeiten in der Zusammensetzung des Materials, soweit es nach dem augenblicklichen Stand der „Metallographie des Eisens" überhaupt möglich ist, zu erkennen und dadurch Fehler in der Probenahme zu vermeiden. Es sind daher auch nur die für obigen Zweck unbedingt erforderlichen Apparate und Einrichtungen aufgeführt, die notwendigsten Ätzmittel und ihre Anwendungsweise beschrieben, sowie die kennzeichnenden metallographischen Reaktionen für die hauptsächlich in Betracht kommenden Gefügebestandteile und Fremdkörper im Eisen und Stahl erwähnt [2]). Allgemeine metallographische Kenntnisse (z. B. Kenntnis des Systems „Eisen-Kohlenstoff") sind, wie bereits im Abschnitt A erwähnt, beim Leiter des chemischen Laboratoriums als bekannt vorausgesetzt.

1. Hilfsmittel für die Probenahme. Für die Probenahme zur metallographischen Untersuchung gilt ganz allgemein folgende Grundregel: „Wo nur irgend angängig sind Scheiben über den ganzen Quer- oder Längsschnitt des zu untersuchenden Stückes zu entnehmen."

Herausschneiden eines einzelnen kleinen Stückes aus größerem Profil ist für die Untersuchung wertlos, da ja alsdann der Zweck der metallo-

---

[1]) Vergl. z. B. E. Heyn, „Krankheitserscheinungen in Eisen und Kupfer". Z. Ver. deutsch. Ing. 1902. Bd. 46.

[2]) Über Einrichtungen großer metallographischer Laboratorien zur Ausführung wissenschaftlicher metallographischen Untersuchungen vergl. A. Martens und E. Heyn, „Über die Mikrophotographie im auffallenden Licht und über die mikrophotographischen Einrichtungen der Kgl. mechanisch-technischen Versuchsanstalt in Charlottenburg." Mitteilungen aus den Kgl. technischen Versuchsanstalten. 1899. S. 73. ferner E. Heyn und O. Bauer, „Metallographie". Sammlung Göschen. Leipzig 1909. Bd. 1.

graphischen Untersuchung „Nachweis von Ungleichmäßigkeiten an verschiedenen Stellen des Querschnittes (Rand, Mitte)" verfehlt ist.

Das Herausschneiden und Abhobeln der Scheiben geschieht bei größeren Stücken zweckmäßig in der mechanischen Werkstätte des Werkes, jedoch nach Angabe des für die Untersuchung Verantwortlichen. Für kleinere Profile ist es empfehlenswert, im metallographischen Laboratorium eine kleine Kaltsäge, wie sie beispielsweise in Abb. 1 abgebildet ist[1]) und eine Hobel-Maschine (siehe Abb. 2)[2]) zur Verfügung zu haben. Auf den in Abb. 1 und 2 dargestellten Maschinen lassen sich normale Schienenprofile noch bequem bearbeiten. Die Säge und die Hobel-Maschine leisten zugleich bei Entnahme von Spänen für die chemische Analyse sehr gute Dienste.

2. Schleifen und Polieren. In den meisten Werken dürfte wohl eine alte, für andere Zwecke nicht mehr verwendete Drehbank zur Verfügung stehen. Sie eignet sich ausgezeichnet zur Verwendung als Schleifbank. Das Schleifen erfolgt auf hölzernen, aus verschiedenen Holzlagen zusammengeleimten Scheiben, die mit Schmirgelpapier beklebt sind. Zum Aufkleben des Schmirgelpapiers dient gewöhnlicher Tischlerleim. Die Schleifscheiben werden auf den Spindelkopf der Drehbank aufgeschraubt, wie in Abb. 3 schematisch angedeutet[3]). Der Durchmesser der Scheiben ist so zu wählen, daß wenn möglich das größte in Betracht kommende Profil ohne Zerteilung im ganzen geschliffen werden kann.

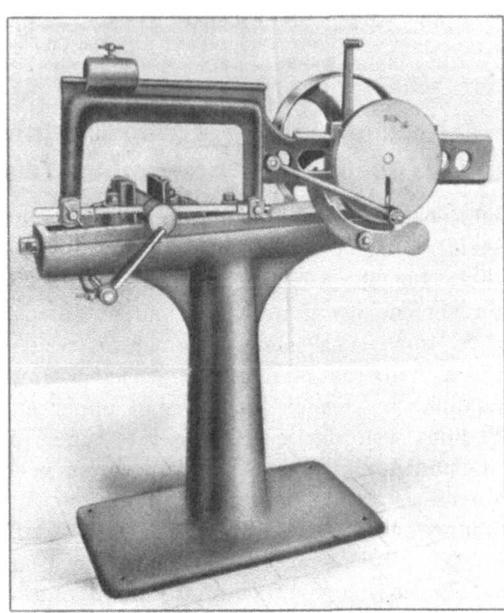

Abb. 1. Kaltsäge.

Aus praktischen Gründen ist jedoch ein erheblich größerer Durchmesser als etwa 340 bis 360 mm nicht empfehlenswert, da erstens die zu schleifenden Stücke keinen erheblich größeren Umfang haben dürfen, weil sie sonst zu schwer zu handhaben sind und zweitens das Schmirgelpapier meist nur in Bogen von 450×340 mm im Quadrat im Handel erhältlich ist.

---

[1]) Die Säge wird von der Firma E. Sonnenthal jun., Berlin C 2 geliefert.

[2]) Lieferant G. Kärger, Werkzeugmaschinenfabrik, Berlin O.

[3]) Die hier beschriebene Schleifeinrichtung nach A. Martens und E. Heyn ist im Kgl. Materialprüfungsamt zu Groß-Lichterfelde seit Jahren im Gebrauch.

Neuerdings werden auch vielfach Scheiben aus Metall (Gußeisen, Messing) zum Schleifen benutzt. Das Schmirgelpapier wird in diesem Falle mit einem Gemisch von 2 Teilen Gelatine und 1 Teil Stärke aufgeklebt und nach Abnutzung mit warmem Wasser entfernt.

Sind die Schleifscheiben erheblich größer, als wie die Bogen Schmirgelpapier, so müssen sie mit mehreren Bogen Papier beklebt werden. Die Berührungstellen der einzelnen Bogen passen selten genau aneinander, wodurch beim Schleifen Risse auf den Metallschliffen entstehen.

Ist das Papier abgenutzt, so wird ein neuer Bogen auf den abgenutzten aufgeklebt. Das Überkleben kann mehrfach erfolgen. Zeigen sich schließlich Unebenheiten auf der Scheibe, so wird die mit Schmirgelpapier beklebte Fläche mit dem Plandrehstahl auf der

Abb. 2. Hobelmaschine.

Drehbank selbst abgedreht, worauf die so vorbereitete Holzscheibe mit neuem Papier beklebt werden kann[1]). Im Kgl. Materialprüfungsamt zu Groß-Lichterfelde wird bereits seit Jahren Schmirgelpapier „Marke Hubert" in 7 Körnungen verwendet:

Marke 3 gröbste Körnung
„ 2
„ 1 G
„ 1 M Korn abnehmend
„ 1 F
„ 0
„ 0 0 feinste Körnung

Im praktischen Betrieb wird es meist nicht nötig sein, alle Körnungen anzuwenden, es können einige übersprungen werden. Auf den Scheiben, die mit Marke 3 bis 0 beklebt sind, wird trocken geschliffen. Die Scheibe 00 benetzt man mit einigen Tropfen reinen, säurefreien Maschinenöls. Auf jeder Scheibe wird, ohne stark zu drücken,

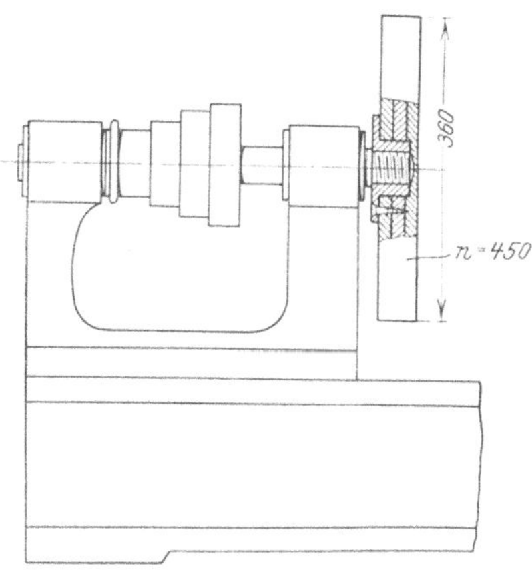

Abb. 3. Schleifbank.

<hr>

[1]) Von verschiedenen Firmen z. B. „Vereinigte chemisch-metallurgische und metallographische Laboratorien" Berlin C 19, Adlerstraße 7; ferner von P. E. Dujardin & Co. Düsseldorf, Breitestraße 71 werden besondere Schleifbänke zum Schleifen und Polieren von Metallen und Legierungen geliefert. Die Verwendung einer Drehbank als Schleifbank hat jedoch den Vorteil, daß die Drehbank jederzeit auch als solche benutzt werden kann, was bei den mannigfachen im Laboratorium vorkommenden kleinen Schlosser- und Mechanikerarbeiten vielfach sehr erwünscht ist. — Als Schleifer lernt man sich am besten einen älteren zuverlässigen Schlosser oder Mechaniker an, der mit

nur solange geschliffen, bis die Rillen auf dem Schliff, die von der vorhergehenden Scheibe herrühren, verschwunden sind[1]).

Das eigentliche P o l i e r e n geschieht auf einer mit Militärtuch bespannten Holzscheibe unter Verwendung von Polierrot (Eisenoxyd) und Wasser. Es soll ausdrücklich hervorgehoben werden, daß das im Handel erhältliche Polierrot ohne weitere Nachbehandlung (Schlämmen) verwendet werden kann[2]). Es wird mit Wasser in einem größeren Gefäß angerührt und mit einer Bürste auf der Tuchscheibe verrieben.

Der Schliff ist fertig, wenn er eine vollständig spiegelnde, glatte Fläche zeigt. Das vom Polieren noch anhaftende Polierrot wird unter fließendem Wasser abgespült, das Wasser durch Alkohol verdrängt und die Schlifffläche durch vorsichtiges Abtupfen mit einem reinen weichen Handtuch getrocknet[3]).

3. Das Mikroskop. In vielen Fällen wird der Analytiker zum Nachweis grober Ungleichmäßigkeiten in der chemischen Zusammensetzung von Eisen und Stahl (z. B. Zonenbildung infolge grober Seigerung usw.) von der Verwendung eines Mikroskopes absehen können, da sich die Ungleichmäßigkeiten bei geeigneter Nachbehandlung der Schliffe (vgl. Abschnitt C) vielfach bereits dem unbewaffneten Auge kenntlich machen.

Man bezeichnet nach H e y n die Untersuchung von Schliffflächen mit dem bloßen Auge ohne Anwendung optischer Hilfsmittel als „makroskopische Gefügeuntersuchung"[4]).

In anderen Fällen, namentlich wo es sich um Erkennen feiner örtlicher Verschiedenheiten, beabsichtigter oder auch unbeabsichtigter Änderungen in der chemischen Zusammensetzung (Zementieren, Tempern, Verbrennen usw.) handelt, ist die „mikroskopische Gefügeuntersuchung" nicht zu umgehen[5]).

Für ein metallographisches Laboratorium, das lediglich den Zweck hat dem Analytiker bei der Probenahme an die Hand zu gehen, kann von Aufstellung einer großen, teueren mikrophotographischen Einrichtung abgesehen werden. Es genügt das in Abb. 4 dargestellte Mikroskop. (M a r t e n s sches Stativ mit Kugelgelenken.)

---

der Bedienung der Maschinen (Drehbank, Säge, Hobel-Maschine) vertraut ist und der gleichzeitig die Entnahme von Analysenspänen und die Ausführung der notwendigen Schlosser- und Mechanikerarbeiten im metallographischen und chemischen Laboratorium zu übernehmen hat.

[1]) Bezugsquelle für Schmirgelpapier in Berlin: H i n t z p e t e r & L o h b e c k, Neanderstr. 4.

[2]) Gutes Polierrot (Eisenoxyd) liefert die Firma S c h m i d t & Co., Chem. Fabrik, Brötzingen-Pforzheim.

[3]) Ausführliche Angaben über Schleifen und Polieren vergl. auch: E. H e y n und O. B a u e r, „Metallographie". Bd. I. Sammlung Göschen. 1909. Nr. 432.

[4]) Die Grundlagen der „makroskopischen Gefügeuntersuchung" von Eisen und Stahl verdanken wir E. H e y n. Vergl. z. B. E. H e y n, „Bericht über Ätzverfahren zur makroskopischen Gefügeuntersuchung des schmiedbaren Eisens und über die damit zu erzielenden Ergebnisse". Mitt. a. d. Kgl. Materialprüfungsamt 1906, H. 5.

[5]) Das Verdienst als Erster in Deutschland das Mikroskop in den Dienst der Metalluntersuchung gestellt zu haben gebührt A. M a r t e n s (seit 1878), auf dessen ersten mikroskopischen Untersuchungen an Metallschliffen alle anderen Forscher aufgebaut haben.

Abb. 5 zeigt die Prinzipskizze. Der Schliff (S in Abb. 4) wird zur optischen Achse des Mikroskopes in eine geneigte Lage gebracht und durch schräg einfallendes, zerstreutes Tageslicht belichtet. Die spiegelnde Schlifffläche reflektiert die einfallenden Lichtstrahlen in die Achse des Mikroskops. Bei dieser Anordnung erscheint natürlich nur ein schmaler Streifen, scharf,

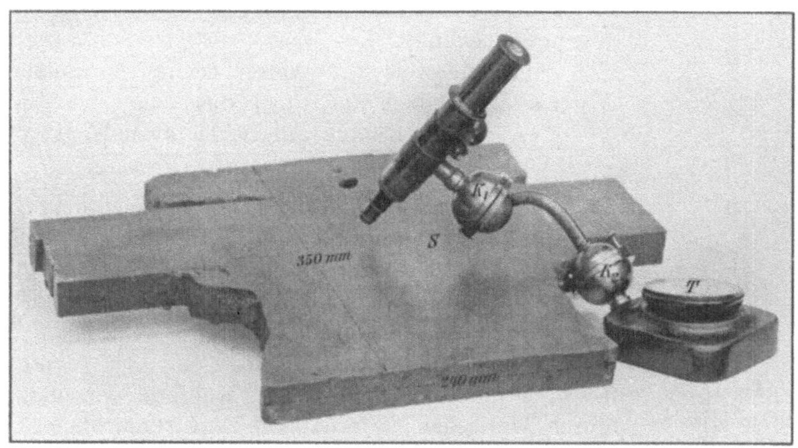

Abb. 4. Mikroskop mit Martensschem Stativ mit Kugelgelenken.

während der übrige Teil der Schlifffläche unscharf ist. Dadurch aber, daß das Stativ zwei Kugelgelenke (K_1 und K_2 in Abb. 4) enthält, ist es möglich, das Mikroskop in jede beliebige Lage im Raum zu bringen, so daß selbst die größten Schliffflächen bequem an allen Stellen mit dem Mikroskop abgesucht werden können. Auch der Tisch T zum Auflegen kleiner Probestücke ruht auf einer Kugellagerung, so daß er bequem in jeden Winkel zur Mikroskopachse gestellt werden kann.

Als passende und für die Zwecke des Analytikers ausreichende Gläser können Objektiv A und Okular 2 empfohlen werden [1].

C. Nachbehandlung der Schliffe.

In einzelnen Fällen genügt bereits das Schleifen und Polieren, um Aufschluß über die Verteilung gewisser Stoffe im Material zu gewinnen (vgl. Graphit, S. 13). In den meisten Fällen jedoch bedürfen die Schliffe, um Unterschiede erkennen zu lassen, einer Nachbehandlung. Hierfür kommen in erster Linie Ätzverfahren in Betracht.

Unter den zahlreichen in der Literatur vorgeschlagenen Ätzmitteln sollen hier nur zwei angeführt werden [2], die bei sachgemäßer Anwendung

---

[1] Das Mikroskop wird von Carl Zeiß, Jena geliefert. Die Bezeichnungen der Gläser beziehen sich auf den Katalog der Firma Carl Zeiß.

[2] Es sei hier ausdrücklich erwähnt, daß es keinen Wert hat möglichst viele verschiedene Ätzmittel anzuwenden; wertvoller ist es, wenn man einige wenige Mittel möglichst genau an den verschiedensten Materialien ausprobiert hat, und so mit ihrer kennzeichnenden Wirkungsweise allmählich ganz vertraut geworden ist.

in allen Fällen dem Analytiker ausreichenden Aufschluß darüber geben, ob
er es mit einem in allen Teilen gleichmäßigen oder ungleichmäßigen Material
zu tun hat. Die Ätzmittel sind:

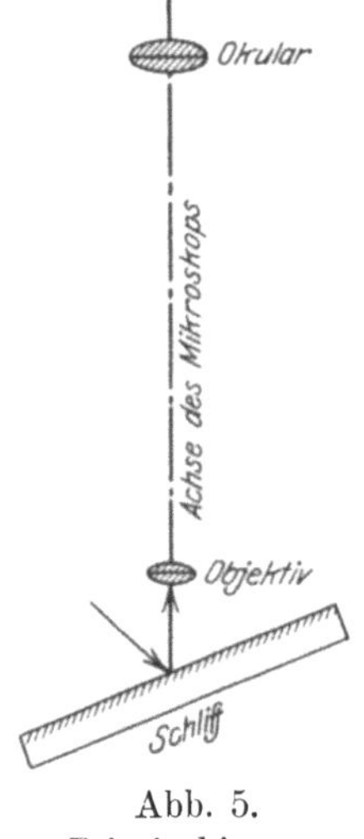

Abb. 5.
Prinzipskizze zu
Abb. 4.

1. Ätzung mit Kupferammoniumchlorid (nach
E. Heyn) zur „makroskopischen Gefügeuntersuchung".

2. Ätzung mit alkoholischer Salzsäure (nach
A. Martens und E. Heyn) zur „mikroskopischen Gefügeuntersuchung".

Zum Nachweis der Anreicherung von Sulfiden im
Material ist vielfach auch noch das

3. Abdruckverfahren auf Seide (nach E. Heyn und
O. Bauer) mit Erfolg anwendbar.

**1. Ätzung mit Kupferammoniumchlorid (nach
E. Heyn).** Die Wirkung der Kupferammoniumchlorid-
lösung auf Eisen ist eine elektrolytische. Infolge Aus-
tausches zwischen dem Eisen der Probe und dem Kupfer
der Lösung scheidet sich auf der geschliffenen Fläche
schwammiges Kupfer ab, wobei ein äquivalenter Teil
Eisen in Lösung geht. Der Kupferniederschlag wird
durch Abwischen entfernt. Die Einwirkungsdauer beträgt
in der Regel 1 bis 2 Minuten.

Die Lösung besteht aus 10 g Kupferammoniumchlorid (käuflich) in
120 ccm Wasser (destilliertes). Man bereitet sich zweckmäßig eine große
Vorratsflasche (10 bis 12 Liter) vor, da die Lösung unbegrenzt lange haltbar ist. Das käufliche Salz ist meist nicht rein, es löst sich daher nicht
ganz klar, sondern es entsteht beim Lösen eine weißliche Trübung die, sich
schließlich als heller Niederschlag zu Boden setzt (Kupferchlorür). Der
Niederschlag braucht nicht abfiltriert zu werden, da er beim Ätzen nicht
hinderlich ist.

Beim Ätzen verfährt man wie folgt:

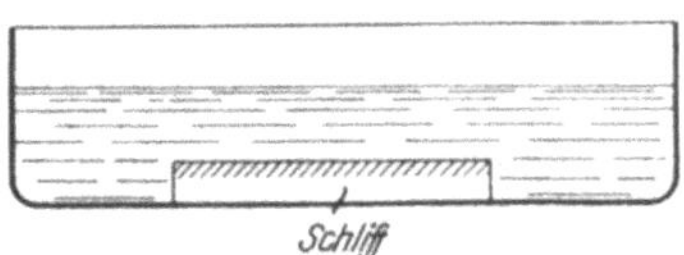

Abb. 6.
Ätzschale mit Schliff.

Der Schliff wird vorher mit einem, mit
absolutem Alkohol getränkten Wattebausch
abgewischt, um etwaige Reste von Öl oder
Fett (z. B. von Berührung mit den Fingern
herrührend) zu entfernen, darauf wird er mit
der geschliffenen Fläche nach oben rasch in
der Ätzflüssigkeit untergetaucht. Die Ätzflüssigkeit befindet sich in einer großen,
flachen Schale aus Glas, Porzellan oder Papierstoff[1]) wie in Abb. 6 schematisch dargestellt.

Beim Hineinbringen des Schliffes ist darauf zu achten, daß die Ätzflüssigkeit möglichst gleichmäßig die Schliffläche überschwemmt, da sonst
Streifen und Schlieren entstehen. Auch ist zu vermeiden, daß Luftbläschen
auf der polierten Fläche haften bleiben. Wo letzteres der Fall war, scheidet
sich kein Kupfer ab, es bleiben kleine rundliche spiegelnde Stellen in der
sonst geätzten Fläche zurück.

---

[1]) Papierstoffschalen sind wegen ihrer Unzerbrechlichkeit sehr zu empfehlen.

Vom Moment des Einbringens des Schliffes in die Lösung bis zur Herausnahme ist für stete Bewegung der Ätzflüssigkeit durch Rühren oder Schütteln zu sorgen. Geschieht dieses nicht, so entstehen, namentlich bei großen Profilen, Konzentrationsänderungen in der Lösung, die zu verschieden starkem Angriff an verschiedenen Stellen des Schliffes führen und dadurch zu Täuschungen Veranlassung geben können.

War die Konzentration der Lösung[1]) die richtige (1 : 12) und die Temperatur nicht zu niedrig (Zimmerwärme von 16—18⁰ C ist die richtige Temperatur), so läßt sich nach Herausnahme des Schliffes das niedergeschlagene Kupfer mit einem Wattebausch unter fließendem Wasser leicht abwischen. Darauf wird der Schliff mit Alkohol (absolut) bis zur völligen Verdrängung des Wassers übergossen und endlich mit einem reinen weichen Handtuch vorsichtig abgetupft. Man spare nicht unnötig an Alkohol. Jedes zu wenig an Alkohol rächt sich durch nachträgliches Rosten der Schlifffläche. War dagegen das Wasser vollständig entfernt, so halten sich die Schliffflächen, im Exsikkator aufbewahrt, beliebig lange.

Die Ätzung mit Kupferammoniumchlorid dient in erster Linie der makroskopischen Gefügeuntersuchung. Sie eignet sich vorzüglich für weiches Eisen, gewöhnliche Kohlenstoffstähle im nichtgehärteten Zustand, weißes Roheisen, vor allem aber zum Nachweis von Phosphoranreicherungen (Seigerungen) in Flußmaterial.

Für graphithaltige Roheisensorten ist sie nicht verwendbar, da sich infolge der galvanischen Einwirkung des Graphits das Kupfer sehr fest auf der geschliffenen Fläche niedersetzt. Ebenso schlagen Spezialstähle, wie nickelreiche und chromwolframreiche Stähle das Kupfer festhaftend nieder.

2. Ätzung mit alkoholischer Salzsäure (nach A. Martens und E. Heyn). Alkoholische Salzsäure wirkt im Gegensatz zu Kupferammoniumchlorid rein lösend. Gewisse Bestandteile des kohlenstoffhaltigen Eisens werden stärker angegriffen als andere, so daß mitunter ein mit alkoholischer Salzsäure geätzter Schliff den Eindruck eines reliefpolierten[2]) macht, indem gewisse Gefügebestandteile erhaben gegenüber anderen erscheinen. Dies ist ein weiterer Vorzug dieses Ätzmittels.

Die Lösung besteht aus

10 ccm Salzsäure (1,19 spez. Gew.)
auf 1000 ccm Alkohol (absolut).

Da auch diese Lösung unbegrenzt lange haltbar ist, so hält man einen größeren Vorrat (5 bis 10 Liter) bereit.

Die Ausführung der Ätzung ist dieselbe wie bei Kupferammoniumchlorid[3]). Die Ätzdauer ist jedoch beträchtlich länger. Sie schwankt bei nicht gehärtetem Stahl zwischen 3 und 15 Minuten und kann bei gehärteten Materialien noch erheblich länger währen. Im allgemeinen hört man mit

---

[1]) Zu starke Lösungen greifen den Schliff zu rasch an und bieten keinen Vorteil. Ist die Lösung zu verdünnt, so schlägt sich das Kupfer so fest auf dem Eisen nieder, daß es sich nur schwer entfernen läßt.

[2]) Über „Reliefpolieren" vergl. E. Heyn und O. Bauer. „Metallographie". Sammlung Göschen. Bd. I, S. 15. 1909.

[3]) Papierstoffschalen sind hier nicht empfehlenswert.

dem Ätzen auf, wenn die anfangs spiegelnde Schlifffläche matt erscheint. Eine schnelle Prüfung unter dem Mikroskop läßt erkennen ob die Ätzung genügend weit vorgeschritten ist. Ist letzteres nicht der Fall, so wird der Schliff wieder in das Ätzbad gebracht. Stete Bewegung der Ätzflüssigkeit ist auch hier unbedingt erforderlich. Ist die Ätzung beendet, so wird der Schliff, ohne ihn erst mit Wasser abzuspülen (wie bei Kupferammoniumchlorid) sofort mehrmals mit absolutem Alkohol übergossen und endlich durch Abtupfen mit einem weichen Handtuch getrocknet.

Die Ätzung mit alkoholischer Salzsäure dient in erster Linie der mikroskopischen Gefügeuntersuchung.

Sie eignet sich vorzüglich für alle Arten von Eisen und Stahl im gehärteten und nicht gehärteten Zustand. Zur deutlichen Kenntlichmachung von Phosphorseigerungen ist sie dagegen nicht geeignet. Spezialstahlsorten (Nickel, Chrom-Wolframstähle) werden durch alkoholische Salzsäure nur sehr langsam angegriffen, die Wirkung kann etwas verstärkt werden durch Zufügung einiger Kubikzentimeter einer $5\,^0/_0$igen alkoholischen Pikrinsäurelösung.

3. Abdruckverfahren auf Seide zum Nachweis von Sulfiden (nach E. Heyn und O. Bauer). Das Verfahren gründet sich auf die Tatsache, daß Schwefel im Eisen vorwiegend als Schwefeleisen bezw. Schwefelmangan auftritt und daß sowohl Schwefeleisen, wie auch Schwefelmangan mit verdünnter Salzsäure Schwefelwasserstoff entwickeln.

Die Ausführung ist folgende:

Auf die Schlifffläche wird ein Seidenläppchen gelegt und dieses mittelst eines Haarpinsels oder auch mit einem Wattebausch mit einer Lösung, die

10 g Quecksilberchlorid
20 ccm Salzsäure (1,124 spez. Gew.)
und 100 ccm Wasser (destilliert)

enthält, befeuchtet.

Dort, wo im Schliff Sulfideinschlüsse vorhanden sind, wird Schwefelwasserstoff entwickelt, der aus der salzsauren Quecksilberchloridlösung schwarzes Schwefelquecksilber ausfällt, das an dem Seitenläppchen haften bleibt. Eine Einwirkungsdauer von 4 bis 5 Minuten ist in den meisten Fällen ausreichend.

Die während der Einwirkung auftretende starke Wasserstoffentwickelung bewirkt Blasenbildung des dünnen Seidenläppchens. Die Blasen sind vorsichtig mit dem frisch mit Lösung getränkten Pinsel herunterzudrücken. Überhaupt ist während der ganzen Versuchsdauer dafür zu sorgen, daß das Seidenläppchen stets dicht auf dem Schliff aufliegt. Von Zeit zu Zeit ist die bereits verbrauchte Lösung durch Überpinseln durch frische zu ersetzen.

Nach Beendigung der Einwirkung wird das Seidenläppchen abgehoben und mit Leitungswasser abgespült, um die Säure zu entfernen. Geschieht das Abspülen vorsichtig, so geht von dem recht fest haftenden schwarzen Schwefelquecksilber nichts verloren. Das Seidenläppchen bietet ein getreues

Spiegelbild der Stellen im Material, an denen sich auf der Schlifffläche Anreicherungen von Sulfiden befanden [1].

Das Verfahren gibt befriedigende Ergebnisse überall dort, wo es sich um reichliche örtliche Ansammlung von Sulfideinschlüssen handelt. Ist der Schwefelgehalt in geringer Menge und gleichmäßig verteilt im Material vorhanden, so erscheint eine allgemeine, schwache Graufärbung des Seidenläppchens, ohne daß einzelne Stellen deutlicher hervortreten [2].

D. Metallographische Kennzeichen der in Eisen und Stahl auftretenden Gefügebildner.

1. Graphit, Temperkohle (reiner Kohlenstoff). Zum metallographischen Nachweis von G r a p h i t im Eisen und von der sich chemisch von Graphit nicht unterscheidenden T e m p e r k o h l e ist Ätzung des Schliffes nicht erforderlich. Graphit erscheint unter dem Mikroskop, häufig auch schon mit dem bloßen Auge sichtbar, in Gestalt mehr oder weniger langer und dicker Adern[3] von dunkelgrauer bis tiefschwarzer Färbung. Gestalt, Größe, Anordnung der Graphitadern können je nach den Entstehungsbedingungen und der Art des Eisens sehr verschieden sein.

Abb. 7 zeigt auf der linken Hälfte (v = 117)[4] nesterförmig angeordneten Graphit, während die rechte Bildseite lange Graphitadern aufweist[5]. Die Schliffe waren nicht geätzt sondern

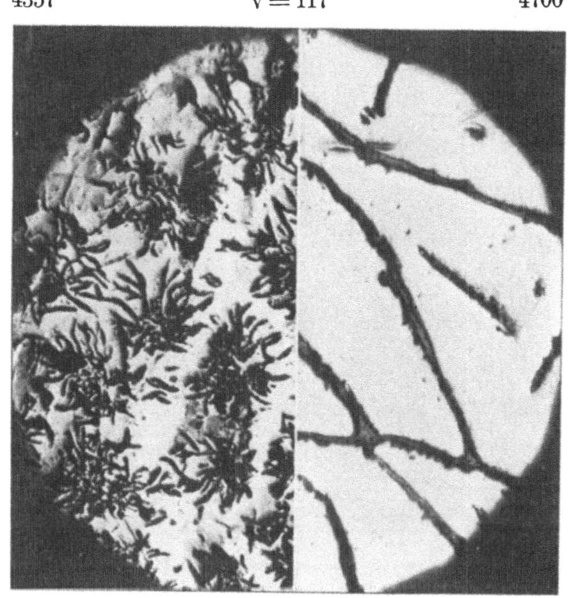

Abb. 7. Graphit im Eisen.

---

[1] Phosphorreiche Stellen entwickeln unter der Einwirkung verdünnter Salzsäure Phosphorwasserstoff. Letzterer fällt aus salzsaurer Quecksilberchloridlösung z i t r o n e n g e l b e s Phosphorquecksilber. Eine Verwechselung mit dem s c h w a r z e n Schwefelquecksilber ist daher ausgeschlossen, auch ist die Entwickelung von Phosphorwasserstoff eine träge im Vergleich zu der lebhaften Schwefelwasserstoffentwickelung.

[2] Ein von B a u m a n n (Metallurgie 1906. S. 416) später vorgeschlagene Abänderung, die Sulfideinschlüsse mittelst Bromsilberpapiers in ähnlicher Weise kenntlich zu machen, hat den grundsätzlichen Mangel, daß wegen der dunklen Farbe des Phosphorsilbers nicht nur Sulfid-, sondern auch Phosphideinschlüsse mit angezeigt werden, eine Unterscheidung zwischen Schwefel und Phosphoranreicherungen demnach nicht möglich ist.

[3] In Wirklichkeit entsprechen die Graphitadern Querschnitten durch mehr oder weniger große Graphitblätter.

[4] V = bedeutet lineare Vergrößerung, bei der die Aufnahme erfolgte.

[5] Die beiden Bildhälften entsprechen zwei verschiedenen Eisensorten.

nur poliert und geschliffen. Temperkohle tritt meist (jedoch nicht aus-
schließlich) in Gestalt rundlicher Flecken von dunkler Farbe (grau bis
schwarz) auf. Abb. 8 (v = 350) stellt ein getempertes Material dar. Der
Schliff ist mit alkoholischer Salzsäure geätzt. Die dunklen rundlichen
Flecken sind Temperkohle.

2. Ferrit (Kohlenstofffreies Eisen, jedoch mit zahlreichen anderen
Körpern z. B. Phosphid, Mangan, Silizium, Nickel und vielen andern Mischkristalle bildend).

Ätzung mit Kupferammoniumchlorid. Makroskopisch oder
bei schwacher Vergrößerung erscheinen die einzelnen Ferritkörner auf-
gerauht und je nachdem, von welcher Seite das Licht einfällt mehr oder
weniger hell und glänzend.
Bei stärkerer Vergrößerung
zeigt es sich, daß die Aufrauhung der Körner von
Ätzfiguren[1]) herrührt, und
daß jedem Korn eine ganz
bestimmte Lage und Orien-
tierung der Ätzfiguren zu-
kommt. Sie sind geradezu
kennzeichnend für den
Ferrit und zugleich ein
scharfes Mittel, die Grenzen
der einzelnen Körner zu
bestimmen.

Abb. 9 zeigt auf der
linken Hälfte Ferritkörner,
die durch Ätzfiguren auf-
gerauht erscheinen. Die
lineare Vergrößerung ist
365 fach. Die rechte Bild-
hälfte läßt in 1650 facher
linearer Vergrößerung die
gleichmäßige Orientierung

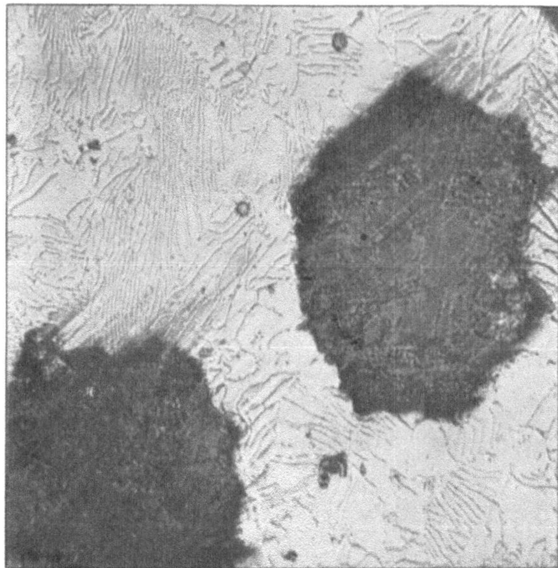

5379   v = 350

Abb. 8.   Temperkohle im Eisen.

der Ätzfiguren in den einzelnen Ferritkörnern deutlich erkennen.

Ätzung mit alkoholischer Salzsäure. Ferrit wird erheblich
schwächer angegriffen, als beim Ätzen mit Kupferammoniumchlorid. Ätzfiguren treten nur nach sehr langer Einwirkungsdauer und selbst dann nur
verschwommen auf. Bei kurzer Ätzdauer erscheint der Ferrit ungefärbt,
bei lang fortgesetzter Ätzdauer erscheinen einige Ferritkörner zuweilen
schwach gelblich angelaufen.

3. Zementit (Eisenkarbid Fe_3C mit 6,67 % Kohlenstoff; bildet mit
anderen Karbiden z. B. mit Mangankarbid, Chrom-Wolframkarbiden Misch-

---

[1]) Vergl. auch E. Heyn, „Mikroskopische Untersuchungen an tiefgeätzten Eisen-
schliffen". Mitt. d. Kgl. techn. Versuchsanstalten 1898. S. 310.

Ferner E. Heyn, „Die Metallographie im Dienste der Hüttenkunde". Freiberg.
1903. Craz & Gerlach.

kristalle oder Doppelkarbide). Zementit wird weder von Kupferammonium-chlorid noch von alkolischer Salzsäure merkbar angegriffen, er bleibt infolge-dessen beim Ätzen der Schliffe ungefärbt, spiegelblank und glatt. Eine Verwechselung mit Ferrit ist daher ausgeschlossen. Infolge seiner Unan-greifbarkeit erscheint der Zementit nach dem Ätzen dem Ferrit und Perlit gegenüber erhaben (im Relief). Abb. 10 entspricht dem Gefüge eines weißen Roheisens. Die lineare Vergrößerung ist 1650 fach. Die hellen Teile sind Zementit, die Grundmasse Perlit.

4. Perlit (eutektisches Gemenge zwischen Ferrit und Zementit. Bildungs-temperatur bei reinem Kohlenstoffeisen rund 700° C. Der Gehalt des Perlits an Kohlenstoff beträgt etwa 0,95%).

2766   v = 365   v = 1650   2353

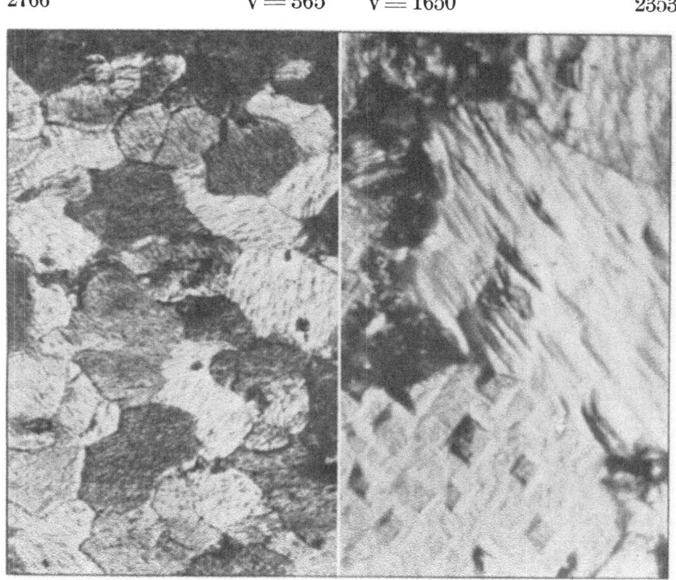

Abb. 9. Ferrit.

Der mikroskopische Aufbau des Perlits hängt in hohem Maße von der Geschwindigkeit des Durchgangs durch 700° C (Umwandlungspunkt[1]) bei der Abkühlung ab. Ist der Durchgang langsam, so bilden sich die einzelnen Ferrit- und Zementit-Lamellen deutlich aus, wird der Durchgang beschleunigt, so können, je nach dem Grade der Beschleunigung alle Übergangsstufen vom Perlit über Sorbit, Osmondit, Troostit bis zum Martensit (siehe weiter unten) entstehen. Die Beobachtung des Perlits gibt also innerhalb gewisser Grenzen einen Anhalt dafür, ob ein Material schnell oder langsam die kri-tische Temperatur bei der Abkühlung durchlaufen hat.

Ätzung mit Kupferammoniumchlorid. Der Perlit erscheint nach Ätzung stark dunkel gefärbt, so daß es vielfach schon dem unbe-waffneten Auge möglich ist, Kohlenstoffanreicherungen (perlitreiche Stellen) oder örtliche entkohlte Stellen (perlitarme Stellen) zu unterscheiden.

[1] Vergl. E. Heyn, „Labile und metastabile Gleichgewichte in Eisen-Kohlenstoff-legierungen". Zeitschr. f. Elektrochemie 1904. Nr. 30.

Die Dunkelfärbung ist in Wirklichkeit meist nur eine scheinbare, da weder Zementit, noch reiner (phosphorfreier) Ferrit durch Kupferammoniumchlorid gefärbt werden. Sie hängt mit der Entstehung eines Reliefs beim Ätzen zusammen. Da Zementit gar nicht, Ferrit aber stark angegriffen wird, so bilden sich Höhenunterschiede zwischen den einzelnen Lamellen aus, hinzu kommt noch die starke Aufrauhung der Ferrit-Lamellen infolge Ätzfiguren. Je nachdem wie das Licht einfällt entstehen mehr oder weniger starke Schlagschatten, wie in Abb. 11 angedeutet. Diese Schlagschatten bewirken, daß das Gesamtbild des Perlits auch bei deutlich lamellenförmigen Aufbau dunkel gefärbt erscheint.

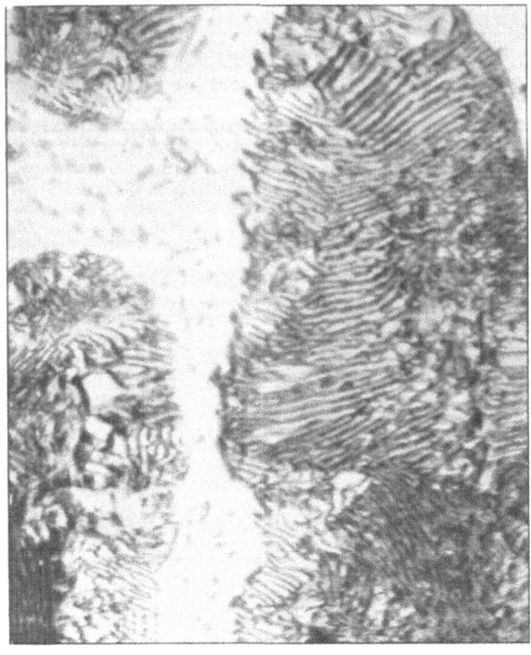

2517   v = 1650

Abb. 10. Zementit und Perlit.

Da Dunkelfärbung nach Ätzung mit Kupferammoniumchlorid auch noch aus anderen Gründen eintreten kann (höherer Phosphorgehalt, beschleunigter Durchgang durch die kritische Temperatur, bleibende Formveränderung in der Kälte)[1]), so empfiehlt es sich stets der makroskopischen auch die mikroskopische Gefügeuntersuchung folgen zu lassen.

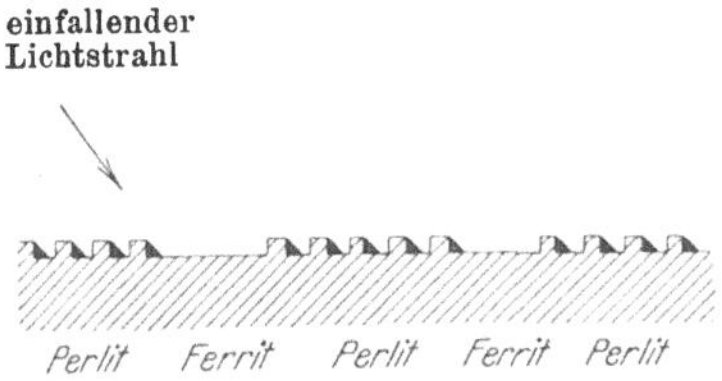

Abb. 11.

Ätzung mit alkoholischer Salzsäure. In schwacher Vergrößerung erscheint auch hierbei der Perlit dunkler gefärbt als der Ferrit[2]), doch ist der Unterschied nicht so bedeutend wie bei Ätzung mit Kupferammoniumchlorid. Bei stärkerer Vergrößerung sind die einzelnen Lamellen von Ferrit und Zementit deutlich zu erkennen. Die linke Hälfte der Abb. 12 entspricht in 123facher linearer Vergrößerung einem Eisen mit 0,44% Kohlenstoff. Die dunklen Teile sind Perlit, die helle Grundmasse Ferrit. Die rechte Hälfte der Abb. 12 stellt dasselbe Eisen in 1650facher linearer Vergrößerung dar. Die einzelnen Lamellen von Ferrit und Zementit sind scharf zu unterscheiden, auch ist aus dem Bilde zu ersehen, daß von einer

---

[1]) Vergl. E. Heyn, „Bericht über Ätzverfahren zur makroskopischen Gefügeuntersuchung des schmiedbaren Eisens und über die damit zu erzielenden Ergebnisse". Mitt. a. d. Kgl. Materialprüfungsamt 1906, Heft 5.

[2]) Wenn es sich nicht um sorbitischen Perlit handelt, so ist der Grund für die Dunkelfärbung der gleiche wie bei Ätzung mit Kupferammoniumchlorid.

eigentlichen Dunkelfärbung des einen oder anderen Bestandteiles nicht die Rede sein kann, wohl aber sind deutliche Schlagschatten erkennbar.

2643   v = 123   v = 1650   2840

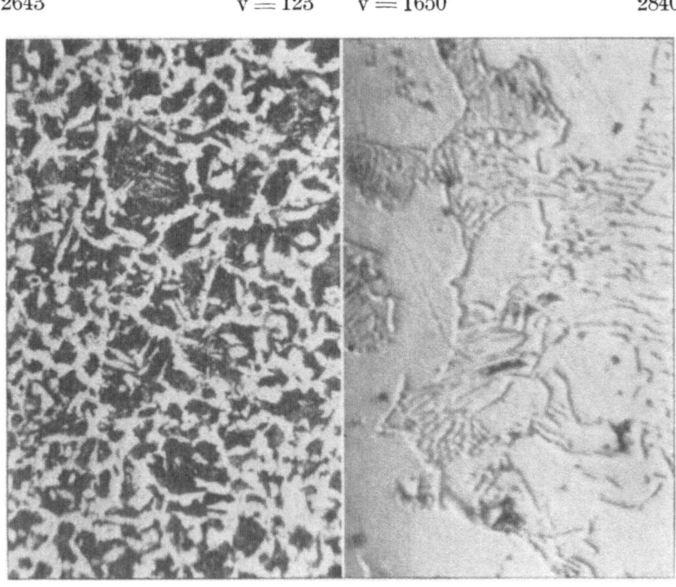

Abb. 12. Perlit und Ferrit.

Aus der Menge des neben Ferrit auftretenden Perlits kann man sogar den Kohlenstoffgehalt an einzelnen Teilen des Schliffes schätzungsweise mit recht großer Annäherung an den wirklichen Gehalt bestimmen. Ist x der durch Schätzung (genauer durch planimetrische Messung) gefundene Prozentgehalt der Gesamtfläche an Perlit, so entsprechen ganz allgemein x Flächenprozenten Perlit (mit 0,95 % Kohlenstoff) $\frac{0,95}{100} \cdot x$ Gewichtsprozenten Kohlenstoff im Eisen. Die Schätzung oder Messung gibt nur bis zu etwa 0,5 % Kohlenstoff genaue Werte.

5. Austenit (Mischkristalle von γ-Eisen und Eisenkarbid). Austenit kann erhalten werden, wenn Stahl mit hohem Kohlenstoffgehalt von hoher Temperatur so schroff wie möglich abgeschreckt wird. Mangan begünstigt die Entstehung von Austenit. In der Regel, z. B. bei manganarmem Material, wird nicht reiner Austenit erhalten, sondern daneben tritt noch Martensit auf.

3615   v = 365

Abb. 13. Austenit und Martensit.

Zum Ätzen abgeschreckten (gehärteten) Stahles ist Kupferammoniumchlorid nicht zu empfehlen, da sich das Kupfer so fest auf die Schlifffläche niederschlägt, daß es nur schwer wieder entfernt werden kann.

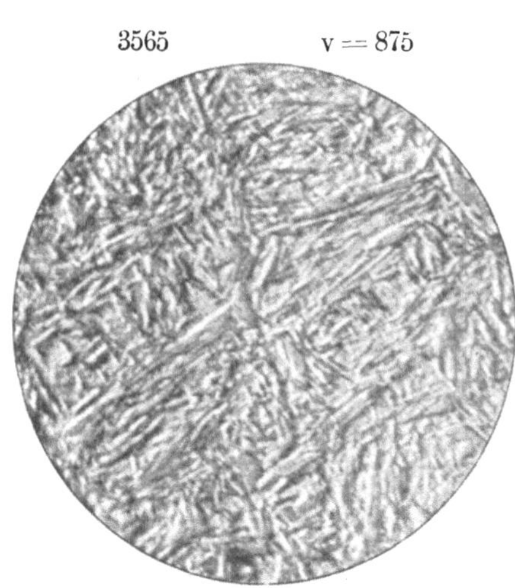

3565   v = 875

Abb. 14.   Martensit.

Ätzung mit alkoholischer Salzsäure. Austenit wird gar nicht angegriffen, er erscheint rein weiß und hellglänzend. Abb. 13 (v = 365) stellt einen Stahl mit 1,3 % Kohlenstoff dar (der Stahl war manganhaltig), der bei 1180° C in Wasser von 0° C abgeschreckt wurde. Die hellen nicht angegriffenen Flächen sind Austenit, während die dunkler erscheinenden, durch die Ätzflüssigkeit angegriffenen nadligen Teile Martensit entsprechen.

6. Martensit (entspricht dem beginnenden Zerfall der Mischkristalle γ-Eisen und Eisenkarbid). Martensit wird rein auch nur bei möglichst schroffer Abschreckung erhalten.

Ätzung mit alkoholischer Salzsäure. Kennzeichnend für Martensit ist sein bei fortschreitender Ätzung immer deutlicher hervortretender, nadliger Aufbau. Einzelne Nadeln werden stärker, andere weniger stark angegriffen, dadurch entsteht eine Aufrauhung der Schlifffläche. Reiner, durch möglichst schroffe Abschreckung erhaltener Martensit erscheint selbst nach langer Ätzdauer nahezu ungefärbt und hellglänzend. Abb. 14 (v = 875) entspricht reinem Martensit, der durch möglichst schroffes Abschrecken eines Kohlenstoffstahles mit etwa 1 % C erhalten wurde. Ist die Abschreckung weniger schroff oder ungleichmäßig, so treten nach Ätzung mehr oder weniger dunkel erscheinende Flecken, Adern usw. auf, sie entsprechen den im Abschnitt 7 zu beschreibenden Übergangsbestandteilen.

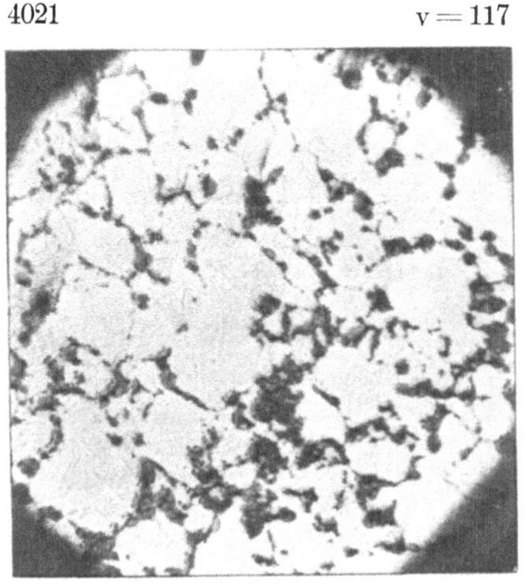

4021   v = 117

Abb. 15.   Martensit und Troostit.

Abb. 15 zeigt das Gefüge eines ungleichmäßig abgeschreckten Stahles mit 0,95 % C (v = 117). Die helle Grundmasse ist Martensit, die dunklen Teile sind Troostit.

7. Troostit, Osmondit, Sorbit[1]) (Übergangsbestandteile zwischen Martensit und Perlit). Ist die Abschreckung nicht so schroff, daß Martensit entstehen kann, und ist andererseits die Abkühlung nicht langsam genug zur Bildung von Perlit, so entstehen Übergangsbestandteile zwischen Martensit und Perlit. Dieselben Übergangsbestandteile treten auch auf beim allmählichen Wiedererhitzen (Anlassen) eines vorher schroff abgeschreckten Stahles. Es wird dabei eine bestimmte gut gekennzeichnete Zwischenstufe Osmondit durchlaufen, sie entspricht für Werkzeugstahl mit etwa 1 % Kohlenstoff einer Anlaßhitze von 400⁰ C. Diejenigen Übergangsstufen, die näher nach dem Martensit zu liegen (sie entsprechen bei Werkzeugstahl Anlaßhitzen zwischen 0 und 400⁰ C), gehören in die Gruppe der Troostite, die mehr nach dem Perlit zu liegenden (Anlaßhitzen zwischen 400 und 700⁰ C entsprechend) in die Gruppe der Sorbite. Dazwischen (bei 400⁰ C Anlaßhitze) liegt der Osmondit.

Ätzung mit alkoholischer Salzsäure. Ein charakteristisches Kennzeichen ist der Grad der Dunkelfärbung nach Ätzung mit alkoholischer Salzsäure.

Während der reine Martensit fast gar nicht gefärbt wird, nimmt mit steigender Anlaßhitze (Troostit) die Dunkelfärbung stetig zu, sie erreicht bei etwa 400⁰ C (Osmondit) ihr Maximum, um von da ab nach dem Perlit zu wieder abzufallen (Sorbit). Mit der Dunkelfärbung geht Hand in Hand die Säurelöslichkeit in verdünnter Schwefelsäure. Abb. 16 zeigt die Wirkung der Ätzung mit alkoholischer Salzsäure an vorher bei 900⁰ C schroff abgeschreckten Stahlproben mit 0,95 % Kohlenstoff, die bei steigenden Temperaturen angelassen wurden.

Die kennzeichnenden Gefügemerkmale sind nachstehend zusammengestellt.

Troostit:	Der nadlige Aufbau ist noch zu erkennen. Einige Nadeln erscheinen dunkel, andere heller. Die Dunkelfärbung nimmt mit steigender Anlaßhitze zu. Vergl. Abb. 17 (v = 350) Stahl mit 0,95 % Kohlenstoff bei 900⁰ C abgeschreckt und bei 275⁰ C angelassen.
Osmondit:	Der nadlige Aufbau ist nicht mehr zu erkennen. Die Dunkelfärbung hat ihr Maximum erreicht. Vergl. Abb. 18 (v = 350) Stahl mit 0,95 % Kohlenstoff bei 900⁰ C abgeschreckt und bei 405⁰ C angelassen.
Sorbit:	Im Gefüge erscheinen kleine rundliche Zementitinselchen. Die Dunkelfärbung nimmt mit steigender Anlaßhitze ab. Vergl. Abb. 19 (v = 350) Stahl mit 0,95 % Kohlenstoff bei 900⁰ C abgeschreckt und bei 640⁰ C angelassen.

8. Ledeburit (Mischkristalle -- Zementit Eutektikum mit 4,2 % Kohlenstoff, Erstarrungstemperatur etwa 1130⁰ C)[2]). Ledeburit wird erhalten bei

---

[1]) Vergl. E. Heyn und O. Bauer, „Über den inneren Aufbau gehärteten und angelassenen Werkzeugstahls. Beiträge zur Aufklärung über das Wesen der Gefügebestandteile Troostit und Sorbit". Mitt. a. d. Kgl. Materialprüfungsamt 1906. S. 529.

[2]) Vergl. F. Wüst, „Über die Entwickelung des Zustandsdiagrammes der Eisen-Kohlenstofflegierungen" Metallurgie. 1909, Heft 16.

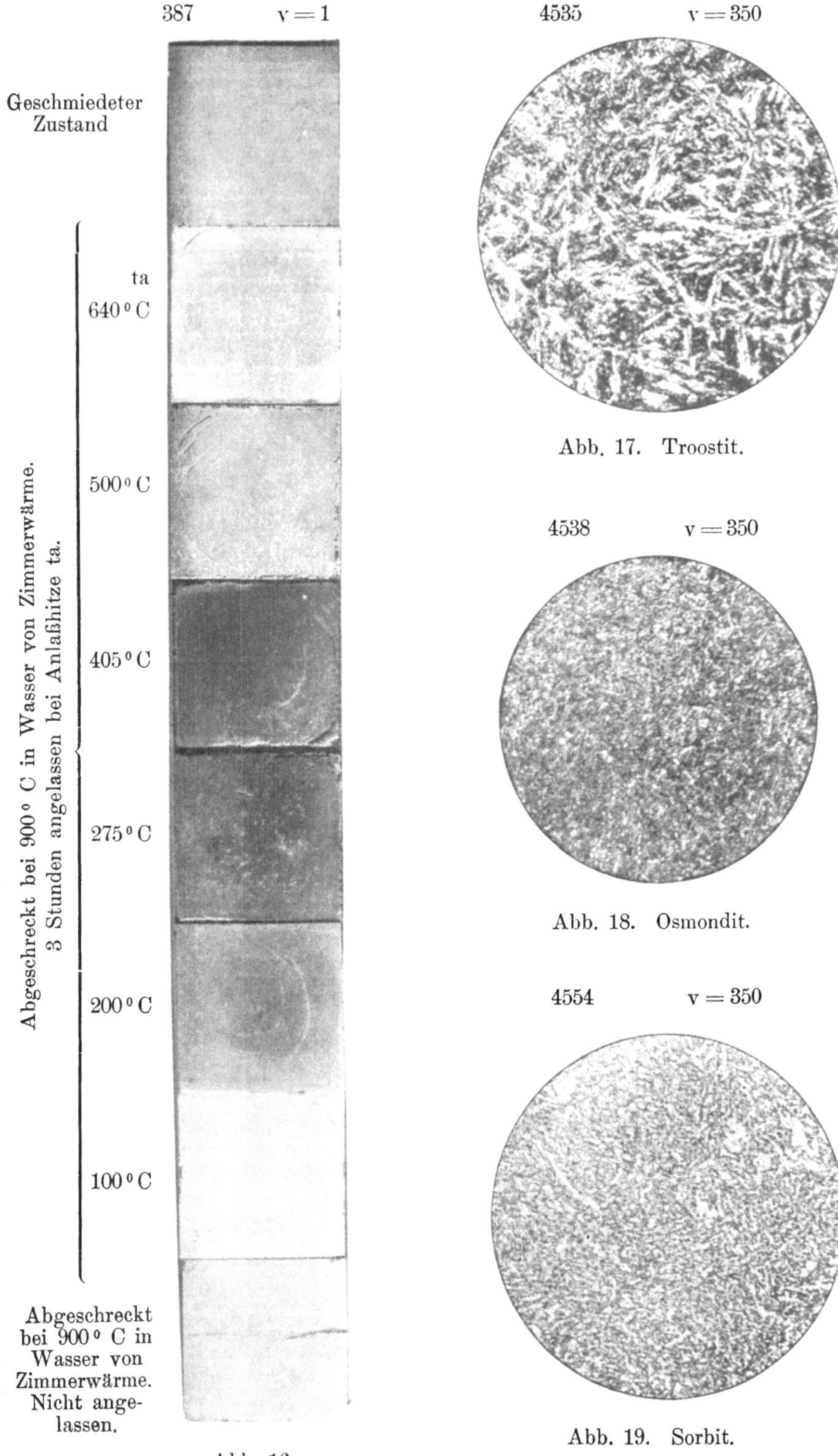

Abb. 16.

Abb. 17. Troostit.

Abb. 18. Osmondit.

Abb. 19. Sorbit.

schroffer Abschreckung von weißem Roheisen während oder dicht unterhalb der Erstarrung. Alkoholische Salzsäure greift die Mischkristall-Lamellen (mit etwa 1,76 % Kohlenstoff) ebenso an wie Martensit (siehe dort), die Zementit-Lamellen werden nicht angegriffen. Abb. 20 stellt in 350 facher linearer Vergrößerung das Gefüge eines bei 1087° C in Wasser abgeschreckten weißen Roheisens dar. Der Ledeburit ist grob ausgebildet, die Mischkristalle lassen martensitischen Aufbau erkennen[1]). In der Umgebung des Ledeburit-Eutektikums finden sich dunkle troostitähnliche Übergangsbestandteile.

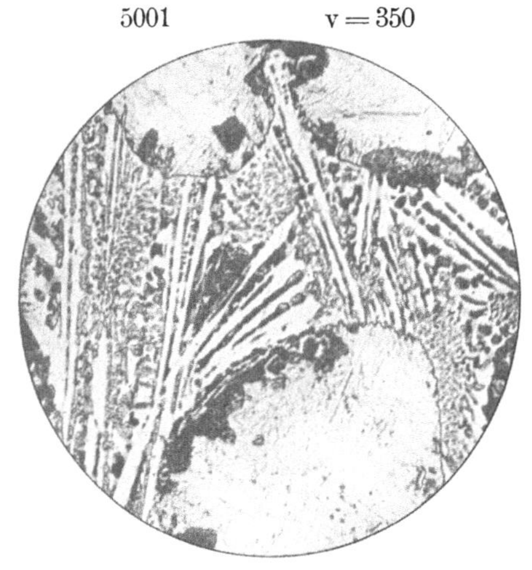

Abb. 20. Ledeburit und Mischkristalle (Martensit).

9. Phosphoranreicherungen im Eisen.

Phosphor tritt im Eisen als Phosphid (Fe_3P) auf[2]). Kohlenstofffreies Eisen vermag bis zu etwa 1,7 % Phosphor in fester Lösung (als Mischkristall) zu halten. Mit steigendem Kohlenstoffgehalt verringert sich die Löslichkeit des Eisens für Phosphor. Die phosphorreichen Mischkristalle sind meist grobkristallinischer als ihre phosphorärmere Umgebung. Abb. 21 zeigt in vierfacher Vergrößerung einen Streifen solcher grober Kristallkörner mit hohem Phosphorgehalt. Grobkristallinisches Gefüge an sich ist jedoch noch kein Beweis für hohen Phosphorgehalt, da die Größe der Ferritkristalle in erster Linie bedingt ist durch die Wärmebehandlung, die das Material durchgemacht hat (Glühdauer, Glühtemperatur usw.).

Zur Erkennung phosphorreicher Stellen im Material leistet Ätzung mit Kupferammoniumchlorid (nach E. Heyn) ausgezeichnete Dienste. Durch dieses Ätzmittel werden die phosphorreichen Mischkristalle dunkel gefärbt, sie erhalten einen dunkelbräunlichen bis bronzefarbenen Ton[3]). Die in Abb. 70 bis 75 usw. wiedergegebenen

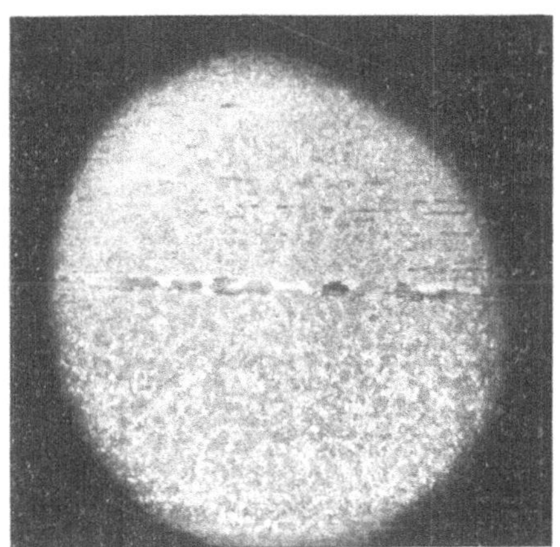

Abb. 21. Grobkristallinische phosphorreiche Ferritkristalle.

---

[1]) Vergl. E. Heyn und O. Bauer, „Zur Metallographie des Roheisens". Stahl und Eisen 1907, Nr. 44.

[2]) Stead, Eisen und Phosphor. Iron and Steel Institute. 1900.

[3]) E. Heyn nimmt als Erklärung der Dunkelfärbung die Bildung von Phosphorkupfer auf dem Schliff an.

Schliffe sind mit Kupferammoniumchlorid geätzt. Alle weisen eine mehr oder weniger dunkel gefärbte Kern- und eine hellerscheinende Randzone auf. Die in den zugehörigen Tabellen angeführten chemischen Analysen bestätigen deutlich den erwähnten ursächlichen Zusammenhang zwischen Dunkelfärbung und Phosphorgehalt. Der Ton der Dunkelfärbung ist sehr charakteristisch, so daß für den Geübten ein Zweifel, ob die Färbung vom Phosphor oder von anderen Ursachen herrührt, kaum bestehen wird.

Der Ungeübte könnte vielleicht die durch höheren Phosphorgehalt bedingte Dunkelfärbung mit kohlenstoffreicheren Stellen verwechseln, die auch nach Ätzung etwas dunkler erscheinen. Bei stärkerer Vergrößerung ist jedoch Verwechslung wegen des in kohlenstoffreicherem Eisen reichlicher vorhandenen Perlits ausgeschlossen (vergl. S. 17). An Stellen, an denen Flußeisen im kalten Zustand deformiert worden ist, z. B. in der Umgebung von gestoßenen Nietlöchern[1]), treten auch dunklere Färbungen auf. Beobachtung der Ferritkörner bei stärkerer Vergrößerung gibt über die Entstehungsursache Aufschluß. Die Ferritkörner zeigen an solchen Stellen Formveränderungen, Ätzfurchen usw., so daß auch hier eine Verwechslung mit phosphorreicheren Stellen ausgeschlossen ist.

Im Roheisen tritt der Phosphor als freies Phosphid (Fe_3P) auf. Die Unterscheidung von Zementit (Fe_3C) ist nicht ohne weiteres möglich, da sowohl Phosphid wie auch Zementit von Ätzmitteln nur sehr schwer angegriffen werden und beide gleich weiß

5917   v = 200

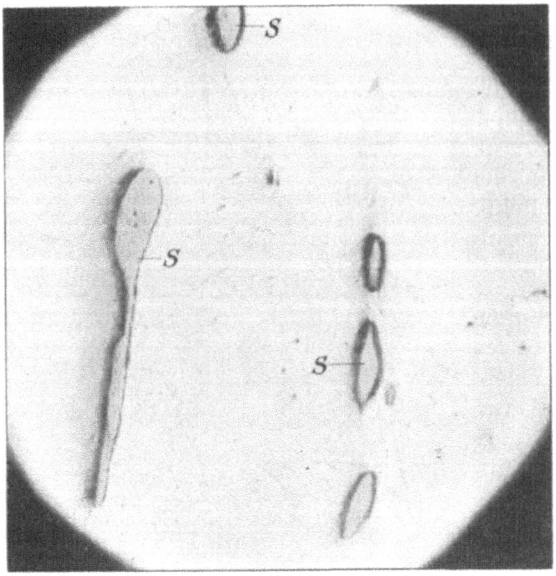

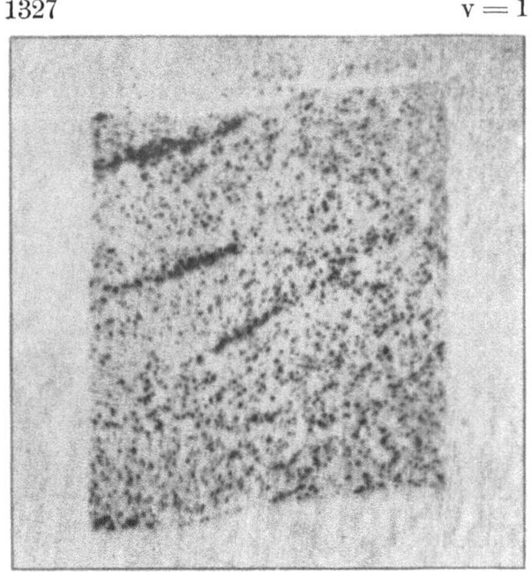

Abb. 22. Sulfideinschlüsse im Flußeisen.

1327   v = 1

Abb. 23. Schwefelabdruck auf Seide.

---

[1]) Ausführlicheres hierüber vergl. E. Heyn, „Die Umwandlung des Kleingefüges bei Eisen und Kupfer durch Formänderungen im kalten Zustand und darauffolgendes Ausglühen“. Z. Ver. Deutsch. Ing. 1900, Bd. 44. Heft 14 u. 16.

und glänzend erscheinen. Es gelingt jedoch durch Anlassen[1]) auch hier Unterscheidungsmerkmale zu finden, indem beim Erhitzen die Anlaßfarbe des Eisenkarbides stets derjenigen des Phosphides um einige Stufen voreilt[2]). Die Reihenfolge der Anlaßfarben ist mit steigender Temperatur: gelb, orange, rot, purpur, blau usw. Ist z. B. der Zementit bereits purpur angelaufen, so wird das Phosphid noch gelb erscheinen.

10. Sulfideinschlüsse im Eisen. Wie bereits S. 12 erwähnt, tritt Schwefel in Eisen als Schwefeleisen bezw. Schwefelmangan auf.

Da weder Schwefeleisen noch Schwefelmangan mit Eisen Mischkristalle bilden, so lassen sich selbst sehr kleine Mengen von Sulfiden noch unter dem Mikroskop nachweisen. Es gehört hierzu jedoch ein geübtes Auge. Die

4507   v = 350 v = 350   4789

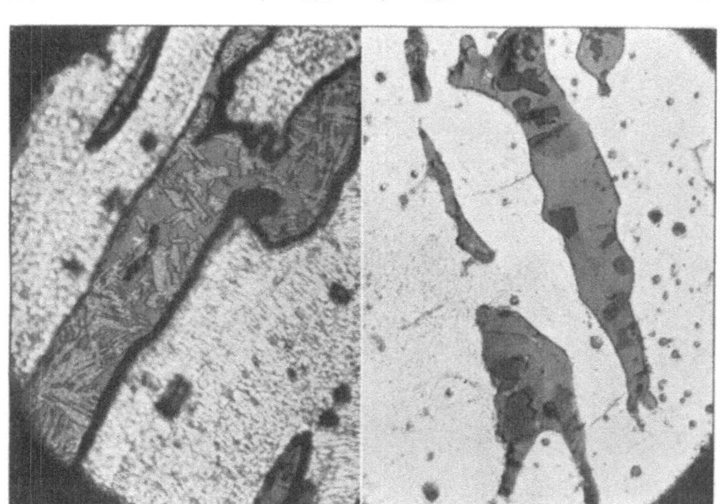

Abb. 24. Schlackeneinschlüsse im Schweißeisen.

Sulfide erscheinen unter dem Mikroskop meist als rundliche, oder bei gewalztem Material als langgestreckte Einschlüsse von fahlgelber bis blaßbläulicher Färbung. Sie werden durch Kupferammoniumchlorid nicht angegriffen. Verdünnte Säuren lösen sie unter Schwefelwasserstoffentwickelung. Abb. 22 zeigt in 117facher Vergrößerung solche Sulfideinschlüsse S S im Flußeisen.

Bei gleichzeitiger Gegenwart anderer nichtmetallischer Einschlüsse (z. B. von Schlacken und anderer von der Desoxydation herrührender oxydischer Stoffe) macht das Erkennen der Sulfide mitunter große Schwierigkeiten. Zum Nachweis von Sulfidanreicherungen ist daher das S. 12 beschriebene Abdruckverfahren auf Seide sehr zweckdienlich.

Abb. 23 stellt ein nach diesem Verfahren behandeltes Seidenläppchen

<hr>

[1]) Über Anlassen vergl. E. Heyn und O. Bauer, „Metallographie". Sammlung Göschen. 1909. Bd. 1.

[2]) Vergl. Wüst: „Beitrag zum Einfluß des Phosphors auf das System Eisen-Kohlenstoff". Metallurgie 1908, Heft 3. S. 85.

in natürlicher Größe dar. Die dunklen Streifen und Punkte entsprechen Sulfideinschlüssen im Material.

11. Andere nichtmetallische Einschlüsse. Beim Schweißeisen wissen wir, daß die nichtmetallischen Stoffe vorwiegend Einschlüssen von Schweißschlacke[1] entsprechen. Die Schweißschlackeneinschlüsse sind in der Regel gut durch ihre tief dunkelgraue bis tief blaugraue Färbung gekennzeichnet. Bei größeren Einschlüssen zeigt es sich, daß sie vielfach nicht einheitlich aufgebaut sind, sondern daß in der Grundmasse zuweilen wohlausgebildete Kristalliten von hellerer Farbe auftreten; vergl. die linke Hälfte der Abb. 24 (v = 350). Bei anderen Schlacken liegen wieder in der Grundmasse rundliche Einschlüsse von dunklerer Färbung als wie die Grundmasse [vergl. die rechte Hälfte der Abb. 24 (v = 350)]. Dieser verschiedenartige Aufbau läßt auf verschiedene Oxydationsstufen des Eisens in der Schlacke schließen.

Bei Flußmaterial ist die Frage über die Natur der nichtmetallischen Einschlüsse noch nicht endgültig gelöst[2]. Die Einschlüsse können je nach der Art der Herstellung des Materials, der verwendeten Desoxydationsmittel usw. sehr verschiedene Zusammensetzung und sehr verschiedenes Aussehen haben. Fast stets weichen sie jedoch im Aussehen deutlich von den oben erwähnten Schweißschlackeneinschlüssen ab. Abb. 25 (v = 365) entspricht einer groben Anhäufung nichtmetallischer Einschlüsse in einem Flußeisenblech. Das Bild zeigt zugleich, daß die Einschlüsse nicht gleichartig sind, sondern daß die Anhäufung aus mindestens drei verschiedenen Gefügebestandteilen besteht.

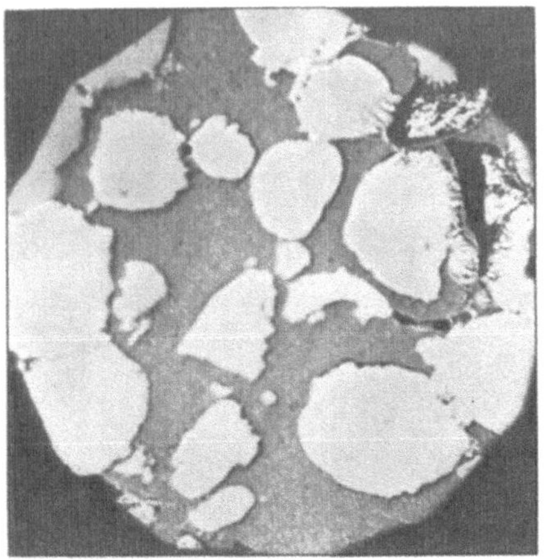

3620   v = 365

Abb. 25. Nichtmetallische Einschlüsse im Flußeisen.

Wenn auch die Natur dieser Einschlüsse im Flußmaterial noch nicht geklärt ist, so gelingt es doch auf Grund des von den Schweißeiseneinschlüssen abweichenden Aussehens in fast allen Fällen die Frage zu entscheiden, ob Schweiß- oder Flußmaterial vorliegt.

Zur Erkennung nichtmetallischer Einschlüsse ist Ätzung der Schliffe nicht erforderlich. Größere Ansammlungen machen sich sowohl beim Schweiß-, wie auch beim Flußeisen, meist schon dem bloßen Auge als dunkle Stellen und Flecken auf der glänzenden Schlifffläche kenntlich. Zum sicheren Nach-

---

[1] Die Schweißschlacke kann je nach dem eingesetzten Material und dem Verlauf des Frischens außer oxydischen Eisenverbindungen auch noch beträchtliche Mengen an Phosphorsäure und Kieselsäure und geringere Mengen anderer Bestandteile enthalten.

[2] Vergl. z. B. W. Rosenhain, „Schlackeneinschlüsse im Stahl“. V. Internationaler Kongreß für Materialprüfung in Kopenhagen 1909; ferner H. Hibbard, „The Solid Non-Metallic Impurities in Steel (Sonims)“. Bull. of the American Institute of Mining Engineers Nr. 52. April 1911. S. 325.

weis kleiner Einschlüsse ist die mikroskopische Beobachtung nicht zu umgehen, da sonst leicht Schleiffehler und sonstige zufällige Verunreinigungen der Schliffläche (z. B. Rost) für Schlacken und nichtmetallische Einschlüsse gehalten werden können.

E. Ursache der örtlichen Verschiedenheiten in der chemischen Zusammensetzung des Materials.

Im Abschnitt A wurde bereits auf die Wichtigkeit sachgemäßer Entnahme der Analysenspäne hingewiesen, „weil die Zusammensetzung des Materials nicht unbedingt an allen Stellen des Querschnitts die gleiche zu sein braucht und es in der Tat in vielen Fällen auch nicht ist". Die Ursache dieser örtlichen Verschiedenheit in der Zusammensetzung kann eine mehrfache sein.

1. Sie kann von der Erzeugung des Materials herrühren und ist daher oft unvermeidlich (Geburtsfehler). Hierher gehören alle die durch Seigerung bedingten Erscheinungen und örtlichen Ungleichmäßigkeiten. Sie schleppen sich durch den ganzen Werdegang des Materials durch und bereiten der Probenahme oft die größten Schwierigkeiten. Beim Gußeisen spielt ferner noch die Zeitdauer der Erstarrung und der Abkühlung nach der Erstarrung auf Menge und Art der Graphitausscheidung eine große Rolle. Große Gußstücke erstarren und kühlen langsamer ab als kleine, das gleiche gilt für verschiedene Querschnitte an einem und demselben Gußstück. Je langsamer die Abkühlung, um so reichlicher ist die Graphitausscheidung und umgekehrt.

2. Sie kann aber auch absichtlich im Verlauf der Weiterverarbeitung des Materials hervorgebracht sein. Sie hat dann meist eine Veredelung oder Brauchbarmachung des Materials für einen bestimmten Zweck im Auge. Hierher gehört z. B. das Zementieren, Tempern, das Einsatz-Härten usw.

3. Die Ungleichmäßigkeit in der Zusammensetzung kann endlich unbeabsichtigt und ohne Kenntnis des Erzeugers oder des Verbrauchers des Materials bei der Weiterverarbeitung oder während des Verbrauches im Betriebe (z. B. Entkohlung durch Verbrennen des Stahles, Zersetzungserscheinungen, Rost usw.) eingetreten sein. Wir können alle diese Erscheinungen als Krankheitserscheinungen bezeichnen. Sie sind oft der Grund für Beanstandungen eines an sich einwandfreien Materials.

In allen diesen und ähnlichen Fällen ist der Analytiker zur Erkennung solcher örtlicher Ungleichmäßigkeiten auf die Unterstützung der Metallographie angewiesen. In den späteren Kapiteln soll an der Hand von Beispielen aus der Praxis gezeigt werden, wie stark das Analysenergebnis unter Umständen durch die unter 1—3 genannten örtlichen Verschiedenheiten in der Zusammensetzung beeinflußt werden kann.

4. Wesentlichen Einfluß auf den Ausfall der chemischen Analyse kann endlich, selbst bei gleichmäßigem Material, die Art der Probenahme in der Werkstatt haben. Auf die durch unsachgemäße Probenahme bedingten Fehlerquellen wird im folgenden Abschnitt hingewiesen.

F. Über die Probenahme in der Werkstätte.

1. Allgemeines über die Probenahme. Als Regel für die Entnahme der Späne bei sämtlichen Materialien, die durch schneidende Werkzeuge bearbeitbar sind, gilt, daß, wo nur irgend angängig, für die Durchschnittsanalyse die Entnahme durch Hobeln über den ganzen Querschnitt, nicht etwa durch Bohren, Abdrehen usw. zu erfolgen hat, und daß, wo eine metallographische Untersuchung der chemischen Analyse vorausgegangen ist, die Späne stets möglichst dicht hinter dem für die metallographische Untersuchung bestimmten Schliff zu entnehmen sind. Abb. 26 zeigt, wie z. B. bei der Untersuchung einer Eisenbahnschiene zu verfahren wäre:

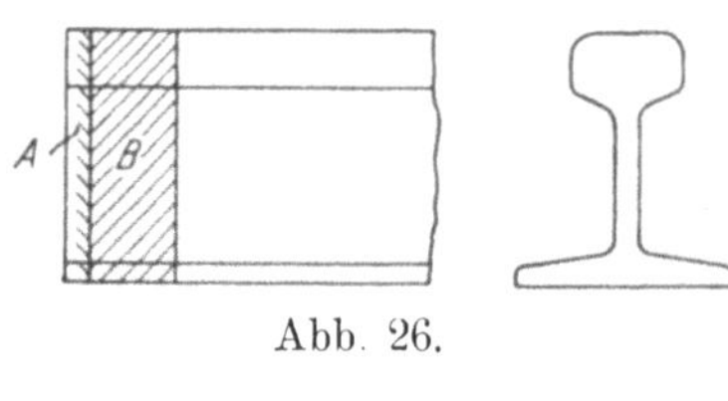

Abb. 26.

A = Scheibe für die metallographische Untersuchung. Die durch Schraffur angedeutete Schnittfläche wird geschliffen, poliert und geätzt.

B = Analysenspäne durch Hobeln über den ganzen Querschnitt entnommen.

Sind durch die vorhergehende metallographische Untersuchung grobe Unregelmäßigkeiten in der chemischen Zusammensetzung des Materials aufgedeckt, erscheint es infolgedessen wünschenswert, die Zusammensetzung an verschiedenen Stellen des Querschnitts zu ermitteln, so muß unter Umständen zum Bohren, Abdrehen usw. geschritten werden. Wo es sich aber um die Durchschnittsanalyse handelt, ist nur Hobeln über den ganzen Querschnitt zulässig. Zu jeder vollständigen Analyse gehören daher genaue Angaben über Art der Entnahme der Analysenspäne, wenn erforderlich unter Beifügung einer Skizze.

Die Skizze ist unerläßlich, wo es sich um Entnahme von Spänen aus verschiedenen Stellen des Querschnitts (Kern-Randzone usw.) handelt.

Vielfach wird dem rein mechanischen Teil der Probenahme, dem Reinigen des Stückes, dem Hobeln und Sammeln der Späne in der Werkstatt, nicht genügend Aufmerksamkeit gewidmet, trotzdem gerade auch hier bei nachlässigem Arbeiten stark gesündigt werden kann. Erstes Erfordernis ist natürlich, daß die Hobel-Maschine sauber ist, daß nicht Späne von anderen Proben auf ihr liegen und daß alle Teile, die mit dem Probematerial in Berührung kommen können, frei von Öl, Fett, Seifenlösung usw. sind. Auch muß jede Möglichkeit ausgeschlossen sein, daß während der Arbeit Öl oder Fett usw. auf die bereits entnommenen Späne tropfen kann.

2. Das Reinigen der Oberfläche der Proben. Vor Entnahme der Späne ist die Oberfläche des Materials in allen Fällen erst sorgfältig auf äußere Verunreinigungen zu untersuchen und von ihnen zu reinigen. Es kommen zunächst zufällige lose haftende Verunreinigungen, z. B. von der Verpackung herrührende Reste, Schmutzteile vom Lagern auf dem Erdboden usw. in Frage. Sie lassen sich meist durch Absuchen, Abwischen und Abreiben mit Putzlappen, Bürste usw. entfernen. Farb- und Lackanstriche, Buchstaben und Nummern-Bezeichnungen, auch Rostansätze können durch Abreiben mit einer Drahtbürste entfernt werden, erforderlichenfalls sind auch Lösungsmittel für die Farbe (Alkohol, Äther, Benzin, Petroleum) anzuwenden, doch sollen nur solche Lösungsmittel verwendet werden, die das Eisen nicht angreifen.

Überzüge der Oberfläche, die von der Herstellung des Materials herrühren, z. B. Gußhaut, Zunder, Hammerschlag, Glühspan, haften meist erheblich fester als die zufälligen Verunreinigungen. Sie sind, wenn Abreiben mit der Stahldrahtbürste nicht zum Ziele führt, durch Abklopfen mit dem Hammer, Feilen oder Abschmirgeln zu entfernen. Doch ist hierbei darauf zu achten, daß nicht größere Materialmengen mit entfernt werden.

3. Das Hobeln und Sammeln der Späne. Bei hartem Material sind beim Hobeln Schnittgeschwindigkeit und Spanstärke nicht zu groß zu nehmen. Die Späne springen sonst leicht weg und es entstehen Verluste, auch besteht die Gefahr, daß Stücke vom Schneidstahl abbrechen und in die Analysenprobe geraten. Kommt zufällig ein unter die Späne geratenes, abgesprungenes Stück des Werkzeuges mit zur Einwage, so ergibt die Analyse ein falsches Ergebnis, ohne daß der Grund nachträglich zu ermitteln ist. Beim Hobeln auf den Boden gefallene Späne sind grundsätzlich nicht aufzunehmen, da stets der berechtigte Einwand gemacht werden kann, daß das aufgehobene Material durch fremde Späne verunreinigt ist.

Überhaupt ist dem Auffangen und Sammeln der Späne in der Werkstätte die größte Sorgfalt zu widmen.

Der ungeschulte Arbeiter ist nur zu leicht geneigt, die beim Hobeln gewisser Eisensorten neben den groben Spänen entstehenden leichten, feinen, staub- und pulverförmigen Teile (z. B. Graphit beim Gußeisen, Schlacke beim Schweißeisen) nicht mit aufzunehmen, sie einfach liegen zu lassen oder sogar wegzublasen. Daß hierdurch sehr beträchtliche Fehler in der Analyse entstehen können, wird S. 46 und 93 gezeigt.

Zur Vermeidung von Verlusten empfiehlt es sich in allen Fällen, die Probe nach Art der Abb. 27 von kräftigem Glanzpapier umhüllt in die Backen der Hobelmaschine einzuspannen.

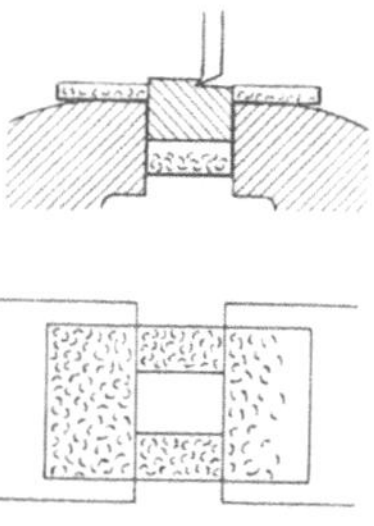

Abb. 27.

Sind Schnittgeschwindigkeit und Spanstärke richtig gewählt, so daß Wegspringen der Späne beim Hobeln nicht stattfindet, so sind jetzt Verluste bei der Entnahme so gut wie ausgeschlossen, da sich sowohl die groben Späne wie auch die leichten und pulverförmigen Teile in der Papierumhüllung ansammeln und nach Ausspannen des Probestückes ohne Verluste in eine Pappschachtel oder besser noch in eine Glasflasche geschüttet werden können.

4. Das Ausglühen vor der Probenahme. Gehärteter Stahl ist, um ihn bearbeitbar zu machen, vor Entnahme der Späne auszuglühen. Die Glühtemperatur ist bei Kohlenstoffstählen so zu wählen, daß sie oberhalb des Perlitpunktes (700° C bei reinem Kohlenstoffstahl) liegt. $^1/_4$ stündiges Glühen bei etwa 750—800° C mit anschließendem langsamen Erkaltenlassen bis nahe unterhalb des Perlitpunktes ist ausreichend. Von etwa 600° C an kann die Abkühlung schnell erfolgen, da alsdann bei reinem Kohlenstoffstahl selbst Abschrecken in Wasser keine merkbare Härtesteigerung mehr hervorbringt.

Als ungefährer Anhaltspunkt für die erreichte Temperatur möge folgende Skala dienen.

Es gilt angenähert für [1]:

Beginnende Rotglut	etwa	525—550 ⁰ C
Dunkle Rotglut	„	700 ⁰ C
Beginn der Kirschrotglut	„	800 ⁰ C
Kirschrotglut	„	900 ⁰ C
Helle Kirschrotglut	„	1000 ⁰ C
Dunkelorange	„	1100 ⁰ C
Hellorange	„	1200 ⁰ C
Weißglut	„	1300 ⁰ C
Helle Weißglut	„	1400 ⁰ C
Blendende Weißglut	„	1600 ⁰ C

Das Glühen kann im offenen Holzkohlenfeuer erfolgen. Wird das Ausglühen im Ofen (Röhrenofen, Muffelofen usw.) ausgeführt, so ist es empfehlenswert, zur Vermeidung starker Zunderbildung und damit verbundener oberflächlicher Entkohlung, vor und hinter die Probe einige Stücke Holzkohle zu legen, so daß die in den Ofen eintretende Luft an der glühenden Kohle vorbeistreichen muß, wobei der Sauerstoff der Luft zu Kohlenoxyd verbrennt. Die Zunderbildung läßt sich durch dieses einfache Mittel auf ein sehr geringes Maß beschränken. Der Einwand, daß durch das Kohlenoxyd oberflächliche Kohlung (Zementierung) der Probe eintreten könnte, ist unbegründet. Hierzu ist eine ganz erheblich längere Zeitdauer der Einwirkung erforderlich [2] [3].

Erwähnt soll noch werden, daß durch gewisse Stoffe im Eisen der Perlitpunkt schnell in tiefere Temperaturzonen heruntergedrückt wird. Stoffe, die diese Wirkung haben, sind Mangan, Nickel u. a. Es ist hierauf bei der Abkühlung nach erfolgtem Ausglühen Rücksicht zu nehmen.

5. Probenahme von Materialien, die sich nicht bearbeiten lassen. Gewisse Legierungen und naturharte Stahle lassen sich auch nach dem Ausglühen und langsamen Erkalten mit Werkzeugen aus gewöhnlichem Kohlenstoffstahl nicht bearbeiten. Weißes Roheisen darf nicht geglüht werden, da Temperkohleausscheidung eintreten kann. In einigen Fällen wird man mit Werkzeugen aus Spezialstahl (Chrom-Wolframstahl u. dgl.) zum Ziele kommen. Die Probenahme hat alsdann unter denselben Gesichtspunkten zu erfolgen, wie bereits beschrieben.

Läßt sich aber das Material weder mit Kohlenstoffstahl noch mit Spezialstahl bearbeiten, so bleibt nichts übrig, als an verschiedenen Stellen Stücke abzuschlagen und diese zu zerkleinern. Meist lassen sich bereits mit einem schweren Handhammer auf dem Stahlamboß Stücke abschlagen.

---

[1] Genaue Temperaturmessungen werden mit Hilfe von Thermoelementen ausgeführt. Vergl. E. Heyn und O. Bauer, „Metallographie". Bd. I. Sammlung Göschen. 1909.

[2] Vergl. z. B. O. Bauer, „Einiges über das Zementieren". Stahl und Eisen 1909, Nr. 18.

[3] Es ist dem Verfasser beim ¼ stündigen Ausglühen unter Vorlage von Holzkohle in keinem Falle gelungen, auch nur die geringsten Spuren einer oberflächlichen Kohlung des Materials metallographisch nachzuweisen.

Handelt es sich um große und sehr harte Proben, so verwendet man mit Vorteil auch ein Fallwerk, wo ein solches zur Verfügung steht.

Um weites Umherspritzen der abgeschlagenen Bruchstücke zu verhindern, umwickelt man die Probe in diesem Falle zweckmäßig mit einem reinen Leinwandlappen, doch versäume man nie, zwischen Probe und Bär des Fallwerks ein Eisenstück zwischen zu schalten, da sonst der Bär stark beschädigt werden kann. Selbstverständlich sind die Bruchstücke von etwa anhaftenden Zeugresten sorgfältig zu reinigen. Die weitere Zerkleinerung der abgeschlagenen Bruchstücke erfolgt in einem Handstahlmörser, wie er in seiner einfachsten Form in Abb. 28 schematisch dargestellt ist.

Für weißes Roheisen eignet sich zur Zerkleinerung sehr gut ein sogenannter Roheisenklopfer. Abb. 29 stellt einen Roheisenklopfer dar [1]).

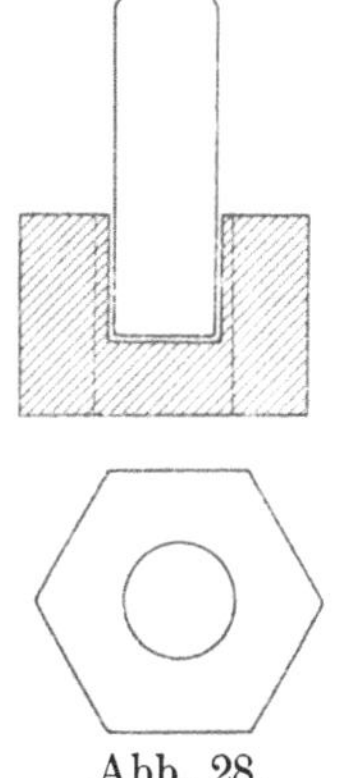

Abb. 28.

Die von den einzelnen größeren Stücken stammenden feinen Pulver werden zu einem gemeinsamen Haufen vereinigt, aus dem alsdann in üblicher Weise (Haufenprobe, Viertelprobe) die für die Analyse bestimmte Durchschnittsprobe entnommen wird.

6. Probenahme von Material in Drahtform. Liegt das Material in Drahtform vor, so verfährt man bei dickem Draht zunächst in der Weise, daß man die einzelnen Drähte durch Hämmern auf dem Stahlamboß breitschlägt [2]), so daß sie mit der Blechschere zerschnitten werden können.

Jeder Draht wird nun in eine gleiche Anzahl annähernd gleich langer Abschnitte zerteilt. Für die Einwage werden von jedem der n-Drähte ein oder zwei Abschnitte entnommen und zu einer Durchschnittsprobe vereinigt. Die weitere Zerkleinerung der Abschnitte erfolgt wieder durch Zerschneiden mit der Schere. Besteht der Verdacht oder ist der metallographische Nachweis erbracht, daß die einzelnen

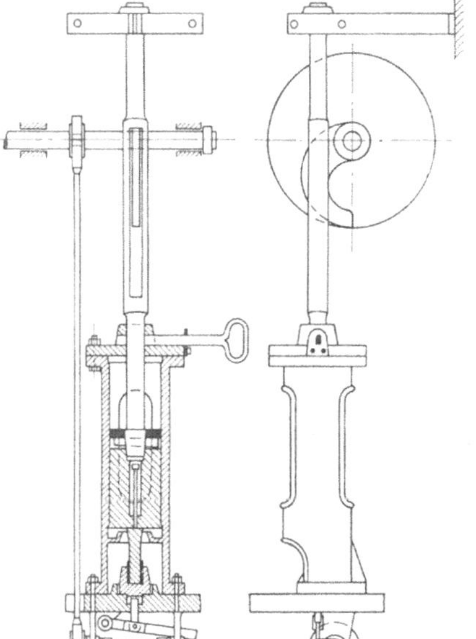

Abb. 29.

Drähte nicht aus dem gleichen Material bestehen, so ist eine Durchschnittsprobe aus allen Drähten wertlos. In diesem Fall entnimmt man an verschiedenen Stellen je eines Drahtes einzelne Drahtabschnitte, die gesondert analysiert werden.

---

[1]) Aus A. Kayßer, „Wie muß das Hauptlaboratorium eines neuzeitlichen Eisenhüttenwerkes beschaffen sein". Stahl und Eisen 1907. S. 1353.

[2]) Bei dünnen Drähten, die sich leicht zerschneiden lassen, ist Breitschlagen nicht erforderlich.

II. Spezieller Teil.

Umstände, die die Entnahme einer einwandfreien Durchschnittsprobe erschweren.

G. Weißeisen, Ferromangan, Hartguß und Temperguß.

Wo Hobeln über den ganzen Querschnitt wegen zu großer Härte des Materials ausgeschlossen ist, ist die Entnahme einer Durchschnittsprobe von größeren Stücken, die nicht im ganzen zerkleinert werden können, stets eine mißliche Sache, da es bei ungleichmäßiger Zusammensetzung des Materials nur schwer, in gewissen Fällen direkt unmöglich sein dürfte, durch Abschlagen einzelner Teile einen richtigen Durchschnitt für die Analyse zu erhalten. Der Analytiker versäume daher in solchen Fällen n i e , bei Abgabe der Analysenergebnisse gleichzeitig Angaben über die Art der Probenahme zu machen, wo erforderlich unter ausdrücklichem Hinweis auf die Schwierigkeit, einen richtigen Durchschnitt zu erhalten.

1. Ungleichmäßigkeiten in der Zusammensetzung von weißem Roheisen und Ferromangan. Daß tatsächlich bei Weißeisen und Ferromangan recht beträchtliche Unterschiede in der Zusammensetzung innerhalb des Querschnitts vorkommen, zeigen die nachfolgenden Beispiele.

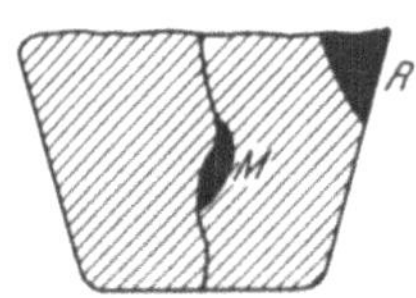

Abb. 30.

Von jeder mittelsten Bettmassel (der 15.) eines ganzen, 10 Bett großen Abstiches (Kokillenguß) wurden von C. R e i n h a r d t[1]) nach Abb. 30 bei M (Mitte der Massel) und R (Rand der Massel) Stücke abgeschlagen und auf Mangan und Phosphor untersucht. Das Material war Thomas-Roheisen. Die Analysenergebnisse sind in Tabelle 1 zusammengestellt.

T a b e l l e 1.
Analysen von Thomas-Roheisenmasseln nach Reinhardt.

	Mangan		Phosphor	
Mittelste Massel aus Bett	Mitte %	Rand %	Mitte %	Rand %
1	2,33	2,33	2,171	2,559
2	2,43	2,54	2,138	2,535
3	2,54	2,64	2,106	2,624
4	2,69	2,79	2,025	2,406
5	2,74	2,85	2,335	2,501
6	2,79	2,85	2,116	2,495
7	2,85	2,95	1,976	2,205
8	3,00	3,00	2,089	2,300
9	3,00	3,00	2,381	2,381
10	3,10	3,16	2,430	2,689

[1]) C. R e i n h a r d t, „Über die Unhomogenität des Thomas-Roheisens". Repertorium der analytischen Chemie. 1887, Nr. 49. S. 742.

Die Unterschiede zwischen Mitte und Rand sind namentlich im Phosphorgehalt bei fast allen Masseln beträchtlich.

Ein ähnliches Ergebnis ergab auch die Analyse zweier, von verschiedenen Thomas-Roheisensorten stammender Masseln A und B. Siehe Tabelle 2.

Tabelle 2.

Analysen von Thomas-Roheisenmasseln nach Reinhardt.

Massel	Mangan		Phosphor	
	Mitte %	Rand %	Mitte %	Rand %
A	2,72	2,43	2,56	3,09
B	3,52	3,57	2,60	2,76

Aus einer Massel wurden ferner noch von Reinhardt nach Maßgabe der Abb. 31 bei a, b, c, d, e und f Stücke abgeschlagen und analysiert. Es wurden gefunden:

Tabelle 3.

Analysen aus einer Massel nach Reinhard.

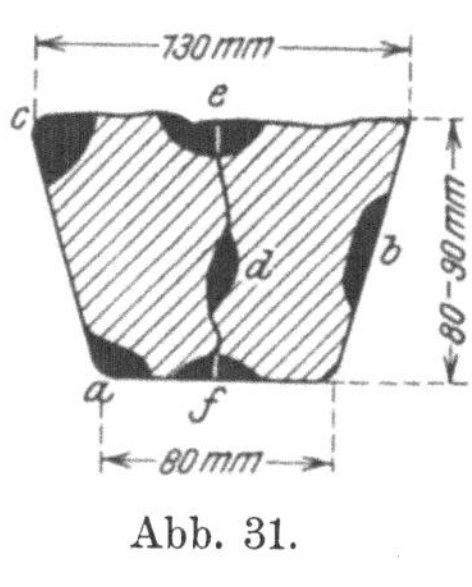

Abb. 31.

Probe entnommen bei	Mangan %	Phosphor %
a	2,95	3,423
b	2,90	3,504
c	3,05	3,447
d	2,95	3,360
e	3,00	3,423
f	2,95	3,480

Hampe[1]) untersuchte das Bruchstück einer Massel von hochprozentigem Ferromangan. Er fand an den in Abb. 32 mit 1, 2, 3 und 4 bezeichneten Stellen folgende Mangangehalte:

Tabelle 4.

Analysen aus einer Massel Ferromangan nach Hampe.

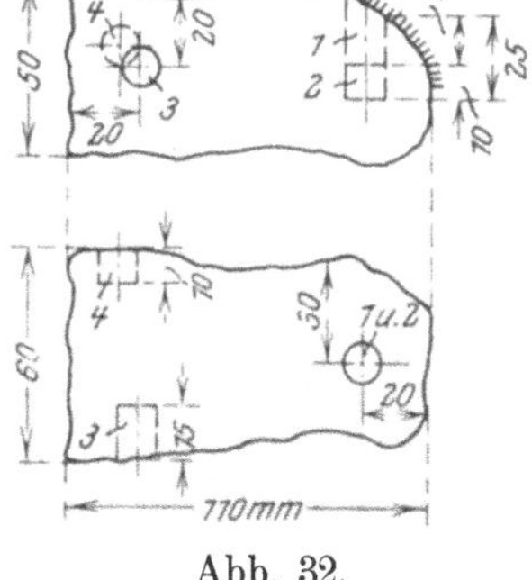

Abb. 32.

Probe entnommen bei	Mangan %
1	82,82
2	81,97
3	81.10
4	80,17

[1]) K. Hampe, „Über die ungleiche Verteilung des Mangans in Ferromangan". Stahl und Eisen 1893, Nr. 9. S. 392: aus Chem.-Zeitung 1893. S. 99.

Die Unterschiede im Mangangehalt innerhalb des Querschnitts sind sehr beträchtlich. Wo wie beim Ferromangan der Wert des Materials nach der Höhe des Mangangehalts beurteilt wird, können solche starke Schwankungen innerhalb einer Massel nur durch die Probenahme aus einer größeren Anzahl von Masseln einigermaßen ausgeglichen werden.

2. Kügelchen- und Nierenbildung. Nicht selten sondern sich im Roheisen und in größeren Gußstücken, abweichend zusammengesetzte Legierungen als selbständig ausgebildete Kügelchen oder Nieren bis zu Walnußgröße vom Muttereisen ab und bleiben innerhalb der Roheisenmassel oder im Gußstück eingeschlossen. Oft sind sie dicht vom Muttermetall umhüllt, oft finden sie sich auch in einem Hohlraum eingelagert. Stets ist ihr Phosphor- und Mangangehalt erheblich größer als der des Muttermetalls, während der Siliziumgehalt geringer ist. Platz[1]) untersuchte die Zusammensetzung solcher Kügelchen und Nieren; er fand:

Tabelle 5.
Analysen von Kügelchen und Nieren nach Platz.

	Graues Eisen mit weißem Rand			Meliertes Eisen			Meliertes rauhes Eisen	
	Kügelchen		Mutter-eisen	platte Kügelchen	Nieren[2])	Mutter-eisen	Kügel-chen	Mutter-eisen
	große	kleine						
Silizium	0,58 %	0,54 %	0,98 %	0,58 %	0,52 %	0,86 %	0,48 %	0,85 %
Phosphor	1,819 %	2,385 %	0,289 %	1,440 %	0,664 %	0,295 %	1,653 %	0,398 %
Mangan	1,17 %	1,22 %	0,72 %	1,02 %	0,78 %	0,70 %	2,25 %	1,92 %

Die Kügelchen haben infolge ihres Phosphorgehaltes einen erheblich niedrigeren Erstarrungspunkt als das Muttereisen. Die dünnflüssige Legierung (Phosphideutektikum) wird beim Festwerden des Muttermetalls in die entstandenen Schwindungshohlräume hineingepreßt, wo sie zu rundlichen Gebilden erstarrt.

3. Kristallbildungen in Hohlräumen. Die Masseln von kleinspiegeligem Puddelroheisen mit Mangangehalten von 5 bis 7 % Mangan enthalten im Innern oft Hohlräume, die mit fein ausgebildeten, blätterartigen Kristallen ausgefüllt sind. Beim Aufschlagen der Massel erscheinen die Kristallblätter spiegelblank, sie bedecken sich jedoch an der Luft bald mit einer bräunlich-gelb bis tiefblauen Oxydhaut von so geringer Dicke, daß sie bei der Analyse vernachlässigt werden kann. Die chemische Untersuchung der Kristallblätter und des Muttermetalls ergibt stets eine wesentliche Verschiedenheit in der Zusammensetzung beider. Platz[3]) untersuchte mehrfach solche Kristalle nebst dem zugehörigen Muttereisen. Er fand:

---

[1]) B. Platz, „Die Wanzenbildung auf Roheisen und die Kügelchenbildung in Roheisen und Gußstücken.“ Stahl und Eisen 1887, Nr. 9. S. 639.

[2]) Konvexe Bodenerhöhungen der größeren Hohlräume.

[3]) B. Platz, „Über Seigerungserscheinungen beim weißen Roheisen“. Stahl und Eisen 1886, Nr. 4. S. 244.

Tabelle 6.
Analysen von Kristallbildungen nach Platz.

	I		II		III	
	Kristall-blätter	Mutter-metall	Kristall-blätter	Mutter-metall	Kristall-blätter	Mutter-metall
Silizium . .	0,260 %	0,395 %	0,229 %	0,521 %	0,101 %	0,313 %
Phosphor . .	0,171 %	0,525 %	0,378 %	0,591 %	0,272 %	0,561 %
Mangan . .	6,570 %	6,120 %	6,970 %	6,008 %	6,380 %	5,872 %
Kohlenstoff .	4,808 %	4,391 %	4,768 %	4,376 %	4,627 %	4,283 %

Die Kristalle sind stets ärmer an Phosphor und Silizium und reicher an Mangan und Kohlenstoff. Sie nähern sich in ihrer Zusammensetzung vermutlich den sich bei der Erstarrung primär ausscheidenden Mischkristallen.

4. Ausscheidungen auf der Oberfläche von Weißeisen. Bekannt ist die Erscheinung, daß beim Stehen von flüssigem Weißeisen in der Pfanne mitunter an der Oberfläche Ausscheidungen erscheinen, die in ihrer Zusammensetzung beträchtlich von der Zusammensetzung des Muttereisens abweichen. Ledebur[1]) fand bei weißem, manganhaltigem und phosphorhaltigem Roheisen (Thomasroheisen) Klumpen von bisweilen mehr als 500 g Gewicht.

Tabelle 7.
Analysen von Ausscheidungen auf der Oberfläche von Weißeisen nach Ledebur.

	Mangan	Schwefel
Die Klumpen enthielten	bis zu 9 %	bis zu 3 %
Das Muttereisen enthielt	3 bis 4 %	höchstens 0,3 %

Die Klumpen bestehen demnach vorwiegend aus Schwefelmangan. Sie sind bereits erstarrt, während das Muttereisen noch flüssig ist.

Bei stark halbiertem und grellem Roheisen finden sich häufig auf der Oberfläche des noch flüssigen Metalls bereits erstarrte, blatternartige Gebilde (von Ledebur als „Wanzen" bezeichnet) bis zu 10 mm Durchmesser. Sie bestehen vorwiegend aus oxydischen Verbindungen.

So ergab eine von Ledebur[1]) ausgeführte Analyse solcher Wanzen nachstehende Gehalte:

Tabelle 8.
Analyse einer „Wanze" nach Ledebur.

Kieselsäure	29,30 %
Eisenoxyd	13,46 %
Eisenoxydul	46,73 %
Manganoxydul	6,40 %
Phosphorsäure	2,66 %
Mangansulfür	1,25 %

---

[1]) A. Ledebur, „Handbuch der Eisen- und Stahlgießerei". III. Auflage. Leipzig 1901. S. 38.

Platz[1]) untersuchte ebenfalls mehrfach solche „Wanzen". Einige der von ihm mitgeteilten Analysenergebnisse sollen hier angeführt werden:

Tabelle 9.
Analysen von „Wanzen" nach Platz.
Zusammensetzung der Wanzen.

	Sehr rauhes Weißeisen	Rauhes Weißeisen	Sehr rauhes Weißeisen	Rauhes Weißeisen	Weißes Puddelroheisen
Kieselsäure . .	4,12 %	11,84 %	4,92 %	11,16 %	8,49 %
Phosphorsäure .	5,91 %	4,49 %	9,75 %	7,55 %	11,93 %
Manganoxydul .	8,97 %	11,14 %	12,80 %	11,54 %	0,46 %

Das zugehörige Muttereisen enthielt

	Sehr rauhes Weißeisen	Rauhes Weißeisen	Sehr rauhes Weißeisen	Rauhes Weißeisen	Weißes Puddelroheisen
Silizium . . .	0,13 %	0,56 %	0,21 %	0,50 %	0,31 %
Phosphor . . .	0,408 %	0,407 %	0,752 %	0,768 %	2,03 %
Mangan . . .	1,71 %	1,76 %	1,86 %	2,29 %	0,38 %

Geraten diese „Wanzen" beim Gießen versehentlich in die Gußform, so können die Oxyde durch den Kohlenstoff des Eisens zum Teil wieder reduziert werden. Es entstehen Metallkügelchen innerhalb des Gußstückes, deren Zusammensetzung von der des Muttermetalls beträchtlich abweicht.

Alle unter 2 bis 4 beschriebenen Erscheinungen können, wenn sie bei der Probenahme nicht beachtet werden, das Analysenergebnis stark beeinflussen.

5. Einfluß des Umschmelzens auf die chemische Zusammensetzung von Weißeisen. Unzulässig wäre es, wollte man aus der Zusammensetzung des ursprünglichen weißen Eisens auch auf die Zusammensetzung des durch Umschmelzen erzielten fertigen Gußstückes schließen, da das Eisen beim Umschmelzen recht beträchtlich seine Zusammensetzung ändert.

Von wesentlichem Einfluß ist die Art, wie das Umschmelzen (Tiegel, Flammofen, Kupolofen) vorgenommen wird.

Bei dreimaligem Umschmelzen weißen Roheisens in Graphittiegeln (3 Teile Graphit, 3 ¼ Teile Ton) fand Müller[2]) folgende Änderungen der chemischen Zusammensetzung:

Tabelle 10.
Analysen mitgeteilt von Müller.

	Kohlenstoff	Silizium	Mangan
Vor dem Umschmelzen	3,59 %	0,07 %	2,04 %
Nach einmaligem Umschmelzen	3,71 %	0,57 %	1,91 %
„ zweimaligem „	3,77 %	0,76 %	1,85 %
„ dreimaligem „	3,63 %	1,07 %	1,86 %

[1]) B. Platz, „Die Wanzenbildung auf Roheisen und die Kügelchenbildung in Roheisen und Gußstücken". Stahl und Eisen 1887, Nr. 9. S. 639.
[2]) Stahl und Eisen 1885, S. 181.

Das ursprünglich weiße Roheisen zeigte nach jedesmaligem Umschmelzen stärkere Graphitauscheidung, bei gleichzeitiger Zunahme des Silizium- und Abnahme des Mangangehaltes. Bei einem vierten Umschmelzen war das ursprünglich weiße Eisen völlig grau geworden. Leider sind die zugehörigen Graphitbestimmungen nicht ausgeführt.

Eine Probe Spiegeleisen mit etwa 12% Mangan, die im Graphittiegel eingeschmolzen und im Ofen der langsamen Abkühlung überlassen wurde, zeigte nach dem Zerschlagen auf der unteren Hälfte B weißes hellglänzendes Bruchkorn, auf der oberen Hälfte A war das Bruchkorn matt und grau.

Die Gefügeuntersuchung und die chemische Analyse ergaben, daß in der oberen Hälfte A erhebliche Mengen Graphit zur Ausscheidung gekommen waren, während die untere Hälfte B weiß geblieben war.

Der Gesamtkohlenstoffgehalt war in A angereichert. Der Mangangehalt war durchgehend um etwa 2% verringert (siehe Tabelle 11).

4868   v = 350   4871   v = 117

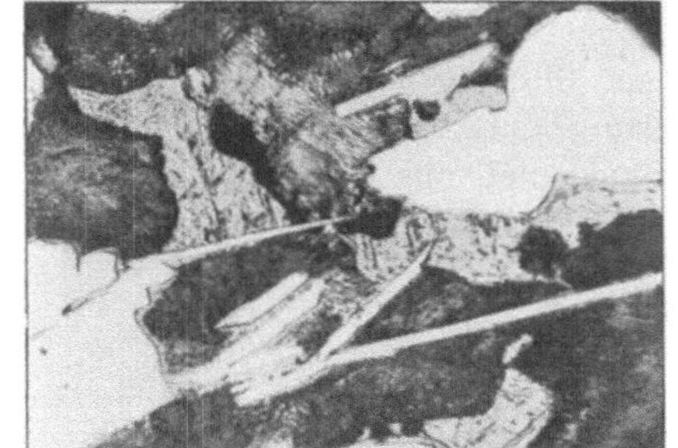 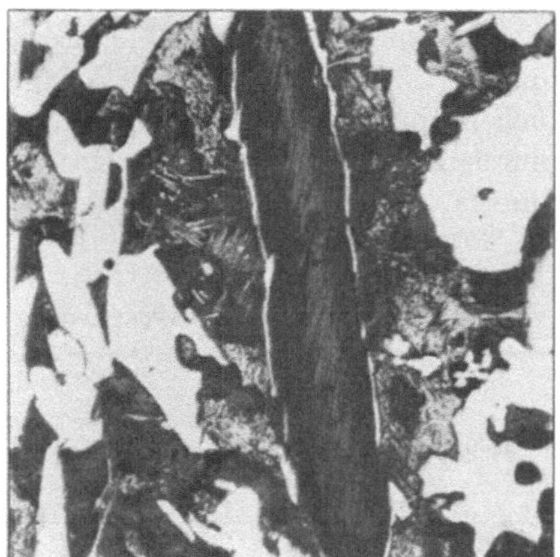

Abb. 33. Spiegeleisen „weiß" erstarrt.   Abb. 34. Spiegeleisen „grau" erstarrt.

Tabelle 11.

Spiegeleisen mit 12 % Mangan nach dem Umschmelzen im Graphittiegel.

	Untere Hälfte B	Obere Hälfte A
Gesamtkohle	5,43 %	5,19 %
Graphit	0,31 %	1,80 %
geb. Kohle	5,12 %	3,39 %
Mangan	9,77 %	9,61 %
Silizium	0,94 %	0,88 %

Abb. 33 (v = 350) entspricht dem Gefüge der unteren weißen Hälfte B. Abb. 34 (v = 117) ist aus der oberen grauen Hälfte A aufgenommen.

Auch beim Umschmelzen im Flammofen treten starke Veränderungen in der Zusammensetzung ein, wie die nachstehenden Analysen zeigen [1]).

---

[1]) Aus: H. v. Jüptner, „Grundzüge der Siderologie". III. Teil. S. 375. Leipzig 1904, bei A. Felix.

36 Umstände, die die Entnahme einer einwandfreien Durchschnittsprobe erschweren.

Tabelle 12.
Analysen mitgeteilt von v. Jüptner.

	I		II	
	vor	nach	vor	nach
		dem Umschmelzen		
Kohlenstoff	3,70 %	3,12 %	3,99 %	3,18 %
Silizium	0,13₅ %	0,021 %	0,20₅ %	0,02₅ %
Mangan	1,74 %	0,26 %	2,07 %	0,28 %
Phosphor	0,103 %	0,036 %	0,07₅ %	0,056 %
Schwefel	0,057 %	0,032 %	0,058 %	0,034 %

Beträchtlich ist die durch das Umschmelzen bedingte Verringerung des Mangan- und Siliziumgehaltes. Auch der Kohlenstoff, Phosphor- und Schwefelgehalt ist geringer geworden.

Beim Umschmelzen im Kupolofen wird in erster Linie Mangan oxydiert. Dabei schützt das Mangan das Silizium vor der Oxydation. Bei hohen Mangangehalten (Spiegeleisen) tritt sogar Anreicherung von Silizium durch Reduktion aus den Ofenwandungen und aus der Schlacke ein, wie die nachstehenden von Köppen[1]) mitgeteilten Analysen, zeigen:

Tabelle 13.
Analysen mitgeteilt von v. Köppen.

Spiegeleisen	I		II		III		IV		V	
	vor	nach	vor	nach	vor	nach	vor	nach	vor	nach
					dem Umschmelzen					
	%	%	%	%	%	%	%	%	%	%
Kohlenstoff .	3,98	4,13	4,40	4,62	4,48	4,60	4,62	4,96	3,63	3,67
Mangan . .	14,81	8,91	14,25	10,52	14,98	11,06	16,24	10,98	14,93	12,03
Silizium . .	0,14	0,50	0,12	0,49	0,12	0,42	0,40	0,66	0,33	0,41

Der Kohlenstoffgehalt nimmt meist durch die innige Berührung des Eisens mit den glühenden Kohlen etwas zu. Beim Schmelzen mit Koks macht sich häufig Anreicherung des Schwefelgehaltes bemerkbar.

6. Einfluß der Abkühlungsgeschwindigkeit auf die Zusammensetzung des Weißeisens. Hartguß. Je nachdem wie die Abkühlung nach dem Guß vorgenommen wird, gelingt es ein und dasselbe Eisen das eine Mal weiß, das andere Mal grau erstarren zu lassen. Man macht hiervon für Herstellung des sog. Hartgusses Gebrauch, d. h. von Gußstücken, deren Oberfläche an bestimmten Stellen absichtlich rasch abgekühlt wird, so, daß sich eine mehr oder weniger dicke Schicht weißen Eisens (α in Abb. 35) bildet. Die weiße, harte Schicht geht allmählich in halbiertes Eisen (β in Abb. 35) über und der Kern sowie die nicht rasch abgekühlten Teile erstarren grau (γ in Abb. 35).

---

[1]) E. v. Köppen, Dinglers polyt. Journ. Bd. 232. S. 53.

Über die Tiefe der weißen Schicht (die sog. Härtetiefe) gibt die metallographische Gefügeuntersuchung Aufschluß.

1334　　　　　　　　　v = 1　　6013　　　　　　　　v = 350

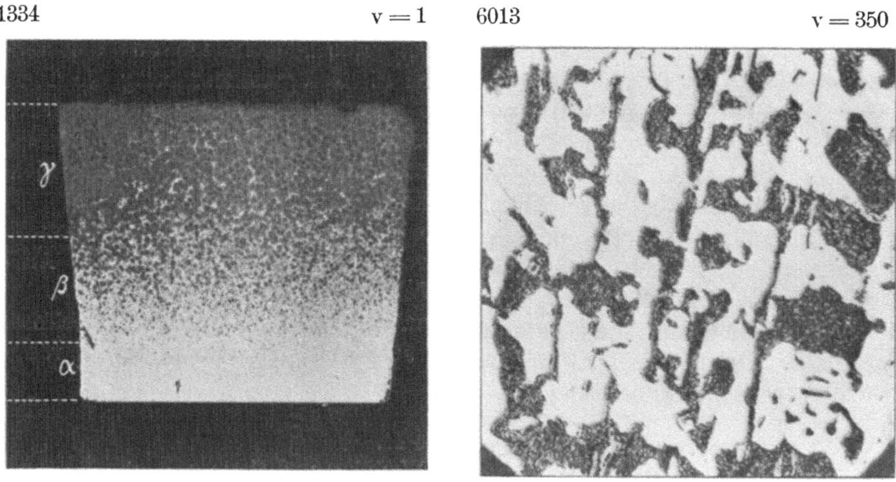

Abb. 35. Hartguß.　　　　　　Abb. 36. Aus dem weißen Rand α
aufgenommen.

Abb. 35 läßt bereits in natürlicher Größe den allmählichen Übergang vom weißen zum grauen Eisen erkennen.

Abb. 36 ist in 350facher linearer Vergrößerung aus dem weißem Rand α aufgenommen. Das Gefüge besteht aus Zementit und Perlit.

6014　　　　　　　　v = 350　　6015　　　　　　　　v = 350

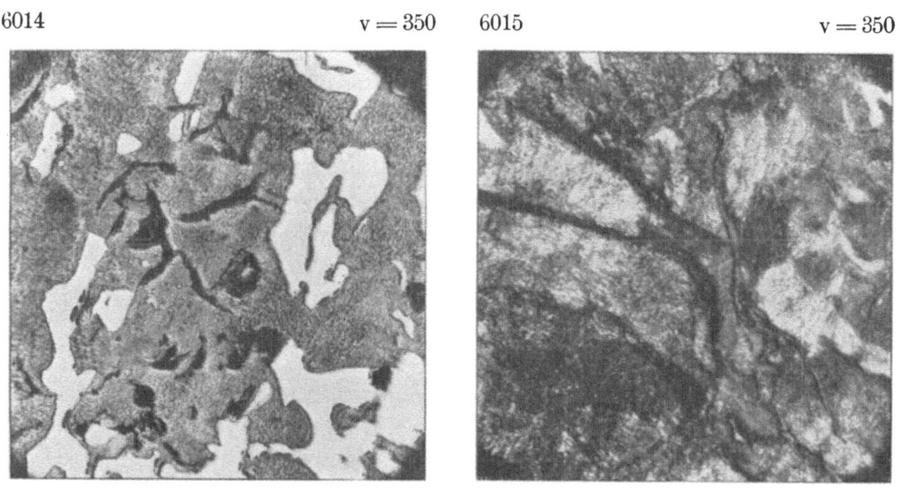

Abb. 37. Aus der Übergangszone β　　　Abb. 38. Aus dem grauen Teil γ
aufgenommen.　　　　　　　　　aufgenommen.

Abb. 37 (v = 350) entspricht der Übergangszone β (halbiertes Eisen). Neben Zementit und Perlit treten bereits kleine Graphitnester auf.

Abb. 38 (v = 350) entspricht dem grauen Teil γ. Große Graphitblätter liegen im Perlit. Zementit ist nur in sehr geringen Mengen vorhanden.

Eine Durchschnittsanalyse über den ganzen Querschnitt (α = weißer Rand, β = melierte Übergangszone und γ = grauer Kern) wäre in solchen Fällen wertlos. Wünschenswert kann es dagegen mitunter sein, die chemische Zusammensetzung der einzelnen Schichten α, β, γ zu kennen. Hier ist demnach für die chemische Analyse getrennte Probenahme aus den einzelnen Zonen am Platze. Nachdem durch die Gefügeuntersuchung die Tiefe der Schichten festgestellt ist, entnimmt man durch Abhobeln oder durch Bohren erst aus der grauen Zone γ Analysenspäne, darauf aus dem halbierten Teil β. Die dünne, noch bleibende harte weiße Schicht α, die sich nicht mehr bearbeiten läßt, wird schließlich zerschlagen.

In Tabelle 14 sind einige von Wedding und Cremer[1] mitgeteilte Analysen von verschiedenen Hartgußproben zusammengestellt. Die Analysen sind nur aus Teil α (weiß) und Teil γ (grau) entnommen.

Die einzelnen Versuchsstücke wurden in die übliche Masselform gegossen. Der Boden der Form bestand aus Eisen, die Wände aus gewöhnlichem trockenem Formsand.

Tabelle 14.

Analysen mitgeteilt von Wedding und Cremer.

Bezeichnung der Probe		Gesamt-kohlen-stoff %	Graphit %	Silizium %	Mangan %	Phosphor %	Schwefel %	Kupfer %	Härtetiefe in mm
Nr. 1	weiß (α)	3,30	0,56	1,55	1,41	—	—	Spuren	} 7—12
	grau (γ)	3,27	2,45	1,57	1,23	—	—	—	
Nr. 2	weiß (α)	2,87	0,14	1,64	1,39	0,68	0,03	—	} 15—20
	grau (γ)	2,37	2,27	1,50	1,08	—	0,03	Spuren	
Nr. 3	weiß (α)	3,12	0,09	1,16	1,33	0,51	0,041	Spuren	} 20—28
	grau (γ)	3,07	2,43	1,22	0,87	0,49	0,039	—	
Nr. 4	weiß (α)	3,26	0,08	0,91	1,53	0,52	0,08	—	} 32—48
	grau (γ)	3,05	1,86	1,09	1,16	0,56	0,08	—	
Nr. 5	weiß (α)	3,16	0,06	0,86	1,02	—	—	—	} 36—50
	grau (γ)	2,53	1,56	0,82	0,82	0,82	—	Spuren	
Nr. 6	weiß (α)	3,07	0,03	0,75	1,05	0,62	0,03	—	} 55—75
	grau (γ)	2,42	1,52	0,70	1,01	0,59	0,03	—	
Nr. 7	weiß (α)	3,20	0,03	0,82	0,16	0,88	0,10	Spuren	} 35—90
	grau (γ)	2,89	2,27	0,81	0,15	0,88	0,10	—	

In allen Fällen ist der Gesamtkohlenstoff und der Mangangehalt im Teil α (weiß) höher als im grauen Teil γ.

Zahlreiche chemische Analysen von Hartgußwalzen sind von de Loisy[2] ausgeführt. In Tabelle 15 sind einige der von ihm gefundenen Werte angegeben. Es handelt sich hier um Hartgußwalzen französischen Ursprungs, die sich in der Praxis gut bewährt haben sollen.

---

[1] H. Wedding und F. Cremer, „Chemische und metallographische Untersuchung des Hartgusses". Stahl und Eisen 1907, Nr. 24. S. 835.
[2] M. E. de Loisy, Revue de Métallurgie. „Mémoires Tome II." S. 862. 1906. Hieraus Auszug in Stahl und Eisen 1906, Nr. 20. S. 1257.

Tabelle 15.

Analysen von Hartgußwalzen mitgeteilt von de Loisy.

Firma	Walze Nr.	Probe entnommen aus	Kohlenstoff gebund. %	Kohlenstoff Graphit %	Kohlenstoff Gesamt %	Silizium	Mangan	Schwefel	Phosphor
Perry & Co.	1	weißem Teil	2,10	0,45	2,55	0,68	0,38	0,152	0,502
		grauem „	1,22	1,20	2,42	0,70	0,39	0,178	0,475
„	2	weißem Teil	2,85	0,35	2,70	0,75	0,40	0,137	0,590
		grauem „	0,98	2,00	2,98	0,70	0,48	0,162	0,577
„	3	weißem Teil	1,90	0,68	2,58	0,91	0,40	0,162	0,502
		grauem „	1,14	1,75	2,89	0,89	0,38	0,181	0,464
„	4	weißem Teil	2,52	0,60	3,12	0,42	0,47	0,094	0,528
		grauem „	0,40	2,50	2,90	0,65	0,48	0,106	0,625
Le Creusot	5	weißem Teil	1,70	1,40	3,10	0,63	0,50	0,082	0,427
		grauem „	0,48	2,50	2,98	0,65	0,50	0,065	0,479
„	6	weißem Teil	2,37	0,54	2,91	0,72	0,87	0,071	0,649
		grauem „	0,91	1,97	2,88	0,74	0,86	0,064	0,645
„	7	weißem Teil	1,99	0,82	2,81	0,80	0,76	0,091	0,528
		grauem „	0,68	2,11	2,79	0,81	0,78	0,088	0,531
„	8	weißem Teil	2,17	0,85	3,02	0,71	0,79	0,086	0,629
		grauem „	0,61	2,46	3,08	0,67	0,81	0,089	0,624
„	9	weißem Teil	2,41	0,49	2,90	0,64	0,68	0,098	0,611
		grauem „	0,82	2,09	2,91	0,62	0,71	0,101	0,608

Mit Ausnahme der Walzen 2, 3, 8, 9 zeigen die Analysen deutliche Anreicherung des Gesamtkohlenstoffgehaltes in der weißen (harten) Schicht.

Noch erheblicher sind die Unterschiede in den nachfolgend aufgeführten von Ledebur[1]) analysierten Hartgußstücken.

Tabelle 16.

Analysen mitgeteilt von Ledebur.

Gegenstand	Probe entnommen aus	Gesamt-Kohlenstoff %	Silizium %	Mangan %	Phosphor %	Schwefel %	Kupfer %
Hartgußpanzer von Gruson	weißem Teil	3,31	0,26	1,03	nicht bestimmt	nicht bestimmt	0,08
	grauem „	3,03	0,71	1,08	„	0,08	nicht bestimmt
Hartguß Laufrad . . .	weißem Teil	3,27	0,91	1,64	„	0,03	„
	grauem „	3,06	1,01	1,01	„	0,03	„
Hartguß Walze	weißem Teil	3,08	0,88	0,21	0,83	0,12	0,06
	grauem „	2,40	0,86	0,24	0,87	0,14	0,07
Hartguß Walze	weißem Teil	3,20	0,83	0,15	0,88	0,10	0,03
	grauem „	2,84	0,80	0,16	0,88	0,10	0,04

---

[1]) Ledebur, „Handbuch der Eisen- und Stahlgießerei". Leipzig 1901. S. 33. Verlag B. F. Voigt.

Die Unterschiede im Gesamtkohlenstoffgehalt zwischen dem weißen und dem grauen Teil sind bei allen Gußstücken erheblich. Die Graphitgehalte gibt Ledebur nicht an. Beim Laufrad ist der Mangangehalt im weißen Teil angereichert, während beim Hartgußpanzer der Siliziumgehalt des grauen Teiles beträchtlich höher ist als im weißen Teil.

Über einen eigenartigen Hartguß berichtet Davis[1]). Er fand in einem von ihm untersuchten Gußstück an den Außenflächen graues Eisen, während der Kern weiß erstarrt war, wie auch aus den mitgeteilten Analysen hervorgeht.

Tabelle 17.

Analyse eines Hartgußstückes mitgeteilt von Davis.

	Analyse des	
	äußeren grauen Teiles	inneren weißen Teiles
Silizium	2,61 %	3,16 %
Schwefel	0,106 %	0,102 %
Phosphor	0,60 %	0,74 %
Mangan	0,36 %	0,19 %
Graphitischer Kohlenstoff . .	} 3,40 % (viel Graphit)	0,25 %
Gebundener „ . .		3,04 %

2632   v = 365

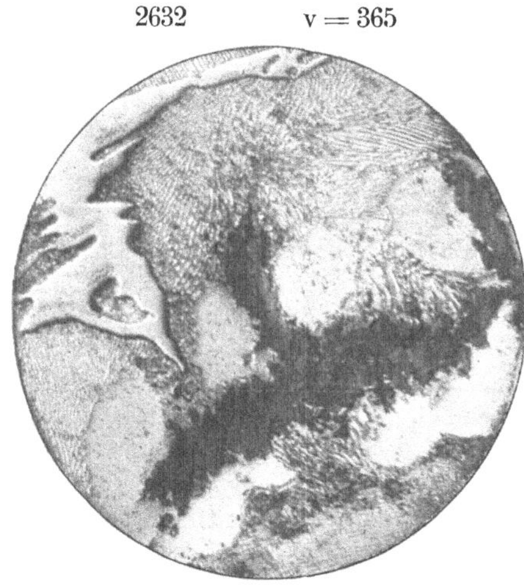

Abb. 39.   Getempertes weißes Roheisen.

Nächst der auffallenden Verteilung des Graphitgehaltes[2]) sind auch noch die erheblichen Unterschiede im Mangan- und Siliziumgehalt in ein und demselben Gußstück bemerkenswert. Während der äußere graue Teil manganreicher ist, ist der weiße innere Teil silizium- und phosphorreicher.

7. Einfluß des Glühens auf die chemische Zusammensetzung des Weißeisens. Tempern, Glühfrischen. Wird weißes Roheisen bei höheren Temperaturen (über 700° C) längere Zeit geglüht (Tempern), so tritt Zerfall des Eisenkarbides (Zementit) und der kohlenstoffreichen Mischkristalle (Martensit) ein. Es scheiden sich Kohle (Temperkohle) und Eisen (Ferrit) aus.

---

[1]) George C. Davis, „The Iron Age". 1906. Vol. 78. S. 937.

[2]) Diese noch wenig geklärte Erscheinung soll nach neuerer Auffassung dem Druck der äußeren, bereits erstarrten Schicht auf die inneren Teile zuzuschreiben sein. Infolge des Druckes wird die Graphitausscheidung im Innern wegen der Unmöglichkeit der dazu erforderlichen Ausdehnung des Metalles verhindert. Ein solcher innen gehärteter Guß tritt nur bei reichlichem Siliziumgehalt des Eisens auf.

Ob diese Erklärung die richtige ist, ob nicht auch Impfwirkung (z. B. von der Schwärze der Gußform) hier eine Rolle spielt mag dahingestellt bleiben.

Dieser Zerfall setzt nicht gleichmäßig durch die ganze Masse des Gußstückes ein, sondern er beginnt an einzelnen Zentren, sich von da aus weiter verbreitend. Bei diesem Verfahren („black heart") ist Austreiben des Kohlenstoffs nicht beabsichtigt, sondern nur eine Umwandlung der gebundenen Kohle in Temperkohle. Wie weit dieses Ziel erreicht ist, läßt sich metallographisch schneller und sicherer nachweisen als chemisch-analytisch. Abb. 39 ($v = 365$) stellt ein 108 St. in Holzkohle geglühtes ursprünglich weißes Roheisen dar. Größere Mengen von Temperkohle liegen im Ferrit, daneben treten Zementit und Perlit auf.

Wird das Glühen in einer sauerstoffreichen Atmosphäre durchgeführt (Glühfrischen), so tritt gleichzeitig eine vom Rand des Gußstückes allmählich nach innen fortschreitende Entkohlung ein. Abb. 40 entspricht einem in dieser Weise behandelten Gußstück. Es weist drei Schichten oder Zonen mit verschieden hohen Kohlenstoffgehalten auf.

a) = kohlenstoffarme Randzone, vergl. Abb. 41 ($v = 200$)

b) = kohlenstoffreichere Übergangszone, vergl. Abb. 41 ($v = 200$),

c) = kohlenstoffreiche Kernzone mit Temperkohleausscheidung, vergl. Abb. 42 ($v = 200$).

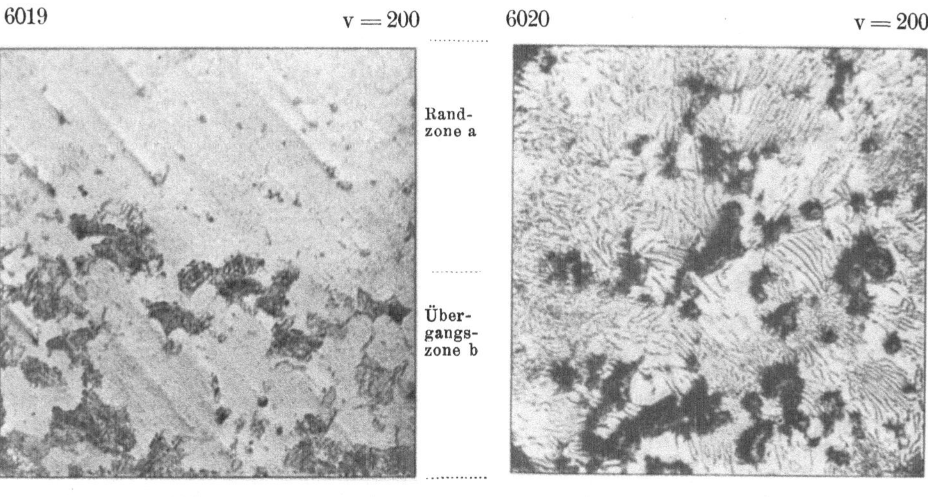

Abb. 40. Temperguß.

Abb. 41.

Abb. 42. Kernzone c.

Eine Durchschnittsanalyse wäre hier wertlos, da sie nichts über die Verteilung des Kohlenstoffs aussagt. In allen Fällen empfiehlt es sich bei der Untersuchung von Temperguß zunächst eine metallographische Untersuchung der rein chemischen vorausgehen zu lassen. Die chemische Analyse des in Abb. 40 dargestellten Tempergußstückes ergab folgendes:

Tabelle 18.

Analyse eines Tempergußstückes.

	Analysenspäne entnommen aus Kernzone c (siehe Abb. 40, 41 u. 42)	Analysenspäne entnommen aus Rand- und Übergangszone[1]) a und b (siehe Abb. 40, 41 u. 42)
Gesamtkohlenstoff .	3,48 %	1,45 %
Temperkohle . . .	2,60 %	0,96 %
gebundene Kohle .	0,88 %	0,49 %
Silizium	0,65 %	0,66 %
Mangan	0,04 %	0,04 %
Phosphor	0,083 %	0,085 %
Schwefel	0,220 %	0,224 %
Kupfer	0,21 %	0,22 %
Nickel	0,05 %	0,05 %

In der Literatur finden sich zahlreiche Analysen, die die Ausscheidung der Temperkohle belegen. Von Einfluß auf die Temperkohle-Ausscheidung ist neben der Temperatur und der Zeitdauer des Glühens auch die chemische Zusammensetzung des Eisens. Silizium begünstigt, Mangan verhindert die Bildung von Temperkohle[2]).

Tabelle 19.

Analysen mitgeteilt von G. Charpy und L. Grenet.

Nr.[3])	Kohlenstoff %	Silizium %	Mangan %	Schwefel %	Phosphor %
1	3,60	0,07	0,03	0,01	Spuren
2	3,40	0,27	Spuren	0,02	0,02
3	3,25	0,80	„	0,02	0,03
4	3,20	1,25	0,12	0,01	0,01
5	3,30	2,10	0,12	0,02	0,01

Fünf verschiedene Sorten von weißem Eisen von der in Tabelle 19 mitgeteilten chemischen Zusammensetzung wurden 4 Stunden lang bei ver-

---

[1]) Die beiden äußeren Zonen a und b sind gemeinsam abgehobelt und analysiert. Wäre die dünne äußerste Randzone a allein analysiert worden, so wären die Unterschiede noch bedeutend größer.

[2]) „Über den Einfluß des Siliziums beim Glühfrischen“. Stahl und Eisen 1902. S. 813. Aus G. Charpy und L. Grenet, „Sur l'équilibre des systèmes fer-carbone.“ Bulletin de la Société d'encouragement pour l'industrie nationale. 1902. S. 399.

[3]) Die Proben 1 bis 4 waren vor dem Glühen frei von Graphit. Probe 5 enthielt 0,2 % Graphit.

verschiedenen Temperaturen geglüht. Die Gehalte an Temperkohle und gebundener Kohle nach dem Glühen betrugen:

Tabelle 20.
Analysen mitgeteilt von G. Charpy und L. Grenet.

Nr.	4 Stunden geglüht bei							
	1100°		1000°		900°		700°	
	Temper-kohle %	geb. Kohle %	Temper-kohle %	geb. Kohle %	Temper-kohle %	geb. Kohle %	Temper-kohle %	geb. Kohle %
1	1,15	1,74	1,03	1,74	—	—	1,87	0,43
2	1,26	1,93	1,00	1,62	—	—	—	—
3	1,61	1,26	1,60	1,52	1,67	1,17	2,56	0,38
4	2,10	1,02	2,20	0,98	2,32	0,90	—	—
5	2,18	1,00	2,10	0,93	2,33	0,90	2,67	0,28

Bei den meisten Proben ist gleichzeitig eine beträchtliche Abnahme des Gesamtkohlenstoffgehaltes zu beobachten. Neben der Abscheidung der Temperkohle ist daher eine kräftige Verbrennung des Kohlenstoffs nebenher gegangen, die sich besonders deutlich an der Oberfläche der Proben bemerkbar gemacht haben muß; der Kern wird daher erheblich kohlenstoffreicher sein, als wie es die Analysen erkennen lassen. Obiges Beispiel ist kennzeichnend dafür, daß die chemische Analyse allein in vielen Fällen zur Aufklärung über chemische Veränderungen im Material nicht ausreicht.

Folgende von Wüst[1]) mitgeteilte Analysen zeigen deutlich den sehr erheblichen Unterschied im Kohlenstoffgehalt zwischen Rand und Mitte.

Zwei Stäbe (10 mm Durchmesser) aus weißem Eisen wurden in Eisenoxyd eingebettet. Stab X wurde 110 Stunden lang bei 940° C, Stab VII 24 Stunden bei 960° C geglüht. Die Analyse ergab:

Tabelle 21.
Analysen mitgeteilt von Wüst.

Stab X			Stab VII		
	Rand	Mitte		Rand	Mitte
Gesamtkohle . . .	1,07 %	3,98 %	Gesamtkohle . . .	2,02 %	3,97 %
Temperkohle . . .	0,21 %	3,86 %	Temperkohle . .	1,54 %	3,50 %
Gebundene Kohle .	0,86 %	0,12 %	Gebundene Kohle .	0,48 %	0,47 %

Das Ausgangsmaterial enthielt 4,17 % Gesamtkohle und nur Spuren von Graphit.

Beim Glühen in Koks, Kohle usw. pflegt der Schwefelgehalt durch Aufnahme aus dem Glühmittel angereichert zu werden.

Diese Anreicherung findet sich jedoch nur in den äußeren Schichten der geglühten Gegenstände. Der Mangan, Silizium und Phosphorgehalt er-

---

[1]) F. Wüst, Über die Theorie des Glühfrischens, Metallurgie 1908. S. 9.

fährt in der Regel keine Veränderung. Nachstehende von Davenport[1]) ausgeführte Untersuchungen zeigen dieses Verhalten deutlich:

Tabelle 22.
Analysen mitgeteilt von Davenport.

Erster Versuch	Kohlenstoff %	Silizium %	Phosphor %	Schwefel %	Mangan %
Vor dem Glühen . . .	3,44	0,44	0,31	**0,059**	0,53
Nach einmaligem Glühen	1,51	0,44	0,32	**0,067**	0,58
„ zweimaligem „	0,10	0,45	0,31	**0,083**	0,52
Zweiter Versuch					
Vor dem Glühen . . .	3,48	0,58	0,28	**0,10**	0,58
Nach einmaligem Glühen	0,43	0,61	0,29	**0,14**	0,61
„ zweimaligem „	0,10	0,61	0,29	**0,16**	0,57

Das Anwachsen des Schwefelgehaltes ist deutlich erkennbar.

Da hier nur Durchschnittsanalysen angegeben sind, so kommen die Unterschiede im Schwefelgehalt zwischen Rand und Mitte nicht zum Ausdruck.

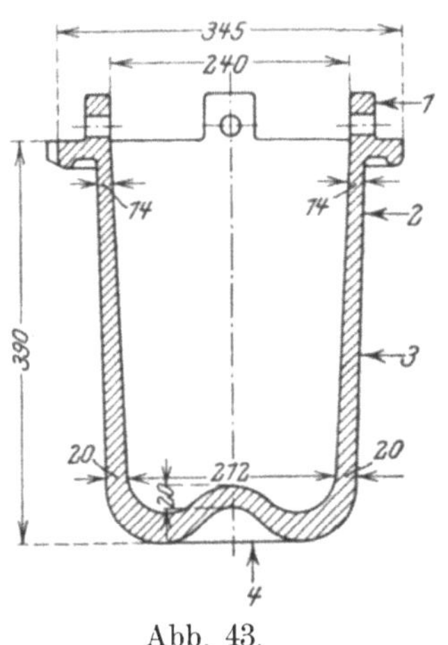

Abb. 43.

Ist bei größeren Stücken die Glühtemperatur nicht an allen Stellen die gleiche, oder steht das zu glühende Stück stellenweise unvollkommen mit dem Glühmittel (z. B. Eisenoxyd) in Berührung, so kann es vorkommen, daß einzelne Stellen nur unvollkommen oder gar nicht getempert werden. Es verbleiben in dem Gußstück weiße harte Stellen, die sich bei der Weiterverarbeitung oder im Betrieb unliebsam bemerkbar machen. Dieser Fall trat z. B. bei einem unvollkommen getemperten Laufrade ein. An einer Stelle zeigte das Gefüge den für weißes Eisen kennzeichnenden Aufbau (vergl. Abb. 10), während es an allen übrigen Stellen des Laufrades reichliche Mengen von Temperkohle aufwies (vergl. Abb. 8).

Oft kann auch unbeabsichtigtes Tempern eintreten. Wüst[2]) beschreibt ein interessantes Beispiel für solche nicht beabsichtigte Temper- und Glühfrischwirkung. Eine Ölgasretorte aus weißem Eisen (s. Abb. 43) war lange Zeit im Betriebe der Einwirkung der Feuergase ausgesetzt. Die an den mit 1 bis 4 bezeichneten Stellen entnommenen Analysenspäne ergaben folgende Gehalte an den einzelnen im Eisen auftretenden Stoffen.

---

[1]) R. Davenport, „Chemische Untersuchungen über einige Punkte der Darstellung schmiedbaren Gusses“. Dinglers polyt. Journal Bd. 207. S. 51 (aus Mechanics Magazine. 1871. S. 392).

[2]) F. Wüst, „Veränderung des Gußeisens durch anhaltendes Glühen“. Stahl und Eisen 1903. S. 1136.

Tabelle 23.
Analysen mitgeteilt von Wüst.

	Analysenspäne entnommen bei			
	1	2	3	4
Gesamtkohlenstoff	3,39 %	3,33 %	3,04 %	0,50 %
Graphit und Temperkohle . .	0,48 %	1,05 %	2,10 %	0,47 %
Gebundene Kohle	2,91 %	2,28 %	0,94 %	0,03 %
Silizium	0,73 %	0,70 %	0,66 %	0,49 %
Mangan	0,48 %	0,46 %	0,44 %	0,39 %
Phosphor	0,081 %	0,074 %	0,073 %	0,079 %
Schwefel	0,128 %	0,159 %	0,230 %	0,498 %
Sauerstoff	0,05 %	0,12 %	0,35 %	0,75 %

Die bei 1 entnommenen Analysenspäne entsprechen etwa der ursprünglichen Zusammensetzung des Eisens. Durch die Glühfrischwirkung der Feuergase ist eine durchgreifende Veränderung in der chemischen Zusammensetzung eingetreten. Am weitgehendsten ist der Boden der Retorte verändert, der der Einwirkung der Feuergase am unmittelbarsten ausgesetzt war. Nächst der weniger auffallenden Abnahme des Gesamtkohlenstoffgehaltes und der mehr nach dem Boden zu stetig zunehmenden Menge der ausgeschiedenen Temperkohle (in Prozenten des Gesamtkohlenstoffgehaltes) ist die mehr nach dem Boden zu stetige Verringerung des Siliziumund gleichzeitig stetig zunehmende Menge des Schwefel- und Sauerstoffgehaltes bemerkenswert.

Man denke sich im vorliegenden Fall die Analysenspäne von nicht sachverständigen Händen willkürlich entnommen und verschiedenen chemischen Laboratorien zwecks Feststellung der durchschnittlichen Zusammensetzung des Retortenmaterials übersandt.

Das Ergebnis wäre eine Anzahl von Analysen, die scheinbar nichts miteinander gemein haben. Aufklärung über dieses auffallende Verhalten gibt sofort die metallographische Gefügeuntersuchung.

H. Graues Roheisen. Gußeisen.

1. Probenahme beim grauen Gußeisen. Hier wie in allen später zu besprechenden Fällen, bei denen Bearbeitung mit schneidenden Werkzeugen ohne weiteres möglich ist, sind, wenn es sich um Entnahme einer Durchschnittsanalyse handelt, die Probespäne stets durch Hobeln über den ganzen Querschnitt[1]), nicht etwa durch Anbohren zu entnehmen.

Beim Hobeln und Sammeln der Späne in der Werkstatt sind alle im Abschnitt F Seite 27 erwähnten Vorsichtsmaßregeln sorgfältig zu beachten, da sonst leicht große Verluste an Graphit eintreten können.

Für die Analyse eines einzelnen Stückes z. B. einer Massel entnimmt man an verschiedenen Stellen (in Abb. 44 mit 1, 2, 3 bezeichnet) annähernd gleiche Mengen Späne und vereinigt sie zu einer Durchschnittsprobe.

---

[1]) Ausnahmen von dieser Regel werden später beschrieben.

Späne von tiefgrauem Roh- und Gußeisen sind jedoch nie gleichmäßig groß. Beim Hobeln entsteht stets ein grober Anteil I und ein feinerer Anteil II.

Der feinere Anteil II enthält auch die beim Hobeln herausgerissenen Graphitblättchen. Durch längeres Schütteln der Späne in einer Glasflasche

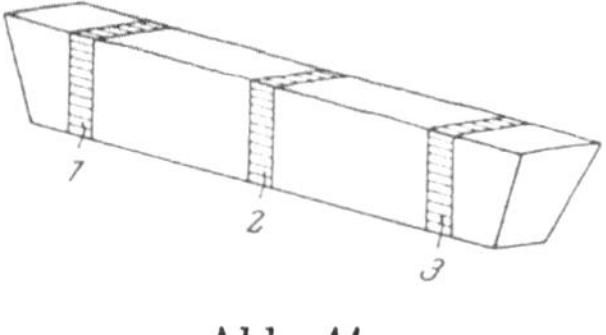

Abb. 44.

läßt sich meist noch ein dritter, feinster Anteil III absondern, der stets erheblich kohlenstoffreicher zu sein pflegt als der Anteil I und II. Beim Einfüllen und längerem Stehen in Probeflaschen sondern sich diese verschiedenen Spananteile allmählich ganz von selbst in Schichten übereinander. Die gröbsten Späne (Anteil I) liegen oben, dann folgt der mittlere Anteil II und im untersten Teil III befinden sich die feinsten, graphitreichsten Späne.

Selbst bei gutem Durchmischen ist es nicht leicht eine richtige Durchschnittsprobe für die Einwage zu entnehmen. Für genaue Analysen, z. B.

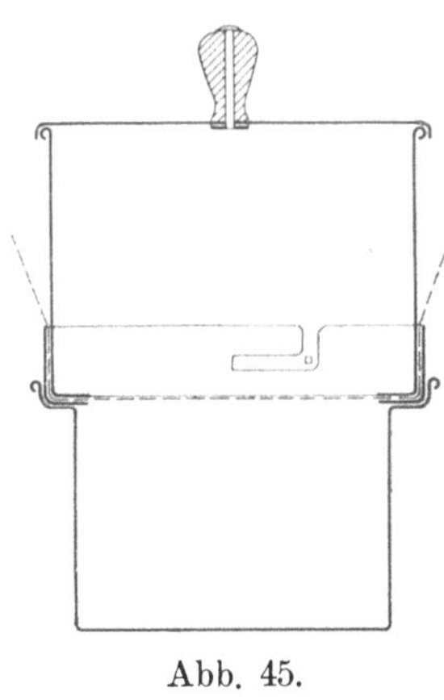

Abb. 45.

Schiedsanalysen, wird es daher stets erforderlich sein, das gesamte Spanmaterial durch Absieben in mehrere (zwei bis drei) Unterteile von gleicher Spangröße zu zerlegen. Die Gewichte dieser Unterteile werden festgestellt. Von jedem dieser Unterteile werden Einwagen im Verhältnis ihrer Gewichte entnommen und zu einer Gesamteinwage vereinigt, wie das nachfolgende Beispiel zeigt:

Insgesamt waren m g (693 g) Späne durch Hobeln gewonnen. Durch Absieben wurden die Späne in drei Unterteile I, II und III geteilt.

I grober Teil $= \alpha$ Gramm (469 g)
II mittlerer Teil $= \beta$ „   (193 g)
III feinster Teil $= \gamma$ „   (31 g)
$$\alpha + \beta + \gamma = m \ (693 \ \text{g})$$

Für eine Analyseneinwage von z. B. 1 g sind demnach abzuwägen.

$$\text{von} \quad \text{I} = \frac{\alpha}{\alpha + \beta + \gamma} = 0,6768 \ \text{g}$$

$$\text{II} = \frac{\beta}{\alpha + \beta + \gamma} = 0,2785 \ \text{g}$$

$$\text{III} = \frac{\gamma}{\alpha + \beta + \gamma} = 0,0447 \ \text{g}$$

und zu einer Probe zu vereinigen.

Das in Abb. 45 dargestellte Messingsieb ist für obige Zwecke gut geeignet. Der obere Deckel muß gut schließen, damit nicht Verstäuben des feinen durchgegangenen Gutes eintritt. Maschenweiten von 900 Maschen auf 1 qcm und von 2500 Maschen auf 1 qcm dürften für alle analytischen Zwecke ausreichend sein.

Wie verschieden, namentlich im Gesamtkohlenstoff- und im Graphitgehalt, die chemische Zusammensetzung der einzelnen Siebanteile sein kann, mögen folgende Beispiele zeigen.

1. Beispiel. Von einem Quadratstab (130×130 mm) tiefgrauen Gußeisens wurden durch Hobeln über den ganzen Querschnitt insgesamt 189 g Späne entnommen.

Nach dem Durchsieben durch ein 900 Maschen-Sieb wurden erhalten:

I grober Teil 173 g
II feiner Teil   16 g[1]).

Die Analyse ergab:

Tabelle 24.

Tiefgraues Gußeisen.

	I im groben Teil	II im feinen Teil	Durchschnittsgehalt des Gußeisens berechnet aus I und II[2])
Gesamtkohlenstoff . . .	2,62 %	11,66 %	3,39 %
Graphit	2,38 %	10,91 %	3,10 %
Gebundener Kohlenstoff .	0,24 %	0,75 %	0,29 %
Silizium	2,44 %	2,27 %	2,42 %
Phosphor	0,51 %	0,56 %	0,515 %
Schwefel	0,08 %	0,073 %	0,079 %

Die Unterschiede im Graphit und Kohlenstoffgehalt in den einzelnen Teilen sind sehr beträchtlich.

2. Beispiel. Noch deutlicher treten die Unterschiede bei nachstehendem Beispiel hervor, bei dem drei Teile abgesiebt wurden. Von einer Massel grauen schwedischen Roheisens wurden durch Hobeln über den ganzen Querschnitt insgesamt 693 g Späne entnommen. Nach dem Durchsieben durch ein 900 und ein 2500 Maschensieb wurden erhalten:

I grober Teil   469 g
II mittlerer Teil 193 g
III feiner Teil   31 g.

---

[1]) Der Teil II zeigte beim leichten Schütteln noch deutliche Entmischung. Auf der Oberfläche sammelten sich schwarze glänzende Graphit-Blättchen, die sich deutlich von der grau erscheinenden Hauptmasse unterschieden. Hier wäre daher Anwendung eines zweiten feineren Siebes (2500 Maschen) angebracht gewesen, zumal die Einzelbestimmungen des Graphits recht erhebliche Schwankungen (12,64 % und 10,68 % im Mittel 11,66 %) aufwiesen, die nur auf Entmischung zurückgeführt werden können.

[2]) Der Ansatz für die Berechnung ist:

$$\frac{a\,I + b\,II}{I + II}$$

wo a den analytisch gefundenen Prozentgehalt des gesuchten Stoffes im Teil I und
   b den analytisch gefundenen Prozentgehalt des gesuchten Stoffes in Teil II bedeutet.
Für den Gesamtkohlenstoffgehalt ist demnach der Ansatz

$$\frac{2{,}62 \cdot 173 + 11{,}66 \cdot 16}{189} = 3{,}39\,\%\ \text{Gesamt-Kohlenstoff.}$$

Die Analyse der drei einzelnen Teile ergab:

Tabelle 25.

Tiefgraues Gußeisen.

	I im groben Teil	II im mittleren Teil	III im feinen Teil	Durchschnittsgehalt des Roheisens berechnet aus I, II und III
Gesamtkohlenstoff . .	3,53 %	4,04 %	22,0 %	4,50 %
Graphit	2,12 %	2,53 %	20,94 %	3,07 %
Gebundener Kohlenstoff	1,41 %	1,51 %	1,06 %	1,43 %
Silizium	0,80 %	0,83 %	0,76 %	0,80 %
Phosphor	0,051 %	0,044 %	0,030 %	0,048 %
Schwefel	0,017 %	0,014 %	0,013 %	0,016 %

Die Unterschiede im Graphit und Gesamt-Kohlenstoffgehalt sind hier noch bedeutend größer als im vorigen Beispiel.

Endlich wurde noch in je 1 g Gesamteinwage (entnommen im Verhältnis der Gewichte der Unterteile I, II und III wie auf S. 46 erläutert) der Gesamt-Kohlenstoff- und der Graphitgehalt analytisch ermittelt. Es wurden gefunden:

Gesamtkohlenstoff 4,43%
Graphit 3,03%
demnach geb. Kohlenstoff 1,40%

Die Werte stimmen recht gut mit den durch Rechnung ermittelten Durchschnittsgehalten aus obenstehender Tabelle 25 überein.

Aus obigen Untersuchungen ergibt sich für den Analytiker die Notwendigkeit, bei der Untersuchung graphithaltiger Eisensorten nicht nur bei der Entnahme der Späne in der Werkstatt, sondern auch bei der Einwage für die Analyse die äußerste Sorgfalt zu beobachten, da sonst nur zu leicht ganz falsche Ergebnisse erzielt werden.

2. Ungleichmäßigkeiten in der chemischen Zusammensetzung des grauen Roheisens, Gußeisens usw. Werden die Analysenspäne für eine Durchschnittsanalyse nicht durch Hobeln über den ganzen Querschnitt, sondern etwa durch Abhobeln einzelner Schichten entnommen, so kommen Ungleichmäßigkeiten in der chemischen Zusammensetzung des Gußstückes in der Analyse zum Ausdruck. Auch Anbohren ist für genaue Durchschnittsanalysen zu verwerfen, da das Analysenergebnis bei verschiedener Zusammensetzung des Materials durch die Tiefe des Bohrloches beeinflußt wird. Daß in der Tat bei grauem Eisen recht beträchtliche Unterschiede in der Zusammensetzung innerhalb des Querschnitts vorkommen, mögen folgende Beispiele zeigen.

Aus einer Massel grauen Thomasroheisens wurden nach Abb. 46 von 20 zu 20 mm Bohrspäne entnommen. Mangan- und Phosphorbestimmung der Bohrspäne ergaben die in Tabelle 26 mitgeteilten Werte[1]).

---

[1]) Aus C. Reinhardt, „Über die Unhomogenität des Thomas-Roheisens". Repertorium der analytischen Chemie 1887, Nr. 49. S. 744.

Tabelle 26.

Analysen mitgeteilt von Reinhardt.

Bohrspäne entnommen bei	Mangan %	Phosphor %
a	3,42	2,91
b	3,11	2,41
c	3,22	2,65
d	3,11	2,58
e	3,06	2,39
f	3,17	2,65

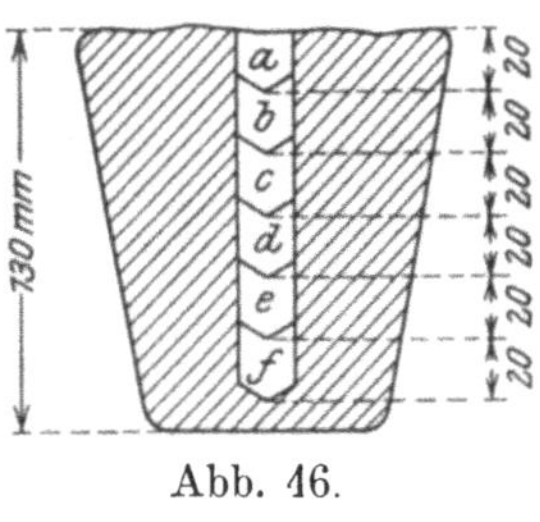

Abb. 46.

In jedem Abstand von der Masseloberfläche ist der Phosphor- und Mangangehalt ein anderer.

Drei Masseln, I, II und III, beim Beginn, in der Mitte und am Ende eines Abstichs entnommen, wurden von Tabary[1]) an je drei Stellen auf ihren Gesamtkohlenstoffgehalt untersucht, und zwar bei O = links oben, bei M = in der Mitte und bei U = rechts unten (s. Abb. 47). Tabary fand:

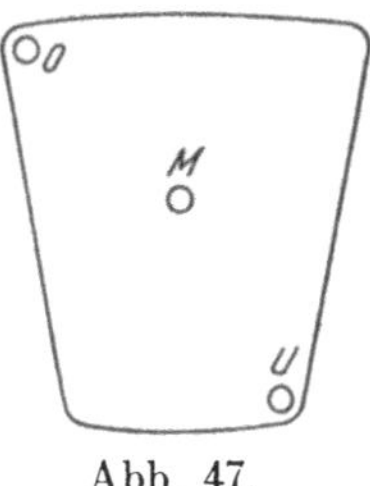

Abb. 47.

Tabelle 27.

Analysen mitgeteilt von Tabary.

Späne entnommen bei	Gesamtkohlenstoff in Massel		
	I %	II %	III %
O = oben	3,53	3,55	3,44
M = in der Mitte .	3,55	3,72	3,55
U = unten . . .	3,01	3,44	3,40

Der Gehalt an Kohlenstoff ist in der Mitte der Masselquerschnitte am größten und unten am kleinsten.

Eine von Ledebur[2]) untersuchte Massel tiefgrauen Roheisens aus Bilbao zeigte ein hiervon abweichendes Verhalten. Sie enthielt im Kern weniger Gesamtkohlenstoff als außen, auch war die Graphitbildung in der Mitte, wo sie sonst am beträchtlichsten zu sein pflegt (vergl. auch S. 40) geringer als außen. Der Kern war feinkörnig, lichtgrau, während der Rand grobkörnig, dunkelgrau erschien. Tabelle 38 gibt die Analysenergebnisse. Graphitbestimmungen sind leider nicht ausgeführt worden.

---

[1]) P. Tabàry, „Über die Verteilung des Gesamtkohlenstoffes im Gießereiroheisen". Stahl und Eisen 1894. S. 1075.

[2]) A. Ledebur, „Handbuch der Eisen- und Stahlgießerei." Leipzig 1901. S. 33.

50 Umstände, die die Entnahme einer einwandfreien Durchschnittsprobe erschweren.

Tabelle 28.

Analysen mitgeteilt von Ledebur.

Bruchkorn	Gesamt-kohlenstoff %	Silizium %	Mangan %	Phosphor %	Schwefel %
Außen { grobkörnig dunkelgrau }	3,97	3,65	1,58	0,02	0,03
Innen { feinkörnig lichtgrau }	3,41	3,68	1,32	0,01	0,02

Adämmer [1]) untersuchte eine Hämatit-Roheisenmassel. Er fand:

Tabelle 29.

Analysen mitgeteilt von Adämmer.

	Gesamt-kohlenstoff %	Silizium %	Mangan %	Phosphor %	Schwefel %
Oben	3,86	1,74	1,01	0,033	0,116
Unten	3,71	1,74	0,99	0,031	0,081

Im oberen Teil sind Kohlenstoff und Schwefel angereichert.

Wenn schon innerhalb so kleiner Querschnitte, wie sie die Querschnitte von Masseln darstellen, so beträchtliche Unterschiede in der chemischen Zusammensetzung auftreten, so ist wohl anzunehmen, daß bei großen Gußstücken noch beträchtlich größere Unterschiede vorhanden sein werden. Das trifft denn auch tatsächlich zu, wie durch zahlreiche Analysen festgestellt ist.

Zunächst seien hier zwei von Adämmer mitgeteilte Analysen größerer Gußstücke aufgeführt:

1. Heißdampfzylinder, Gesamtgewicht 3600 kg.

Die Wandstärke betrug 22—25 mm, in der Bohrung 45 mm und an den Flanschen 60 mm.

Der Zylinder wurde ohne verlorenen Kopf gegossen. Die chemische Untersuchung ergab:

Tabelle 30.

Analysen mitgeteilt von Adämmer.

	Gesamt-kohlenstoff %	Silizium %	Mangan %	Phosphor %	Schwefel %
Einguß	3,59	1,31	0,86	0,37	0,072
Oberer Flansch . .	3,53	1,45	0,73	0,46	0,144
Unterer „ . .	3,29	1,22	0,65	0,36	0,101

[1]) H. Adämmer, „Über Entmischung von Gußeisen". Stahl und Eisen 1910, Nr. 22. S. 898.

Im oberen Flansch sind sämtliche Stoffe stärker angereichert als im unteren.

2. Balkenförmiger Hohlkörper, Gesamtgewicht etwa 7000 kg, Wandstärke 150 mm. Der Guß des Hohlkörpers erfolgt von oben. Die Analyse ergab:

Tabelle 31.
Analysen mitgeteilt von Adämmer.

	Gesamt- kohlenstoff %	Silizium %	Mangan %	Phosphor %	Schwefel %
Oben	3,46	0,63	3,02	0,55	0,192
Mitte	3,39	0,63	3,05	0,46	0,142
Unten	3,41	0,63	3,08	0,46	0,080

Am beträchtlichsten ist der Unterschied im Schwefelgehalt.

Daß der Schwefelgehalt vorwiegend das Bestreben hat, sich im mittleren und oberen Teil des Gußstückes anzureichern, kommt auch sehr deutlich in nachfolgenden von F. Wüst[1]) mitgeteilten Analysen zum Ausdruck.

Die Gußstücke hatten sämtlich dieselbe zylindrische Form und ein Nettogewicht von 5000 kg. Der Guß erfolgte steigend aus einem Kupolofen ohne Vorherd unter Zuhilfenahme einer großen Pfanne. Der Kohlenstoff und der Graphitgehalt wurden nicht bestimmt. Über die Art der Probenahme sind keine Angaben gemacht.

Tabelle 32.
Analysen mitgeteilt von Wüst.

Gußstück	Stelle, an der die Analyse entnommen wurde	Silizium %	Mangan %	Phosphor %	Schwefel %
1	Oben	1,71	0,68	0,480	0,112
	Mitte	1,72	0,65	0,467	0,110
	Unten	1,71	0,65	0,475	0,077
2	Oben	1,49	0,69	0,422	0,212
	Mitte	1,47	0,68	0,421	0,208
	Unten	1,49	0,54	0,435	0,111
3	Oben	1,44	0,50	0,437	0,094
	Mitte	1,42	0,51	0,455	0,086
	Unten	1,43	0,50	0,437	0,078
4	Oben	0,96	0,76	0,439	0,210
	Mitte	0,96	0,71	0,450	0,174
	Unten	0,97	0,57	0,464	0,100

---

[1]) F. Wüst, „Kupolofen mit Vorherd oder ohne Vorherd". Stahl und Eisen 1903, Nr. 10. S. 1077.

4*

Tabelle 32 (Fortsetzung).

Gußstück	Stelle, an der die Analyse entnommen wurde	Silizium %	Mangan %	Phosphor %	Schwefel %
5	Oben	10,7	0,59	0,408	0,094
	Mitte	1,07	0,59	0,412	0,095
	Unten	1,08	0,57	0,419	0,079
6	Oben	0,99	0,71	0,56	0,110
	Mitte	0,97	0,71	0,48	0,117
	Unten	1,17	0,71	0,49	0,099
7	Oben	1,40	0,74	0,47	0,121
	Mitte	1,33	0,82	0,58	0,115
	Unten	1,24	0,71	0,48	0,108
8	Oben	1,02	0,53	0,411	0,108
	Mitte	1,00	0,52	0,411	0,112
	Unten	1,04	0,53	0,419	0,104
9	Oben	1,51	0,99	0,535	0,295
	Mitte	1,51	1,01	0,545	0,311
	Unten	1,51	0,86	0,571	0,175
10	Oben	1,51	0,79	0,579	0,210
	Mitte	1,46	0,89	0,535	0,304
	Unten	1,43	0,73	0,569	0,162

Ebenso hebt Thomas D. West[1]) besonders die Anreicherung von Schwefel im oberen Teil größerer Gußstücke hervor. Er fand in vier Gußstücken:

Tabelle 33.

Analysen mitgeteilt von Thomas D. West.

	I Schwefel %	II Schwefel %	III Schwefel %	IV Schwefel %
Im oberen Teil	0,117	0,115	0,084	0,055
Im unteren Teil	0,083	0,094	0,070	0,047

Analysen von vier Rädern aus Grauguß, zu denen die Proben einmal in der Nabe, nahezu aus der Mitte und das anderemal vom Kranz entnommen wurden, ergaben folgende Werte[2]):

---

[1]) Thomas D. West, „Metallurgy of Cast Iron". Cleveland Ohio. U. S. A. 1907. S. 134.

[2]) A. Martens, „Seigerung in Eisen u. Stahlgüssen". Stahl und Eisen 1894. S. 797.

Tabelle 34.
Analysen mitgeteilt von A. Martens.

Rad	Silizium		Phosphor		Mangan	
	Kranz %	Nabe %	Kranz %	Nabe %	Kranz %	Nabe %
A	0,72	0,58	0,284	0,265	0,23	0,21
B	0,67	0,62	0,301	0,287	0,24	0,21
C	0,65	0,52	0,367	0,360	0,24	0,21
D	0,48	0,45	0,266	0,250	0,33	0,32

Kohlenstoff und Schwefel wurden nicht bestimmt. Die Unterschiede zwischen Kranz und Nabe sind namentlich im Siliziumgehalt beträchtlich. Auch beim Phosphor liegen sie zum Teil noch außerhalb der Analysenfehlergrenze.

Aus obigen Beispielen ergibt sich, daß die Entnahme einer einwandfreien Durchschnittsprobe für die Analyse bei Masseln und kleinen Gußstücken nur durch Hobeln über den g a n z e n Quer- bzw. Längsschnitt zu erzielen ist, daß Anbohren oder Entnahme der Späne an einer willkürlichen Stelle nicht genügt, weil die Unterschiede in der chemischen Zusammensetzung selbst innerhalb kleiner Querschnitte beträchtlich sein können.

Bei großen Gußstücken, wo Entnahme der Späne über den ganzen Quer- bzw. Längsschnitt vielfach nicht möglich ist, wo demnach die Späne an bestimmten Stellen (am Einguß z. B.) entnommen werden müssen, darf die Analyse auch nicht als Durchschnittsanalyse bezeichnet werden. Der Analytiker versäume nie in solchen Fällen an der Hand einer Zeichnung oder Skizze genau anzugeben, wo und wie (Bohren oder Hobeln) die Späne entnommen wurden. Vor allem ist letzteres in Streitfällen, bei Schiedsanalysen usw. unbedingt erforderlich, so mancher Ärger kann dadurch erspart werden.

3. Entmischungserscheinungen beim flüssigen Gußeisen. Ist für ein großes Gußstück eine bestimmte chemische Zusammensetzung vorgeschrieben und wird die Durchschnittsanalyse verlangt, so verfährt man am besten in der Weise, daß man während des Gießens, zu Beginn, in der Mitte und am Ende des Gusses [1]) Proben entnimmt. Die Entnahme nur einer Probe aus dem flüssigen Bade genügt nicht, da flüssiges Gußeisen in geringem Maße ebenfalls zur Entmischung neigt. Aus den Proben werden in der üblichen Weise durch Hobeln über den ganzen Querschnitt Späne entnommen, die zu einem Gesamtdurchschnitt vereinigt und analysiert werden [2]).

Man erhält auf diese Weise Werte, die dem wirklichen Durchschnittsgehalt sehr nahe kommen, wie die nachfolgenden Beispiele zeigen; sie sind einer Arbeit von F. W ü s t [3]) „Kupolofen mit Vorherd oder ohne Vorherd" entnommen.

---

[1]) Mitunter ist es zweckmäßig die Proben auch häufiger zu entnehmen.

[2]) In diesen Proben ist nur der Gesamtkohlenstoffgehalt zu bestimmen. Die Bestimmung des Graphits wäre zwecklos, da im großen Gußstück ganz andere Graphitgehalte auftreten können als bei kleinen Proben. Siehe hierüber Seite 58.

[3]) Stahl und Eisen 1903. S. 1077.

1. Beispiel. Im Vorherd wurden 3000 kg Eisen angesammelt und während des Fließens des Eisens in die Pfanne in Zwischenräumen von je etwa einer Minute Eisenproben entnommen, welche bei der Analyse nachstehende Ergebnisse lieferten:

Tabelle 35.

Analysen mitgeteilt von F. Wüst.

Nummer der Probe	Gesamt-kohlenstoff %	Silizium %	Mangan %	Phosphor %	Schwefel %
1	3,59	2,00	0,65	0,88	0,080
2	3,56	1,97	0,62	0,88	0,078
3	3,47	2,01	0,65	0,88	0,085
4	3,53	1,93	0,68	0,84	0,081
5	3,51	2,03	0,65	0,88	0,083
6	3,56	2,01	0,70	0,88	0,085
7	3,67	1,90	0,68	0,73	0,080
8	3,63	1,90	0,70	0,64	0,088
Mittel	3,56	1,97	0,67	0,83	0,083
GrößteSchwankung vom Mittel aus	0,11	0,07	0,05	0,19	0,005
In Prozenten	3,1	3,6	7,1	24,1	6,0

Kohlenstoff, Silizium, Mangan und Schwefel zeigen nur geringe Schwankungen. Der Phosphorgehalt der beiden Proben 7 und 8 weicht beträchtlich von dem der anderen Proben ab.

2. Beispiel. Guß und Probenahme wie beim ersten Beispiel.

Tabelle 36.

Analysen mitgeteilt von F. Wüst.

Nummer der Probe	Gesamt-kohlenstoff %	Silizium %	Mangan %	Phosphor %	Schwefel %
1	3,11	2,26	0,58	1,168	0,121
2	3,16	2,27	0,60	1,188	0,123
3	3,19	2,24	0,65	1,203	0,124
4	3,19	2,25	0,68	1,206	0,122
5	3,16	2,27	0,58	1,207	0,123
6	3,24	2,25	0,62	1,187	0,124
7	3,13	2,27	0,62	1,203	0,122
8	3,12	2,25	0,63	1,197	0,120
9	3,13	2,27	0,63	1,218	0,110
10	3,15	2,24	0,59	1,206	0,115
11	3,19	2,24	0,63	1,185	0,114
12	3,10	2,23	0,61	1,179	0,113
13	3,18	2,27	0,66	1,129	0,118
14	3,13	2,20	0,64	1,163	0,121

Tabelle 36 (Fortsetzung).

Nummer der Probe	Gesamt-kohlenstoff %	Silizium %	Mangan %	Phosphor %	Schwefel %
15	3,12	2,24	0,57	1,176	0,120
Mittel	3,16	2,25	0,62	1,188	0,119
Größte Schwankung vom Mittel aus	0,08	0,05	0,05	0,025	0,009
In Prozenten	2,5	2,2	8,1	2,1	7,6

Die Schwankungen sind hier geringer als wie im ersten Beispiel. Immerhin zeigen auch diese Analysen, daß Gußeisen in flüssigem Zustand zur Entmischung neigt.

Über Entmischung in der Pfanne berichtet auch Adämmer[1]).

„Beim Gießen von Hartgußbüchsen stellte es sich einige Male heraus, daß sie verschieden hart ausfielen.

Die ersten Büchsen waren zu weich, die mittleren gut und die zuletzt, immer aus derselben Pfanne gegossenen, viel zu hart."

Die Analyse ergab folgendes:

Tabelle 37.
Analysen mitgeteilt von Adämmer.

	Gesamt-Kohlen-stoff %	Graphit %	Geb. Kohlen-stoff %	Silizium %	Mangan %	Phosphor %	Schwefel %
Erstes Eisen aus der Pfanne . (erste Büchse)	3,82	3,0	0,82	0,85	0,84	0,09	0,130
Letztes Eisen aus der Pfanne . (letzte Büchse)	3,61	2,32	1,29	0,66	0,73	0,07	0,098

Eine Entmischung, namentlich beim Gesamtkohlenstoff, Silizium, Mangan und Schwefel, die hier nur im flüssigen Zustande stattgefunden haben konnte, ist unverkennbar. Die großen Unterschiede im Graphitgehalt können auch durch die verschiedene Temperatur des Bades zu Beginn und gegen Ende des Gusses bedingt sein.

4. Kügelchen- und Nierenbildung. Ebenso wie beim weißen Roheisen (s. S. 32) treten auch beim Grauguß mitunter Kügelchen und Nieren auf, deren Zusammensetzung meist recht beträchtlich von der Zusammensetzung des Muttermetalls abweicht. Wird bei der Probenahme auf diese Erscheinung nicht geachtet, so können hierdurch von einander abweichende Analysenergebnisse erhalten werden, ohne daß man den Grund zu erkennen vermag. Ledebur[2]) untersuchte mehrfach solche im Muttermetall einge-

---

[1]) H. Adämmer, „Über Entmischung von Gußeisen". Stahl und Eisen 1910. S. 898.

[2]) Ledebur, „Handbuch der Eisen- und Stahlgießerei". Leipzig 1901. S. 34.

schlossene Nieren. In Tabelle 38 sind die von L e d e b u r mitgeteilten Ergebnisse zusammengestellt.

Tabelle 38.
Analysen mitgeteilt von Ledebur.

Eisen	Probe ent-nommen aus	Gesamt-Kohlen-stoff %	Silizium %	Mangan %	Phosphor %	Schwefel %	Kupfer %	Arsen %	Tetan %
Tiefgraues Roheisen	Muttereisen .	3,76	3,14	0,85	0,88	0,01	0,06	0,06	0,12
	Niere . . .	2,86	3,15	0,93	0,82	0,02	0,05	0,13	0,16
Tiefgraues westfälisches Roheisen	Muttereisen .	3,45	3,28	1,03	0,96	0,01	nicht		0,08
	Niere . . .	2,67	3,18	1,05	1,27	0,01	bestimmt		0,10
Graues Gießerei-Roheisen	Muttereisen .	3,79	2,52	0,57	0,58	nicht bestimmt			
	Niere . . .	3,11	2,22	0,70	1,25	„		„	

P l a t z [1]) teilt folgende Analysen von Kügelchen im Roheisen und in Gußstücken mit:

Tabelle 39.
Analysen mitgeteilt von Platz.

Eisen	Probe entnommen aus	Silizium %	Phosphor %	Mangan %
	Muttereisen	1,16	0,290	0,78
	Große und kleine Kügelchen zusammen ohne Auswahl	0,63	2,368	1,36
Gießereieisen Nr. 4 . .	Große Kügelchen	0,68	2,026	1,27
	Kleine Kügelchen (aus demselben Hohlraum)	0,62	3,303	1,48
Luxemburger Gießerei-eisen Nr. 5 (Luxemburger Bezeichnung)	Muttereisen	1,92	2,046	0,54
	Große Kügelchen	0,86	4,062	0,79
	Kleine Kügelchen	0,80	6,075	0,85
Gußstück	Muttereisen	1,21	0,334	0,73
	Kügelchen	0,92	1,446	0,90
Gußstück	Muttereisen	1,12	0,526	0,71
	Kügelchen	0,88	1,621	0,87

Auch auf der Oberfläche von Gußstücken erscheinen mitunter solche ausgeseigerte Kügelchen von Hirsekorn- bis Erbsengröße, deren Zusammensetzung stets wesentlich von der des Muttermetalls abweicht.

Eine von L e d e b u r [2]) angestellte Untersuchung solcher tropfenförmiger

---

[1]) B. P l a t z, „Die Wanzenbildung auf Roheisen und die Kügelchenbildung in Roheisen und Gußstücken". Stahl und Eisen 1887. S. 639.

[2]) L e d e b u r, „Handbuch der Eisen- und Stahlgießerei". Leipzig 1901. S. 36.

Ausseigerungen, welche auf der Oberfläche einer Herdgußplatte sich gebildet hatten, ergab:

Tabelle 40.
Analysen mitgeteilt von Ledebur.

	Muttereisen (Herdgußplatte) %	Ausgeseigerte Kügelchen %
Gesamtkohlenstoff . . .	3,41	3,07
Silizium	2,04	1,63
Mangan	0,43	0,42
Phosphor	0,44	1,98
Schwefel	0,08	0,05
Kupfer	0,03	0,01

Ebenso wie beim Weißeisen unterscheiden sich auch beim grauen Eisen die Kügelchen in erster Linie durch ihren auffallend hohen Phosphorgehalt vom Muttereisen.

In den von Platz mitgeteilten Analysen (vergl. Tabelle 39) war auch der Mangangehalt angereichert, während der Siliziumgehalt in allen Fällen in den Kügelchen geringer ist als im Muttereisen.

5. Kristallbildungen und Ausblühungen beim grauen Roheisen. Eine Massel aus einem Holzkohlenhochofen wies eine größere Drüse auf, die mit gutausgebildeten Tannenbaumkristallen ausgefüllt war. Die Tannenbäume waren mit einem weißen Belag bedeckt. Die chemische Untersuchung des Muttereisens, der Kristalle und des Belages ergab:

Tabelle 41.
Analysen mitgeteilt von Ledebur.

	Muttereisen %	Kristalle %	Weißer Belag
Gesamtkohlenstoff	3,11	3,28	
Silizium	1,85	2,00	
Schwefel	0,04	0,05	nahezu reine
Phosphor	Spur	Spur	Kieselsäure
Mangan	0,17	0,09	

In Vertiefungen an den Wandungen von Roheisenmasseln, jedoch nie an der Oberfläche, sondern stets an den Seitenwandungen, wo die Masseln von Sand eingehüllt gewesen waren, finden sich mitunter moos- oder asbestartige Ausblühungen von gelblich-weißer Farbe. Die chemische Analyse des Muttereisens und der Ausblühungen ergab [1]:

---

[1] A. Ledebur, „Über Bildung von Kieselsäure auf Roheisen". Stahl und Eisen 1900. S. 582.

Tabelle 42.
Analysen mitgeteilt von Ledebur.

	Muttereisen		
Gesamtkohlenstoff . .	3,31 %	Kieselsäure	75,95 %
Silizium	3,27 %	Titansäure	1,12 %
Titan	0,03 %	Kaliumoxyd	1,80 %
Mangan	0,44 %		
Schwefel	0,02 %		
Phosphor	1,13 %		

Als Entstehungsursache für diese Ausblühungen nimmt Ledebur die Bildung einer dampfförmigen Siliziumverbindung (vermutlich Schwefelsilizium) im Roheisen an. Sobald Luft hinzutreten kann, verbrennt das Schwefelsilizium unter Bildung von entweichender schwefliger Säure und Kieselsäure, die sich als weiße Ausblühung an den kälteren Wandungen oder in den Hohlräumen der Masseln absetzt.

6. Ausscheidungen auf der Oberfläche von grauem Eisen. Die Seite 33 bereits erwähnte Wanzenbildung beim Stehen von flüssigem Weißeisen in der Pfanne tritt auch beim grauen Eisen häufig auf.

Die Zusammensetzung der Wanzen steht meist in genauer Wechselbeziehung zur Zusammensetzung des zugehörigen Muttermetalls. Die in Tabelle 43 aufgeführten Analysen von Wanzen und Muttermetall sind von Platz[1]) mitgeteilt.

Tabelle 43.
Analysen mitgeteilt von Platz.
Zusammensetzung der Wanzen.

	Gießereieisen Nr. 1	Gießereieisen Nr. 3	Graues Puddelroheisen	Feinkörniges graues Eisen mit weißem Rand	Meliertes Graueisen
Kieselsäure . .	32,43 %	31,67 %	29,42 %	23,28 %	20,46 %
Phosphorsäure .	0,39 %	0,64 %	1,36 %	2,02 %	2,32 %
Manganoxydul .	13,01 %	11,91 %	11,23 %	9,61 %	8,97 %
Das zugehörige Muttereisen enthielt					
Silizium . . .	1,67 %	1,41 %	1,16 %	0,98 %	0,86 %
Phosphor . . .	0,283 %	0,282 %	0,290 %	0,289 %	0,295 %
Mangan . . .	0,96 %	0,91 %	0,78 %	0,72 %	0,70 %

7. Einfluß der Abkühlungsgeschwindigkeit auf den Graphitgehalt und auf die Art der Graphitausscheidung beim Gußeisen. Während die

---

[1]) B. Platz, „Die Wanzenbildung auf Roheisen und die Kügelchenbildung in Roheisen und Gußstücken". Stahl und Eisen 1887. S. 639.

bisher besprochenen Ungleichmäßigkeiten in der chemischen Zusammensetzung des grauen Gußeisens durch Seigerung im flüssigen Zustand oder
während der Erstarrung bedingt waren, sind ebenso wie
beim Weißeisen (vergl. S. 36) auch beim Grauguß die Abkühlungsgeschwindigkeit nach dem Guß und die Zeitdauer
der Erstarrung von großem Einfluß auf Menge und Art
der Graphitausscheidung.

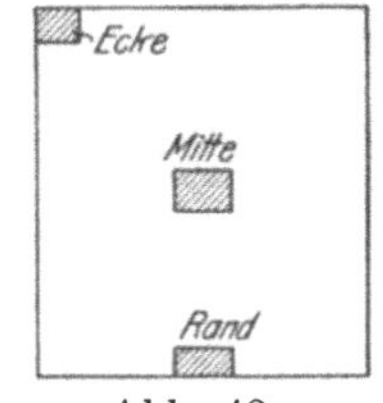

Abb. 48.

Gußstücke aus dem gleichen Gußeisen werden bei
kleinem Querschnitt geringere Graphitgehalte und andere
Art der Verteilung des Graphits aufweisen als bei großem
Querschnitt. Innerhalb desselben Querschnitts kann trotz
gleich hohen Gesamtkohlenstoffgehaltes der Graphitgehalt am äußeren Umfang des Probestückes, wo die Abkühlung eine schnellere ist, geringer
sein als mehr nach der Mitte zu.

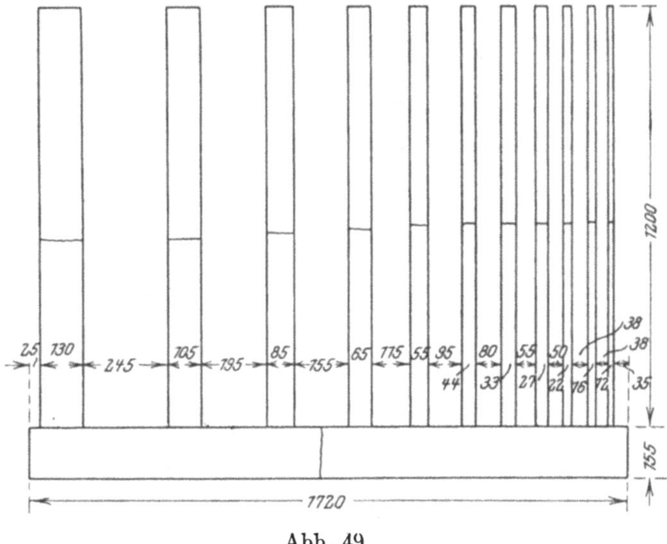

Abb. 49.

Da Menge und Art der Graphitverteilung von maßgebendem Einfluß
auf die Festigkeitseigenschaften des Gußeisens sind, so ist es oft wünschenswert, den Graphitgehalt aus einzelnen Teilen (Rand, Mitte usw.) gesondert
zu bestimmen.

Wo es sich lediglich um Feststellung des Graphitgehaltes handelt, ist
es ratsam, n i c h t Hobel- oder Bohrspäne zur Analyse zu verwenden, sondern
an den Stellen, wo der Graphitgehalt bestimmt werden soll, kleine Stückchen (Scheiben oder Würfel) zu entnehmen, wie in Abb. 48 angedeutet.
Man vermeidet auf diese Weise, ohne der analytischen Bestimmung irgend-
welche Schwierigkeiten zu bereiten, die auf S. 45 ausführlich besprochenen
Fehlerquellen bei der Probenahme und Einwage.

Das nachfolgend beschriebene Beispiel [1] zeigt den Einfluß des Querschnitts auf den Graphitgehalt; zugleich kommt, namentlich an den Stäben

---

[1] Aus: E. H e y n , „Metallographische Untersuchungen für das Gießereiweisen.“
Stahl und Eisen 1906. S. 1295.

mit größerem Querschnitt, die Verringerung der Graphitausscheidung an den Stabsecken durch die daselbst stattfindende schnellere Abkühlung deutlich zum Ausdruck.

Es wurden Stäbe von verschiedener Dicke (12×12 mm bis 155×155 mm) nach Abb. 49 in einem Stück gegossen. Die durchschnittliche Zusammensetzung des Gußeisens war:

$$\begin{aligned}
\text{Gesamtkohlenstoff} \ldots &\; 3{,}38 \;\% \\
\text{Silizium} \ldots\ldots\ldots &\; 2{,}51 \;\text{,,} \\
\text{Mangan} \ldots\ldots\ldots &\; 0{,}81 \;\text{,,} \\
\text{Phosphor} \ldots\ldots\ldots &\; 0{,}56 \;\text{,,} \\
\text{Schwefel} \ldots\ldots\ldots &\; 0{,}095 \;\text{,,}
\end{aligned}$$

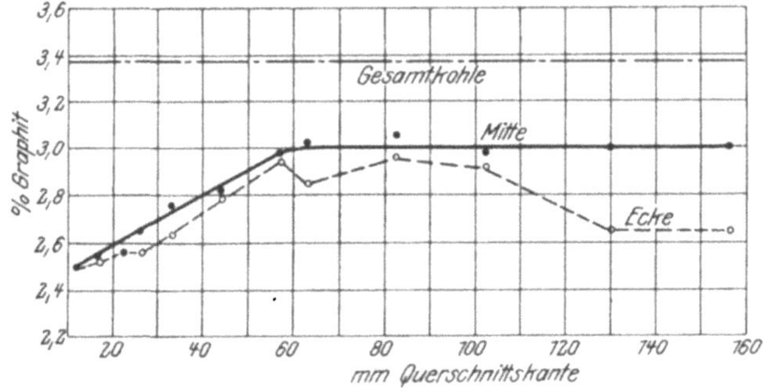

Abb. 50.

Für die Graphitbestimmungen wurden nach Abb. 48 aus Stabmitte und Stabecke Proben von etwa 2 g Gewicht in Stückchenform entnommen. Die Analyse ergab die in Tab. 44 mitgeteilten und in Abb. 50 graphisch aufgetragenen Werte:

Tabelle 44.
Analysen mitgeteilt von E. Heyn.

Querschnitt	Stabmitte		Stabecke	
mm $\times$ mm	Graphitgehalt in %[1]	Graphitgehalt in % des Gesamtkohlenstoffs	Graphitgehalt in %[1]	Graphitgehalt in % des Gesamtkohlenstoffs
155×155	3,00	88,75	2,68	79,3
130×130	3,00	88,75	2,68	79,3
105×105	2,97	87,9	2,92	86,4
85×85	3,06	90,5	2,95	87,2
65×65	3,03	89,7	2,85	84,5
55×55	2,98	88,2	2,94	86,9
44×44	2,84	84,0	2,78	82,2
33×33	2,77	82,0	2,62	77,5
27×27	2,66	78,7	2,55	75,5
22×22	2,55	75,5	2,55	75,5
16×16	2,55	75,5	2,53	74,8
12×12	2,50	74,0	{ Probeplättchen über den ganzen Querschnitt entnommen, entspricht Mitte und Ecke.	

[1]) Mittelwert aus 2 bis 5 Einzelbestimmungen. Jede Einzelbestimmung ist mit einem besonderen Probestückchen ausgeführt.

Aus der Tabelle 44 und aus Abb. 50 ergibt sich, daß der Graphitgehalt in der Stabmitte in den dünnsten Stäben am niedrigsten ist. Er steigt geradlinig mit zunehmendem Querschnitt an und erreicht bei 65×65 mm Querschnitt seinen Höchstwert. Hiernach scheint unter den gewählten Versuchsbedingungen (Gießhitze, Abkühlung nach dem Guß, Siliziumgehalt des Eisens) bereits dieser Querschnitt (65×65 mm) ausreichend gewesen zu sein, um das Maximum der Graphitausscheidung im Kern der Stäbe zu erreichen. An den Ecken der Stäbe, wo die Abkühlung eine erheblich schnellere als in der Mitte ist, ist der Graphitgehalt namentlich in den Stäben mit großem Querschnitt zum Teil erheblich niedriger als in der Mitte. Bei den kleinen Stäben, bei denen die Abkühlung auch im Kern eine schnellere ist, verschwinden die Unterschiede zwischen Stabecke und Stabmitte.

An den Stabecken scheinen jedoch auch Zufälligkeiten bei der Graphitausscheidung eine Rolle zu spielen, da die gefundenen Werte ziemlich starke Schwankungen aufweisen.

Auf die physikalischen Eigenschaften des Gußeisens hat neben der Menge auch die Größe und Gestalt der einzelnen Graphitblätter wesentlichen Einfluß. Über die Größe und Gestalt der Graphitblätter sagt die chemische Analyse nichts aus, hier muß wieder die Metallographie den Analytiker unterstützen, wenn es sich um Aufklärung besonderer Erscheinungen, beispielsweise verschiedener Festigkeit trotz gleicher chemischer Zusammensetzung, handelt. So zeigten z. B. die in Abb. 49 abgebildeten Gußstäbe

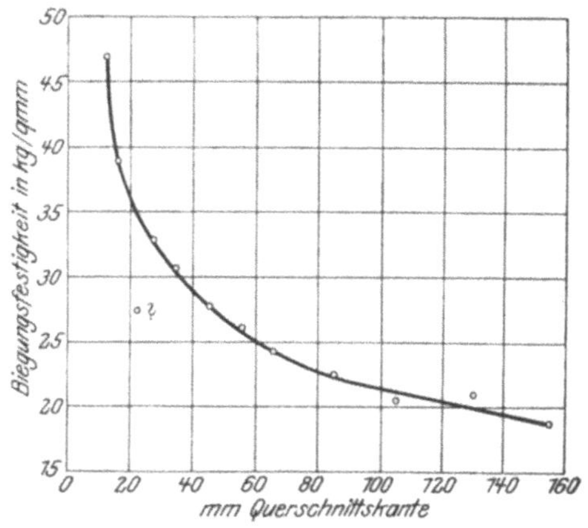

Abb. 51.

die in Abb. 51 graphisch aufgetragenen Biegungsfestigkeitsn in kg/qcm.

In dem Stab mit kleinstem Querschnitt und geringstem Graphitgehalt ist die Biegungsfestigkeit am größten. Sie fällt mit steigendem Graphitgehalt. Aber auch von 65×65 mm Querschnitt, von wo an der Graphitgehalt bis zu dem größten Querschnitt gleich hoch bleibt, ist deutliche und stetige Verringerung der Biegungsfestigkeit zu beobachten.

Die Erklärung hierfür liefert die metallographische Untersuchung. Vergl. Abb. 52. Die lineare Vergrößerung ist in allen Fällen die gleiche (117 fach).

Die Lichtbilder zeigen deutlich, wie mit zunehmendem Querschnitt die Größe der einzelnen Graphitblätter wächst. Der Unterschied zwischen dem Stab mit größtem Querschnitt (155×155 mm) und dem Stab mit kleinstem Querschnitt (12×12 mm) ist gewaltig. Es ist ohne weiteres verständlich, daß so lange und grobe Graphitblätter, wie sie z. B. in dem Stab mit 155×155 mm Querschnitt auftreten, infolge Unterbrechung des Zusammenhanges des Eisens auf Verminderung der Festigkeit hinwirken müssen.

Aus der Mitte der Probestäbe. v = 117 Vom Rand der Probestäbe.

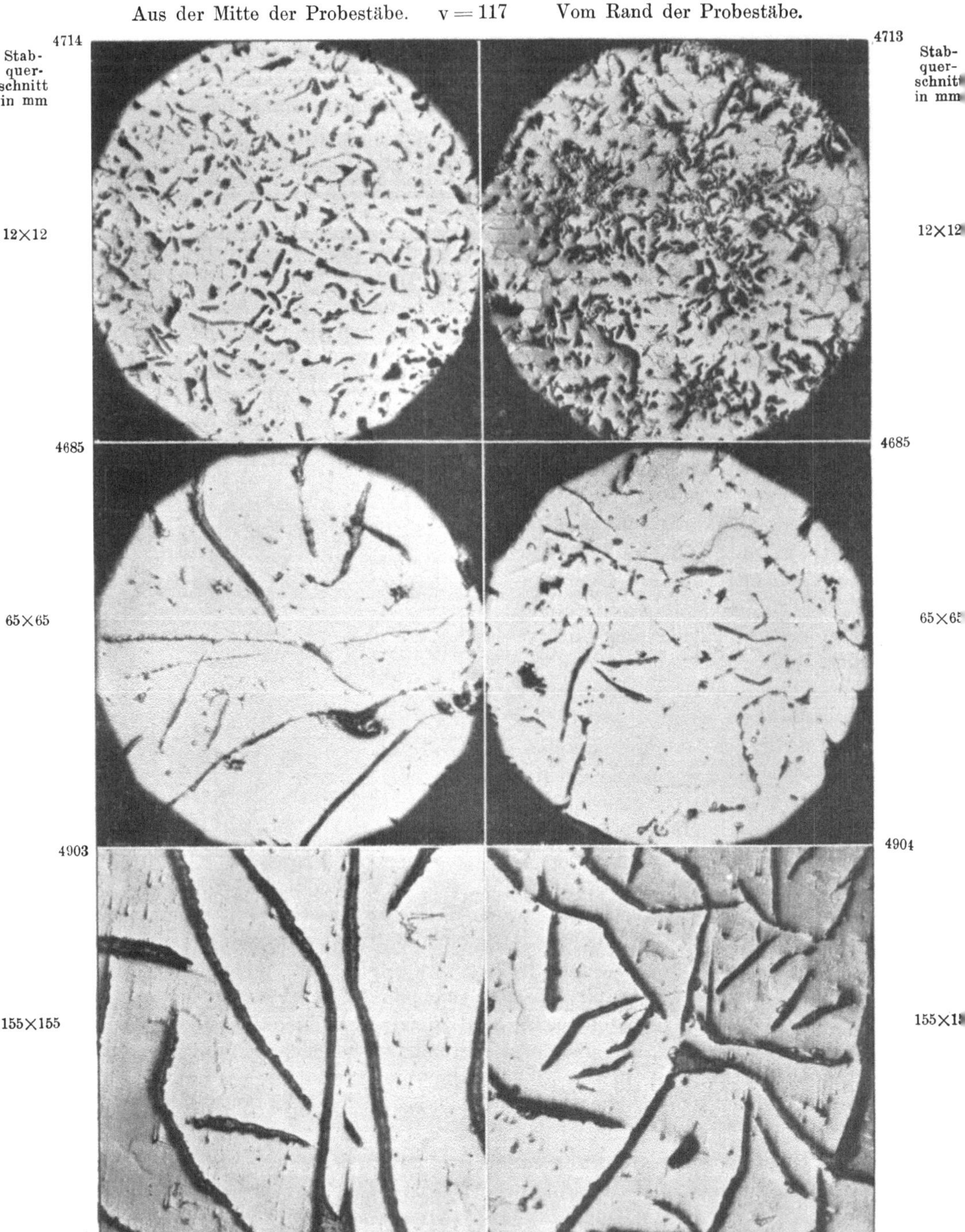

Abb. 52

Einfluß der Stabdicke auf die Graphitausscheidung.

Zählt man die auf 1 qmm Fläche entfallenden einzelnen Graphitblättchen und trägt ihre Anzahl Z als Ordinaten und die Stabdicken als Abszissen graphisch auf, so ergibt sich für obige Versuchsreihe das Schaubild Abb. 53. In den Stäben mit kleinstem Querschnitt ist die Anzahl der einzelnen Graphitkeime am größten, und am kleinsten in den dicksten Stäben. In den Ecken und Rändern der Stäbe ist die Keimzahl, trotz geringerem Gesamtgehalte an Graphit größer als in den Stabmitten. Die einzelnen Graphitblättchen müssen demnach in den Stäben mit geringem Querschnitt und an den Ecken und Kanten geringere Abmessungen haben als in den Stäben mit größerem Querschnitt und in den Stabmitten. Das Ergebnis der Zählung der einzelnen Graphitkeime steht demnach in vollster Übereinstimmung mit dem metallographischen Befund.

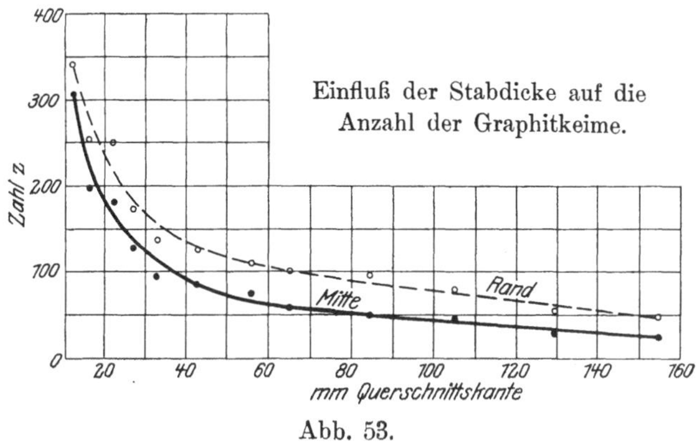

Abb. 53.

Den Einfluß der Stabdicke auf den Graphitgehalt zeigt auch deutlich folgendes Beispiel. Es ist einer Arbeit von Jüngst[1]) entnommen. Sieben Rundstäbe von 50 bis 5 mm Durchmesser, die gleichzeitig aus der gleichen Gußeisenmischung I mit 1,93 % Silizium, 0,55 % Mangan, 0,712 % Phosphor und 0,090 % Schwefel gegossen waren, enthielten:

Tabelle 45.

Analysen mitgeteilt von Jüngst.

	Stabdurchmesser						
	50 mm %	40 mm %	30 mm %	20 mm %	15 mm %	10 mm %	5 mm %
Graphit	2,95	2,90	2,82	2,80	2,60	2,60	2,39
Geb. Kohlenstoff	0,42	0,50	0,60	0,60	0,72	0,78	0,99
Gesamtkohlenstoff	3,37	3,40	3,42	3,40	3,32	3,38	3,38

Mit Abnahme des Querschnitts der Probestäbe sinkt stetig der Gehalt an Graphit und steigt der Gehalt an gebundener Kohle, während

---

[1]) Jüngst, „Eine Phase aus dem Kapitel: Gußeisenprüfung". Stahl und Eisen. 1905. S. 415.

der Gesamtkohlenstoffgehalt annähernd gleich hoch bleibt. (Vergl. auch Abb. 54.)

Wesentliche Unterschiede im Graphitgehalt zwischen Rand und Mitte, der Proben waren nach Jüngst hier nicht vorhanden. Die Anordnung, Zahl und Größe der einzelnen Graphitblätter wies jedoch auch bei diesen Probestäben zwischen Rand und Mitte beträchtliche Verschiedenheiten auf.

Interessant ist auch noch das nachfolgende Beispiel[1]), das ebenfalls deutlich zeigt, wie gerade beim grauen Gußeisen die chemische Analyse allein vielfach zur Aufklärung besonderer Erscheinungen nicht ausreicht.

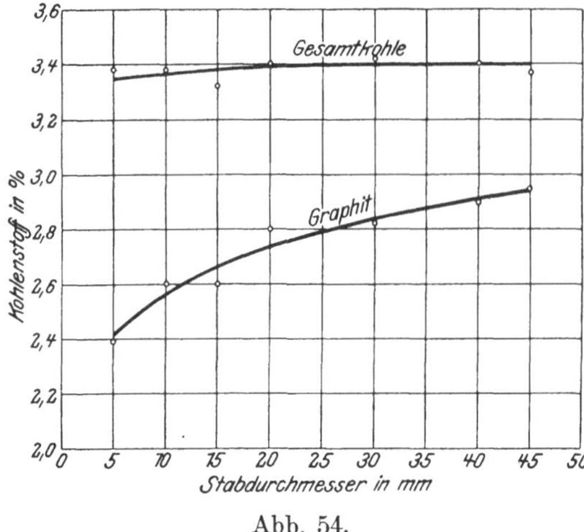

Abb. 54.

Siliziumreiches Gußeisen (chemische Zusammensetzung siehe weiter unten) wurde in eine Sandform gegossen, die am Boden eine eiserne Platte zum Zweck des Abschreckversuches besaß. Oben war die Form offen.

Der Bruch im oberen Teil (siehe Abb. 55) zeigte grobes Korn mit glänzenden Graphitblättchen; plötzlich absetzend wurde das Korn nach unten zu fein ohne sichtbare Graphitblättchen. Die chemische Analyse des oberen und unteren Teiles ergab folgendes:

Tabelle 46.

Graues Gußeisen.

	Im oberen grob-körnigen Teil %	Im unteren fein-körnigen Teil %
Gesamtkohlenstoff	3,56	3,51
Graphit . . .	3,42	3,41
Geb. Kohle . .	0,14	0,10
Phosphor . . .	0,09	0,09
Mangan . . .	0,94	0,94
Silizium . . .	3,30	3,31
Schwefel . . .	0,058	0,058

Die chemische Zusammensetzung ist demnach im oberen und unteren Teil die gleiche. Das Gefüge war jedoch in den beiden Teilen wesentlich verschieden. Der obere Teil zeigt lange große Graphitblätter (vergl. Abb. 56, v = 350), im unteren Teil tritt der Graphitgehalt in sehr feiner Vertei-

---

[1]) Aus: E. Heyn, „Metallographische Untersuchungen für das Gießereiwesen". Stahl und Eisen 1906, Nr. 21. S. 1295.

lung auf (vergl. Abb. 57, $v = 350$). Die Graphitkeime sind hier nach Art der eutektischen Mischungen aufgebaut und entsprechen vermutlich dem eigentlichen Graphiteutektikum. Die mechanischen Eigenschaften des Gußstückes werden trotz gleicher chemischer Zusammensetzung im oberen und unteren Teil sehr verschiedene sein.

8. Einfluß des Umschmelzens auf die chemische Zusammensetzung des grauen Gußeisens. Ebenso wie beim Weißeisen (siehe Seite 34) wird auch beim Graueisen durch Umschmelzen die chemische Zusammensetzung zum Teil, je nachdem wo und wie das Umschmelzen vorgenommen wird, recht beträchtlich verändert.

Auch hier kann demnach aus der Analyse des ursprünglichen Ausgangsmaterials nur annähernd auf die Analyse des fertigen Gußstückes geschlossen werden.

Beim Umschmelzen im Kupolofen wird Mangan am leichtesten oxydiert, während Silizium, solange der Mangangehalt noch hoch ist, nur wenig verbrennt; bei hohen Mangangehalten tritt sogar Anreicherung an Silizium durch Reduktion aus der Schlacke ein. Erst

Abb. 55.

4856 $v = 350$ 4854 $v = 350$

Abb. 56. Obere Hälfte.

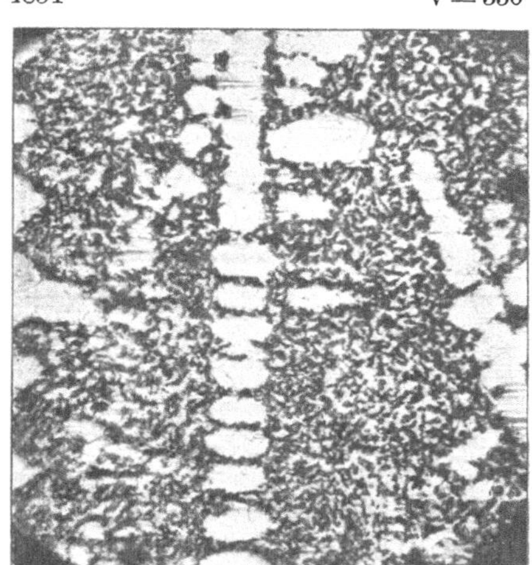

Abb. 57. Untere Hälfte.

wenn die Hauptmenge des Mangans ausgeschieden ist, verbrennt das Silizium schneller.

Kohlenstoff bleibt im Kupolofen durch die unmittelbare Berührung des Eisens mit den glühenden Kohlen, aus denen es immer wieder Kohlenstoff aufnehmen kann, länger als im Flammofen vor Verbrennung geschützt. Bei hohen Mangangehalten pflegt der Kohlenstoff sogar eine kleine Anreicherung zu erfahren. Der Schwefelgehalt pflegt sich meist durch Schwefelaufnahme aus dem Brennstoff anzureichern, während der Phosphorgehalt nur geringe Veränderungen erfährt. Nachstehende Analysen, die sämtlich dem „Handbuch der Eisen- und Stahlgießerei" von L e d e b u r [1]) entnommen sind, mögen obiges erläutern.

T a b e l l e 47.

Analysen mitgeteilt von Ledebur.

	Graues manganhaltiges Roheisen		Gutehoffnungshütter Roheisen Nr. I		Coltness-Roheisen Nr. I		Gleiwitzer Roheisen	
	vor	nach	vor	nach	vor	nach	vor	nach
			dem Umschmelzen im Kupolofen					
	%	%	%	%	%	%	%	%
Gesamtkohlenstoff	4,58	4,67	4,15	3,49	4,05	3,49	4,17	3,68
Silizium	2,27	2,44	2,05	1,55	2,52	2,07	1,52	1,33
Mangan	3,67	2,58	0,77	0,12	1,27	0,46	2,08	0,73
Kupfer	nicht bestimmt	nicht bestimmt	0,06	0,05	0,05	0,07	0,08	0,08
Phosphor	„	„	0,61	0,72	0,72	0,87	0,33	0,47

Den Einfluß wiederholten Umschmelzens, namentlich die allmähliche Anreicherung des Schwefelgehaltes zeigen auch deutlich die nachstehenden Analysen.

T a b e l l e 48.

Analysen mitgeteilt von Ledebur.

Roheisen	Gesamtkohlenstoff %	Graphit %	Silizium %	Mangan %	Phosphor %	Schwefel %
vor dem Umschmelzen	3,10	2,35	2,30	2,00	0,29	0,06
nach 1 mal. Umschmelzen	3,33	2,73	2,42	1,09	0,31	0,04
„ 2 „ „	3,32	2,57	2,29	0,80	0,32	0,05
„ 3 „ „	3,30	2,48	1,92	0,66	0,27	0,05
„ 4 „ „	3,34	2,54	1,38	0,44	0,30	0,10
„ 5 „ „	3,31	2,16	1,30	0,45	0,30	0,09
„ 6 „ „	3,34	2,08	1,16	0,36	0,28	0,20

9. Einfluß des Glühens auf graues Gußeisen. Auch bei grauem Gußeisen kann langanhaltendes Glühen in sauerstoffreicher Atmosphäre

---

[1]) III. Auflage. Leipzig 1901. S. 148.

wesentliche Veränderung der Zusammensetzung, namentlich im Kohlenstoffgehalt, bewirken. Ein interessantes Beispiel hierfür führt Wüst[1]) an.

Zwei Tempertöpfe aus grauem Gußeisen wurden, der eine nach sieben-
maligem, der andere nach elfmaligem Glühen bei 1000 bis 1050° C, analysiert. Die in Tabelle 49 mitgeteilten Analysen der Eingüsse dürften etwa der
ursprünglichen Zusammensetzung des Eisens entsprechen. Es wurden gefunden:

Tabelle 49.

Analysen mitgeteilt von Wüst.

	I. Tempertopf		II. Tempertopf	
	Einguß	nach sieben-maligem Glühen	Einguß	nach elf-maligem Glühen
	%	%	%	%
Gesamtkohle .	3,66	0,10	3,74	0,28
Graphit . . .	2,02	0,02	3,33	0,13
Silizium . . .	1,58	1,70	1,59	1,45
Mangan . . .	0,78	0,68	0,63	0,56
Phosphor . . .	0,267	0,368	0,089	0,062
Schwefel . . .	0,157	0,781	0,090	0,315

Das ursprünglich graue, graphithaltige Eisen ist durch die oxydierende
Wirkung der Gase in schmiedbares Eisen umgewandelt. Auffallend ist in
beiden Fälle der hohe Schwefelgehalt nach dem Glühen. Leider ist nicht
angegeben, ob es sich nur um eine Anreicherung von Schwefel an der
Oberfläche oder auch im Innern der Tempertöpfe handelt.

Platz[2]) berichtet ebenfalls unter Angabe von Analysen über „Chemische Vorgänge beim Glühen und Tempern von Roheisen".

Nach Platz tritt außer der Verbrennung von Kohlenstoff mitunter
eine Ausseigerung und Verschlackung von Phosphor ein. Dies ist nicht
unmöglich, da das in phosphorreichen Roheisensorten auftretende ternäre
Eutektikum (Mischkristalle-Karbid-Phosphid) schon bei 950° C zu schmelzen
beginnt.

Obige Beispiele lehren, daß der Probenahme für die chemische Analyse
von Gußstücken, die einen längeren Glühprozeß durchgemacht haben, stets
eine metallographische Untersuchung auf Gleichartigkeit des Gefüges vorausgehen sollte.

10. Zersetzungserscheinungen an Gußeisen. Eine Erscheinung muß
hier noch erwähnt werden, deren Nichtbeachtung bei der Probenahme schwere
Analysenfehler bedingen kann.

Lagern gußeiserne Gegenstände, z. B. Wasserleitungsröhren, jahrelang
in feuchtem Boden, so treten mitunter an ihnen eigenartige Zersetzungserscheinungen auf. Das Eisen wird meist nur örtlich, ohne daß die Körper
ihre Form verlieren, allmählich in eine weiche stumpfgraue mit dem Messer

---

[1]) F. Wüst, „Veränderung des Gußeisens durch anhaltendes Glühen". Stahl und
Eisen 1903. S. 1136.
[2]) Stahl und Eisen 1885. S. 471.

5*

schneidbare Masse umgewandelt. Die Ursache für diese Umwandlung ist noch wenig geklärt. Feuchtigkeit scheint unbedingtes Erfordernis zu sein. Die Frage, ob ein etwaiger Säuregehalt des Erdbodens hierbei eine Rolle spielt, oder ob vagabondierende elektrische Ströme für die Umwandlung ausschlaggebend sind, mag offen bleiben.

M. Freund[1]) analysierte solche zersetzte Wasserleitungsröhren. Er fand:

Tabelle 50.
Analysen mitgeteilt von Freund.

	Im ursprünglichen Eisen %	An den zersetzten Stellen %
Gesamtkohlenstoff . . .	2,5	8,10
Silizium	2,66	9,3
Phosphor	1,9	6,5
Eisen	nicht bestimmt	46,18[2])

Eine andere, ebenfalls von einem zersetzten Wasserleitungsrohr stammende weiche Masse enthielt:

Tabelle 51.
Zersetztes Gußeisen.

Eisen	49,4 %[2])
Mangan	0,7 %
Phosphor	5,3 % = 12,15 % Phosphorsäure
Silizium	9,0 % = 19,4 % Kieselsäure
Kohlenstoff	8,5 %
Schwefel	0,37 %

Ähnlicher Art sind auch die Zersetzungen, wie sie an gußeisernen Heizkörpern auftreten können. So zeigten z. B. gußeiserne Heizflaschen einer Warmwasserheizanlage an der Außenseite, die von den Feuergasen umspült wurden, besonders in der Nähe der Flanschenverschraubungen weiche Stellen, die sich mit dem Messer abschaben ließen. Die chemische Analyse des abgeschabten Materials ergab:

Tabelle 52.
Zersetztes Gußeisen.

Gesamtkohlenstoff	11,73 %
Graphit	9,77 %
Phosphor	0,89 %
Schwefel (Gesamt)	1,28 %
(Darin Schwefel als Sulfat)	0,49 %

---

[1]) Dr. M. Freund, „Über eine eigenartige Zerstörung von Wasserleitungsröhren". Zeitschr. f. angewandte Chemie 1904, Heft 2.

[2]) Das Eisen zum größten Teil an Sauerstoff gebunden.

Tabelle 52 (Fortsetzung).

Silizium zum weitaus größten Teil als SiO_2 . . . .　6,38 %
Eisen, gesamtes (zum weitaus größten Teil an Sauerstoff gebunden) . . .　39,16 % [1]
Mangan . . . .　0,75 %
Kupfer . . . .　0,16 %
Wasser durch Trocknen bei 120° bestimmt . . . .　9,13 %
Kalk, Magnesia, Tonerde nicht mit Sicherheit in 1 g nachweisbar . . . .　—
Sauerstoff und Hydratwasser . . . .　Rest.

Aus der Analyse ergibt sich, daß die weiche Masse ein Zersetzungsprodukt des Gußeisens ist. Die Zersetzung kann vor sich gehen unter der Einwirkung der Feuergase (schweflige Säure) und Feuchtigkeit. Vermutlich waren die Flanschenverschlüsse nicht dicht, so daß Wasser durchtropfen konnte.

Auf ähnliche Zersetzungserscheinungen an Ekonomiserrohren weist auch Thomas Steel[2] hin. Er fand:

Tabelle 53.
Analysen mitgeteilt von Thomas Steel.

	Im noch nicht im Gebrauch gewesenen ursprünglichen Rohr	Im **nicht** zersetzten Teil des angefressenen Rohres
Graphit	2,76 %	2,41 %
Gebundene Kohle . . .	0,34 %	0,19 %
Phosphor	1,25 %	1,28 %
Schwefel	0,11 %	0,09 %
Silizium	2,08 %	1,90 %

Im zersetzten Teil

Eisenoxyd	37,86 %
Eisenoxydul	16,75 %
Graphit	8,69 %
Gebundene Kohle . . .	0,0 %
Phosphorsäure	9,48 % = 4,14 % Phosphor
Schwefel	0,0 %
Kieselsäure	13,30 % = 6,21 % Silizium
Feuchtigkeit	13,34 %

Auffallend ist, daß bei solchen zersetzten Gußeisengegenständen der Graphit unter dem Mikroskop meist nicht tiefschwarz, sondern grau bis grauweiß erscheint[3]. Abb. 58 entspricht in 350 facher linearer Vergrößerung

---

[1] Das Material erhielt nur geringe Mengen durch den Magneten ausziehbares Eisen.

[2] Thomas Steel, „Corrosion of a Cast-Iron Pipe by fresch Water". Journal of the Society of Chemical Industry. 1910. Vol. XXIX. Nr. 19. S. 1141.

[3] Vergl. auch O. Kröhnke, „Mikrographische Untersuchungen von Gußeisen im graphitischen Zustande". Metallurgie 1910, Heft 21. S. 674.

einem stark zersetzten tiefgrauen Gußeisen. Die Graphitblätter erscheinen ihrer dunklen Umgebung gegenüber hellgrau.

Hiermit wollen wir die Besprechung der beim Roheisen und Gußeisen (weiß oder grau) möglichen Fehlerquellen bei der Probenahme für die Analyse beschließen.

Der Fehlerquellen sind sehr viele! Liegt die Probenahme in nicht sachverständiger Hand, so können schwere Irrtümer entstehen.

Hat der verantwortliche Leiter des chemischen Laboratoriums keinen Einfluß auf die Probenahme, so kann er auch nur die Gewähr für richtige Ausführung der einzelnen analytischen Bestimmungen der ihm übergebenen Probespäne übernehmen, nicht aber dafür, daß die Analyse auch wirklich das anzeigt, was sie anzeigen soll; sei es die durchschnittliche chemische Zusammensetzung einer Massel oder eines Gußstückes, sei es richtige Angaben über Verteilung der Stoffe im Gußstück, oder über Zersetzungserscheinungen und andere Fehler und Krankheiten des Materials. Eine treue Helferin und Beraterin in allen diesen Fragen ist dem Analytiker die Metallographie. Sie gewährt ihm, richtig angewendet, Schutz vor so manchen ungerechtfertigten Angriffen.

4811 $v = 350$

Abb. 58. Zersetztes Gußeisen.

J. Flußeisen und Flußstahl.

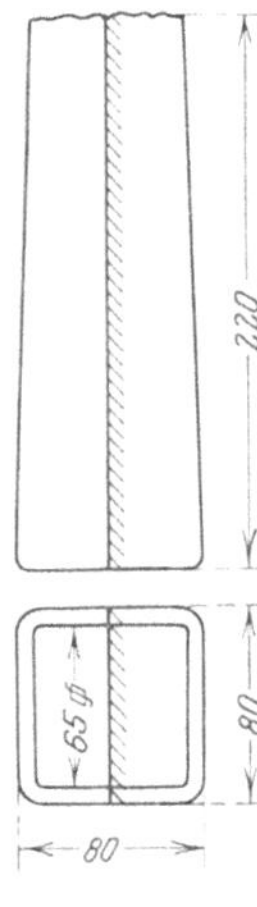

Abb. 59.

1. Entnahme der Durchschnittsprobe aus der flüssigen Charge. Handelt es sich um die Entnahme der Durchschnittsprobe aus einer ganzen Charge, so verfährt man am sichersten in der Weise, daß man zu Beginn und gegen Ende des Gusses, unter Umständen bei großen Chargen auch noch in der Mitte kleine Probeblöckchen von etwa 5 bis 8 kg Gewicht gießt. Die Blöckchen werden nach Abb. 59 in ihrer Längsachse in der Mitte durchgeschnitten. An der in Abb. 59 durch Schraffur bezeichneten Schnittfläche werden durch Hobeln über den ganzen Längsschnitt Analysenspäne entnommen. Die Späne aus den einzelnen Probeblöckchen werden zu einem Gesamtdurchschnitt vereinigt und analysiert.

Unter Umständen ist es auch zweckmäßig die einzelnen

Probeblöckchen gesondert zu analysieren und aus den Einzelanalysen das Mittel zu nehmen. Man erhält dadurch zugleich einen Überblick darüber, ob Entmischung der Charge im flüssigen Zustand eingetreten ist, was in der Regel, wenn das Bad heiß genug war, nicht der Fall zu sein pflegt.

In Tabelle 54 sind die Analysen solcher Probeblöckchen aus zwei verschiedenen Chargen A und B (je etwa 15 t) mitgeteilt. Es handelt sich um Siemens-Martin-Material. Aus jeder Charge wurden 4 große Blöcke in Kokillen gegossen.

Tabelle 54.

Analysen von Probeblöckchen, während des Gusses der Chargen entnommen.

Charge	Probeblöckchen entnommen	Kohlenstoff %	Silizium %	Mangan %	Phosphor %	Schwefel %	Kupfer %
A	Zu Beginn des Gusses	0,21	0.21	0,74	0,024	0,032	0,054
A	Am Ende des Gusses	0,21	0,20	0,73	0,023	0,031	0,053
B	Zu Beginn des Gusses	0,34	0,26	0,78	0,026	0,034	0,055
B	Am Ende des Gusses	0,34	0,25	0,78	0,025	0,035	0,054

Die Unterschiede in der chemischen Zusammensetzung zwischen Beginn und Ende des Gusses beider Chargen sind sehr gering, sie liegen noch innerhalb der Versuchsfehlergrenzen der analytischen Verfahren. Entmischung im flüssigen Zustande hat demnach nicht stattgefunden. Der Gesamtdurchschnitt aus den beiden Blöckchen je einer Charge dürfte mit allergrößter Annäherung dem wirklichen durchschnittlichen Gehalt der beiden Chargen an den einzelnen Stoffen entsprechen. Zu beachten ist jedoch, daß die auf obige Weise gewonnenen Durchschnittsanalysen keinen Aufschluß geben über die Verteilung der Fremdkörper im erstarrten Block.

2. Chemische und metallographische Untersuchung der bereits erstarrten Blöcke. Ist die Probenahme während des Gusses, wie im vorhergehenden Abschnitt beschrieben, versäumt worden, so dürfte es nicht nur schwierig, kostspielig und zeitraubend, sondern bei großen Blöcken vielfach direkt unmöglich sein, aus den bereits erstarrten Blöcken Analysenspäne zu entnehmen, die dem wirklichen Durchschnitt der Charge entsprechen.

Das flüssige Eisen bildet mit den meisten in ihm auftretenden Fremdkörpern Mischkristalle. Für die Erstarrung von Mischkristallen gilt ganz allgemein:

„Die Mischkristalle sind stets reicher am Bestandteil mit der höchsten Schmelztemperatur als die Schmelze, mit der sie im Gleichgewicht stehen", oder: „Die Schmelze hat im Vergleich zu den Mischkristallen einen größeren Gehalt an demjenigen Bestandteil, durch dessen Zusatz die Erstarrungstemperatur erniedrigt wird".

Da nun die Erstarrungstemperatur des reinen Eisens (1505 C⁰) durch fast alle im technischen Eisen teils als Verunreinigungen auftretenden, teils absichtlich zugesetzten Stoffe erniedrigt wird, so ergibt sich hieraus für die Erstarrung eines großen Flußeisenblockes, daß zunächst an den kalten Kokillenwandungen Mischkristalle auskristallisieren, die reiner an sämtlichen, die Erstarrungstemperatur des Eisens erniedrigenden Fremdkörpern (in erster Linie Phosphor, Schwefel, auch Mangan und Kohlenstoff) sind als die später erstarrenden Anteile der Schmelze.

Abb. 60.

Die Fremdkörper müssen demnach bei weiter fortschreitender Erstarrung immer mehr nach dem Teil des Blockes zurückgedrängt werden, der am längsten flüssig bleibt. Bei größeren Blöcken liegt dieser am längsten flüssig bleibende Teil in der Blockmitte in der Nähe des Kopfes des Blockes, etwa bei M in Abb. 60. Es tritt also während der Erstarrung Entmischung oder Seigerung ein.

Für die Technik ist es oft von größter Wichtigkeit festzustellen, ob Seigerung vorhanden ist oder nicht, da für gewisse Zwecke nur ein möglichst seigerungsfreies Material zur Verwendung gelangen darf.

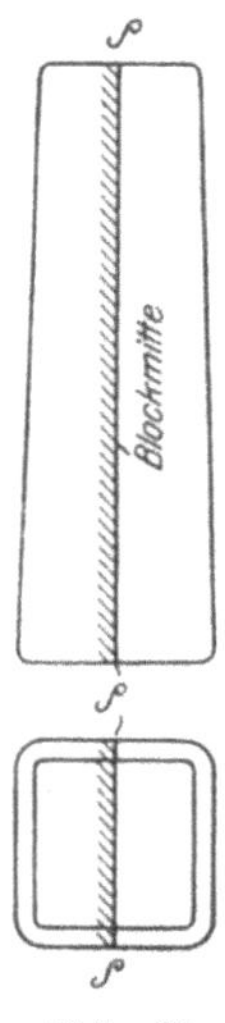

Abb. 61.

Zur Feststellung der Seigerung im Block auf chemisch-analytischem Wege kann man in der Weise verfahren, daß man einen Block aus der zu untersuchenden Charge nach Abb. 61 der Länge nach in der Mitte bei S—S durchschneidet und aus der in Abb. 61 durch Schraffur gekennzeichneten Schnittfläche an bestimmten Stellen aus Blockmitte und Blockrand Bohrspäne entnimmt und gesondert analysiert. Trägt man die gefundenen Prozentgehalte an den einzelnen Stoffen graphisch auf (siehe weiter unten), so erhält man einen guten Überblick über die ungefähre Verteilung der Fremdkörper im Material. Immerhin ist zu berücksichtigen, daß hierbei immer nur die Zusammensetzung an einzelnen vorher bestimmten Punkten (an den Bohrlöchern) ermittelt wird, das Mittel aus allen Einzelbestimmungen also noch keineswegs den durchschnittlichen Gehalt des Blockes an den betreffenden Stoffen angibt.

Die Schaubilder Abb. 62 und 63 sind auf oben beschriebene Art erhalten worden. Die Chargen-Durchschnittsanalysen der beiden Blöcke aus Charge A und B sind bereits in Tabelle 54 mitgeteilt.

Trotz des niedrigen Durchschnittsgehaltes an Phosphor und Schwefel findet sich selbst hier deutliche Anreicherung an diesen Stoffen in der Mitte des Blockes am Kopfende. Auch Kohlenstoff und Mangan sind angereichert, während Silizium und Kupfer keine Seigerung aufweisen. Am Rand sind die Gehalte sämtlicher Stoffe am Kopf und Fuß der Blöcke nahezu die gleichen.

Mit steigendem Durchschnittsgehalt der Charge an den einzelnen Fremdkörpern pflegt gleichzeitig die Seigerung zu steigen. Dies zeigt sehr deutlich das nachfolgende Beispiel[1].

---

[1] Vergl. E. Heyn, „Über die Nutzanwendung der Metallographie in der Eisenindustrie". Stahl und Eisen 1906, Nr. 10; entnommen aus Talbot: Iron and Steel Institut. 1905.

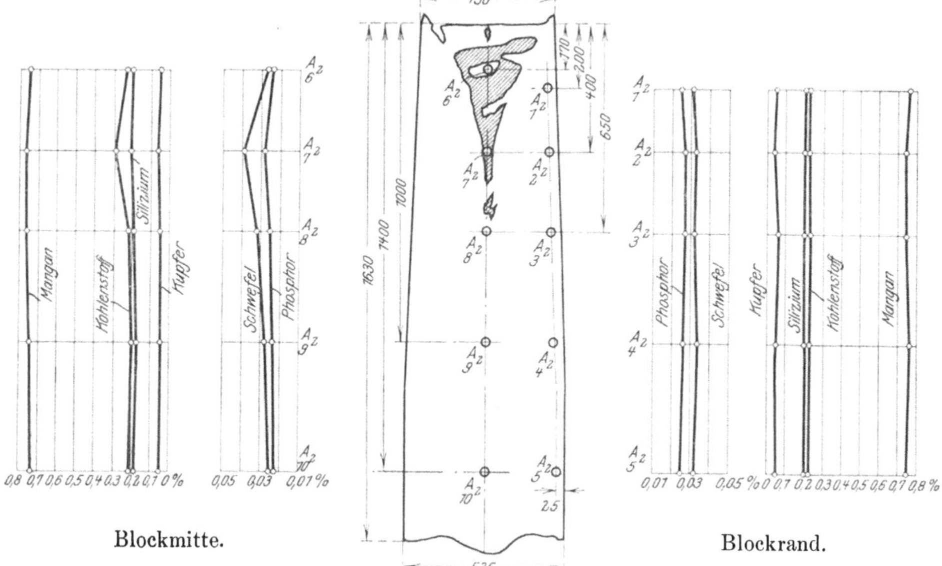

Blockmitte.   Blockrand.

Abb. 62. Charge A.

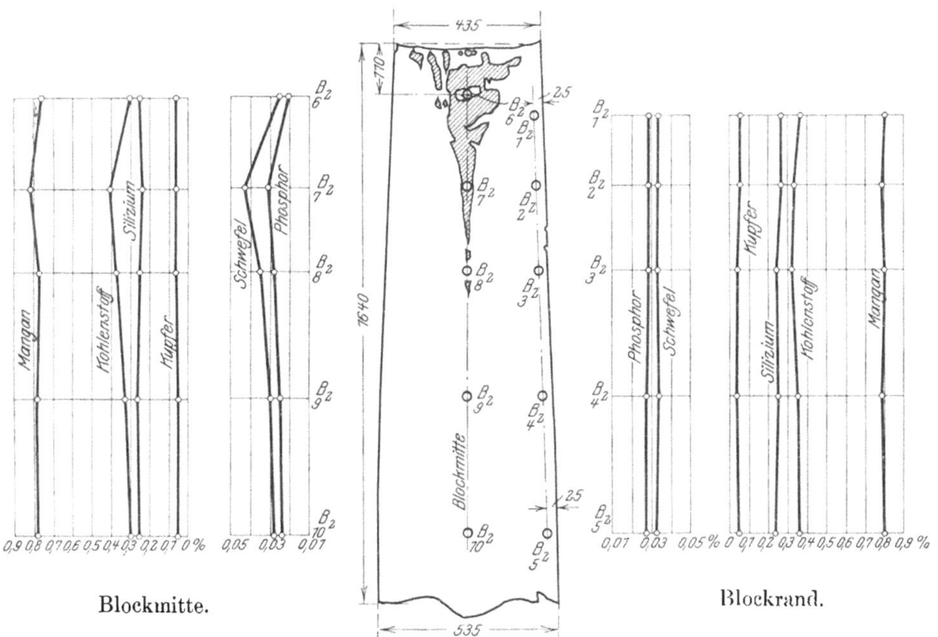

Blockmitte.   Blockrand.

Abb. 63. Charge B.

Die durchschnittliche Zusammensetzung einer Thomascharge (Proben aus der Pfanne entnommen) war:

Kohlenstoff 0,38 %   Mangan   0,52 %
Phosphor   0,052 „   Schwefel   0,061 „

Im Block war sehr beträchtliche Entmischung eingetreten, wie aus dem Schaubild Abb. 64 hervorgeht (Analysenspäne aus Blockmitte entnommen). Phosphor und Schwefel sind besonders hoch im Kopfende des Blockes angereichert. Beträchtlich ist auch die Anreicherung von Kohlenstoff[1]).

Die Feststellung, ob Seigerung vorhanden ist oder nicht, ist praktisch von höchster Bedeutung; kann doch vielfach die Verwendbarkeit des Materials für bestimmte Zwecke durch das Vorhandensein starker Seigerungen in Frage gestellt werden.

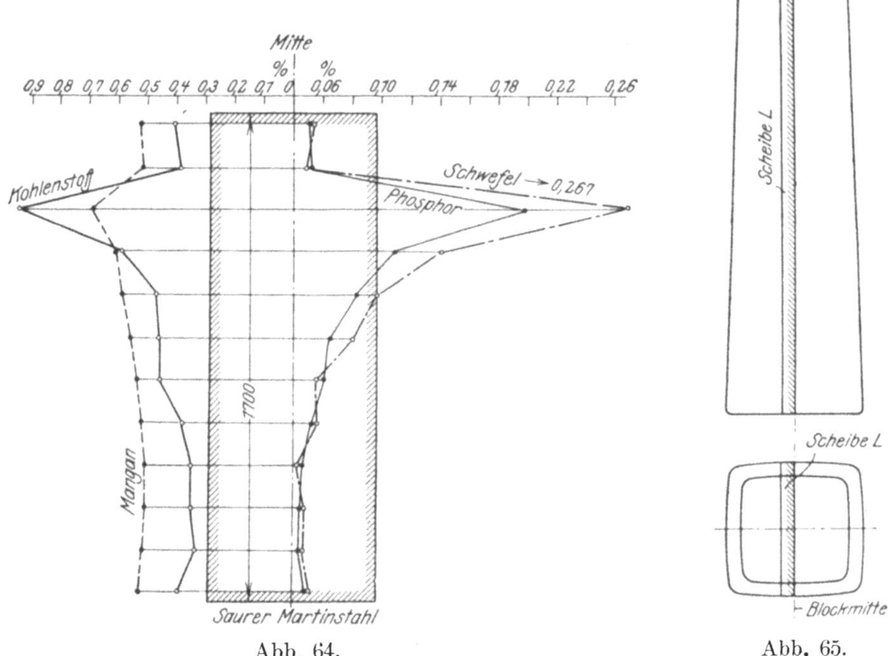

Abb. 64.   Abb. 65.

Je dichter die Analysenspäne entnommen werden, um so besseren Überblick erhält man über die Art der Verteilung der Fremdkörper im Block.

Die oben beschriebene rein chemisch-analytische Feststellung ist jedoch sehr zeitraubend und kostspielig, auch muß der auf beschriebene Weise untersuchte Block wieder eingeschmolzen werden, da er zum Auswalzen nicht mehr geeignet ist.

Gerade hier, für die schnelle und sichere Erkennung solcher Seigerungen im Material (vor allem von Phosphorseigerungen), hat mit großem

[1]) Weitere Beispiele von Seigerungen in Flußeisenblöcken finden sich: A. Martens, „Seigerung in Eisen und Stahlgüssen“. Stahl und Eisen 1894, Nr. 18. S. 797; ferner: F. Wüst und H. L. Felser, „Der Einfluß der Seigerungen auf die Festigkeit des Flußeisens“. Metallurgie 1910, Heft 12. S. 363; ferner A. Obholzer. „Zur Frage der Vermeidung von Lunkerbildung“. Stahl und Eisen 1907, Heft 32. S. 1155.

Erfolg die makroskopische Gefügeuntersuchung eingesetzt (Ätzung der Schliffflächen mit Kupferammoniumchlorid nach E. Heyn, vergl. auch Seite 10).

Sie gibt schnell und sicher Aufschluß, ob Seigerung vorhanden ist
oder nicht, läßt scharf die Begrenzung der Seigerungszonen erkennen und
gibt bei einiger Erfahrung sogar einen un-
gefähren Anhalt über die Höhe der Seigerung.

Bei der Untersuchung großer Blöcke
verfährt man zur Feststellung etwaiger Zonenbildung infolge Seigerung am sichersten
in der Weise, daß man nach Abb. 65 eine
Scheibe L aus dem ganzen Block entnimmt.
Die Scheibe wird an der in Abb. 65 schraffiert gezeichneten Schnittfläche geschliffen
und poliert[1]). Nach dem Reinigen der
Schlifffläche mit Alkohol wird die Scheibe nach

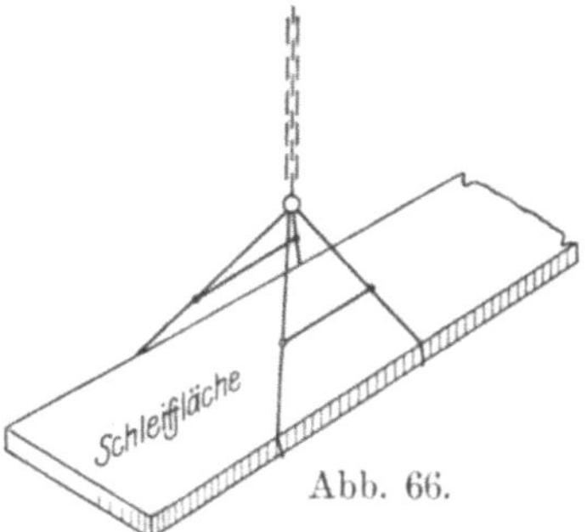

Abb. 66.

Abb. 66 gefaßt und in ein ausreichend großes Holzgefäß (s. Abb. 67), das
die Ätzflüssigkeit (Kupferammoniumchlorid 1:12) enthält, untergetaucht.

Nach 2 bis 3 Minuten Ätzdauer wird die Scheibe wieder herausgehoben, der Kupferbeschlag mit reiner Putzwolle oder Watte unter strömen-
dem Wasser abgewischt und schließlich das Wasser wieder durch Über-
gießen von absolutem Alkohol verdrängt.

Die Behandlung ist also im wesentlichen die gleiche wie bei kleinen
Schliffen (vergl. Abschnitt B u. C). Abb. 68 stellt eine nach oben beschriebenem
Verfahren geätzte Scheibe aus einem
3 t Block[2]) dar. Zonenbildung ist
im vorliegenden Falle nicht vorhanden, das Material ist nahezu
seigerungsfrei.

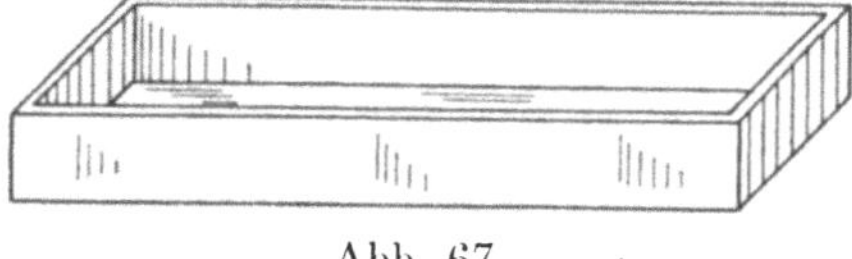

Abb. 67.

Nicht immer wird es angängig
und auch nicht immer notwendig sein, so große Scheiben herauszuarbeiten,
zu schleifen, zu polieren und zu ätzen. Vor allem wird man in allen den Fällen
hiervon absehen müssen, in denen der Block zum Auswalzen bestimmt ist.

Will man trotzdem einen ungefähren Anhalt über die Art der
Verteilung der Fremdkörper im Block erhalten, so genügt es, wenn man

---

[1]) Es ist natürlich bei so großen Flächen nicht leicht, einen völlig einwandfreien
rißfreien Schliff zu erhalten. Für die nachfolgende Ätzung mit Kupferammoniumchlorid zur makroskopischen Untersuchung auf Seigerungen genügt jedoch auch ein
weniger feiner Schliff. Man verfährt etwa wie folgt: Die Fläche wird zunächst auf
der Hobelmaschine eben gehobelt. Darauf werden die Riefen des Hobelstahles durch
Abschmirgeln mit einer Schmirgelscheibe mittlerer Körnung entfernt. Das endgültige
Schleifen erfolgt mittels Lederscheiben (Holzscheiben mit Leder überzogen), auf die
feines Schmirgelpulver aufgeleimt war. Das Polieren geschieht schließlich mit einer
Filzscheibe unter Verwendung von Polierrot und Öl. Bei dem auf Seite 7 Abschnitt B
beschriebenen Schleif- und Polierverfahren für kleinere Profile, wurde die zu schleifende
Fläche unter stetiger Hin- und Herbewegung an die auf ruhender Achse befindlichen rotierenden Schleifscheiben angedrückt. Bei so großen Schliffflächen, wie im vorliegenden Falle,
befindet sich der Schliff in der Ruhelage und die rotierenden Schleifscheiben bewegen
sich über ihn hin.

[2]) Der Block war nach dem Harmetschen Preßverfahren während der Erstarrung gepreßt, dadurch erklärt es sich, daß er gar keine Lunker aufweist.

nach Abb. 69 vom Kopfende K, wo erfahrungsgemäß die Seigerungen ihren Höchstwert erreichen und vom Fußende F, wo die Seigerungen am geringsten sind, je ein Viertel des Blockquerschnittes, nach vorhergehendem Schleifen und Polieren der Ätzprobe unterwirft.

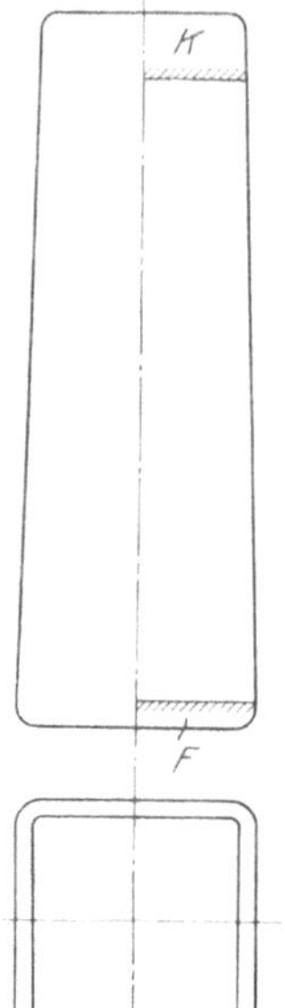

Abb. 70 stellt das Viertel eines Blockquerschnittes vom Kopfende K, Abb. 71 das Viertel vom Fußende F eines Thomasblockes[1]) dar. Die tiefschwarzen Stellen in den mit Kupferammoniumchlorid geätzten Schliffen sind Blasenhohlräume.

Ein Kranz von größeren Blasen trennt die Flächen in je eine innere Kern- und äußere Randzone. Die Kernzone ist in beiden Schliffen dunkler gefärbt als die äußere Randzone. Vorwiegend in der Kernzone liegen größere und kleinere tiefdunkel erscheinende Flecken, in denen der Phosphorgehalt besonders hoch angereichert ist. Die Dunkelfärbung nach Ätzung mit Kupferammoniumchlorid ist in erster Linie ein Kennzeichen für höheren Phosphorgehalt (vergl. Seite 21). Stets pflegen aber die übrigen verunreinigenden Bestandteile, vor allem sulfidische und oxydische Verbindungen an den gleichen Stellen angereichert aufzutreten, wo der Phosphorgehalt ein höherer ist, so daß man bei vorhandener starker Dunkelfärbung mit Sicherheit auch auf höheren Gehalt an Schwefel- und oxydischen Verbindungen schließen kann[2]).

Abb. 69.

Bemerkenswert ist, daß im Kopfende des Blockes die Grenze zwischen Kern- und Randzone durch ein besonders dunkles Band scharf gekennzeichnet ist, während am Fußende (s. Abb. 71) allmählicher Übergang ohne dunkles Grenzband vor-

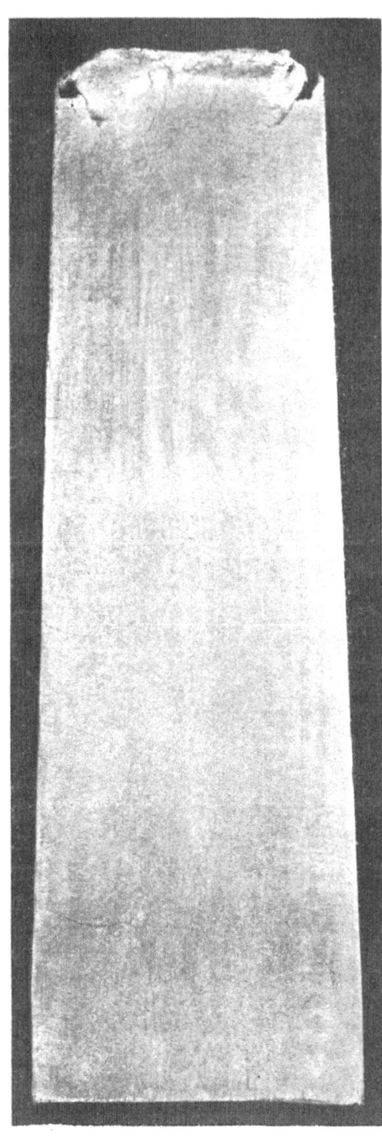

Abb. 68.   Geätzte Scheibe aus einem
3 t Block.

---

[1]) Aus E. Heyn, „Über die Nutzanwendung der Metallographie in der Eisenindustrie". Stahl und Eisen 1906. Nr. 10.
[2]) In Zweifelsfällen gibt hier die mikroskopische Untersuchung und das Schwefelabdruckverfahren auf Seide (vergl. Seite 12 und 23) Aufschluß.

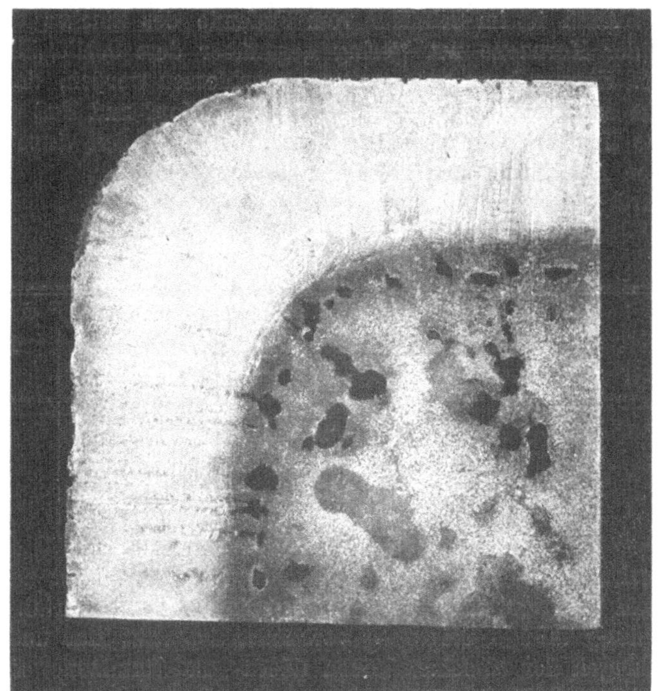

Abb. 70. Schliff K vom Kopf des Blockes.

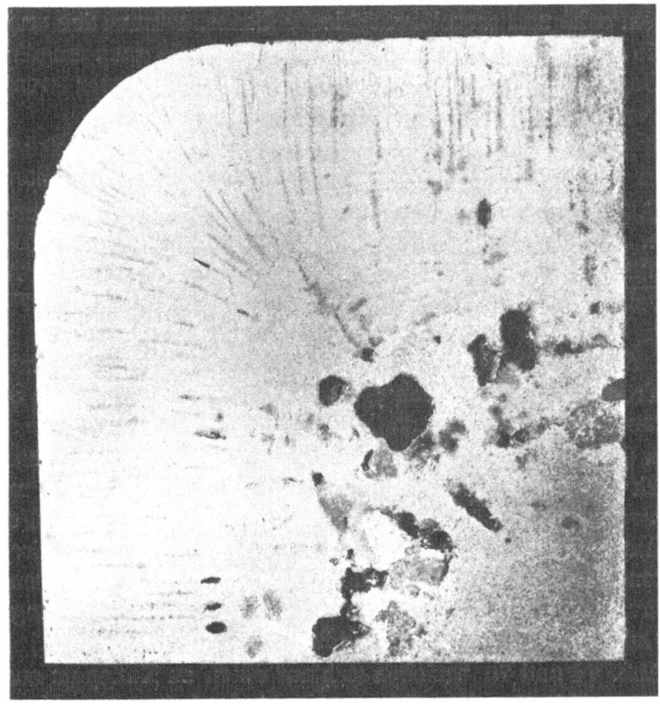

Abb. 71. Schliff F vom Fuß des Blockes.

handen ist. Auch ist im Schliff F vom Fußende des Blockes die Dunkelfärbung in der Kernzone nur gering gegenüber dem Schliff K vom Kopf des Blockes. Hieraus kann ohne weiteres geschlossen werden, daß zwischen den Gehalten an fremden Bestandteilen zwischen Kopf und Fuß des Blockes beträchtliche Unterschiede bestehen müssen. Die aus den einzelnen Zonen entnommenen Analysenspäne bestätigen diesen Schluß.

Es wurden gefunden:

Tabelle 55.

	Vom Kopfende K des Blockes		Vom Fußende F des Blockes	
	Kernzone	Randzone	Kernzone	Randzone
	%	%	%	%
Kohlenstoff . . .	0,11	0,06	0,07	0,07
Mangan	0,52	0,48	0,47	0,46
Phosphor	0,15	0,07	0,08	0,05

Die makroskopische Gefügeuntersuchung (Ätzprobe) gibt nach obigem ein gutes Bild von der Verteilung der Fremdkörper im Material. Sie zeigt, ob Zonenbildung infolge Seigerung vorhanden ist, gibt klar und eindeutig die Begrenzungen der einzelnen Zonen (Kern- und Randzone) an und gestattet dadurch wo erforderlich auch getrennte Probenahme für chemische Analyse und Festigkeitsversuche aus den einzelnen Zonen.

3. Chemische und metallographische Untersuchung der ausgewalzten Profile. Die Seigerung im Flußmaterial läßt sich nie ganz umgehen. Durch geeignete Gegenmaßregeln ist es im Betrieb möglich, ihr wenigstens bis zu einem gewissen Grade entgegenzuwirken.

Es ist daher für ein Hüttenwerk von Nutzen, sich laufend über den Grad der in den Blöcken stattgehabten Seigerung zu unterrichten.

Die Probenahme aus den Blöcken selbst, wie im vorigen Abschnitt beschrieben, zum Zwecke der Ätzung wäre als laufende Betriebskontrolle zu umständlich und betriebsstörend. Die Untersuchung von Abschnitten der ausgewalzten Profile vom Kopf- und Fußende genügt aber für diesen Zweck.

Wird aus einem mit Seigerungen behafteten Block irgend ein Profil (Knüppel, Träger, Schiene, Blech usw.) ausgewalzt, so macht die Seigerungszone die ganze Profilgebung mit.

Der in den beiden Abb. 72 und 73 dargestellte I-Träger ist aus demselben Thomasblock ausgewalzt, aus dem die beiden Schliffe Abb. 70 und 71 entnommen waren. Abb. 72 entspricht dem Kopf-, Abb. 73 dem Fußende des Blockes. Am Kopfende ist wieder das dunkle Grenzband zwischen Kern- und Randzone sichtbar, am Fußende fällt es weg. Die Blasenhohlräume sind verschweißt. Die Übereinstimmung in der Zonenbildung zwischen Block und ausgewalztem Profil tritt deutlich hervor.

Die Abb. 74 und 75 beziehen sich auf einen zu Knüppeln ausgewalzten Thomasblock. Abb. 74 entspricht auch hier wieder dem Kopfende und

Abb. 75 dem Fußende des Blockes. Die Seigerungserscheinungen sind ganz ähnliche, wie bei dem vorher besprochenem Beispiel.

Die Analysen aus Kern- und Randzone ergaben:

Tabelle 56.

	Dem Kopfende des Blockes entsprechend		Dem Fußende des Blockes entsprechend	
	Kern %	Rand %	Kern %	Rand %
Kohlenstoff	0,11	0,08	0,09	0,09
Mangan	0,52	0,50	0,48	0,52
Phosphor	1,125	0,080	0,075	0,080

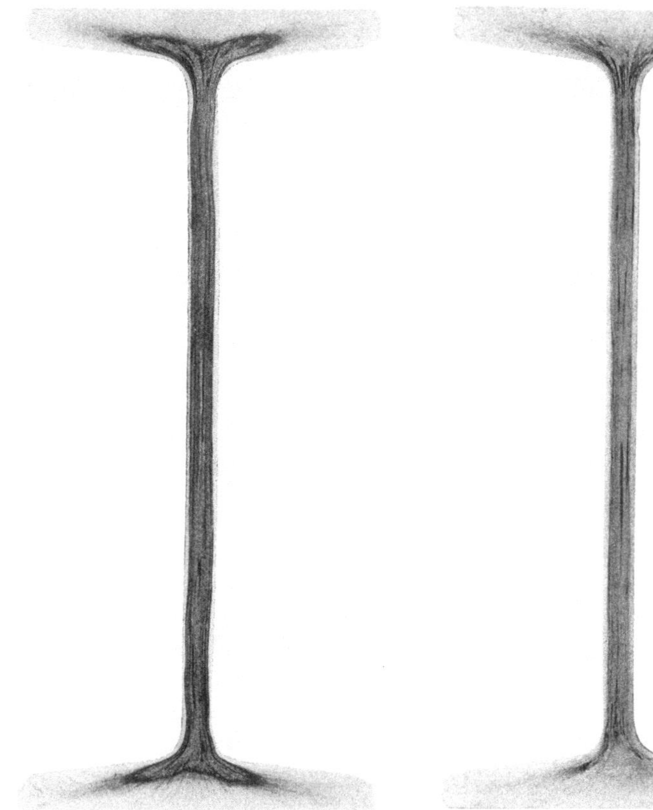

Abb. 72. Vom Kopf des Blockes.   Abb. 73. Vom Fuß des Blockes.

Auch hier wieder sind die Unterschiede zwischen Kern und Rand im Kopfende beträchtlich, während sie im Fußende nahezu vollständig verschwinden.

Will man sich einen Überblick über die Seigerungsverhältnisse im Material verschaffen, so genügt es nach obigem nicht bei der Untersuchung irgend eines Walzprofils nur von einem Ende einen Abschnitt zu entnehmen, sondern es ist unbedingt erforderlich von beiden Enden (dem Kopf- und Fußende des Blockes entsprechend), unter Umständen auch noch aus der Mitte (der Blockmitte entsprechend) Ätzproben herzustellen.

4. Beeinflussung der Analysenergebnisse durch die Art der Probennahme. Wird bei der Probenahme für die chemische Analyse auf diese Seigerungserscheinungen keine Rücksicht genommen, werden die Analysenspäne von sachunkundiger Hand in unsachgemäßer Weise gewonnen, so

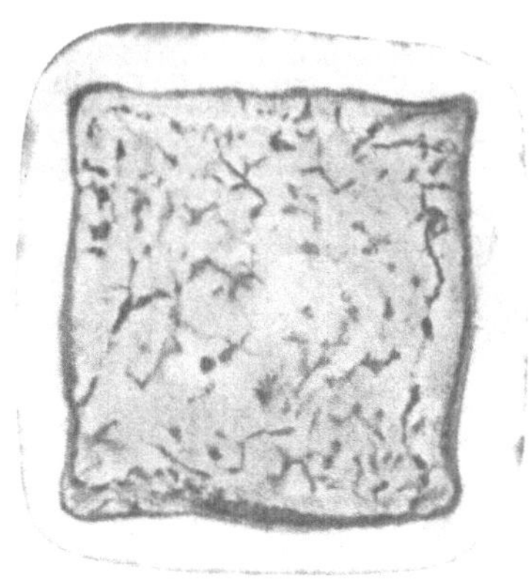

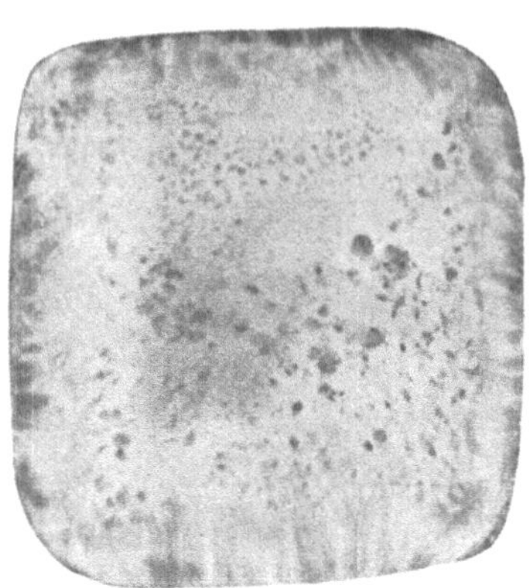

Abb. 74. Vom Kopf des Blockes.   Abb. 75. Vom Fuß des Blockes.

können die eigenartigsten, voneinander in weitgehendem Maße abweichenden Analysen erhalten werden, ohne daß ein Analysenfehler vorzuliegen braucht.

Als Regel für die Entnahme einer D u r c h s c h n i t t s p r o b e aus einem beliebigen Walzerzeugnis gilt auch hier:

D i e A n a l y s e n s p ä n e s i n d w o n u r i r g e n d a n g ä n g i g d u r c h H o b e l n ü b e r d e n g a n z e n Q u e r s c h n i t t n i c h t e t w a d u r c h A n b o h r e n o d e r A b d r e h e n z u e n t n e h m e n.

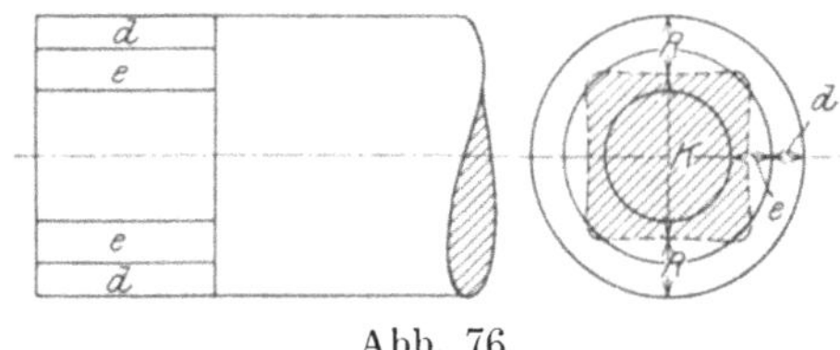

Abb. 76.

Handelt es sich dagegen nicht um die Entnahme einer Durchschnittsprobe, sondern soll durch die Untersuchung festgestellt werden, ob Zonenbildung infolge Seigerung, oder ob sonstige Verschiedenheiten in der chemischen Zusammensetzung des Materials vorhanden sind, so hat die metallographische Untersuchung (Ätzprobe) der chemischen vorauszugehen.

Im nachfolgenden soll an einer Anzahl von Beispielen aus der metallographischen Praxis gezeigt werden, wie stark das Analysenergebnis durch falsche Probenahme beeinflußt werden kann.

Durchaus fehlerhaft wäre es z. B. bei einem runden Walzprofil, die Entnahme der Analysenspäne durch Abdrehen einzelner Schichten, wie in Abb. 76 angedeutet zu bewirken. Ist Zonenbildung infolge Seigerung vorhanden, so würde die Analyse der bei d aus der Randzone R abgedrehten Späne ein ganz falsches Bild von der wirklichen durchschnittlichen Zusammensetzung des Materials geben, da nur der seigerungsarme Teil analysiert wurde. Würde nun, um Kontrollbestimmungen zu erhalten, weiter abgedreht werden (e in Abb. 76), so würde, starke Seigerung vorausgesetzt, der Analytiker jetzt viel höhere Phosphor- und Schwefel-Gehalte finden als zuerst.

Wie stark die Unterschiede sein können, mögen einige Beispiele zeigen.

a) Profileisen. 1. Beispiel. Abb. 77 stellt die Handzeichnung der Schlifffläche eines gebrochenen Schraubenbolzens dar. Der Schliff zeigte nach der Ätzung mit Kupferammoniumchlorid deutliche Trennung in helle Randzone R und dunkle, vierkantige Kernzone K. Die dunkle Färbung der Kernzone ließ auf Phosphoranreicherung in ihr schließen. Der Anteil der Kernzone K an der Gesamtfläche ist größer als der der Randzone.

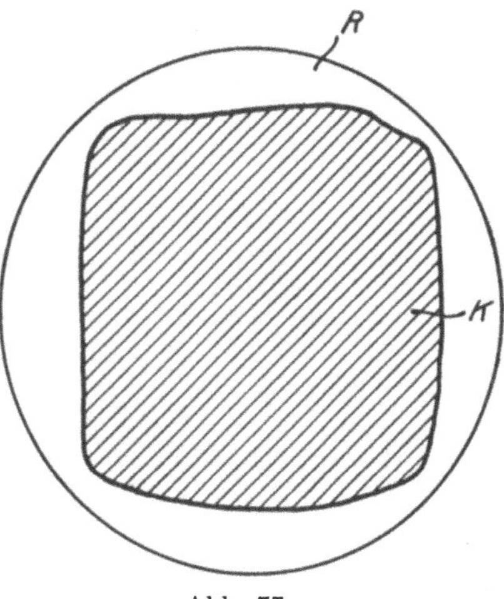

Abb. 77.

Die Messung ergab:

Kernzone K   1552 qmm
Randzone R   823   „
Ganze Fläche   2375 qmm

Die Phosphorbestimmungen ergaben:

Tabelle 57.

Späne entnommen	Phosphor %
aus Randzone R	$0,07_7$
„ Kernzone K	$0,11_0$
Durch Hobeln über den ganzen Querschnitt . . .	$0,10_0$

Berechnet man den durchschnittlichen Phosphorgehalt aus den Flächenanteilen von Kern- und Randzone und aus den diesen Zonen zukommenden Phosphorgehalten, so ergibt sich als Durchschnittswert

$0,09_9$ % Phosphor [1]);

er steht in sehr guter Übereinstimmung mit dem analytisch gefundenen Durchschnittsgehalt von $0,10_0$ %.

2. Beispiel. Abb. 78 zeigt die geätzte Schlifffläche einer gebrochenen Pleuelstangenschraube [2]). Die Kernzone K enthält zahlreiche, nach Ätzung

---

[1]) $\dfrac{1552 \cdot 0,110}{2375} + \dfrac{823 \cdot 0,077}{2375} = 0,099$ % Phosphor.

[2]) Aus E. Heyn, „Einiges aus der metallographischen Praxis". Stahl und Eisen 1906, Nr. 1.

dunkelgefärbte Flecken, in denen reichliche nichtmetallische, kleine Einschlüsse liegen. Die hellerscheinende Randzone R ist durchsetzt von dunklen Linien, die senkrecht zu den Seiten des die Innenzone umgrenzenden Vierecks

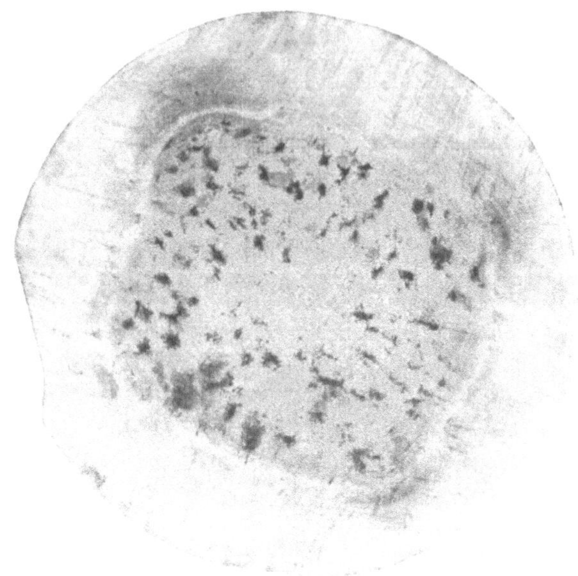

Abb. 78. Querschliff aus einer Pleuelstangenschraube.

angeordet sind. Sie stammen von Blasenreihen her, die im Block senkrecht zur Blockkante nach innen gingen und beim Auswalzen zugeschweißt wurden. Aus dem viereckigen Querschnitt der Kernzone ist noch zu erkennen, daß der Block, aus dem die Stange stammte, viereckigen Querschnitt hatte.

Die Analyse ergab:

Tabelle 58.

	Kernzone K %	Randzone R %
Kohlenstoff . . .	0,11	0,09
Phosphor . . .	$0,08_0$	$0,05_0$
Schwefel	$0,08_0$	$0,04_0$
Mangan	0,72	0,70
Silizium	Spuren	Spuren
Kupfer	0,02	0,02
Nickel	0,07	0,07

Kohlenstoff, Phosphor und Schwefel sind in der Kernzone angereichert.

3. Beispiel. Abb. 79 zeigt den Querschliff eines Bolzens. Er läßt ebenfalls deutliche Zonenbildung infolge Seigerung erkennen. Die Phosphor- und Schwefelbestimmungen aus Kern- und Randzone ergaben:

Tabelle 59.

	Kernzone %	Randzone %
Phosphor . . .	0,120	0,042
Schwefel	0,080	0,018

Die Kernzone zeigt starke Anreicherung von Phosphor und Schwefel.

4. Beispiel. Abb. 80 entspricht dem Querschliff eines Quadrateisenstabes. Es handelt sich um Thomasmaterial. Der Schliff zeigte in der

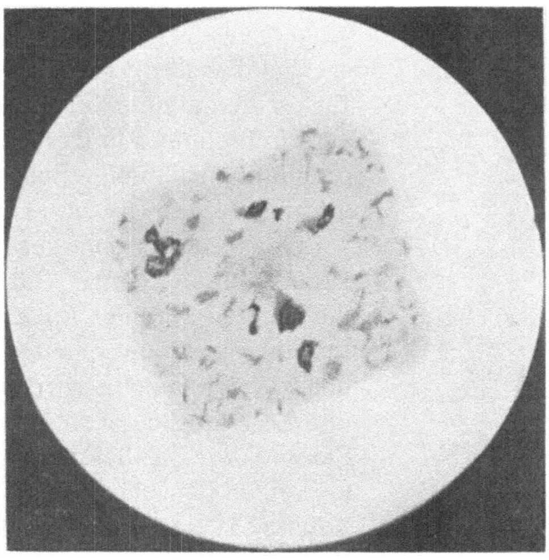

Abb. 79. Querschliff aus einem Bolzen.

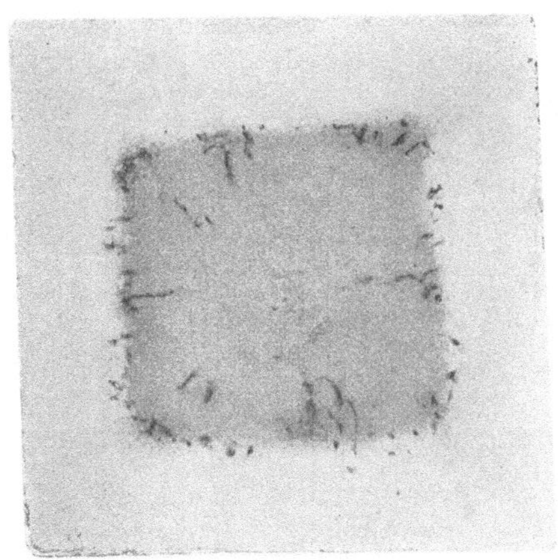

Abb. 80. Querschliff aus einem Quadrateisen.

schwach dunkel gefärbten Kernzone zahlreiche kleine, nichtmetallische Einschlüsse, anscheinend sulfidischer Art. Die Analyse aus Kern- und Randzone ergab:

Tabelle 60.

	Kernzone K %	Randzone R %
Kohlenstoff . . .	0,092	0,096
Mangan	0,41	0,38
Silizium	0,012	0,014
Phosphor	0,060	0,050
Schwefel	0,073	0,030
Kupfer	0,074	0,050
Stickstoff . . .	0,010	0,009

Neben der schwachen Anreicherung von Phosphor ist der erheblich höhere Schwefelgehalt der Kernzone beachtenswert.

Wollte man in den besprochenen Beispielen die Entnahme der Späne für die Durchschnittsanalyse nicht durch Hobeln über den ganzen Querschnitt, sondern durch Anbohren bewerkstelligen, so können hierbei, selbst wenn die Bohrlöcher durch den ganzen Stab durchgehen, falsche Ergebnisse erzielt werden.

Wird z. B. durch einen Rundstab[1]), nach Abb. 81, ein Loch I durchgebohrt, so entsprechen die so gewonnenen Späne nicht dem wirklichen Durchschnitt, wie er durch Hobeln über den ganzen Querschnitt erzielt werden kann. Selbst die Lage des Loches (vergl. I und II in Abb. 81) hat einen gewissen Einfluß auf das Endergebnis. Bei Loch I gelangen mehr Späne aus der seigerungsfreien Kernzone zur Analyse als bei Loch II. Die Späne aus Loch I werden infolgedessen phosphor- und schwefelärmer erscheinen als die Späne aus Loch II.

Obiges gilt natürlich nicht nur für Rund- oder Quadrateisen, sondern

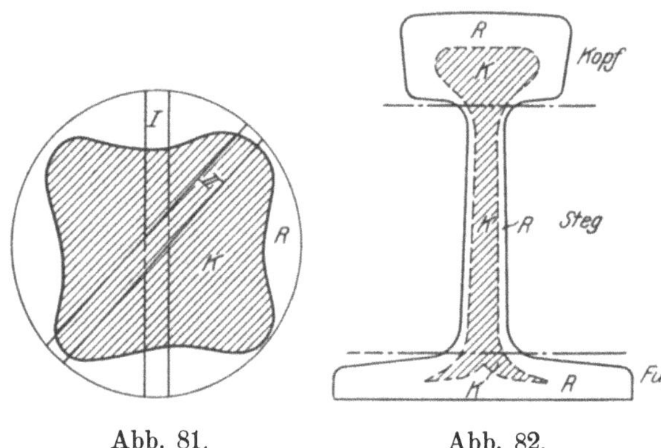

Abb. 81. Abb. 82.

für jedes andere Profil, sofern Trennung in Kern- und Randzone infolge Seigerung vorhanden ist.

Selbst bei richtiger Probenahme können in bestimmten Fällen Analysenunterschiede entstehen. Angenommen wird, daß das Material der rohen Stange vor Ablieferung auf seinen Phosphorgehalt untersucht war und zwar unter richtiger Probenahme durch Hobeln über den ganzen Querschnitt; es wurden z. B. a% Phosphor ermittelt. Die Stange wurde vom Abnehmer abgedreht und eingebaut. Infolge eines vorzeitigen Bruches wurde die Phosphorbestimmung an der abgedrehten Stange kontrolliert. Die Probenahme geschah wieder wie früher in der richtigen Weise durch Hobeln über den ganzen Querschnitt. Der nun gefundene durchschnittliche Phosphorgehalt (b%) wird jetzt erheblich höher sein als früher (a%), wenn die Stange phosphorreiche Ausseigerungen in der Kernzone enthielt und wenn beim Abdrehen der größere Teil der phosphorarmen Randzone entfernt wurde. Aufschluß über dies verschiedene Verhalten kann nur die Ätzprobe des ursprünglichen und des abgedrehten Querschnittes geben.

Wie schon S. 78 erwähnt und wie auch aus der Abb. 72 ersichtlich, macht die Seigerungszone die ganze Formgebung durch Walzen, Schmieden usw. mit, ohne daß sie an die Oberfläche der Profile austritt. Durch Abfließen des Materials der Randzone beim Auswalzen eines Profils nach den dickeren Teilen treten jedoch ganz beträchtliche Verschiebungen in den Flächenanteilen von Kern- und Randzonen innerhalb des Querschnittes auf. So ist z. B. der Flächenanteil der Kernzone an der Gesamtfläche im Steg

---

[1]) Aus E. Heyn, „Einiges aus der metallographischen Praxis“. Stahl und Eisen 1906, Nr. 1.

des I-Trägers (Abb. 72) erheblich größer als in den Flanschen. Die gleiche Erscheinung tritt auch bei Schienen und anderen Profilen auf. Abb. 82 stellt die Handzeichnung eines geätzten Schienenabschnittes dar. Die Kernzone K ist schraffiert gezeichnet.

Die Flächenanteile zwischen Kern- und Randzone betrugen:

Tabelle 61.

| | Flächenanteil in % der Fläche | |
	Kernzone K %	Randzone R %
Im Kopf der Schiene . . .	32,1	67,9
Im Steg „ „ . . .	63,4	36,6
Im Fuß „ „ . . .	14,4	85,6

Die chemische Analyse ergab:

Tabelle 62.

	Kernzone K %	Randzone R %
Phosphor	0,127	0,063
Schwefel	0,060	0,023
Mangan	0,55	0,50

Die Unterschiede in der chemischen Zusammensetzung zwischen Kernzone K und Randzone R sind beträchtlich.

Ein richtiger Durchschnitt für die Analyse ist nur durch Hobeln über den ganzen Querschnitt des Schienenprofils zu erzielen. Hobeln über einen Teil des Querschnitts (z. B. nur über die Hälfte) gibt falsche Werte, weil die Flächenanteile zwischen phosphor- und schwefelreicher Kern-

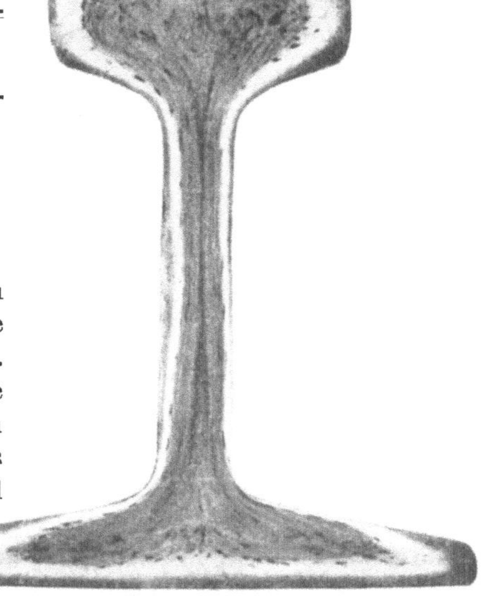

Abb. 83. Querschliff einer Grubenschiene.

zone K und phosphor- und schwefelarmer Randzone R an den verschiedenen Stellen des Querschnitts verschieden groß sind (vergl. Tabelle 61).

Ähnlich starke Seigerung zeigen auch die folgenden beiden Beispiele:

Abb. 83 entspricht einem Querschliff aus einer Grubenschiene. Im Schliff sind 3 Zonen zu erkennen:

α) eine dünne, rings um den Rand des Schliffes sich erstreckende, nach Ätzung dunkel erscheinende Randzone R_1;

β) eine mittlere, nach Ätzung hell erscheinende Zone R_2;

γ) eine nach Ätzung tief dunkel erscheinende Kernzone K. In der Kernzone K lagen kleine, vermutlich von der Desoxydation herrührende nichtmetallische Einschlüsse.

Die chemische Analyse ergab:

Tabelle 63.

	Kernzone K %	Randzone R_1 und R_2 %
Phosphor	0,158	0,115
Schwefel	0,064	0,042

Entsprechend der eigentümlichen Verteilung der phosphorreichen Zonen ist der durchschnittliche Phosphorgehalt in den beiden Randzonen $R_1 + R_2$ ebenfalls hoch.

Abb. 84 zeigt einen Abschnitt eines eisernen Balkens mit starker Zonenbildung infolge Seigerung. Die Analyse ergab:

Tabelle 64.

	Kernzone K %	Randzone R %
Phosphor	0,11	0,06
Schwefel	0,13	0,06

Phosphor- und Schwefelgehalt der in Abb. 84 dunkel erscheinenden Kernzone sind hoch.

b) Bleche, Flacheisen, Bandeisen. Sehr viel wird

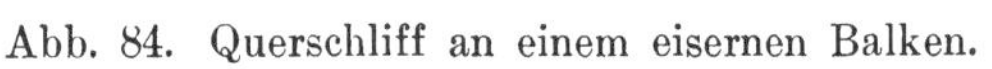

Abb. 84. Querschliff an einem eisernen Balken.

auch bei der Entnahme der Analysenspäne aus Blechen, Flacheisen, Bandeisen usw. gesündigt. An einer Reihe von Beispielen soll gezeigt werden, wie stark die Unterschiede in der chemischen Zusammensetzung innerhalb des Querschnitts mitunter sein können und wie notwendig eine der chemischen Analyse vorausgehende, metallographische Untersuchung vielfach ist.

1. Beispiel. Der nachfolgend beschriebene Fall bietet hierfür ein geradezu klassisches Beispiel[1]).

Ein stark rotbrüchiges Kesselblech sollte von verschiedenen Analytikern auf seinen Schwefelgehalt untersucht werden. Die Analysenspäne wurden den verschiedenen Laboratorien versiegelt zugesandt. Die einlaufenden

---

[1]) Vergl. auch: E. Heyn und O. Bauer „Metallographie". II. Teil. Sammlung Göschen. 1909. Seite 132.

Analysenergebnisse schwankten innerhalb der Grenzwerte 0,067 % und 0,240 % Schwefel. Das sind Unterschiede, die ganz außerhalb jeder, durch die verschiedenen Verfahren bedingten Versuchsfehlergrenzen liegen.

Aufklärung über diese auffallende Erscheinung ergab die metallographische Untersuchung.

Es bestand im Blech starke Zonenbildung infolge Seigerung. Siehe Abb. 85. Die nach Feststellung der Seigerung aus den verschiedenen Zonen entnommenen Späne (siehe Abb. 85) ergaben folgende Gehalte an Schwefel:

Tabelle 65.
Analysen mitgeteilt von E. Heyn.

Späne entnommen aus	Schwefel %
Zone I	0,067
„ II	0,201
„ III	0,240

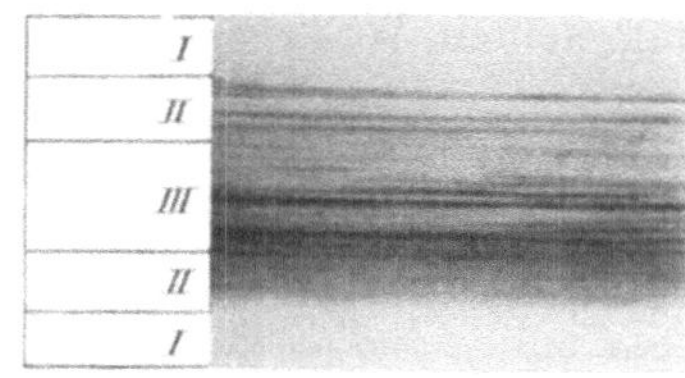

Abb. 85. Rotbrüchiges Kesselblech.

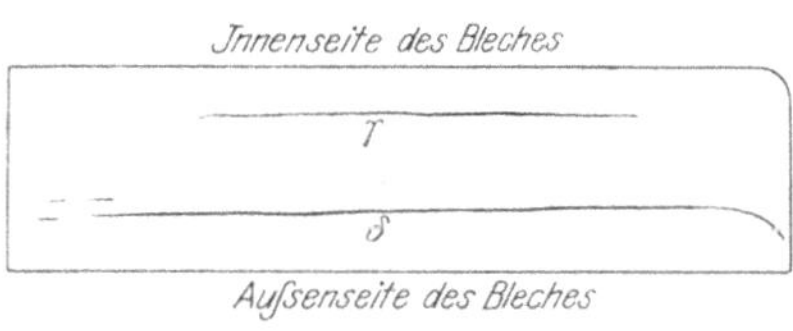

Abb. 86.

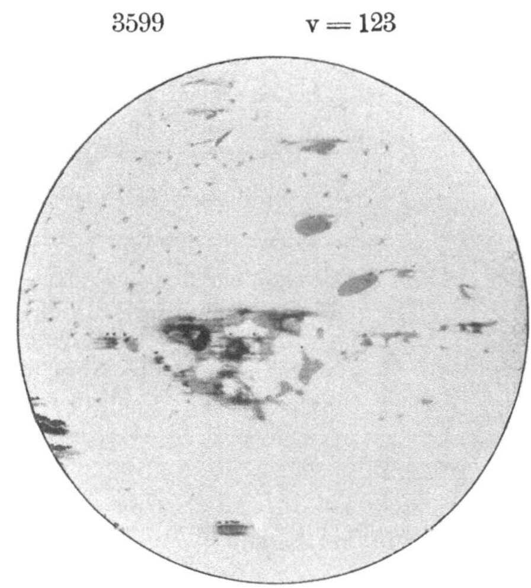

Abb. 87. Sulfideinschlüsse.

Die Analysenspäne, die an die einzelnen Laboratorien geschickt wurden, waren vermutlich fehlerhafterweise durch schichtenweises Anbohren oder Abhobeln entnommen worden, so daß das eine Laboratorium Späne aus der schwefelarmen Zone I, das zweite Späne aus der schwefelreicheren Zone II und das dritte Laboratorium Späne aus der schwefelreichsten Zone III erhielt. Eine richtige Durchschnittsprobe wäre nur durch Hobeln über den ganzen Querschnitt zu erzielen gewesen.

2. Beispiel. Abb. 86 stellt die Handzeichnung eines Schliffes aus einem sehr spröden Kesselblech dar. Der Schliff zeigte bereits vor dem Ätzen zwei sich deutlich abhebende Streifen γ und δ.

88 Umstände, die die Entnahme einer einwandfreien Durchschnittsprobe erschweren.

Mikroskopisch kleine bläuliche, nichtmetallische Einschlüsse, wie sie in Flußeisen häufig vorkommen[1]), lagen besonders angereichert in der Zone zwischen den Streifen γ und δ, auch kleine, gelblichgraue Einschlüsse lagen insbesondere längs dieser Streifen.

Abb. 87 zeigt in 123 facher linearer Vergrößerung eine Gruppe solcher Einschlüsse. Diese Art von Einschlüssen erregte den Verdacht, daß längs der Streifen γ und δ, sowie in der Zone zwischen γ und δ Ausseigerung von Schwefelmetallen stattgefunden hat.

Die Seidenläppchenprobe (vergl. S. 12) bestätigte diesen Verdacht.

Abb. 88 entspricht einem von obigem Blech aufgenommenen Schwefelabdruck auf Seide.

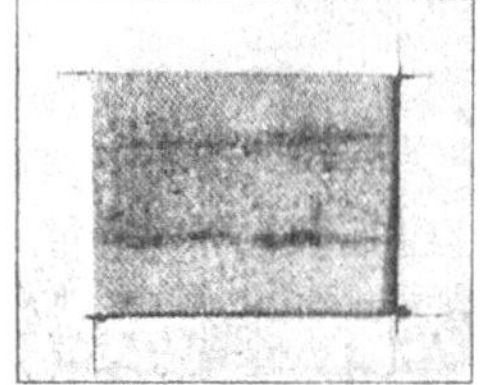

Abb. 88. Schwefelabdruck auf Seide.

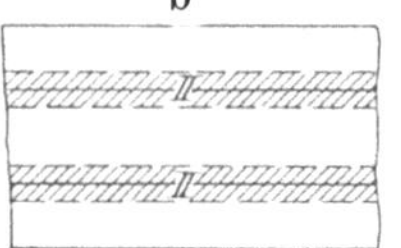
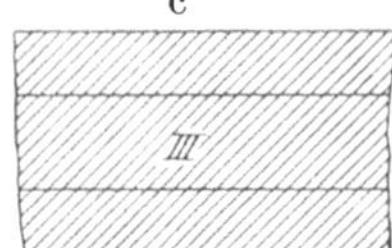

Abb. 89.

Die analytische Schwefelbestimmung der nach Abb. 89 a, b, c entnommenen Späne ergab die in Tabelle 66 mitgeteilten Werte.

Tabelle 66.

Probespäne entnommen	Schwefel %	Phosphor %
Aus den äußersten Schichten des Bleches bei I in Abb. 89 a . .	0,04	0,088
Aus der Umgebung der Streifen γ und δ bei II in Abb. 89 b .	0,16	0,203
Durch Hobeln über den ganzen Querschnitt bei III in Abb. 89 c	0,10	0,168

Nach Ätzung mit Kupferammoniumchlorid zeigte der Schliff eine stark dunkelgefärbte Kernzone und zwei etwas hellere Randzonen (vergl. Abb. 90).

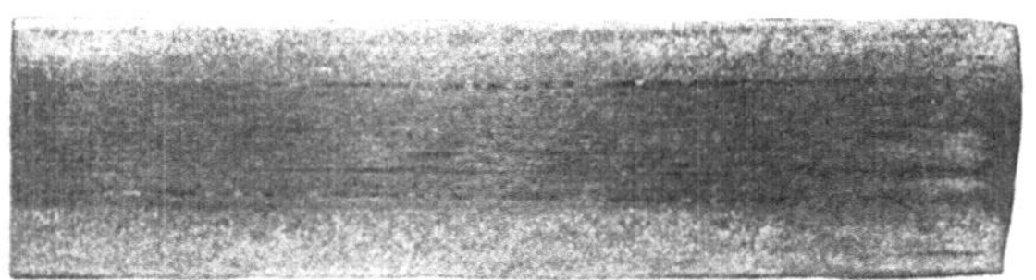

Abb. 90. Querschliff mit Kupferammoniumchlorid geätzt.

An dem Abbiegen der Streifung an der Stelle des Nietloches erkennt man, daß das Nietloch gestanzt, nicht gebohrt wurde. Die Streifen γ und δ sind nach dem Ätzen noch deutlicher geworden. Sie bestehen aus großen prismatischen Ferritkristallen, die erheblich größer sind als die Ferrit-

---

[1]) Vermutlich von der Desoxydation herrührend.

kristalle der Umgebung. Abb. 21 zeigt einen Teil des Streifens γ in etwa 4facher Vergrößerung.

Die starke Dunkelfärbung nach Ätzung mit Kupferammoniumchlorid sowie die großen Abmessungen der Ferritkristalle lassen auf besonders hohen Phosphorgehalt innerhalb der Streifen schließen. Die Analyse ergab in der Umgebung der dunklen Streifen die in Tabelle 66 mitgeteilten Werte. Sowohl Schwefel wie Phosphor sind in der Umgebung der dunklen Streifen hoch angereichert.

3. Beispiel. Sehr ähnliche Verhältnisse in der Verteilung von Phosphor fanden sich auch innerhalb des Querschnitts eines Schiffsbleches. Abb. 91 zeigt den Querschliff nach Ätzung mit Kupferammoniumchlorid.

Abb. 91. Querschliff aus einem Schiffsblech.

Im Bilde sind erkennbar: Eine hellere Randzone, eine dunklere Kernzone mit zahlreichen nach Ätzung tief dunkel erscheinenden Streifen und zwei besonders große Streifen, die die Begrenzung zwischen Kern- und Randzone bilden. Die Analyse ergab:

Tabelle 67.

Späne entnommen	Phosphor %
Aus der Randzone	0,088
Aus der Kernzone	0,119
Aus den dunklen Streifen und deren Umgebung	0,200

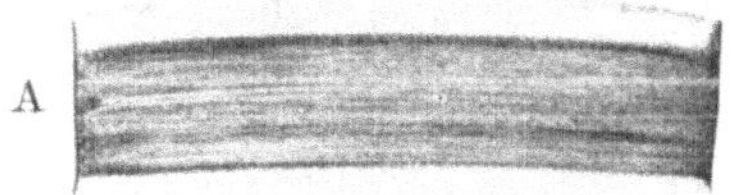
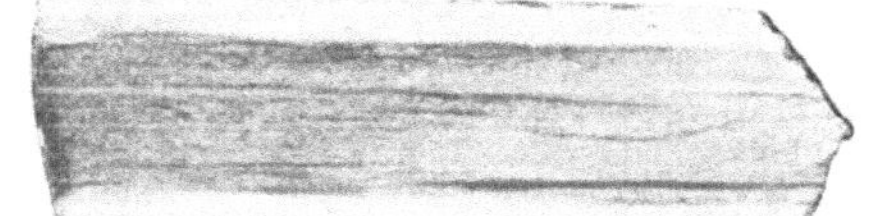

Abb. 92. Querschliffe aus Schiffsblechen.

Abb. 92. Querschliff aus einem Schiffsblech.

Wegen der geringen Dicke der Streifen mußte hier wie auch im vorigen Beispiel bei der Probenahme auch ein Teil der Umgebung der Streifen mitgenommen werden, so daß der Phosphorgehalt des Materials in den dunklen Streifen in Wirklichkeit noch höher ist als wie er durch die Analyse gefunden wurde.

In den Abb. 92 und 93 sind die geätzten Schliffflächen dreier Schiffsbleche A, B und C dargestellt. Alle drei Bleche zeigen starke Zonenbildung infolge Seigerung. Die Analyse ergab:

Tabelle 68.

Späne entnommen aus		Phosphor %	Schwefel %
Blech A	Randzone	0,08	nicht bestimmt
	Kernzone	0,16	
Blech B	Randzone	0,153	0,069
	Kernzone	0,282	0,180
Blech C	Randzone	0,140	0,066
	Kernzone	0,250	0,150

4. Beispiel. Mitunter kommt es auch vor, daß die Seigerungsgebiete nicht so scharf begrenzt sind wie in den bisherigen Beispielen, sondern, daß über den ganzen Querschnitt unregelmäßig verteilt, mehr oder weniger breite Seigerungsstreifen liegen, so daß von einer eigentlichen Trennung in Kern- oder Randzone nicht gesprochen werden kann.

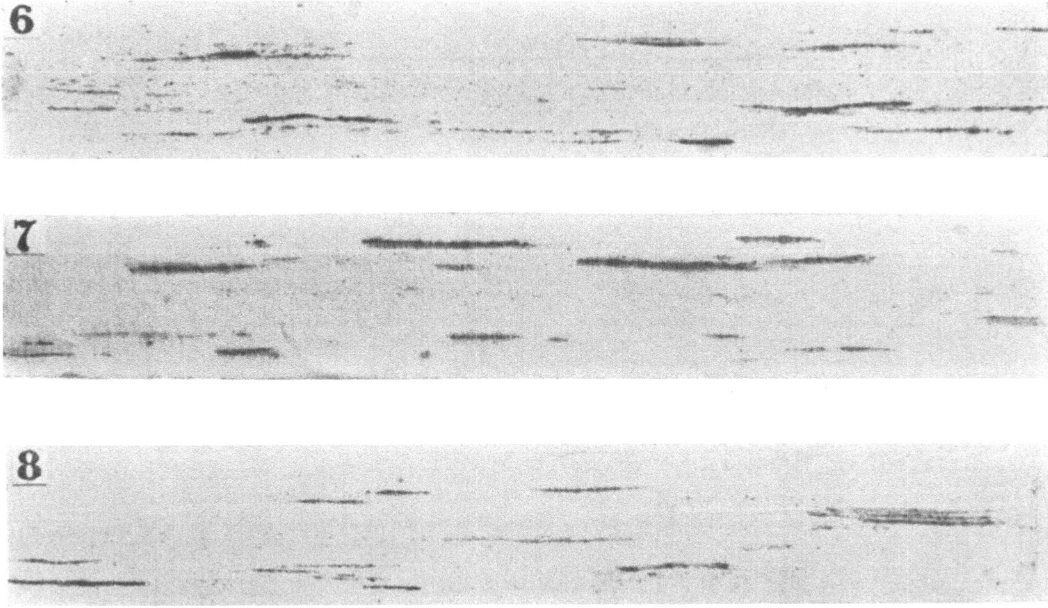

Abb. 94. Schwefelabdrücke auf Seide.

Abb. 94 stellt Schwefelabdrücke auf Seide von drei Blechstreifen dar, in denen unregelmäßig verteilt starke Seigerungsstreifen lagen. Die Analyse ergab:

Tabelle 69.

Späne entnommen	Phosphor %	Schwefel %
Über den ganzen Querschnitt . .	0,078	0,06
Aus den Seigerungsstreifen . . .	0,183	0,101

In allen bisher besprochenen Beispielen war eine richtige Durchschnittsprobe nur durch Hobeln über den ganzen Querschnitt zu erreichen gewesen. Es kann aber auch Fälle geben, bei denen trotz Hobeln über den ganzen Querschnitt die gewonnenen Späne nicht dem Durchschnitt des Materials entsprechen.

Wird aus einer Bramme, deren Kernzone K eine Anordnung ähnlich

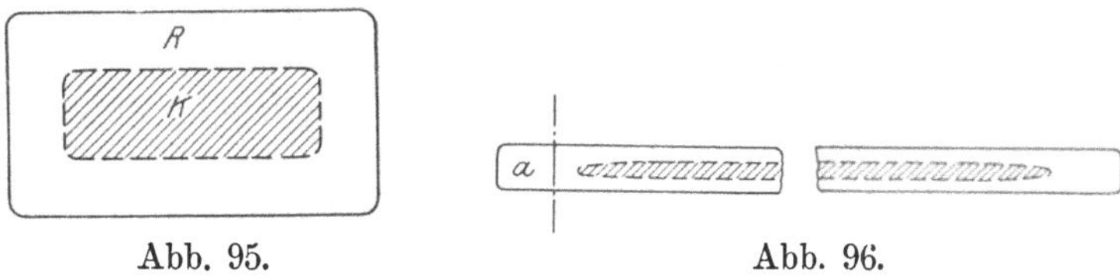

Abb. 95.   Abb. 96.

wie in Abb. 95 gehabt hat, eine Blechtafel ausgewalzt, so keilt die Kernzone K nach den Seiten und Enden der Blechtafel zu aus, ähnlich wie in Abb. 96 schematisch dargestellt und wie aus Abb. 97 ersichtlich.

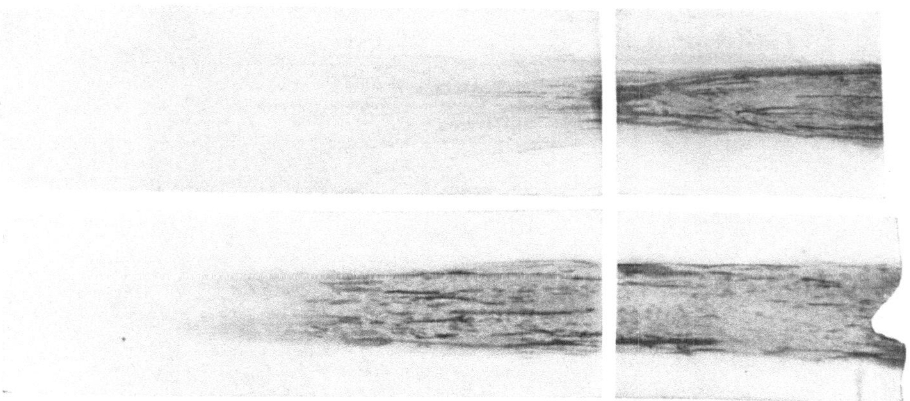

Abb. 97. Auskeilen der Kernzone in Kesselblechen.

Werden nun bei a (siehe Abb. 96) durch Hobeln über den ganzen Querschnitt die Analysenspäne entnommen, so wird die Analyse trotz beabsichtigter richtiger Entnahme der Späne doch nicht den wirklichen Durchschnittsgehalt des Materials an Phosphor und Schwefel angeben, weil die Kernzone K bei der Probenahme nicht berücksichtigt wurde, die Späne in Wirklichkeit nur der Randzone R entstammen.

So ergab z. B. die Analyse eines Bleches, das ähnliche Auskeilung der Kernzone wie in der Abb. 97 dargestellt aufwies, folgendes:

Tabelle 70.

Späne entnommen	Phosphor %	Schwefel %
Durch Hobeln über den Querschnitt bei a (s. Abb. 96), demnach nur Randzone R	0,048	0,033
Durch Hobeln über den ganzen Querschnitt (Randzone R + Kernzone K)	0,085	nicht bestimmt
Nur aus der Kernzone K	0,110	0,101

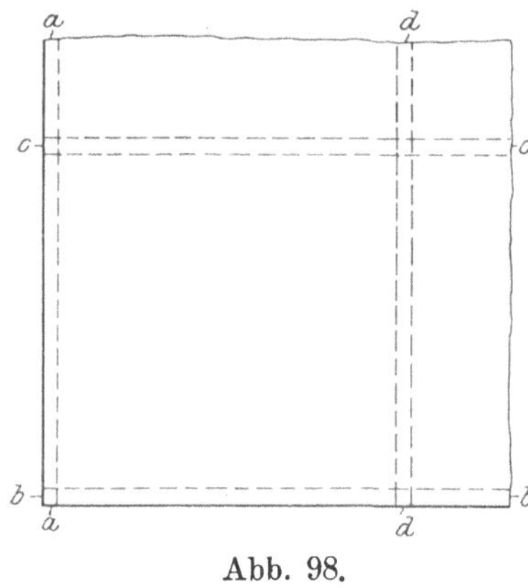

Abb. 98.

Zur Vermeidung solcher Fehler bei der Probenahme aus Blechen gilt sowohl für die chemische wie auch für die metallographische Untersuchung als Regel die Späne bezw. Schliffe nicht an den Rändern der Blechtafel bei a—a oder b—b in Abb. 98 zu entnehmen, sondern aus der Mitte bei c—c oder d–d.

Ganz ähnliches Auskeilen der Kernzone nach den beiden Seiten zu zeigt auch der in Abb. 99 dargestellte Querschliff eines Bandeisens.

Die Gesamtquerschnittsfläche beträgt = 1450 qmm, davon entfallen auf die

Randzone R = 780 qmm = 67,6 % der Gesamtfläche
Kernzone K = 470 „ = 32,4 % „ „

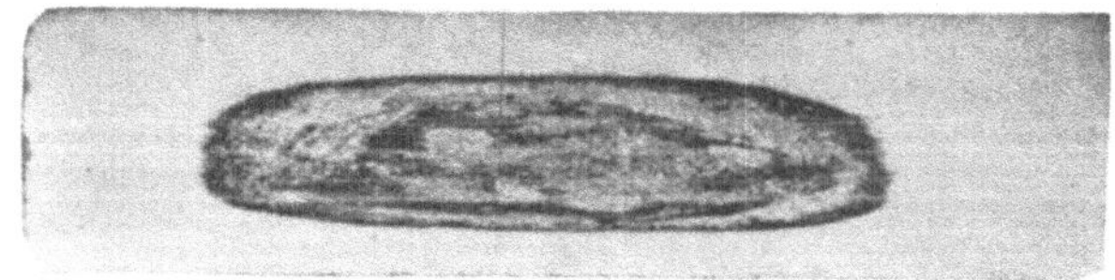

Abb. 99. Querschliff eines Bandeisens.

Die chemische Analyse ergab:

Tabelle 71.

Späne entnommen	Phosphor %	Schwefel %
Aus Randzone R	0,083	0,023
Aus Kernzone K	0,140	0,028
Durch Hobeln über den ganzen Querschnitt	0,100	0,027

Berechnet man den durchschnittlichen Phosphorgehalt aus den Flächenanteilen von Rand- und Kernzone und aus den in diesen Zonen gefundenen

Phosphorgehalten[1]), so ergibt die Rechnung als durchschnittlichen Phosphorgehalt des Bandeisens den Wert

$$0{,}10_1\,\%\ \text{Phosphor.}$$

Er stimmt genau mit dem analytisch gefundenen Phosphorgehalt überein. Auch hier wäre durch Hobeln über den Querschnitt in der Längsrichtung des Bandeisens nur die Randzone zur Analyse gekommen, das Ergebnis der beabsichtigten Durchschnittsanalyse also ein falsches gewesen.

K. Schweißeisen.

Für die Entnahme der Durchschnittsprobe aus Schweißeisen gilt das gleiche wie für die Probenahme aus Gußeisen und Flußeisen. Die Späne sind, wo irgend angängig, durch Hobeln über den ganzen Querschnitt zu entnehmen.

Da Schweißeisen in der Regel größere Mengen von Schweißschlacke enthält, die beim Hobeln zum Teil zu Pulver zerrieben wird, so sind beim Sammeln der Analysenspäne alle auf Seite 27 ausführlich beschriebenen Vorsichtsmaßnahmen zu beachten, da sonst leicht größere Verluste entstehen.

Der pulverförmige Anteil ist in erster Linie reich an oxydischen Eisenverbindungen, auch der Phosphor- und Siliziumgehalt pflegt in ihm angereichert zu sein.

Meist wird es daher auch hier erforderlich sein, Späne und Pulver im Verhältnis ihrer Gewichte gesondert einzuwiegen[2]).

Die folgenden Beispiele mögen obiges erläutern:

Bei der Probenahme aus einer Schweißeisenstange wurden 40 g Hobelspäne erhalten, davon waren 0,905 g pulveriges Material.

Die Analyse ergab:

Tabelle 72.

	In den groben Spänen %	Im Pulver %
Kohlenstoff	0,1	nicht bestimmt
Silizium	0,09	„
Mangan	0,21	„
Phosphor	0,32	0,44
Schwefel	0,03	nicht bestimmt
Kupfer	0,09	„

Bei der Probenahme aus einem Schweißeisenkesselblech wurden 42 g grobe Späne und 1,3 g Pulver erhalten.

Die Silizium- und Phosphorbestimmungen ergaben:

---

[1]) $\dfrac{470 \cdot 0{,}140}{1450} + \dfrac{980 \cdot 0{,}083}{1450} = 0{,}10\,\%\ \text{P.}$

[2]) Vergleiche Seite 46.

Tabelle 73.

	In den groben Spänen %	Im Pulver %
Silizium	0,06	0,30
Phosphor	0,23	0,37

Sowohl Phosphor vor allem aber Silizium findet sich im Pulver angereichert.

Es ist durch die Herstellungsart begründet, daß das Schweißeisen an den verschiedenen Stellen seines Querschnittes verschiedene chemische Zusammensetzung hat. Bei im Paket geschweißten Stücken werden mitunter

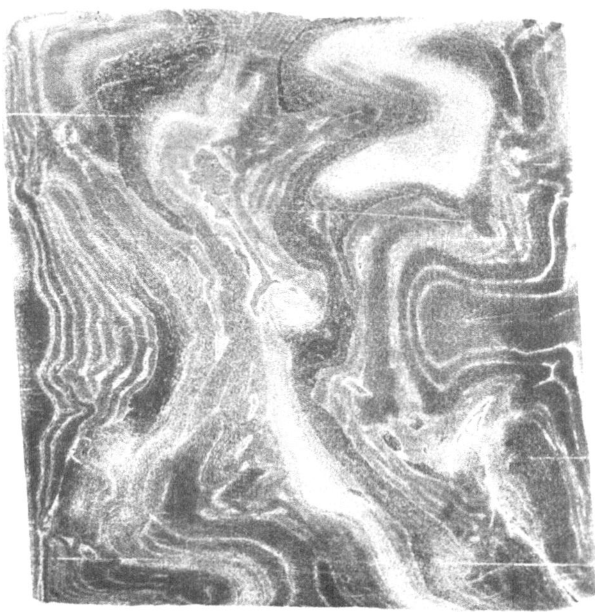

Abb. 100. Schweißeisen im Paket geschweißt.

die verschiedenartigsten Materialien zusammengeschweißt, so daß je nachdem wo die Probespäne entnommen werden, die verschiedensten Analysen erhalten werden.

Abb. 100 ist kennzeichnend für ein im Paket geschweißtes Eisen. Wie schon nach Ätzung mit Kupferammoniumchlorid makroskopisch erkennbar ist, besteht das Eisen aus unter sich verschiedenen Materialien. Bei einem ähnlichen Eisen ergaben an verschiedenen Stellen entnommene Probespäne Kohlenstoffgehalte, die zwischen 0,4 und 0,11 % C schwankten.

Bei Puddeleisen ist der Unterschied in erster Linie bedingt durch die ungleichmäßige Verteilung der Schweißschlacke und damit zusammenhängend der phosphorreicheren, silizium- und sauerstoffreicheren Stellen im Material.

Abb. 101 stellt den Querschliff von einem Schäkel aus Puddeleisen dar. Die starke Dunkelfärbung an einzelnen Stellen des Schliffes läßt auf örtlich angereicherten Phosphorgehalt schließen. Die Analyse ergab:

Tabelle 74.

Probespäne entnommen	Phosphor %
Durch Hobeln über den ganzen Querschnitt .	0,17
Durch Anbohren der dunklen Stellen	0,30

Bei einem Kesselblech aus Schweißeisen wurden in den durch Hobeln über den ganzen Querschnitt entnommenen Spänen 0,18% Phosphor gefunden. In den nach Ätzung dunkel erscheinenden Stellen jedoch 0,29% Phosphor.

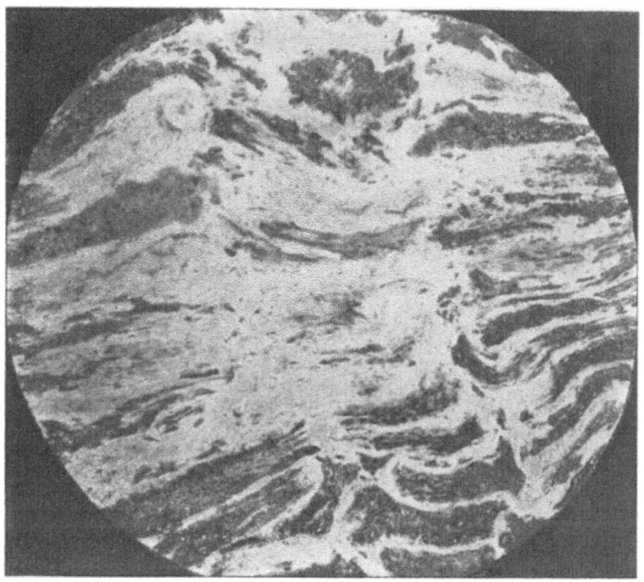

Abb. 101. Puddeleisen.

Abb. 102 und 103 stellen Ätzproben von Flacheisen (Schweißeisen) dar. Die in Abb. 102 ziemlich gleichmäßig über den ganzen Querschnitt auftretende starke Dunkelfärbung läßt auf hohen durchschnittlichen Phosphorgehalt schließen. Die Analyse ergab 0,25% Phosphor.

Aus Abb. 103 ist erkennbar, daß die Phosphoranreicherung nur örtlich vorhanden ist. Es wurden gefunden:

Tabelle 75.

Probespäne entnommen	Phosphor %
durch Hobeln über den ganzen Querschnitt .	0,07
durch Anbohren der dunklen Streifen . . .	0,16

Aus obigen Beispielen ergibt sich, daß innerhalb ein und desselben Schweißeisenstückes starke Unterschiede in der chemischen Zusammensetzung an den verschiedenen Stellen des Querschnitts und Längsschnitts bestehen können. Im Gegensatz zum Flußeisen, wo die Seigerungen an bestimmte, meist scharf abgegrenzte Zonen gebunden sind, liegen sie im Schweißeisen willkürlich über den ganzen Querschnitt und Längsschnitt verteilt.

Um einen einigermaßen richtigen Durchschnitt zu erhalten, sind daher beim Schweißeisen die Späne durch Hobeln über den ganzen Querschnitt an mehreren Stellen des Probestückes zu entnehmen und zu einer Durchschnittsprobe zu vereinigen. Auf die Berücksichtigung des bei der Probenahme fallenden feinen Pulvers ist bereits hingewiesen.

Die Angabe der dritten Dezimale bei der Analyse (selbst für Phosphor und Schwefel) ist beim Schweißeisen wertlos, weil die Zusammensetzung innerhalb des Materials zu starken Schwankungen unterworfen ist.

L. Probenahme in besonderen Fällen.

In gewissen Fällen werden Unterschiede in der chemischen Zusammensetzung innerhalb der Querschnitte im weiteren Verlauf der Fabrikation absichtlich herbeigeführt; hierher gehört z. B. das Zementieren. Das Verfahren bezweckt einem aus weichem, kohlenstoffarmen Material hergestellten Gegenstand durch Kohlenstoffaufnahme eine der mechanischen Abnutzung besser widerstehende härtere Oberfläche zu verleihen.

In solch einem Falle hätte eine Durchschnittsanalyse, bei der die Späne durch Hobeln über den ganzen Querschnitt entnommen sind, wenig Wert. Wichtig dagegen ist die Feststellung, wieviel Kohlenstoff aufgenommen ist und wie weit die kohlenstoffreiche Zone reicht. In allen solchen und ähnlichen Fällen hat der chemischen Untersuchung die metallographische vorauszugehen.

Abb. 102. Abb. 103.
Flacheisen (Schweißeisen).

Vielfach werden die Gegenstände nach der Zementierung bei Rotglut abgeschreckt (Oberflächenhärtung, Härten im Einsatz). Die kohlenstoffreichere äußere Schicht nimmt an der Härtung teil, während der kohlenstoffarme Kern weich bleibt.

Sollen solche im Einsatz gehärtete Gegenstände analysiert werden, so müssen sie, um sie bearbeitbar zu machen, erst ausgeglüht werden.

Bei Ausglühen ist erstens darauf zu achten, daß keine Kohlenstoffverbrennung durch oberflächliche Oxydation eintritt. Die hierbei anzuwendenden Vorsichtsmaßregeln sind bereits S. 27 besprochen. Zweitens ist auch darauf Rücksicht zu nehmen, daß kein Abfließen des Kohlenstoffs aus der kohlenstoffreichen Randschicht nach dem kohlenstoffarmen Kern zu stattfindet. Die Glühdauer ist daher möglichst kurz (etwa $^1/_4$ Stunde) und die Glühtemperatur möglichst niedrig (etwa 750 bis 800 ^{0} C) zu bemessen. Handelt es sich um reines Kohlenstoffeisen (nicht Spezialstahl), so kann man die Probestücke, nachdem die Ofentemperatur unter 700 ^{0} C (etwa auf 630 bis 650 ^{0}) gefallen ist, um Zeit zu sparen, wieder in Wasser ablöschen, da Härtung unterhalb des Perlitpunktes (700 ^{0} C) nicht mehr eintritt. Werden obige Vorsichtsmaßregeln beim Ausglühen eingehalten, so ist der Abfluß des Kohlenstoffs nur sehr gering.

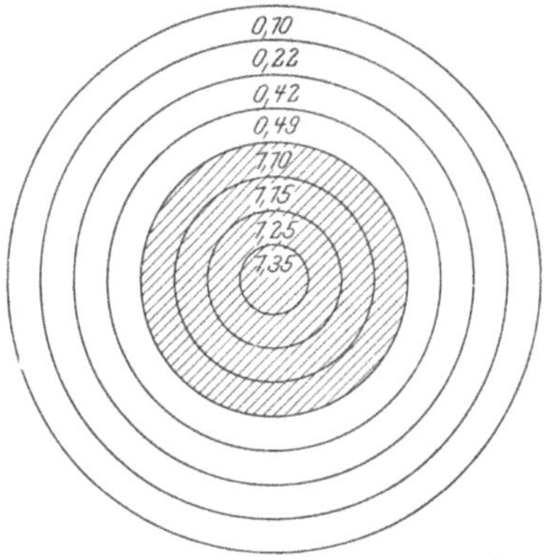

<table>
<tr><td>Abb. 104.</td><td>Abb. 105. Im Einsatz gekohlte
Lagerschale (Querschnitt).</td></tr>
</table>

Wird die Temperatur beim Ausglühen hoch gehalten (etwa 1000 ^{0} C und höher), wird ferner die Glühdauer unnötigerweise lange ausgedehnt (z. B. mehrere Stunden), so findet beträchtliches Abfließen des Kohlenstoffs nach den kohlenstoffarmen Teilen zu statt. Die nachfolgende metallographische und chemische Untersuchung gibt dann ein falsches Bild von der ursprünglichen Verteilung des Kohlenstoffs im Probestück. Das nachfolgende Beispiel zeigt, wie stark bei langer Glühdauer und hoher Glühtemperatur der Abfluß des Kohlenstoffs aus dem kohlenstoffreichen Teil nach den kohlenstoffarmen Teilen sein kann.

Arnold und M. William[1]) steckten in einen ausgebohrten, zylindrischen Mantel aus nahezu kohlenstofffreiem Eisen einen genau hineinpassenden Stahlkern mit 1,78 $^0/_0$ Kohlenstoff und glühten beide 10 Stunden

---

[1]) Journal of the Iron and Steel Institute. 1899. I. S. 85; daraus Stahl und Eisen. 1899. S. 618 u. Ledebur, Handbuch der Eisenhüttenkunde. 1900. III. Auflage. Bd. 3, S. 1027.

lang im luftleeren Raum bei 1000⁰ C. Abb. 104 zeigt die Verteilung des Kohlenstoffs im Querschnitt nach dem Glühen. Der innere schraffierte Teil stellt den Stahlkern, der äußere weiße Teil den Eisenmantel dar. Die

5006   v = 117

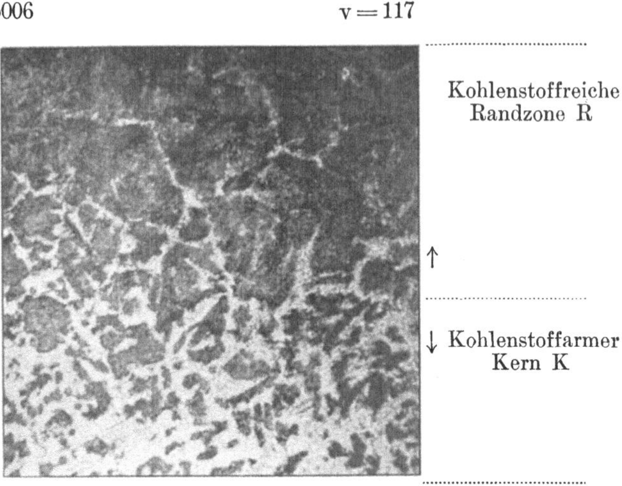

Abb. 106. Übergang von K zu R.

Kreislinien bezeichnen die einzelnen Schichten, welche nacheinander durch Abdrehen entfernt und auf ihren Kohlenstoffgehalt untersucht wurden. Die eingeschriebenen Ziffern lassen das allmähliche Abfließen des Kohlenstoffs aus dem Stahl in das weiche Eisen deutlich erkennen.

4583   v = 29

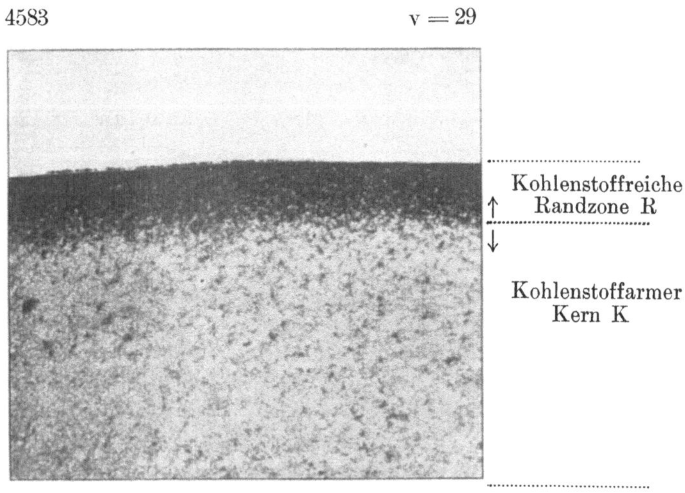

Abb. 107. Übergang von K zu R.

Die metallographische Gefügeuntersuchung gestattet mit großer Schärfe die Tiefe der gekohlten Schicht festzustellen, zugleich gibt sie einen ungefähren Anhalt über die Höhe des aufgenommenen Kohlenstoffgehaltes.

Abb. 105 stellt in 4facher linearer Vergrößerung den Querschnitt einer im Einsatz gekohlten kleinen Lagerschale dar. Die Dicke der kohlenstoffreichen Randschicht R (im Lichtbild hell erscheinend) betrug etwa 0,65 mm. Die Randzone R enthielt 0,95 % Kohlenstoff, während der Kern K (im Lichtbild dunkel erscheinend) nur etwa 0,1 % Kohlenstoff aufwies.

Der Übergang von dem hohen Kohlenstoffgehalt der Zone R zu dem niedrigen Kohlenstoffgehalt der Zone K erfolgt ziemlich schroff, wie Abb. 106 in 117facher linearer Vergrößerung zeigt.

Abb. 108. Durch zu langes Glühen oberflächlich entkohltes Stahlgußstück.

Einen ähnlich schroffen Übergang von gekohlter Randzone R zum kohlenstoffarmen Kern K zeigt auch Abb. 107 in 29facher linearer Vergrößerung. Das Bild ist aus dem Querschliff einer im Einsatz gehärteten Achse aufgenommen. Vor der Untersuchung wurde die Achse ausgeglüht (wie oben beschrieben), da die Randzone glashart und nicht bearbeitbar war. Die Dicke der gekohlten Zone beträgt hier nur etwa 0,3 mm. Die Abb. 107 zeigt zugleich, daß bei kurzer Glühdauer und niedriger Glühtemperatur die Gefahr des Abfließens von Kohlenstoff nach dem Kern zu nur gering ist.

Zwei im Einsatz gehärtete Stahlkugeln A und B wiesen eine

6031   v = 117

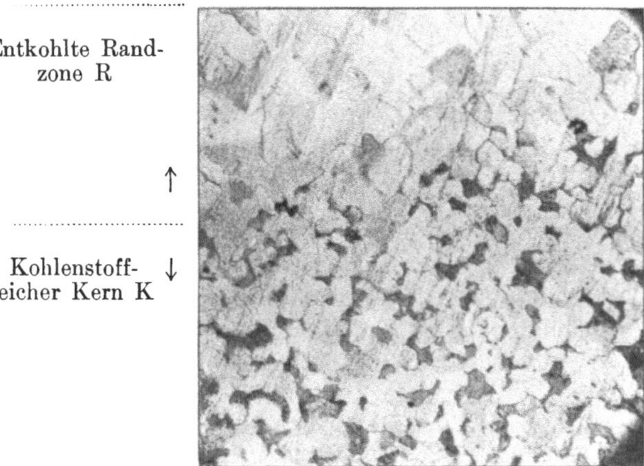

Abb. 109. Übergang von R zu K.

etwa 1 mm dicke kohlenstoffreiche Außenzone R auf. Die Analyse ergab:

Tabelle 76.

| | Kugel A | | Kugel B | |
	Randzone R %	Kern K %	Randzone R %	Kern K %
Kohlenstoff	0,59	0,31	1,25	0,99

In allen solchen und ähnlichen Fällen wird für die Analyse zunächst die gekohlte Randzone R, nachdem ihre Dicke mit Hilfe des Mikroskopes festgestellt ist, abgedreht. Aus dem Kern werden dann in üblicher Weise die Analysenspäne durch Hobeln über den ganzen Querschnitt entnommen.

7*

Durch langandauerndes Glühen in sauerstoffreicher Atmosphäre tritt der der Kohlung entgegengesetzte Vorgang, Entkohlung in der äußeren Schicht ein. In Abb. 108 ist in natürlicher Größe ein Stück Stahlguß abgebildet[1]). Schon die Ätzung mit Kupferammoniumchlorid gibt infolge der dunkleren Färbung des kohlenstoffreicheren Kernes einen guten Überblick über die Tiefe der entkohlten Schicht. Der Übergang von der entkohlten Randzone zum kohlenstoffreichen Kern ist in Abb. 109 in 117facher linearer Vergrößerung dargestellt. Die mikroskopische Untersuchung gibt auch ohne Analyse ein klares Bild von dem Grade der Entkohlung. Ähnliche Erscheinungen können bei Werkzeugstählen eine recht unangenehme Rolle spielen. Die Entkohlung ist manchmal nur in einer Schicht von ganz geringer Dicke vorhanden oder sie tritt nur örtlich auf. Wenn diese teilweise Entkohlung gerade an Stellen eingetreten ist, wo Härte erforderlich ist, so machen sich Übelstände geltend, die sich nur beseitigen lassen, wenn man die Ursachen kennt. Eine chemische Durchschnittsanalyse, ohne vorausgegangene metallographische Untersuchung wäre in solchen und ähnlichen Fällen, wo es sich um zufällige, unbeabsichtigte örtliche Änderungen der chemischen Zusammensetzung handelt, wertlos.

M. Schlußwort zum ersten Teil.

Die in den Kapiteln G bis L angeführten Beispiele mögen genügen, um zu zeigen, wie wichtig die Art der Probenahme für den Ausfall der chemischen Analyse ist. Hat man es doch in vielen Fällen in der Hand das Ergebnis der Analyse, je nachdem wie und wo die Probespäne entnommen werden, innerhalb recht weiter Grenzen (vergl. Kapitel G Seigerungserscheinungen im Flußeisen) zu variieren.

Natürlich ist dadurch unrechten Machenschaften Tür und Tor geöffnet. Letzteren kann der Analytiker mit Erfolg nur dann entgegentreten, wenn er selbst metallographisch durchgebildet ist und wenn die Verantwortung für die Probenahme und die Leitung derselben in seinen Händen liegt.

---

[1]) Aus E. Heyn, „Über die Nutzanwendung der Metallographie in der Eisenindustrie". Stahl und Eisen 1906, Nr. 10.

Zweiter Teil.

Analyse von Eisen und Stahl.

Von

Dipl.-Ing. **Eugen Deiß.**

A. Kohlenstoff.

Der Kohlenstoff tritt in Eisen und Stahl sowohl im gebundenen Zustand als Karbid oder als Mischkristall (Eisen-Eisenkarbid), als auch im freien Zustand als Graphit bzw. Temperkohle auf.

Sichere Verfahren zur unmittelbaren Bestimmung des gebundenen Kohlenstoffs neben vorhandenem freiem Kohlenstoff sind nicht bekannt. Dagegen kann der Gesamtkohlenstoff, sowie der im freien Zustand vorhandene bestimmt werden.

Um den Gehalt einer Probe an gebundenem Kohlenstoff zu erfahren, müssen daher die Gehalte an Gesamt- und freiem Kohlenstoff gesondert ermittelt und daraus durch Abziehen beider Werte voneinander der Gehalt an gebundenem Kohlenstoff berechnet werden.

Graphit und Temperkohle lassen sich nach chemischen Verfahren nicht voneinander trennen. Nach dem im ersten Teil des Buches Gesagten ist es aber auf metallographischem Wege in vielen Fällen möglich, zu entscheiden, ob der freie Kohlenstoff als Graphit oder als Temperkohle vorliegt.

Bestimmung des Gesamtkohlenstoffs.

Die Verfahren zur Bestimmung des Gesamtkohlenstoffs durch unmittelbare Verbrennung des Probematerials bieten nach den neuerdings gewonnenen Erfahrungen ohne Zweifel einen höheren Grad von Sicherheit als die älteren Verfahren, die auf der Abscheidung des Kohlenstoffs (mittels Kupfersalzlösungen, Quecksilbersalzlösung, Chlorgas u. a.) und nachfolgender Verbrennung des abgeschiedenen Kohlenstoffs beruhen[1]). Da die unmittelbaren Verfahren sich außerdem durch raschere Ausführbarkeit auszeichnen, so ist ihnen unbedingt der Vorzug vor anderen Verfahren zu geben.

---

[1]) Vergleiche hiezu Dillner in dem Bericht über den Vergleich der Methoden zur Bestimmung von Kohlenstoff und Phosphor im Stahl von Jüptner v. Jonstorff, Blair, Dillner und Stead in Iron and Steel Institute 1904 und Bimonthly Bull. of the Amer. Inst. of Mining Engineers 1905, S. 289 u. 643. (Stahl und Eisen 25. [1905]. 773.) Außerdem Blair, Stahl und Eisen 1909, 800.

Im allgemeinen kann man sich für die unmittelbare Verbrennung zweier verschiedener Wege bedienen: 1. Des Verfahrens auf nassem Wege (Verbrennung mittels Chromschwefelsäure nach Corleis). 2. Des Verfahrens auf trockenem Wege (Verbrennung im elektrisch erhitzten Röhrenofen mit Sauerstoff).

1. Die Verbrennung auf nassem Wege. Chromschwefelsäureverfahren nach Corleis[1]).

Grundlagen des Verfahrens. Proben von Eisen und Stahl werden nach hinreichender Zerkleinerung durch Kochen mit Chromschwefelsäure gelöst unter gleichzeitiger Oxydation des gesamten Kohlenstoffs zu Kohlendioxyd. Ein kleiner Teil des Kohlenstoffs pflegt bei diesem Vorgang in Kohlenoxyd oder Kohlenwasserstoff überzugehen und entzieht sich, falls keine geeigneten Vorsichtsmaßregeln getroffen sind, auf diese Weise der Bestimmung. Durch Zusatz von Kupfersulfatlösung zur Chromschwefelsäure wird nach Corleis die Bildung solcher Kohlenstoffverbindungen zwar vermindert, doch empfiehlt es sich stets, um Verluste zu vermeiden, die mit Luft gemischten Gase nochmals zu verbrennen, um sicher allen Kohlenstoff in Form von Kohlendioxyd zu erhalten. Das entstandene Kohlendioxyd wird mit Natronkalk aufgefangen, durch Wägen bestimmt und daraus der Gesamtkohlenstoffgehalt der Probe berechnet.

Erforderliche Apparate und Lösungen. Zur Verbrennung mit Chromschwefelsäure dient der mit eingeschliffenem Kühler versehene Kolben K nach ~~Corleis~~ (Abb. 110)[2]). Um den Kolben gegen Zerspringen beim Erhitzen zu schützen, wird die untere Kugelhälfte des Kolbens, wie in Abb. 111 angedeutet, mit Asbestpapier beklebt; man schneidet zu diesem Zweck aus etwa $^1/_2$ mm starker Asbestpappe geeignete spitzwinklige Stücke, befeuchtet sie mit Wasser, legt sie fest an die Kolbenwand und trocknet den fertiggeklebten Kolben in einem geräumigen Trockenschrank bei etwa 100° C.

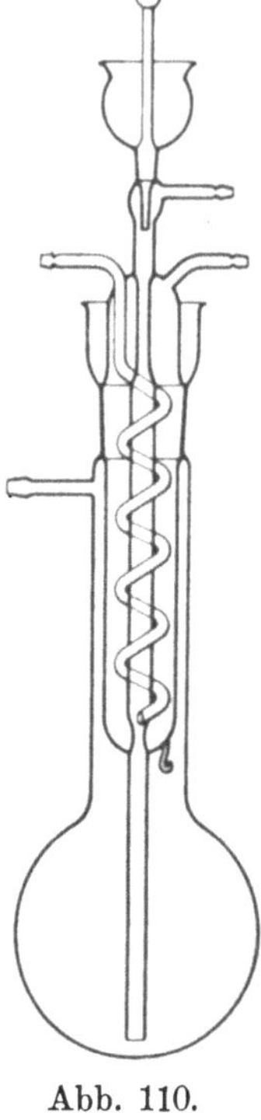

Abb. 110.

Der Aufbau des ganzen zur Verbrennung notwendigen Apparates ergibt sich aus Abb. 111.

An das Gaseinleitrohr des Corleiskolbens sind mittels Gummischlauches Waschapparate angeschlossen, die dazu dienen, die entweder aus der Druckluftleitung oder einem Luftgasometer zu entnehmende Luft vollständig von Kohlendioxyd zu befreien. Zwei Waschflaschen W_1, W_2 mit starker Kalilauge und ein großes U-förmiges Rohr U oder auch ein Trockenturm mit groben Ätzkalistücken reichen für diesen Zweck aus.

Die aus dem Verbrennungskolben entweichenden Gase gehen zunächst

[1]) Stahl und Eisen 14. (1894) 381.
[2]) Der Apparat ist von der Firma Bleckmann u. Burger, Berlin, Auguststr. 3 zu beziehen.

durch eine kleine Waschflasche mit konzentrierter Schwefelsäure S und zwar läßt man das Einleitrohr der Waschflasche nicht in die Schwefelsäure eintauchen, sondern etwa 3 mm über der Schwefelsäureoberfläche ausmünden. Man erreicht dann, daß beim Kochen mitgerissene Wasser- und Schwefelsäuredämpfe zurückgehalten werden, ohne befürchten zu müssen, daß wesentliche Mengen von Kohlenwasserstoffen in die Schwefelsäure übergehen.

An die Schwefelsäurewaschflasche S schließt sich ein kleines Verbrennungsrohr V aus schwer schmelzbarem Glas oder Porzellan mit einer Füllung von Kupferoxyd oder Platinasbest[1]) an. Verwendet man Glasröhren, so schützt man diese gegen Zerspringen beim Anheizen durch Umhüllen mit einem Stückchen Eisendrahtnetz. Das Verbrennungsrohr bezweckt, die in den durchziehenden Gasen vorhandenen kleinen Mengen von Kohlenoxyd oder Kohlenwasserstoffen vollständig zu Kohlendioxyd zu verbrennen.

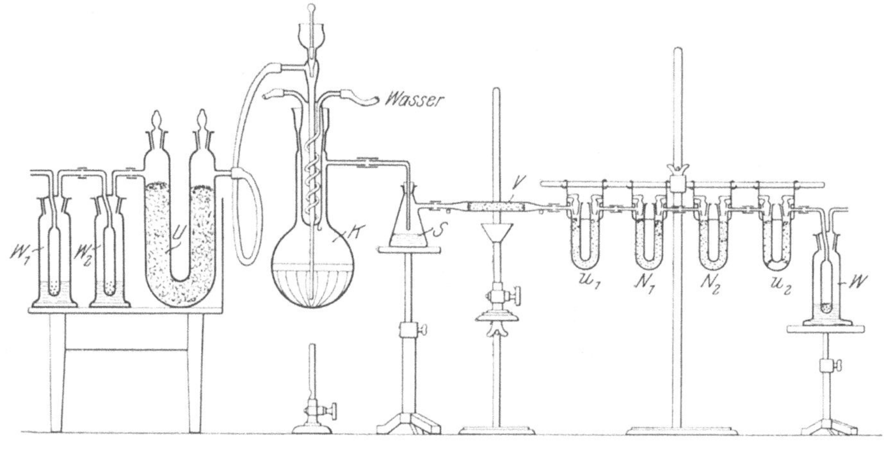

Abb. 111.

Ehe das Kohlendioxyd aufgefangen werden kann, müssen noch die letzten Anteile von Feuchtigkeit aus den Verbrennungsgasen entfernt werden; dies geschieht in dem auf das Verbrennungsrohr folgenden kleinen U-Rohr u_1, das zwischen Glaswollstopfen lose eingeschüttetes Phosphorpentoxyd enthält.

Aus diesem Phosphorpentoxydrohr gelangen die Gase in die zur Aufnahme des Kohlendioxyds bestimmten Natronkalkröhren N_1 und N_2 und zwar schalte man der größeren Sicherheit wegen stets zwei solcher Röhrchen hintereinander ein. Die Füllung des ersten Röhrchens kann dann voll ausgenützt werden, da das zweite Röhrchen durch Gewichtszunahme sofort anzeigt, wenn das erste mit Kohlendioxyd gesättigt ist. Beide Röhrchen erhalten eine Füllung von Natronkalk und Phosphorpentoxyd; man füllt zunächst einen Schenkel ganz und den anderen zur Hälfte mit Natronkalk, gibt einen Glaswollstopfen in den halbgefüllten Schenkel und füllt trockenes Phosphorpentoxyd auf. Sodann werden die noch freien Seiten des Natron-

---

[1]) Die mehrfach als Verbrennungsröhren empfohlenen Platinkapillaren haben sich nach unsern Erfahrungen für dauernden Gebrauch nicht bewährt, da das Platin bei häufigem Erhitzen kristallinisch und gasdurchlässig wird.

kalks und des Phosphorpentoxyds durch je einen nicht zu dicht aufge-
setzten Glaswollstopfen verschlossen. Das Korn des verwendeten Natron-
kalks soll etwa 1 bis 1,5 mm Durchmesser haben; ist viel staubfeines
Pulver dazwischen, so muß dieses, um Verstopfen der Röhrchen zu vermeiden, durch Absieben entfernt werden.

Für den Versuch sind die Röhrchen so an das Phosphorpentoxydrohr
anzuschließen, daß die Verbrennungsgase stets auf der Natronkalkseite des
Röhrchens eintreten. Bei umgekehrter Anordnung würden erhebliche Gewichtsverluste durch Entweichen von Wasserdampf entstehen. Auch bei
Anwendung von Röhrchen, deren Phosphorpentoxydfüllung infolge langen
Gebrauchs ganz oder größtenteils durch Wasseraufnahme zerflossen ist,
können Gewichtsverluste eintreten.

Zur Erhöhung der Sicherheit verbindet man das zweite Natronkalkröhrchen N_2 mit einem Phosphorpentoxyd enthaltenden Röhrchen u_2 und
dieses mit einer Kalilauge enthaltenden Sicherheitswaschflasche W, um zu
verhindern, daß bei etwaigem Zurücksteigen des Gasstroms Feuchtigkeit
oder Kohlendioxyd in die Natronkalkröhrchen gelange. Die letzte Waschflasche W dient gleichzeitig zur Kontrolle der Geschwindigkeit der durch
den Apparat ziehenden Gase.

Die Verbindungen zwischen den einzelnen Teilen des Apparates werden
durch guten, dichten Gummischlauch hergestellt. Beim Zusammensetzen ist
darauf zu sehen, daß hinter dem Corleiskolben die benachbarten Teile stets
dicht aneinanderstoßen (also Glas an Glas) und keinesfalls durch einen Teil
leeren Gummischlauchs getrennt sind.

Für die Versuche hält man folgende Lösungen vorrätig:

a) Chromsäurelösung: 720 g Chromsäure, die nicht chemisch rein zu
   sein braucht, aber möglichst frei von organischen Stoffen sein muß,
   werden mit 700 ccm Wasser übergossen und durch Erhitzen gelöst.

b) Kupfersulfatlösung: 400 g kristallisierter Kupfervitriol werden mit
   Wasser gelöst und die Lösung auf 2 Liter verdünnt.

Auskochen der Chromschwefelsäurelösung. Nach Herausnehmen des
eingeschliffenen Kühlers werden in den Kolben K 35 ccm Chromsäurelösung a, 150 ccm Kupferlösung b und 200 ccm konzentrierte Schwefelsäure
spez. Gew. 1,84 eingefüllt. Darauf wird der Kühler wieder eingesetzt, Wasser
durch den Kühler geleitet und die Mischung zur Entfernung etwa in der Lösung
vorhandener organischer Stoffe ausgekocht; die hinter dem Verbrennungsrohr V angehängten Apparate werden dabei ausgeschaltet. Während des
Auskochens wird ein langsamer Strom von kohlendioxydfreier Luft durch
den Apparat geschickt, sowie gleichzeitig das Verbrennungsrohr V erhitzt.
Das Auskochen der Lösung wird mindestens eine Stunde lang fortgesetzt,
damit man sicher ist, daß die Lösung beim späteren Erhitzen keine wesentlichen Mengen von Kohlendioxyd oder anderer durch Natronkalk absorbier-
barer Stoffe mehr entwickelt; dann dreht man die Brenner aus und läßt
im Luftstrom erkalten.

Verwendet man frische Chromsäurelösung, über deren Gehalt an
organischen Stoffen nichts bekannt ist, so ist es notwendig, nach dem Auskochen mit der Lösung zunächst einen blinden Versuch durchzuführen, um
festzustellen, welche Gewichtsmengen die Natronkalkröhrchen bei weiterem

Auskochen während der Dauer eines Versuchs noch aufnehmen. Die Kenntnis der Höhe dieser Gewichtszunahmen ist übrigens in jedem Fall für die Beurteilung der Genauigkeit der erhaltenen Werte von Wichtigkeit.

Blinder Versuch. Zur Ausführung des blinden Versuches werden die Natronkalkröhrchen mit trockenem, weichem Leder leicht abgerieben und nach etwa $1/2$ stündigem Liegen im Wagenkasten gewogen, nachdem durch kurzes Öffnen der Hähne Druckausgleich hergestellt ist. Die gewogenen Röhrchen werden dann nach oben gegebener Beschreibung mit den übrigen Teilen des Apparates verbunden, die Hähne geöffnet, langsam kohlendioxydfreie Luft durch den Apparat geleitet und Corleiskolben sowie Verbrennungsrohr während weiterer 2—3 Stunden (der üblichen Dauer eines Verbrennungsversuches) erhitzt. Danach werden die Hähne der Absorptionsröhrchen geschlossen, die Flammen ausgedreht und die abgenommenen Röhrchen nach etwa $3/4$ bis 1 stündigem Liegen im Wagenkasten unter den gleichen Bedingungen wie zuerst gewogen.

Treten bei solchen blinden Versuchen erhebliche Gewichtszunahmen der Natronkalkröhrchen auf, so müssen die Ursachen hiefür näher ermittelt werden; die Zunahmen können außer auf Verunreinigungen der Chromsäurelösung auch darauf zurückzuführen sein, daß kleine Mengen von Phosphorpentoxyd oder Natronkalk in die an den Natronkalkröhrchen befindlichen Verbindungsröhrchen gelangt sind, sei es durch zu rasches Durchleiten des Luftstroms oder beim Füllen der Röhrchen. Beim Liegen an der Luft nimmt ein solches Röhrchen durch Aufnahme von Feuchtigkeit und Kohlensäure ständig an Gewicht zu. Daher ist darauf zu achten, daß die Verbindungsröhrchen frei von Phosphorpentoxyd und Natronkalk bleiben; nötigenfalls reinigt man sie vor dem ersten Wägen durch sorgfältiges Auswischen mit einem Stückchen zusammengerollten Filtrierpapiers.

Geringe Gewichtszunahmen der Natronkalkröhrchen, wie sie bei blinden Versuchen fast immer zu beobachten sind, sollten bei den eigentlichen Versuchen in Abzug gebracht werden. Näheres hierüber siehe Seite 110 und Tabelle 79.

Ausführung der Bestimmung. Für die Ausführung der Kohlenstoffbestimmung wird in folgender Weise weiter verfahren:

Während die ausgekochte Chromschwefelsäurelösung (vergl. Seite 106) abkühlt, wägt man die erforderlichen Natronkalkröhrchen unter den bekannten Vorsichtsmaßregeln, sowie die Eisen- oder Stahlprobe, deren Gehalt an Gesamtkohlenstoff bestimmt werden soll.

Von Roheisen mit 3—4 % Kohlenstoffgehalt werden je 1 g, von Stahl mit etwa 0,3 % und mehr Kohlenstoffgehalt je 3 g und bei Proben mit geringerem Kohlenstoffgehalt als 0,3 % bis zu 5 g in einem Wägeschiffchen oder Porzellantiegel abgewogen [1]; feinpulvrige Proben (z. B. graues Roh-

---

[1] Über das Einwägen des Probematerials für die Analysen ist ganz allgemein folgendes zu bemerken:

Genaues Abwägen bestimmter Mengen (z. B. 5 oder 10 g bis auf Zehntelmilligramme) auf der Analysenwage erfordert viel Zeit und ist für die Empfindlichkeit der Wage nicht von Vorteil; wenn es sich um die Ermittelung geringer Gehalte (Bruchteile von Prozenten) in einer großen Einwage handelt, ist so genaues Abwägen der Proben als überflüssig zu verwerfen.

eisen) wägt man am besten in kleine Glaseimerchen ab, die dann zur Verbrennung mittels feinen Platindrahtes an den kleinen, am Kühler vorhandenen Haken angehängt werden[1]).

Nachdem die Chromschwefelsäurelösung hinreichend abgekühlt ist, schaltet man die Natronkalkröhrchen an, gibt in den am oberen Teil des Kühlers angebrachten Einfülltrichter etwas konzentr. Schwefelsäure zur Abdichtung des Stopfens und prüft nun den ganzen Apparat auf Dichtheit. Zu diesem Zweck schließt man sämtliche Hähne hinter dem Verbrennungsrohr und dreht den die Luftzuführung regelnden Quetschhahn vor dem Corleiskolben auf. Nach kurzer Zeit darf keine Luftblase mehr im Corleiskolben erscheinen, andernfalls befinden sich zwischen Corleiskolben K und Phosphorpentoxydröhrchen u_1 undichte Stellen, die ausgebessert werden müssen. Hat sich die Strecke zwischen Corleiskolben und Phosphorpentoxydrohr u_1 als dicht erwiesen, so läßt man durch Öffnen des ersten Hahns am Phosphorpentoxydröhrchen den Luftstrom in dieses Röhrchen eintreten; man wartet kurze Zeit, bis keine Luft mehr in den Corleiskolben nachdringt, öffnet den zweiten Hahn, wartet wieder bis Stillstand eingetreten ist und so fort bis zum letzten Hahn am hinteren Phosphorpentoxydrohr u_2. Dieser letzte Hahn wird, nachdem sich der Apparat als luftdicht erwiesen hat und die Luftzuführung abgesperrt ist, vorsichtig geöffnet, um den Luft-

---

In vielen Fällen läßt sich eine gute Handwage benutzen, und zwar stets, wenn die Fehler, die durch das Einwägen auf der Handwage infolge der Ungenauigkeit der letzteren entstehen, unter der Genauigkeitsgrenze liegen, die überhaupt bei dem benutzten Analysenverfahren erreichbar ist.

Eine gute Handwage zeigt keine größeren Wägefehler als $\pm$ 0,01 Gramm, wovon man sich zeitweise zu überzeugen hat.

Bezeichnet man mit E die Einwage in Grammen, mit G den Prozentgehalt des zu untersuchenden Materials an dem zu bestimmenden Körper, und mit g die zulässige Abweichung von G, die bei dem benutzten Analysenverfahren erfahrungsgemäß auftritt, so ist die Benutzung der Handwage allgemein in den Fällen zulässig, wo $\frac{g \cdot E}{G}$ größer ist als der bei Benutzung der Handwage entstehende mögliche Fehler von $\pm$ 0,01 Gramm.

Zum Beispiel:

1. Kohlenstoffbestimmung in Stahl mit 1 % C.
$$g = \pm\ 0,01\ \% ;\quad E = 3\ \text{Gramm};\quad G = 1\ \%.$$
$$\frac{g \cdot E}{G} = \frac{0,01 \cdot 3}{1} = 0,03,\ \text{also größer als } 0,01.$$

Die Einwage kann hier mit der Handwage vorgenommen werden.

2. Kohlenstoffbestimmung in Roheisen mit 3 % C.
$$g = \pm\ 0,01\ \% ;\quad E = 1\ \text{Gramm};\quad G = 3\ \%.$$
$$\frac{g \cdot E}{G} = \frac{0,01 \cdot 1}{3} = 0,0033,\ \text{also kleiner als } 0,01.$$

Die Verwendung der Handwage zum Einwägen ist hier nicht zulässig.

[1]) Für die Entnahme einwandfreier Durchschnittsproben und beim Abwägen kleiner Probemengen für die Analyse ist vor allem das im ersten Teil des Buches (S. 45) Gesagte zu beachten, wenn fehlerfreie Werte erhalten werden sollen.

Die Späne für die Verbrennung mit Chromschwefelsäure dürfen im allgemeinen nicht über 1 mm dick sein, wenn die Verbrennung innerhalb 2—3 Stunden beendet sein soll. Dickere Stücke können durch Zerschlagen, Aushämmern, Breitwalzen und nachfolgendes Zerschneiden zerkleinert werden. Hartgezogener Draht, sowie stark siliziumoder wolframhaltige Stahlproben können oft nur bei weitgehender Zerkleinerung innerhalb 3—4 Stunden völlig verbrannt werden.

überschuß aus dem Apparat ganz allmählich entweichen zu lassen. Rasches Entweichenlassen der Luft kann infolge Mitreißens von Phosphorpentoxydstaub in die Natronkalkröhrchen oder aus ihnen zu Gewichtsveränderungen der Röhrchen führen.

Ist der Luftüberschuß entfernt, so wird der Kühler herausgehoben, die abgewogene Probe eingeschüttet (oder bei Einwage im Glaseimerchen dieses an den Haken am Kühler gehängt), der Kühler rasch wieder eingesetzt und über der eingeschliffenen Stelle zwischen Kühler und Kolbenhals etwas konzentrierte Schwefelsäure zum besseren Abdichten eingegossen. Man hebt den Kühler hierauf nochmals ein klein wenig in die Höhe und läßt einen Teil der Schwefelsäure in den Kolben nachfließen, wodurch etwaige Reste der Probe, die beim Einschütten an den Wandungen des Kolbens hängen geblieben sind, heruntergespült werden.

Man zündet dann sogleich die Flamme unter dem Verbrennungsrohr V an, leitet langsam kohlendioxydfreie Luft durch den ganzen Apparat und erhitzt den Corleiskolben, mit kleiner Flamme beginnend, allmählich zum Kochen der Chromschwefelsäure [1]). Das Kochen unter Durchleiten von Luft wird etwa 3 Stunden lang fortgesetzt, wobei der Apparat ständig der Aufsicht bedarf, um übermäßiges Kochen zu vermeiden und den Luftstrom zu regeln; in der letzten Viertelstunde kann der Luftstrom ein wenig verstärkt werden, um die letzten Anteile etwa noch vorhandenen Kohlendioxyds aus dem Kolben K auszutreiben und zur Absorption zu bringen.

Die Verbrennung ist in der Regel nach 3 stündigem Kochen beendet; man schließt dann die Natronkalk- und Phosphorpentoxydröhrchen, löscht die Flammen aus, nimmt die Natronkalkröhrchen ab und läßt sie im Wägeraum während $^3/_4$—1 Stunde liegen, bevor sie unter den üblichen Vorsichtsmaßregeln gewogen werden.

Nach Abkühlen der Flüssigkeit im Corleiskolben hebt man den Kühler heraus, nimmt den Corleiskolben ab und entleert vorsichtig die verbrauchte Chromschwefelsäure in einen Behälter mit Wasser, wobei man darauf achtet, ob alles gelöst ist oder ob am Boden des Kolbens etwa noch ungelöste Teile der Probe vorhanden sind. Letzteres kommt mitunter bei besonders schwer löslichem Material oder bei ungenügender Zerkleinerung des Probematerials vor. Bei Wiederholung des Versuchs nach dem gleichen Verfahren muß dann die Probe weiter zerkleinert oder die Zeit des Kochens verlängert werden, wenn es überhaupt möglich ist, auf diese Weise völlige Verbrennung zu erzielen.

Die Gewichtszunahme a (in Grammen) des ersten Natronkalkröhrchens N_1 gibt die Menge des entstandenen Kohlendioxyds; daraus berechnet sich der Prozentgehalt der eingewogenen Probe (Gewicht der Einwage = e Gramm) an Gesamtkohlenstoff wie folgt:

---

[1]) Mit dem Durchleiten von Luft muß gleich nach Einschütten des Probematerials begonnen werden. Da die abgekühlte Chromschwefelsäure noch geringe Oxydationswirkung besitzt, so können sich anfangs kleine Mengen an Wasserstoff und Kohlenwasserstoffen entwickeln; werden diese nicht durch Einleiten von Luft von Anfang an verdünnt und fortgeführt, so bilden sich mit der Luft im Apparat Gasgemische, die bei bestimmten Konzentrationen an Wasserstoff und Kohlenwasserstoffen in dem erhitzten Verbrennungsrohr zur Entzündung gelangen und heftige Explosionen herbeiführen können.

$$\% \text{ Kohlenstoff} = \frac{27{,}273 \cdot a}{e}.$$

Die Gewichtszunahme des zweiten Natronkalkröhrchens, die bei noch frischer Füllung des ersten Röhrchens nur unerheblich ist, braucht für die Berechnung des Kohlenstoffgehaltes nicht in Rechnung gezogen zu werden. Hat dagegen das zweite Röhrchen erheblich zugenommen, so besagt dies, daß das erste Röhrchen nicht mehr wirksam ist, und für die Berechnung des Kohlenstoffgehaltes sind die Gewichtszunahmen in beiden Röhrchen erforderlich.

Weiteres über die Berechnung der Kohlenstoffwerte ist aus den nachfolgenden Abschnitten zu entnehmen.

Urprüfung des Chromschwefelsäureverfahrens durch Verbrennen von Natriumoxalat. Um ein Urteil über die Genauigkeit der nach dem Chromschwefelsäureverfahren gefundenen Werte zu erhalten, kann man sich mit Vorteil der Verbrennung abgewogener Mengen von reinem Natriumoxalat ($Na_2C_2O_4$) nach Sörensen bedienen, das sich bekanntlich in der Maßanalyse als gut brauchbare Titersubstanz erwiesen hat.

Für die Verbrennung wägt man 0,2 bis 0,3 g des reinen, sorgfältig getrockneten Salzes im Glaseimerchen genau ab und verbrennt unter Einhaltung der oben angegebenen Versuchsbedingungen in der vorher 1 Stunde lang ausgekochten Chromschwefelsäuremischung.

Aus 1 Molekül $Na_2C_2O_4$ entstehen bei der Oxydation 2 Moleküle CO_2; daher müßte bei richtigem Verlauf des Verbrennungsvorganges 1 g des reinen Salzes 0,6567 g Kohlendioxyd liefern.

Beispiele.

a) Ergebnisse von blinden Versuchen. Bei dreistündigem Kochen von Chromschwefelsäuremischungen, die vorher bereits eine Stunde lang ausgekocht worden waren, unter Durchleiten kohlendioxydfreier Luft, zeigten die ersten Natronkalkröhrchen (N_1) folgende Gewichtszunahmen [1]:

Versuch 1.   0,0017 g
,,   2.   0,0020 ,,
,,   3.   0,0022 ,,
,,   4.   0,0010 ,,
,,   5.   0,0030 ,,

Daraus ergibt sich die durchschnittliche Gewichtszunahme des ersten Natronkalkröhrchens nach 3 stündigem Kochen zu 0,0020 g. Man darf wohl annehmen, daß unter Einhaltung sonst gleicher Versuchsbedingungen bei der Verbrennung von Eisen- und Stahlproben eine ebenso hohe Gewichtszunahme eintritt; demnach würden bei Einwagen von 3 g die für den Kohlenstoffgehalt gefundenen prozentischen Werte, berechnet aus der Gewichtszunahme des ersten Natronkalkrohres, um den durchschnittlichen Betrag von 0,02 % zu hoch ausfallen.

Bei wiederholtem Auskochen einer und derselben Chromschwefelsäuremischung wurden folgende Gewichtszunahmen der beiden Natronkalkröhrchen gefunden:

---

[1] Die Versuche wurden zu verschiedenen Zeiten ausgeführt.

Tabelle 77.

Chromschwefelsäure vorher eine Stunde ausgekocht	Gewichtszunahmen in Grammen	
	1. Natronkalkrohr (N_1)	2. Natronkalkrohr (N_2)
noch eine Stunde gekocht	0,0009	0,0002
„ 2 Stunden „	0,0018	0,0005
„ 3 „ „	0,0010	0,0001
„ 3 „ „	0,0016	0,0008
Gesamtzunahme in 9 Stunden	0,0053	0,0016

Es mag bemerkt werden, daß die Gewichtsveränderungen der zweiten Röhrchen sich innerhalb der Wägefehler bewegen.

b) Versuche mit Natriumoxalat. Bei Versuchen, die durch Verbrennen von reinem, trockenem Natriumoxalat (Sörensen) in oben beschriebener Weise ausgeführt wurden, konnten die in Tabelle 78 zusammengestellten Gewichtszunahmen der Natronkalkröhrchen beobachtet werden.

Zu den Versuchen 9 bis 12 (Tab. 78) wurde anstatt der Menge Kupfersulfatlösung für die Chromschwefelsäuremischung die gleich große Menge Wasser verwendet, was aber im Vergleich zu den mit Kupfersulfat ausgeführten Versuchen keinen merklichen Einfluß auf die Ergebnisse hat.

Tabelle 78.

Nr. des Versuchs	Einwage an Natriumoxalat in g	Hieraus berechnete Menge an Kohlendioxyd in g	Beobachtete Gewichtszunahme im 1. Rohr g	im 2. Rohr g	Gewichtsüberschuß gegen die berechnete Menge CO_2 im 1. Rohr (g)	im 2. Rohr (g)
1	0,1045	0,0686	0,0707	0,0010	˙0,0021	0,0010
2	0,1000	0,0657	0,0660	0	0,0003	0
3	0,2000	0,1313	0,1325	0	0,0012	0
4	0,2000	0,1313	0,1328	0,0013	0,0015	0,0013
5	0,3000	0,1970	0,1997	0,0008	0,0027	0,0008
6	0,3000	0,1970	0,1755	0,0223	—	0,0008
7	0,3954	0,2597	0,2418	0,0205	—	0,0026
8	0,4047	0,2658	0,2651	0,0016	—	0,0009
9	0,1000	0,0657	0,0671	0	0,0014	0
10	0,1000	0,0657	0,0683	0	0,0026	0
11	0,1000	0,0657	0,0673	0	0,0016	0
12	0,3000	0,1970	0,1975	0,0004	0,0005	0,0004

Die in Tabelle 78 mitgeteilten Versuchsergebnisse lassen folgende, zunächst für die Oxalatverbrennung gültigen Schlußfolgerungen zu:

1. Die ermittelten kleinen Zunahmen des zweiten Natronkalkrohres kommen für die Berechnung der Kohlenstoffmenge nicht mehr in Betracht, außer in Fällen, wo die Füllung des ersten Röhrchens bereits so weit erschöpft ist, daß sie nicht mehr die ganze Menge entwickelten Kohlendioxyds festzustellen vermag (Versuche 6 bis 8, Tabelle 78).

2. Falls die Füllung des ersten Röhrchens nicht erschöpft ist, findet sich alles Kohlendioxyd im ersten Röhrchen vor; die Gewichtszunahme des

ersten Röhrchens ist indessen stets etwas höher, als der berechneten Kohlendioxydmenge entspricht.

Da das angewandte Natriumoxalat (nach Sörensen) rein ist, können die beobachteten Zunahmen nicht auf vorhandene Verunreinigungen des Natriumoxalats zurückgeführt werden. Sieht man von Wägefehlern ab, so beträgt der Gewichtsüberschuß (Mittelwert einer größeren Zahl zu verschiedenen Zeiten ausgeführter Versuche) etwa 0,002 g, also rund ebensoviel wie bei den blinden Versuchen (siehe Seite 110) gefunden wurde.

Damit gewinnt die Annahme, daß die beim Verbrennen von Eisen und Stahl gefundenen Kohlendioxydmengen um einen entsprechenden Betrag zu hoch ausfallen, an Wahrscheinlichkeit.

Man muß also damit rechnen, daß die Kohlenstoffwerte nach dem Chromschwefelsäureverfahren im allgemeinen etwas zu hoch ausfallen. Mit der Annahme eines durchschnittlichen Gewichtsüberschusses von 0,002 g können die Unterschiede betragen:

$$\text{bei Einwagen von 1 g } 0,05\,\%$$
$$\text{,, \qquad ,, \qquad ,, 3 ,, } 0,02 \text{ ,,}$$
$$\text{,, \qquad ,, \qquad ,, 5 ,, } 0,01 \text{ ,,}$$

(Vergleiche hiezu die Kohlenstoffwerte in Tabelle 79.)

c) Versuche mit verschiedenem Probematerial. Ergebnisse einiger Versuche sind in nachstehender Tabelle 79 zusammengestellt.

Tabelle 79.

Nr.	Probematerial	Versuch Nr.	Einwage in g	Gewichtszunahme im 1. Rohr g	im 2. Rohr g	Kohlenstoffgehalt in %	Kohlenstoffgehalt, berechnet aus der um 0,002 g verminderten Auswage, in %
1	Weiches Flußeisen	a)	4,000	0,0093	[0,0007]	0,06	0,05
		b)	4,000	0,0085	[0,0009]	0,06	0,04
2	Stahl mit hohem	a)	3,000	0,1422	[0]	1,29	1,27
	Kohlenstoffgehalt	b)	3,000	0,1420	[0]	1,29	1,27
3	Nickelstahl mit	a)	3,000	0,0820	[0,0012]	0,75	0,73
	24 % Nickel	b)	3,000	0,0845	[0,0015]	0,77	0,75
4	Siliziumstahl mit	a)	3,000	0,0720	[0,0003]	0,65	0,64
	1,65 % Silizium	b)	3,000	0,0832	[0,0006]	0,76	0,74
		c)	3,000	0,0843	[0]	0,77	0,75
		d)	3,000	0,0845	[0,0003]	0,77	0,75
5	Chromwolframstahl	a)	3,000	0,0889	[0,0008]	0,81	0,79
	mit hohem Wolframgehalt	b)	3,000	0,0898	[0,0011]	0,82	0,80
6	Graues Roheisen	a)	1,0000	0,1563	[0,0011]	4,26	4,21
		b)	1,0000	0,1570	[0,0006]	4,28	4,23

Hiezu ist noch folgendes zu bemerken:

Zu den Versuchen a und b der Probe 4 (Tab. 79) wurden die durch Hobeln erhaltenen Späne während 4 Stunden mit der Chromschwefelsäurelösung gekocht. Nach Abbrechen der Versuche zeigte sich, daß besonders bei

Versuch a unangegriffenes Material zurückgeblieben war. Die Versuche wurden daher wiederholt (Versuche c und d), nachdem das Material durch Aushämmern und Zerschneiden weiter zerkleinert worden war.

Wurde das Kochen auf 4½ Stunden ausgedehnt, so blieben im Kolben nur noch klare Stückchen von gallertigem Siliziumdioxyd zurück, welche die Form der zum Versuch benützten Probestückchen beibehalten hatten.

Bei Probe 5 (Chromwolframstahl in Form feiner Späne) schied sich während des Versuchs gelbe Wolframsäure in erheblicher Menge aus, die beim Kochen starkes Stoßen der Chromschwefelsäurelösung verursachte. Unzersetztes Material war nach vierstündigem Erhitzen nicht mehr wahrnehmbar.

Genauigkeit der nach dem Chromschwefelsäureverfahren erhaltenen Werte.

Sieht man von Verschiedenheiten in der Zusammensetzung des Probematerials ab, über die im ersten Teil des Buches das Notwendige gesagt ist, so kommen für den Grad der Genauigkeit der nach dem Chromschwefelsäureverfahren erhaltenen Werte im wesentlichen die beim Wägen entstehenden Fehler, sowie die Gewichtszunahme der Natronkalkröhrchen, die nicht von dem aus der Probe entstehenden Kohlendioxyd herrühren, in Betracht.

Unter der Annahme, daß die beim Wägen entstehenden Fehler nicht größer sind als $\pm$ 0,001 g und die ersten Natronkalkröhrchen im Durchschnitt um 0,002 g zu hohe Gewichtszunahmen aufweisen (vergleiche die blinden Versuche und die mit Natriumoxalat ausgeführten S. 111), kann man bei den Bestimmungen mit einem Fehler von $+$ 0,001 bis $+$ 0,003 g Kohlendioxyd rechnen.

Die Fehler würden bei der Berechnung des Prozentgehalts in jedem Falle in der 2. Dezimale zum Ausdruck kommen und würden z. B. bei 3 g Einwage zwischen 0,01 bis 0,03 % bei 5 g Einwage zwischen 0,005 bis 0,02 % betragen.

Hieraus folgt, daß die Werte für den Kohlenstoffgehalt in der zweiten Dezimalstelle unsicher sind; um dies auszudrücken, ist es üblich, die unsichere Ziffer mit kleinerer Schrift zu schreiben. Dieser Grundsatz ist in vorliegendem Buch streng durchgeführt· (vergleiche z. B. die prozentischen Werte in Tab. 79 und den folgenden Tabellen).

Die Angabe weiterer Dezimalen ist — falls nicht etwa mit erheblich größeren Einwagen oder überhaupt nach genaueren Verfahren gearbeitet wird — nicht allein überflüssig, sondern sie zeigt auch, daß der betreffende Analytiker ein Urteil über den zu erreichenden Genauigkeitsgrad des Verfahrens nicht besitzt.

Bei sorgfältiger Ausführung der Kohlenstoffbestimmungen kann man erwarten, daß die erhaltenen Werte bei bestimmten Kohlenstoffgehalten nicht über einen gewissen Höchstbetrag voneinander bzw. vom wirklichen Gehalt abweichen, und man kann dafür bei durchschnittlicher Einwage von 3 g Probe etwa folgende Werte als höchstzulässige Abweichungen von Kohlenstoffgehalten aufstellen [1]):

---

[1]) Vergl. hierzu z. B. O. Pettersson und A. Smitt, Ztschr. anal. Chem. 32. (1893). 389. Für die Einhaltung höchstzulässiger Abweichungen ist natürlich stets voraus-

bei einem Kohlenstoffgehalt		höchstzulässige Abweichung
von	bis	
0,02	0,15 %	± 0,005 %
0,15	1,00 „	± 0,01 „
1,00	2,00 „	± 0,02 „
2,00 und mehr „		± 0,03 „

Größere Genauigkeiten, wie sie z. B. Bischoff[1]) für kohlenstoffarmes Material angibt, lassen sich mit Rücksicht auf die vorhandenen Fehlerquellen kaum erreichen.

Anwendbarkeit des Chromschwefelsäureverfahrens.

Zur Verbrennung mit Chromschwefelsäure zum Zweck der Kohlenstoffbestimmung eignen sich alle Sorten von Eisen, Stahl und Spezialstahl, sowie eine Reihe anderer im Stahlbetrieb Verwendung findender Metalle und Legierungen. So lassen sich nach oben angegebener Arbeitsweise folgende Stoffe rückstandslos verbrennen: Ferromangan, Chrommangan, Ferrovanadium, Ferromolybdän, Ferrotitan, Mangantitan, Ferrobor, Nickelmetall, auch Molybdänmetall in Form feinen Pulvers. Dagegen konnte das Verfahren nicht angewandt werden auf folgende Stoffe, die auch nach vierstündigem Erhitzen mit Chromschwefelsäure ganz oder zum größten Teil unangegriffen zurückblieben: Ferrosilizium, Ferrowolfram, Wolframmetall, Ferrophosphor, Ferrochrom, Molybdänmetall in Form von feinem Draht oder Blech.

2. Bestimmung des Kohlenstoffs auf trockenem Weg durch Verbrennen im Sauerstoffstrom.
(Erhitzung im elektrisch geheizten Röhrenofen.)

Grundlagen des Verfahrens. Beim Erhitzen im Sauerstoffstrom auf etwa 1100—1200° C verbrennen Eisen und Stahl vollständig zu Eisenoxyd; gleichzeitig gehen auch die übrigen im Metall vorhandenen Elemente in Oxyde über. Von letzteren Elementen bilden Kohlenstoff und Schwefel flüchtige Verbindungen, die aufgefangen und bestimmt werden können, und zwar gibt der Kohlenstoff bei genügender Sauerstoffzufuhr Kohlendioxyd, der Schwefel Schwefeldioxyd oder -trioxyd.

Wollte man die Gase ohne weiteres im Natronkalkrohr auffangen und aus der Gewichtszunahme den Kohlenstoff berechnen, so würden die Werte je nach dem vorhandenen Schwefelgehalt zu hoch oder bei unvollständiger Verbrennung (Kohlenoxydbildung) um einen entsprechenden Betrag zu niedrig ausfallen.

Zur Bestimmung des Kohlenstoffgehalts müssen daher die Gase, ehe sie in die Absorptionsröhrchen geleitet werden, durch geeignete Mittel von den vorhandenen Schwefelsauerstoffverbindungen befreit und etwa entstandenes Kohlenoxyd zu Dioxyd verbrannt werden[2]).

---

gesetzt, daß das Material in allen Teilen gleichmäßig zusammengesetzt ist. Wie bei nicht gleichmäßig zusammengesetztem Material zu verfahren ist, ergibt sich aus den Beispielen im ersten Teil des Buches.

[1]) Stahl u. Eisen 22. (1902). 727.

[2]) Vergl. hierüber die eingehende Arbeit von Müller und Diethelm, Ztschr. f. angew. Chem. 23. (1910). 2114.

Erforderliche Apparate. Zur Erhitzung des Porzellanrohrs, in dem die Verbrennung des Probematerials vorgenommen werden soll, ist ein elektrisch heizbarer Horizontalröhrenofen (nach Heraeus) mit Regulierwiderstand und Anschluß an die Starkstromleitung zweckdienlich.

Ist die Bestimmung von Kohlenstoff häufig auszuführen, so ist die Beschaffung eines Röhrenofens von weitem Durchmesser sehr zu empfehlen; in diesen können nach Bedarf mehrere Porzellanrohre eingesetzt und gleichzeitig erhitzt werden, wozu nicht viel mehr Strom verbraucht wird als zur Erhitzung eines einzelnen Rohres nötig ist.

Zur Messung der im Ofen herrschenden Temperatur bedient man sich eines Thermoelementes aus Platin- und Platinrhodiumdrähten, sowie eines Millivoltgalvanometers [1] [2]).

Um zu Beginn des Anheizens Überlastung des Ofens vermeiden zu können, ist es ferner zweckmäßig, ein Ampèremeter in den Stromkreis einzuschalten.

Die für die Verbrennungen erforderlichen Porzellanröhren erhalten Füllungen von grobem Kupferoxyd und Chromatgemisch[3]). Diese Füllungen würden aber sofort schmelzen und ihre Wirksamkeit einbüßen, wenn sie in den geheizten Teil des Porzellanrohrs zu liegen kämen;

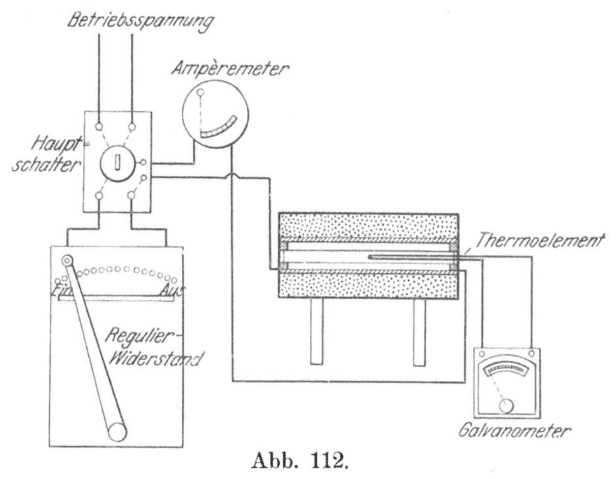

Abb. 112.

sie werden deshalb in dem aus dem Ofen herausragenden Teil des Porzellanrohrs untergebracht, so daß sie durch strahlende Wärme aus dem Ofeninnern noch genügend erhitzt werden, um die Verbrennung von Kohlenoxyd zu Dioxyd und die Bindung der Schwefelsauerstoffverbindungen durch das Chromatgemisch sicher zu bewirken.

Das Kupferoxyd als schwerer schmelzender Teil wird in etwa 2 cm

---

[1]) Die Kosten für Beschaffung der zur elektrischen Verbrennung erforderlichen Einrichtung lassen sich nach den Preislisten von Heraeus, Hanau, beispielsweise wie folgt veranschlagen:

1 horizontaler Röhrenofen (Type D), 50 mm lichte Weite, 30 cm Rohrlänge etwa　80 ℳ
　dazu erforderliches Platin (etwa 10 g nach Tagespreis) etwa . . . „　70 „
1 Vorschaltwiderstand . . . . „　80 „
1 ungeeichtes Thermoelement mit Schutzröhren . . . . „　60 „
1 Zeigergalvanometer von Siemens und Halske . . . . „　160 „

Vorstehender Ofen erfordert bei 220 Volt Spannung etwa 10 Ampère, um Temperaturen von 1100 bis 1200° C zu liefern.

[2]) Genaueres über die Messung hoher Temperaturen vergl. „Metallographie", I. Teil, von E. Heyn und O. Bauer, Sammlung Göschen, Leipzig.

[3]) Das Chromatgemisch wird hergestellt durch Vermischen von 9 Teilen Kaliumchromat und 1 Teil Kaliumbichromat, kräftiges Erhitzen der gepulverten Mischung im Porzellantiegel bis zum Sintern und Zerstoßen der erkalteten Masse zu grobem Pulver-

Abb. 113.   Aufbau des Apparates zur Kohlenstoffbestimmung (Verbrennen im Sauerstoffstrom im elektrisch geheizten Röhrenofen).

langer Schicht zwischen Asbestwollstopfen nächst dem im Ofen erhitzten Teil des Rohres eingefüllt [1]), und dicht dahinter die etwa 2 cm lange Schicht Chromatgemisch, ebenfalls zwischen Asbestwollstopfen.

Ein Plan für die Schaltung des Röhrenofens und des Thermoelementes ist in Abb. 112 wiedergegeben.

Der Aufbau des gesamten Apparates ist aus beistehender Abb. 113 ersichtlich; seine einzelnen Teile mögen hier der Reihe nach und zwar in der Richtung des Sauerstoffdurchganges beschrieben werden.

Für die Entnahme des erforderlichen Sauerstoffes ist ein Gasometer aufgestellt, der aus einer Bombe mit komprimiertem Sauerstoff gefüllt werden kann.

Aus dem Gasometer geht der Sauerstoff zunächst zur Reinigung durch mehrere Waschflaschen mit starker Kalilauge, dann durch ein größeres Natronkalrohr und zuletzt durch ein Rohr mit Phosphorpentoxyd. Ein Gummischlauchstück mit Quetschhahn führt von letzterem Rohr zum Porzellanrohr, oder, falls mehrere Rohre in einem Ofen gleichzeitig erhitzt werden, zu einem gegabelten Rohrstück und von da zu den verschiedenen Porzellanrohren. Die Porzellanrohre sowie das in Schutzrohre gesteckte Thermoelement werden mit Hilfe von Asbestwolle in den Mündungen des Ofens festgehalten und zwar ist besonders darauf zu achten, daß die verschiedenen Rohre weder die Ofenwandungen noch sich gegenseitig berühren. Um die Rohre in der richtigen Lage zueinander zu halten, bedient man sich vorteilhaft entsprechend durchbohrter Stücke aus dicker Asbestpappe, durch die zu beiden Seiten des Ofens die verschiedenen Rohre hindurchgesteckt werden.

Das Thermoelement wird so weit in den Ofen eingeführt, daß seine Lötstelle an die heißeste Stelle des Ofens, die Ofenmitte, kommt. Die Drahtenden des Thermoelements werden mit den Polen des Galvanometers verbunden; man überzeugt sich gleich nach Einschalten des Hauptstroms, ob die Verbindung in richtiger Weise erfolgte: Die Nadel des Galvanometers muß nach der Skalaseite zu ausschlagen. Die Porzellanrohre werden mit der Kupferoxyd- und Chromatfüllung auf der Seite des Gasaustrittes in den Ofen eingeschoben, so daß der Sauerstoff erst durch den leeren vorderen Teil des Porzellanrohres, der für die Einführung des Schiffchens bestimmt ist, dann durch das Kupferoxyd und das Chromatgemisch hindurch gehen muß, um schließlich in die an das Porzellanrohr angeschlossenen Absorptionsröhrchen zu gelangen. Das erste dieser Röhrchen enthält zwischen Glaswollstopfen Phosphorpentoxyd und bezweckt, in den Gasen enthaltene Feuchtigkeit zurückzuhalten; die beiden folgenden enthalten Natronkalk und Phosphorpentoxyd und dienen zur Aufnahme des Kohlendioxyds. Sie werden in gleicher Weise wie beim Chromschwefelsäureverfahren (Seite 105) beschrieben, gefüllt und behandelt. An das zweite Natronkalkröhrchen ist endlich eine Sicherheitswaschflasche mit konzentrierter Schwefelsäure angeschlossen, die verhindern soll, daß beim etwaigen Zurücksteigen der Gase Feuchtigkeit in die Natronkalkröhren gelangt. Gleichzeitig läßt sie am Durchgehen der Gasblasen die Geschwindigkeit des Gasstromes erkennen.

---

[1]) Man trage dafür Sorge, daß das Kupferoxyd nicht zu hoch erhitzt werden kann; kommt es zum Schmelzen, so springt beim Abkühlen leicht das Porzellanrohr.

Zu den Verbrennungen werden nur außen glasierte Porzellanröhren benutzt. Bei einer Länge des Röhrenofens von 30 cm sind 50 cm lange Rohre ausreichend. In einem Ofen, dessen inneres Rohr 50 mm lichte Weite besitzt, lassen sich neben dem Thermoelement bequem drei Porzellanröhren von 12 mm äußerem Durchmesser (und 10 mm lichter Weite) unterbringen.

Die Porzellanschiffchen zur Aufnahme des Probematerials wählt man am besten auch unglasiert[1]); um aber auf alle Fälle Anbacken der Schiffchen am Rohrinnern, auch bei Verwendung außen glasierter Schiffchen, zu vermeiden, knüpft man vor dem Ausglühen, etwa 1 cm von jedem Ende des Schiffchens entfernt, Asbestfäden um das Schiffchen. Beim Einführen des Schiffchens in das Porzellanrohr verhindern diese Fäden, daß Rohr und Schiffchen sich unmittelbar berühren und beim Erhitzen aneinander kleben.

Ausführung der Bestimmung. Nach Wägen der Natronkalkröhrchen unter den beim Chromschwefelsäureverfahren angegebenen Vorsichtsmaßregeln wird das Probematerial auf dem mit Asbestfaden umschnürten und ausgeglühten Porzellanschiffchen abgewogen. Von Stahl und Eisen mit mittlerem bis hohem Kohlenstoffgehalt genügen in der Regel Einwagen von 1 g, die auf Hartporzellanschiffchen von 7 cm Länge, 8 mm Breite und 5 mm Höhe Platz finden. Für größere Einwagen von 2 bis 3 g, die für kohlenstoffarmes Material nötig sind, kann man Schiffchen von 13 cm Länge, 7 mm Breite und 6 mm Höhe verwenden. Da beim Einwägen des Materials darauf zu achten ist, daß die Probe nicht über das Schiffchen hinausragt, um Anbacken der schmelzenden Oxyde an das Rohrinnere zu verhüten, so können lockere Späne, wie sie häufig zur Analyse kommen, nicht ohne weiteres verwendet werden. Solche lockeren Späne sucht man vorher durch Zusammenklopfen im Diamantmörser in dichtere und flachere Form zu bringen.

Es ist aber nicht erforderlich, das Probematerial möglichst weitgehend zu zerkleinern; feine Späne und Pulver verbrennen zwar mit Leichtigkeit, die Verbrennung setzt aber meist so plötzlich ein und verläuft so rasch, daß Sauerstoffmangel eintritt (der Bildung von Kohlenoxyd veranlaßt) und die Flüssigkeit der letzten Waschflasche zurückzusteigen droht, wenn nicht die Sauerstoffzufuhr schnell verstärkt wird. Weniger heftig, aber doch vollständig geht die Verbrennung bei Verwendung grober Späne oder dicker Stückchen vonstatten; Roheisenstückchen von 2 mm Dicke ließen sich beispielsweise ganz glatt verbrennen, während gleich große Stückchen des nämlichen Materials beim Chromschwefelsäureverfahren nach vierstündigem Kochen kaum angegriffen worden waren.

Während des Abwägens von Natronkalkröhrchen und Probematerial läßt man einen langsamen Sauerstoffstrom durch das ausgeglühte Porzellanrohr gehen, dann schaltet man die geschlossenen Natronkalkröhrchen an, schiebt mit Hilfe eines passend gebogenen Drahtes oder eines Glasstabes das Schiffchen mit dem Probematerial bis zur Mitte des Porzellanrohrs ein, schließt das Porzellanrohr und prüft zunächst, ob der ganze Apparat dicht hält. Zu

---

[1]) Unglasierte Schiffchen aus Hartporzellan für kleine Einwagen geeignet, werden von **Heraeus**, Hanau, zu 10 ℳ das Hundert geliefert.

diesem Zweck läßt man durch Öffnen des Quetschhahns Sauerstoff in den Apparat eintreten und wartet ab, bis durch die Waschflaschen beim Gasometer keine Gasblasen mehr hindurchgehen. Hat sich der Apparat so weit als dicht erwiesen, so öffnet man, dem Sauerstoffstrom folgend, der Reihe nach die Hähne der Absorptionsröhrchen, wobei man jedesmal das Aufhören des Gasdurchganges abwartet. Den Sauerstoffüberdruck läßt man nach Zudrehen des Quetschhahnes für die Sauerstoffzufuhr aus dem letzten Hahn allmählich entweichen. Dann wird langsam Sauerstoff durch den ganzen Apparat geleitet und mit dem Anheizen begonnen.

Das Arbeiten mit einem Heraeus-Ofen von 50 mm lichter Weite, dessen erreichbare Höchsttemperatur zu 1300^0 mit einem Stromverbrauch von $10^1/_2$ Amp. bei 220 Volt Spannung angegeben ist, gestaltet sich beispielsweise wie folgt:

Der Vorschaltwiderstand bleibt zunächst eingeschaltet. Nach Einschalten des elektrischen Stromes wird der Widerstandshebel so weit gerückt, bis das Ampèremeter 9 Ampère anzeigt. Mit dem Sinken der Stromstärke um 1 bis 2 Ampère wird jedesmal weiterer Widerstand ausgeschaltet, so daß der Stromverbrauch auf etwa 9 bis 10 Ampère bestehen bleibt.

Das Galvanometer zeigt bei einem Verbrennungsversuch z. B. folgendes Fortschreiten der Temperatur im Ofen an:

$$\begin{array}{lccl}
\text{nach} & 5 & \text{Minuten} & 200^0 \text{ C} \\
\text{„} & 15 & \text{„} & 650^0 \text{ C} \\
\text{„} & 30 & \text{„} & 850^0 \text{ C} \\
\text{„} & 45 & \text{„} & 980^0 \text{ C} \\
\text{„} & 60 & \text{„} & 1060^0 \text{ C} \\
\text{„} & 67 & \text{„} & 1100^0 \text{ C}
\end{array}$$

Zwischen 850 und 980^0 C setzt gewöhnlich die Verbrennung ein, was an plötzlichem Langsamerwerden des Gasstromes in der letzten Waschflasche und am rascheren Durchströmen des Sauerstoffs durch die vorderen Waschflaschen erkennbar wird. Um zu vermeiden, daß Luft in die Natronkalkröhrchen infolge Zurücksteigens gelangt, muß man dann die Sauerstoffzuführung, solange die Verbrennung dauert, verstärken.

Die Temperatur des Ofens wird schließlich etwa 15 bis 20 Minuten auf 1100 bis (höchstens) 1200^0 C gehalten und währenddessen langsam Sauerstoff durchgeleitet.

Nach dieser Zeit ist die Verbrennung sicher beendet. Der elektrische Strom wird dann ausgeschaltet, der Widerstandshebel zurückgestellt und noch eine Viertelstunde langsam Sauerstoff durchgeleitet, um alles Kohlendioxyd aus dem Porzellanrohr und dem Phosphorpentoxydrohr auszutreiben. Die Natronkalkröhrchen werden hierauf geschlossen, abgenommen, zum Temperaturausgleich in den Wagenkasten gebracht und wie gewöhnlich nach $^3/_4$ bis 1 Stunde gewogen. Nach Abnehmen der Natronkalkröhrchen schließt man auch den Quetschhahn für die Sauerstoffzufuhr ab und läßt den Ofen abkühlen.

Beabsichtigt man gleich anschließend weitere Verbrennungen in dem Ofen auszuführen, so wägt man während des Abkühlens neues Probematerial ab, wägt die Natronkalkröhrchen für die nächste Verbrennung und holt, wenn inzwischen der Ofen sich auf 600^0 C oder darunter abgekühlt hat, das Schiffchen mit einem reinen Eisen- oder Kupferdrahthaken aus dem Porzellanrohr heraus. Dann leitet man noch etwa fünf Minuten Sauerstoff durch das Rohr, hängt die frisch gewogenen Natronkalkröhrchen an und schiebt die neue Probe in das Porzellanrohr ein. Der elektrische Strom wird dann wieder eingeschaltet und im übrigen wie zu Anfang beschrieben weiter verfahren. Das Anheizen des noch warmen Ofens bis zur Erreichung der zur Verbrennung erforderlichen Temperatur erfordert erheblich weniger Zeit und Strom, was für größere Betriebe sehr ins Gewicht fällt. Beim Verbrennen von groben Spänen oder Stücken werden oft ganz lose im Schiffchen sitzende Oxydstücke erhalten, die sich leicht entfernen lassen; bei feinem Material schmelzen die Oxyde fest am Schiffchen an.

Falls man die Porzellanschiffchen zu weiteren Verbrennungen wieder gebrauchsfähig machen will, erwärmt man sie zur Entfernung des festhaftenden Oxyds längere Zeit mit konzentrierter Salzsäure. Diese Arbeit ist bei dem geringen Preis unglasierter Porzellanschiffchen aber nicht immer lohnend.

Für die Berechnung der Kohlenstoffwerte gilt der beim Chromschwefelsäureverfahren (Seite 110) angegebene Ansatz.

Beispiele.

a) Ergebnisse von blinden Versuchen. Die Gewichtsveränderungen der Natronkalkröhrchen bei Ausführung blinder Versuche (Durchleiten von

Tabelle 80.

Nr.	Probematerial	Versuch Nr.	Einwage in g	Kohlenstoff durch Verbrennen im Sauerstoffstrom bestimmt		Kohlenstoffgehalt %	Zum Vergleich[3] Kohlenstoffgehalt nach dem Chromschwefelsäureverfahren %
				Gewichtszunahmen			
				im 1. Rohr g	im 2. Rohr g		
1	Weiches Flußeisen	a)	2,773	0,0056	[0,0015]	0,06	0,06
		b)	2,001	0,0034	[0,0008]	0,05	
2	Stahl mit mittlerem Kohlenstoffgehalt	a)	1,9475	0,0386	0	0,54	0,53
		b)	2,0971	0,0398	0	0,52	
3	Stahl mit hohem Kohlenstoffgehalt	a)	2,0006	0,0948	0	1,29[1]	1,29
		b)	2,0044	0,0949	0	1,29[1]	
4	Roheisen, feine Späne	a)	1,0023	0,1137	[0,0006]	3,09	3,14
		b)	1,0053	0,1145	[0,0003]	3,10	
5	Gußeisenstückchen von 2 mm Dicke	a)	0,9970	0,1285	0	3,52	3,59[2]
		b)	1,0019	0,1295	0	3,53	

[1] Nach der Verbrennung wurden beide Proben wieder gewogen; sie zeigten folgende Gewichtszunahmen (infolge Aufnahme an Sauerstoff):

      Einwage a) um 0,8169 g,

      Einwage b) um 0,8128 g,

woraus sich das Verhältnis von Fe : O annähernd wie 2 : 3 berechnet; bei der Verbrennung entsteht danach hauptsächlich Oxyd Fe_2O_3.

[2] Nach dem Chromschwefelsäureverfahren in Form feiner Späne (Durchschnittsprobe) verbrannt.

[3] In dieser Spalte sind die Kohlenstoffwerte angegeben, die sich aus der gefundenen Auswage an CO_2 (ohne Abzug) berechnen; zieht man von der CO_2-Auswage 0,002 g ab (vergl. Seite 112), so erhält man bei Berechnung des Kohlenstoffgehaltes Werte, die noch besser mit den durch direktes Verbrennen im Sauerstoffstrom gefundenen übereinstimmen.

Sauerstoff durch das erhitzte Porzellanrohr und durch die Natronkalkröhrchen wie beim wirklichen Versuch) fallen sowohl positiv wie negativ aus und betragen im allgemeinen nicht mehr als $\pm$ 0,0005 g. Sie sind also niedriger als beim Chromschwefelsäureverfahren und bewegen sich innerhalb der Grenzen der Wägungsfehler.

b) Ergebnisse mit verschiedenem Probematerial. In vorstehender Tabelle 80 sind die Ergebnisse einiger Verbrennungsversuche nach dem oben beschriebenen Verfahren und zum Vergleich die entsprechenden, nach dem Chromschwefelsäureverfahren erhaltenen Werte zusammengestellt.

Genauigkeit der durch Verbrennen im Sauerstoffstrom erhaltenen Werte.

Die bei blinden Versuchen festgestellten Gewichtsänderungen der Natronkalkröhrchen bleiben innerhalb der Grenzen der Wägefehler. Unter der Annahme, daß die Wägefehler beim Wägen der Natronkalkröhrchen nicht über $\pm$ 0,0005 g betragen, würden sich daraus

für Einwagen von 1 g Unterschiede von $\pm$ 0,015,
für Einwagen von 2 g Unterschiede von $\pm$ 0,007

bei den Kohlenstoffwerten in Prozenten berechnen.

Das Verfahren der direkten Verbrennung im Sauerstoffstrom stellt sich demnach in bezug auf die Genauigkeit der damit erzielten Werte günstiger als das Chromschwefelsäureverfahren. Die Wägefehler kommen bei diesem Verfahren ebenfalls in der zweiten Dezimalstelle zum Ausdruck, so daß bei den angenommenen kleinen Einwagen von 1 bis 3 g als zulässige Abweichungen bei genauen Bestimmungen die für das Chromschwefelsäureverfahren angegebenen Zahlenwerte (siehe Seite 114) beibehalten werden können.

Um den Einfluß der Wägefehler auf die Ergebnisse zu vermindern und genauere Kohlenstoffwerte zu erhalten, kann man größere Probemengen (10 bis 15 g) einwägen und in einem weiten Porzellanrohr auf größeren Schiffchen verbrennen[1]).

Anwendbarkeit des Verfahrens.

Sämtliche beim Chromschwefelsäureverfahren angegebenen Metalle und Legierungen einschließlich der mit Chromschwefelsäure nicht verbrennbaren, können im Sauerstoffstrom bei 1100 bis 1200 ^{0} C zum Zweck der Kohlenstoffbestimmung verbrannt werden.

Gewisse Stoffe wie Ferrovanadin, Molybdän u. a., welche leicht schmelzende und aus dem Schiffchen herauskriechende Oxyde liefern und dadurch das Porzellanrohr gefährden, werden zweckmäßig nach Bedecken der Probe im Schiffchen mit einem geeigneten aufsaugenden Mittel (z. B. mit geglühter Tonerde) verbrannt.

3. Bestimmung von Kohlenstoff in kohlenstoffarmem Material.
(Barytverfahren.)

Wie die Versuche der Kohlenstoffbestimmung nach den im vorstehenden beschriebenen Verfahren erkennen lassen, ist die Genauigkeit der für kohlen-

---

[1]) Ein dahingehender Vorschlag ist inzwischen in der Zeitschrift für angewandte Chemie 24. (1911). 1800 von H. Augustin gemacht worden, nachdem vorstehendes Buch bereits druckfertig vorlag.

stoffarmes Material erhaltenen Werte (vergl. z. B. Tab. 79 u. Tab. 80 Nr. 1) keine
große, da einerseits die vorhandenen Fehlerquellen nicht mit Sicherheit zu
vermeiden sind und andererseits die Einwagen nicht beliebig viel größer
als 3 bis 5 g genommen werden können, ohne daß die Ausführung der
Verfahren erschwert würde.

Die Genauigkeit der Kohlenstoffbestimmung kann aber dadurch erhöht
werden, daß man den Kohlenstoff nicht in Form von Kohlendioxyd, das ein
verhältnismäßig niedriges Molekulargewicht besitzt, zur Wägung bringt, sondern
in Form einer Verbindung von höherem Molekulargewicht, wie dies etwa
bei der vorbildlich gewordenen Bestimmung des Phosphors als phosphor-
molybdänsaures Ammon geschieht.

Grundlagen des Verfahrens. Das beim Verbrennen des Kohlenstoffs
gebildete Kohlendioxyd wird durch Auffangen mit Barytwasser in Bariumkarbonat übergeführt, dieses mit Salzsäure gelöst, das Bariumsalz mit verdünnter Schwefelsäure gefällt und das entstandene Bariumsulfat bestimmt.
Der Kohlenstoff wird also nach diesem Verfahren in Form von Bariumsulfat
gewogen, wobei ein Atom Kohlenstoff = 1 Molekül $BaSO_4$ entspricht.

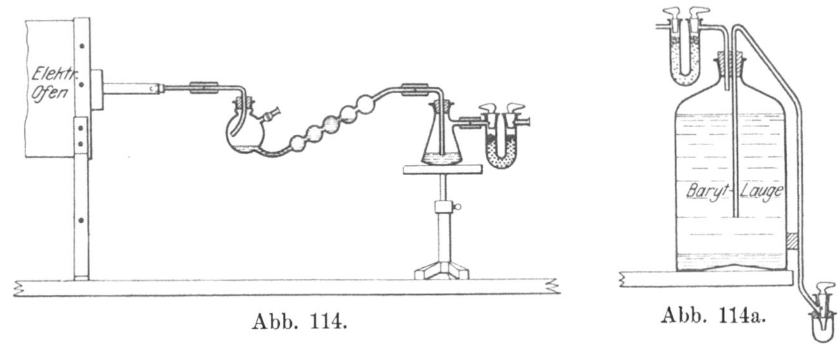

Abb. 114.   Abb. 114a.

Die Grundlagen dieses Verfahrens sind nicht neu; die Überführung
des Kohlendioxyds in Bariumkarbonat ist z. B. schon von O. Pettersson
und Smitt[1]), sowie von Aupperle[2]) für die Bestimmung von Kohlenstoff
in Eisen und Stahl verwertet worden. Es fehlte aber bisher eine zweck-
mäßige Form für die Ausführung des Verfahrens, die es ermöglicht, das
Zutreten von Kohlendioxyd aus der Luft möglichst vollkommen auszuschließen.

Erforderliche Apparate und Lösungen. Zur Verbrennung des Probematerials verwendet man das im vorhergehenden beschriebene Verfahren
der Verbrennung im Sauerstoffstrom durch Erhitzen im elektrischen Ofen.
Anstatt der Natronkalkröhrchen wird aber zum Auffangen des Kohlendioxyds
hinter dem Verbrennungsrohr ein Kugelrohr mit Barytlauge und an dieses
eine Barytlauge enthaltende Waschflasche angeschaltet, die durch ein Natronkalkrohr gegen das Eindringen von Kohlendioxyd aus der Luft geschützt
ist (Abb. 114).

Zum Abfiltrieren und Auswaschen des im Kugelrohr gefällten Bariumkarbonatniederschlages unter Ausschluß von Kohlendioxyd dient die nach

---

[1]) Berichte 23. (1890). 1401 und Ztschr. anal. Chem. 32. (1893). 385.
[2]) Journal Amer. Chem. Soc. 28. (1906). 858 und Chem. Ztg. Repert. 1906. 316.

Abb. 115 zusammengestellte Vorrichtung, bestehend aus Saugflasche, Rohrtrichter und mehreren Natronkalk enthaltenden Röhren.

Der Bariumkarbonatniederschlag muß mit kohlendioxydfreiem Wasser ausgewaschen werden; die Herstellung des kohlendioxydfreien Wassers erfolgt durch Auskochen von destilliertem Wasser und Erkaltenlassen unter Durchsaugen von kohlendioxydfreier Luft. Das Wasser wird unter Ausschluß der Luftkohlensäure in eine mit Hebervorrichtung und Natronkalkrohr versehene Vorratsflasche abgefüllt. (Obere Flasche in Abb. 115.) Die für die Bestimmungen erforderliche Barytlauge wird wie folgt hergestellt: 194 g kristallisiertes Chlorbarium werden in einer etwa 5 l fassenden Flasche mit Wasser gelöst; hierzu kommen 64 g Ätznatron, die man in Wasser gelöst zugibt. Nach Auffüllen auf 5 l schüttelt man das Ganze tüchtig um. Wenn der dabei sich bildende Bariumkarbonatniederschlag abgesetzt und die überstehende Lösung völlig klar ist, wird die aus der Abb. 114 a ersichtliche Entnahmevorrichtung auf die Flasche gesetzt. Der am Heberrohr angebrachte Hahn wird durch einen übergeschobenen Gummistopfen mit passendem Röhrchen vor dem Verstopfen infolge Kohlendioxydzutritts geschützt.

Ausführung der Bestimmung. Man wägt 1 bis 2 g des Probematerials auf einem wie bei vorigem Verfahren vorbereiteten Hartporzellanschiffchen ab und schiebt alsdann das Schiffchen mit Probe in das Heizrohr[1]), das in den elektrischen Röhrenofen eingesetzt ist. An das Porzellanrohr ist das leere, trockene Kugelrohr mit leerer Waschflasche und bereits gefülltem Natronkalkrohr angeschlossen. Um zunächst aus dem Rohr und den damit verbundenen Apparaten vorhandenes Kohlendioxyd zu entfernen, wird während etwa 20 Minuten ein langsamer Strom von kohlendioxydfreiem Sauerstoff durchgeleitet. Nach dieser Zeit nimmt man die an das Kugelrohr angeschlossene Waschflasche ab, ohne

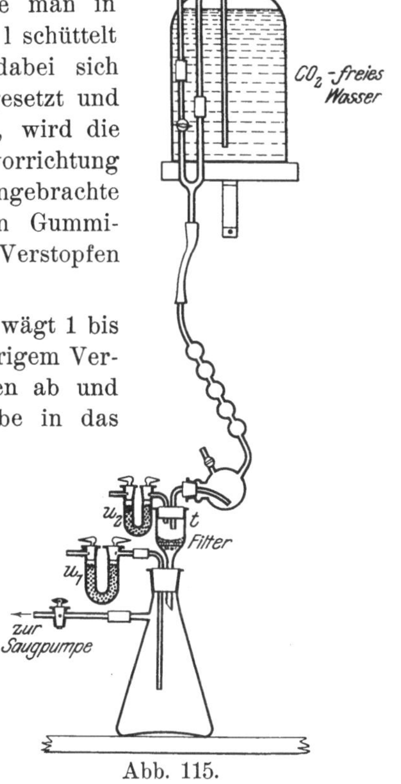

Abb. 115.

das Durchleiten von Sauerstoff zu unterbrechen, füllt klare Barytlauge aus der Vorratsflasche ein und schließt die Waschflasche wieder an das Kugelrohr an. Wenn nach weiterem, etwa 15 Minuten langem Durchleiten von Sauerstoff die Barytlauge in der Waschflasche keine Trübung aufweist, in den Apparaten also kein Kohlendioxyd mehr vorhanden ist, füllt man in das Kugelrohr so viel klare Barytlauge ein, daß die Lauge beim Durchgehen des Sauerstoffs höchstens bis zur vorletzten Kugel der Kugelrohrvorlage gelangt (etwa 15 bis 25 ccm) und verbindet das Kugelrohr wieder

---

[1]) Falls ein neues Porzellanrohr verwendet wird, muß dieses vorher unter Durchleiten von Sauerstoff ausgeglüht werden.

mit Porzellanrohr und Waschflasche. Beim Einfüllen der Barytlauge setze man die Kugelrohrvorlage nicht unnötig dem Zutritt kohlendioxydhaltiger Luft aus.

Ehe die Verbrennung der Probe erfolgen kann, muß nun der Apparat auf seine Dichtheit geprüft werden. Zu dem Zweck wird ein Hahn am Natronkalkrohr hinter der Waschflasche geschlossen und weiterer Sauerstoff in den Apparat eingelassen. Wenn der Apparat dicht ist, so kommt der Sauerstoffstrom nach kurzer Zeit zum Stillstand. Etwa vorhandene undichte Stellen müssen ausgebessert werden. Ist der Apparat in Ordnung, so läßt man durch vorsichtiges Öffnen des Hahns am Natronkalkrohr den Sauerstoffüberschuß allmählich entweichen und leitet dann durch Einschalten des elektrischen Stromes die Verbrennung der Probe ein. Die Verbrennung selbst wird im übrigen genau so ausgeführt, wie sie beim vorhergehenden Verfahren beschrieben ist [1]). (S. S. 118.)

Während des Verbrennens kann man die zum Filtrieren des Bariumkarbonatniederschlages erforderliche Vorrichtung nach Abb. 115 vorbereiten; man verfährt dabei in folgender Weise: In den rohrförmigen Trichter t bringt man etwas Glaswolle, legt auf diese ein der Weite des Rohrtrichters entsprechendes Porzellansiebplättchen und auf dieses ein passend geschnittenes Stück Filtrierpapier (Weißbandfilter). Dieses Filter bedeckt man mit etwas gereinigtem, trockenem Asbest, wie er beim Filtrieren des Graphits (S. 128, Anm. 3) benützt wird, und verteilt diesen mit Hilfe der Spritzflasche und unter schwachem Saugen mit der Wasserstrahlpumpe zu einer gleichmäßigen, dichten Schicht.

Der so vorbereitete Trichter befindet sich in der einen Bohrung eines doppelt durchbohrten Gummistopfens auf einer Saugflasche; die andere Bohrung des Gummistopfens enthält ein Glasrohr, an das ein Natronkalkrohr u_1 mit langer Natronkalkschicht angeschlossen ist. Die Saugflasche steht durch ein Glasrohr mit Hahn, sowie durch eine Wasser enthaltende Waschflasche mit der Wasserstrahlpumpe in Verbindung. Der Trichter wird mit einem doppelt durchbohrten Gummistopfen verschlossen, dessen eine Bohrung mit dem Natronkalkrohr u_2 versehen ist, während die andere vorläufig durch ein Glasstabstück verschlossen ist. Zur Entfernung des im Filtrierapparat vorhandenen Kohlendioxyds saugt man einen langsamen Luftstrom durch das oben am Trichter befindliche Rohr u_2 und nach einiger Zeit durch das an der Saugflasche befindliche Rohr u_1, schließt dann den zur Pumpe führenden Hahn und stellt die Wasserstrahlpumpe ab.

Nach Beendigung der Verbrennung, die etwa $1^1/_2$ bis 2 Stunden in Anspruch nimmt, wird das Kugelrohr abgenommen und die daran befindliche Waschflasche entfernt; dann wird das Glasstabstück aus dem Stopfen des Trichters (t vergl. Abb. 115) herausgenommen und das Einleitröhrchen am Kugelrohr, ohne daß beide auseinandergenommen werden, an Stelle des Glasstabstückes in die Bohrung eingeschoben. Das freie Ende des Kugelrohres wird mit dem Schlauchstück der in etwa 100 bis 120 cm Höhe über dem Arbeitstisch aufgestellten Wasserflasche (mit kohlendioxydfreiem Wasser) verbunden.

---

[1]) An dem Trübwerden der Barytlauge beim Verbrennen kann man beobachten, daß die Entwickelung von Kohlendioxyd bei den meisten Materialien um etwa 700^0 C einsetzt, also früher als die eigentliche Verbrennung des Eisens beginnt.

Die Hähne der beiden Natronkalkrohre u_1 und u_2 werden geschlossen, die Wasserstrahlpumpe in Gang gesetzt und durch Öffnen des Hahns zwischen Pumpe und Saugflasche ein langsamer Luftstrom durch den Apparat gesaugt. Die Geschwindigkeit des durchziehenden Luftstroms kann man nach der Aufeinanderfolge der Luftblasen in der Waschflasche beurteilen.

Die Barytlauge samt dem flockigen Bariumkarbonatniederschlag aus dem Kugelrohr wird dadurch in den Trichter abgehebert und durch das Filter abfiltriert[1]), während durch das Natronkalkrohr u_3 kohlendioxydfreie Luft nachdringt. Ist alles Flüssige durchfiltriert, so öffnet man den Hahn des vorher durch Ansaugen mit Wasser gefüllten Hebers der über dem Arbeitstisch angebrachten Wasserflasche (die Hähne des großen Natronkalkrohres u_3 können dauernd geöffnet bleiben), und läßt etwas Wasser in das Kugelrohr einfließen. Während des Durchfließens schüttelt man das Kugelrohr, um anhaftende Reste von Barytlauge zu entfernen. Dann schließt man den Hahn am Heber und läßt alle Flüssigkeit abfiltrieren unter dauerndem schwachem Saugen mit der Wasserstrahlpumpe. Das Auswaschen des Kugelrohrs wird in dieser Weise noch mehrmals wiederholt. Um eine etwas reichlichere Menge Wasser in die große Kugel des Kugelrohres zu bekommen, kann man beim Einfließenlassen den an der Kugel befindlichen Hahn kurze Zeit öffnen und etwas Luft austreten lassen. Nach etwa sechsmaligem Auswaschen wird Kugelrohr und Filter samt Niederschlag in den meisten Fällen frei von Barytlauge sein. Nach genügendem Waschen nimmt man das Kugelrohr sowie den Trichter ab, löst den im Trichter vorhandenen Bariumkarbonatniederschlag mit verdünnter Salzsäure in ein kleines Becherglas, spült dann Kugelrohr und Einleitrohr mit Salzsäure und Wasser aus und gießt die dabei erhaltene Lösung gleichfalls durch das Asbestfilter zur Hauptmenge der Barytlösung. Kugelrohr, Einleitrohr und Filter werden gründlich mit Salzsäure und Wasser ausgewaschen, die erhaltene Lösung auf dem Dampfbad auf etwa 10 ccm eingeengt und in einen gewogenen Porzellantiegel übergeführt. Das Becherglas wird mit wenig verdünnter Salzsäure nachgewaschen; dann wird der Lösung im Porzellantiegel verdünnte Schwefelsäure zugegeben, um sämtliches Barytsalz in Bariumsulfat überzuführen, und zur Trockne eingedampft. Zuletzt erhitzt man auf dem Finkenerturm (Abb. 116, Seite 130) vorsichtig, um überschüssige Schwefelsäure, die in jedem Fall vorhanden sein muß, abzurauchen, und bringt Tiegel mit Niederschlag über der vollen Bunsenflamme kurze Zeit zum Glühen. Das Bariumsulfat wird nach Erkalten des Tiegels gewogen.

Anstatt die Barytlösung im Porzellantiegel einzudampfen, kann man auch aus der stark eingeengten, nur noch schwach salzsauren Barytlösung durch Zusatz verdünnter Schwefelsäure in geringem Überschuß das Barium ausfällen, den Niederschlag absitzen lassen, nach Klärung der Lösung abfiltrieren, im gewogenen Platin- oder Porzellantiegel veraschen, glühen und das Bariumsulfat wägen.

Berechnung. Da jedes Atom Kohlenstoff einem Molekül Barium-

---

[1]) Das Filtrat ist anfänglich stets klar; es trübt sich oft nach einiger Zeit, aber nicht infolge trüben Filtrierens, sondern durch geringe in der Saugflasche vorhandene Mengen Kohlendioxyd, die in der Saugflasche verbleiben, wenn nicht sorgfältig mit CO_2-freiem Wasser ausgespült und lange genug CO_2-freie Luft durchgeleitet wird.

karbonat bzw. einem Molekül Bariumsulfat entspricht, so berechnet sich der Prozentgehalt des angewandten Materials an Kohlenstoff bei e Gramm Einwage und einer Auswage von a Gramm Bariumsulfat wie folgt:

$$\% \text{ Kohlenstoff} = \frac{5{,}14\,a}{e}.$$

Beispiele.

a) Ergebnisse von blinden Versuchen. Die blinden Versuche wurden bei der Verbrennung von Probematerial in oben angegebener Weise durchgeführt, jedoch kein Schiffchen eingeschoben. Das Rohr wurde unter Durchleiten von Sauerstoff erhitzt und der Sauerstoff durch die mit klarer Barytlauge beschickte Kugelröhre geleitet. Nach Beendigung der Versuche

Tabelle 81.

Probe-Nr.	Bezeichnung des Materiales	Verbrennung im Sauerstoffstrom bei elektr. Erhitzung						Nach dem Chromschwefelsäureverfahren (Seite 104)[2]
		Barytverfahren			Auffangen der CO_2 im Natronkalkrohr (Verfahren Seite 114)			
		Einwage in g	Gewogen g $BaSO_4$	Gehalt an C in %	Einwage in g	Gewogen g CO_2	Gehalt an C in %	% C
1	Spezialstahl (Chrom, Wolfram u. Vanadin enthaltend)	0,9997	0,1151	0,592	2,210	0,0486	0,60	0,62
		0,9996	0,1151	0,592				
2	Gewöhnlicher Stahl	1,0150	0,1307	0,662	1,674	0,0401	0,65	0,66
		1,0045	0,1295	0,662	1,713	0,0413	0,66	
3	Nickelmetall[1]	1,5064	0,0567	0,193	1,0085	0,0073	0,20	0,22
		1,0033	0,0390	0,200	1,0060	0,0074	0,20	
4	Kesselblech (Flußeisen)	2.534	0,0221	0,045	2,399	0,0046	0,05	0,05
		2,517	0,0219	0,045				
5	Weiches Flußeisen	3,015	0,0294	0,050	2,773	0,0056	0,06	0,06
		2,502	0,0226	0,046	2,001	0,0034	0,05	
6	Silikomangan	1,191	0,0122	0,053	1,104	0,0037	0,09	Wird nicht angegriffen
		1,807	0,0183	0,052				
7	Weiches Flußeisen	2,50	0,0069	0,014	1,996	0,0014	0,02	0,02
		2,50	0,0070	0,014				
8	Wolframmetall	1,001	0,0035	0,018	1,327	0,0013	0,03	Wird nicht angegriffen
		1,007	0,0032	0,016	1,002	0,0016	0,04	
9	Sehr weiches Flußeisen	2,536	0,0059	0,012	2,681	0,0019	0,02	0,03
		2,688	0,0057	0,011	2,660	0,0016	0,02	

[1] Nickelmetall wird im Sauerstoffstrom bei 1200° C nicht völlig verbrannt; die Späne überziehen sich mit einer Schicht Oxyd, das bei 1200° C noch nicht schmilzt. Trotzdem scheint der Kohlenstoff vollständig zu verbrennen, wie aus der Übereinstimmung der Ergebnisse mit dem Ergebnis der Chromschwefelsäureverbrennung hervorgeht.

[2] Die hier angegebenen Kohlenstoffwerte sind aus der gefundenen Menge CO_2 ohne Abzug berechnet (vergl. hierzu Seite 112 und Tabelle 80, Anm. 3).

zeigte die Barytlauge nur sehr geringe Trübung von Bariumkarbonat. Die Barytlösung wurde filtriert, das Bariumkarbonat in Bariumsulfat übergeführt und letzteres gewogen.

Erhalten wurden

$$\text{bei Versuch 1: 0,0010 g BaSO}_4$$
$$\text{bei Versuch 2: 0,0012 g} \quad \text{„}$$

b) Versuche mit verschiedenem Probematerial. Zum Vergleich sind in vorstehender Tabelle 81 außer den nach dem Barytverfahren erhaltenen Kohlenstoffwerten noch die bei Anwendung der beiden im vorhergehenden beschriebenen Verfahren erhaltenen angegeben.

Genauigkeit der nach dem Barytverfahren erhaltenen Kohlenstoffwerte.

Nach dem Ergebnis der ausgeführten blinden Versuche könnte der Kohlenstoffgehalt einer Probe bei 1 g Einwage um 0,005 % und bei 2 g Einwage um rund 0,003 % zu hoch gefunden werden; die beim Wägen des Bariumsulfats entstehenden Fehler machen bei sorgfältigem Arbeiten nur unwesentliche Beträge aus, so daß sich mit dem Barytverfahren Werte für den Kohlenstoff erreichen lassen, die bei 2 g Einwage um höchstens $\pm$ 0,003 % vom wirklichen Wert abweichen.

Da die Fehler erst in der 3. Dezimale des prozentischen Kohlenstoffwertes auftreten, so können die Werte bis zur unsicheren (daher kleinzuschreibenden) 3. Dezimale angegeben werden.

Als höchst zulässige Abweichungen lassen sich folgende einhaltbare Beträge für das Barytverfahren angeben, unter der Voraussetzung, daß wenigstens 2 g Einwage benutzt werden:

$$\text{für Kohlenstoffgehalte von 0,010 bis 0,25 \% } \quad \pm \text{ 0,002}$$
$$\text{„} \qquad \text{„} \qquad \text{„} \quad \text{0,25 bis 0,60 \% } \quad \pm \text{ 0,004.}$$

Anwendbarkeit des Barytverfahrens.

Das Verfahren eignet sich vor allem für kohlenstoffarmes Material jeglicher Art, sofern im Sauerstoffstrom bei Temperaturen bis zu 1200⁰ C dessen Verbrennung möglich ist. Bei höheren Kohlenstoffwerten als 0,60 % ergeben sich erhebliche Mengen Bariumsulfat, so daß man mit kleineren Materialmengen arbeiten müßte.

Da indessen beim Abwägen kleiner Probemengen nicht immer genaue Durchschnittsproben erhalten werden, so sind bei größeren Kohlenstoffgehalten die Verfahren 1 und 2 geeigneter.

B. Graphit und Temperkohle.

Grundlagen des Verfahrens. Graphit und Temperkohle verhalten sich in chemischer Beziehung so gleichartig, daß sie auf analytischem Wege nicht voneinander getrennt werden können. Ihre gemeinsame Abscheidung und Trennung von gebundenem Kohlenstoff beruht darauf, daß sie durch kochende verdünnte Salpetersäure nicht verändert werden, während die Arten des gebundenen Kohlenstoffs dabei in flüchtige oder salpetersäurelösliche Kohlenstoffverbindungen übergehen.

Ausführung der Bestimmung (nach Ledebur). Von tiefgrauem Roheisen werden 1 g, von hellgrauem oder von getempertem Eisen 2—5 g, von hochprozentigem Nickelstahl 5—10 g abgewogen[1]), in einem hohen Becherglas von 300—600 ccm Inhalt bei aufgedecktem Uhrglas mit verdünnter Salpetersäure (spez. Gewicht 1,2) gelöst und zwar verwendet man für jedes Gramm Eisen etwa 25 ccm dieser Säure. Um bei der anfangs eintretenden heftigen Einwirkung der Säure Verluste infolge Überschäumens zu vermeiden, kühlt man durch Eintauchen des Becherglases in kaltes Wasser oder unter der Wasserleitung ab. Läßt die Einwirkung nach, so führt man schließlich durch Erwärmen auf dem Sandbad oder der Asbestplatte den Lösungsvorgang zu Ende. Enthält die Probe viel Silizium, (z. B. graues Roheisen), so gibt man nach erfolgter Lösung $1/2$—1 ccm Flußsäure[2]) zu, um das gebildete gallertige Siliziumdioxyd, das beim Filtrieren das Filter verstopfen würde, zu lösen. Dabei ist aber darauf zu achten, daß nicht kleine Teilchen von Paraffin, die bei Aufbewahrung der Flußsäure in Paraffinflaschen oft auf der Säure schwimmen, mit in das Becherglas gelangen. Die Lösung des Eisens oder Stahls wird dann, mit einem Uhrglas bedeckt, auf dem Asbestdrahtnetz über kleiner Flamme 1—2 Stunden lang im schwachen Sieden erhalten, darauf mit Wasser verdünnt, zum Absitzen des Ungelösten kurze Zeit stehen gelassen und durch ein gut laufendes und dichtes Asbestfilter[3]) in einen Erlenmeyerkolben abfiltriert.

Wenn die ganze Flüssigkeit samt dem unlöslichen Rückstand aus dem Becherglas aufs Filter gebracht ist, reibt man die an den Wänden des Becherglases haftenden Teile mit Hilfe eines Glasstabes, über dessen schwach gebogenes Ende ein Stückchen glatter (schwarzer) Gummischlauch gezogen ist, ab, spült das Becherglas mit warmem Wasser aufs Filter aus, und wäscht Filter und Rückstand mit Wasser säurefrei.

---

[1]) Für die Bestimmung des Graphits oder der Temperkohle ist es vielfach zweckmäßig, nicht Späne, sondern Stückchen für die Analyse zu verwenden; dies gilt namentlich für solche Fälle, bei denen es darauf ankommt, den Graphit- oder Temperkohlengehalt an verschiedenen Stellen des Querschnittes eines Probestückes zu ermitteln; vergl. das im ersten Teil des Buches, Seite 59 hierüber Gesagte.

[2]) Die Flußsäure gießt man am besten aus einem reinen Platintiegel ins Becherglas, so daß sie nicht mit den Wandungen des Becherglases in Berührung kommt.

[3]) Asbest zur Herstellung guter Filter wird auf folgende Weise erhalten:

Langfaseriger Asbest wird in etwa 1 cm lange Stücke (nicht wie üblich in dünne lange Fäden) zerzupft; diese werden mehrmals mit starker Salzsäure unter Erwärmen ausgezogen, bis sie frische Salzsäure nicht mehr erheblich gelb färben, und mit heißem Wasser säurefrei gewaschen. Die gewaschenen Asbestflocken werden auf dem Dampfbad getrocknet und in großem Porzellantiegel ausgeglüht.

Zur Herstellung des Asbestfilters wird etwas von diesem Asbest locker in einen gewöhnlichen kurzen Trichter eingelegt; durch Aufspritzen von Wasser aus der Spritzflasche verteilt man den Asbest so gleichmäßig im Trichter, daß die weiteren Poren der Asbestauflage durch feine Asbestaufschlämmung geschlossen werden und das Filter dicht hält.

Ob das Filter dicht ist, erkennt man daran, daß beim Aufgießen von Wasser aufs Filter und Abfließenlassen die in der Trichterröhre befindliche Wassersäule nicht ausläuft.

So hergestellte Asbestfilter laufen rasch und sind, falls nicht zu geringe Mengen Asbest angewandt wurden, hinreichend dicht, um zum Abfiltrieren von nicht leicht trübe durchgehenden Niederschlägen zu dienen.

Den Rückstand auf dem Filter verbrennt man im Corleiskolben nach vorhergehendem einstündigem Auskochen der Chromschwefelsäurelösung [1]).

Das feuchte Filter samt Rückstand wird zu diesem Zweck mit einer Pinzette vorsichtig aus dem Trichter gehoben und auf einem Uhrglas in etwas trockenen ausgeglühten Asbest eingehüllt; der Trichter wird mit trockenem Asbest ausgerieben und die Reste zur Hauptmenge gegeben. Den ganzen Asbestknäuel wirft man nach Herausheben des Kühlers in den Corleiskolben ein und verfährt dann zur Verbrennung des Graphits und der Temperkohle bis zur Wägung des Kohlendioxyds in der bei Bestimmung des Gesamtkohlenstoffs beschriebenen Weise. (Vergl. S. 107.)

Die Berechnung erfolgt gleichfalls wie bei Bestimmung des Gesamtkohlenstoffs angegeben.

Beispiele.

In Tabelle 82 sind Ergebnisse einiger Graphitbestimmungen zusammengestellt.

Tabelle 82.

Nr.	Probematerial	Versuch	Einwage in g	Gewichtszunahme		Graphit in %
				im 1. Rohr g	im 2. Rohr g	
1	Roheisen	a)	1,0000	0,1260	[0]	3,44
		b)	1,0000	0,1284	[0]	3,50
2	Nickelstahl	a)	5,000	0,1056	[0]	0,58
	(mit 24% Ni)	b)	5,000	0,1056	[0,0024]	0,58
3	Nickelstahl	a)	6,00	0,0054	[0,0006]	0,02
	(mit 26% Ni)	b)	6,00	0,0052	[0,0008]	0,02

Anmerkung. Die Bestimmung des Gehaltes an Gesamtkohlenstoff ergab in den 3 Proben:

$$
\begin{aligned}
&\text{Probe Nr. 1} \ \ldots \ldots \ldots \ 4{,}27\ \% \\
&\text{Probe Nr. 2} \ \ldots \ldots \ldots \ 0{,}76\ „ \\
&\text{Probe Nr. 3} \ \ldots \ldots \ldots \ 0{,}19\ „.
\end{aligned}
$$

C. Silizium.

1. Bestimmung in säurelöslichem Material.

Grundlagen der Verfahren. Beim Behandeln von Eisen und Stahl mit Säuren geht das in säurelöslichem Material als (Eisen-) Silizid vorhandene Silizium in Siliziumdioxyd über. Sehr wahrscheinlich treten bei der Behandlung mit Salzsäure vor der Bildung des Siliziumdioxydes leicht zersetzliche flüchtige Zwischenkörper auf (SiH_4, $SiCl_4$), z. B.: 1. $FeSi + 6\,HCl = FeCl_2 + SiCl_4 + 6\,H$, die im Augenblick ihres Entstehens mit stets anwesendem Wasser Siliziumdioxyd bilden: 2. $SiCl_4 + 2\,H_2O = SiO_2 + 4\,HCl$; bei der großen Geschwindigkeit der Umsetzung treten jedoch keine Verluste an Silizium ein (vergl. hierzu die in Tabelle 83 zusammengestellten Beispiele).

---

[1]) Sehr bequem läßt sich die Verbrennung des Graphits auch im Sauerstoffstrom ausführen. Dazu bringt man den abfiltrierten Graphit samt dem Asbestfilter noch feucht in ein Porzellanschiffchen, trocknet im Trockenschrank bei 100 bis 105⁰ C und verbrennt in der beim Verfahren 2 der Kohlenstoffbestimmung S. 118 angegebenen Weise.

Das entstehende Siliziumdioxyd bleibt in den sauren Lösungen (besonders in salpetersauren) in erheblicher Menge als Kolloid gelöst. Erst durch Erhitzen des beim Eindampfen salzsaurer (oder schwefelsaurer) Lösungen verbleibenden Rückstandes auf mindestens 135° C geht Siliziumdioxyd in unlösliche Form über und kann dann durch Auswaschen mit Salzsäure von den löslichen Chloriden der übrigen Metalle getrennt werden.

Verfahren a): Auflösen des Probematerials mit Salzsäure.

Ausführung der Bestimmung. Von grauem Roheisen oder Siliziumstahl (bis zu 5% Si enthaltend) werden 2—4 g, von weißem Roheisen, Flußeisen oder gewöhnlichem Stahl 5—10 g in flachen Porzellanschalen von 12 bis 15 cm Durchmesser eingewogen. Die Schale wird mit Uhrglas bedeckt und die Probe durch Zusatz von Salzsäure vom spez. Gew. 1,12 in Lösung gebracht; auf je 1 g Metall verwende man etwa 10 ccm Säure.

Wenn die Hauptwirkung der Säure vorüber ist, setzt man die Schale aufs Dampfbad und erwärmt bis zur völligen Lösung des Materials. Danach spritzt man das Uhrglas sorgfältig mit heißer verdünnter Salzsäure ab, um daran haftendes Siliziumdioxyd abzuspülen. Die Lösung in der Porzellanschale wird zur Trockene eingedampft (was bei Eisenchlorürlösungen ziemlich rasch durchführbar ist). Die Schale mit dem trockenen Rückstand wird auf den Finkenerturm (s. Abb. 116) gestellt und unter häufigem Drehen der Schale während etwa einer Stunde erhitzt, bis keine Salzsäuredämpfe mehr entweichen und der Inhalt der Schale braun (samtartig) geworden ist. Um die zum Unlöslichmachen des Siliziumdioxyds notwendige Temperatur von 135° C gleichmäßiger einhalten

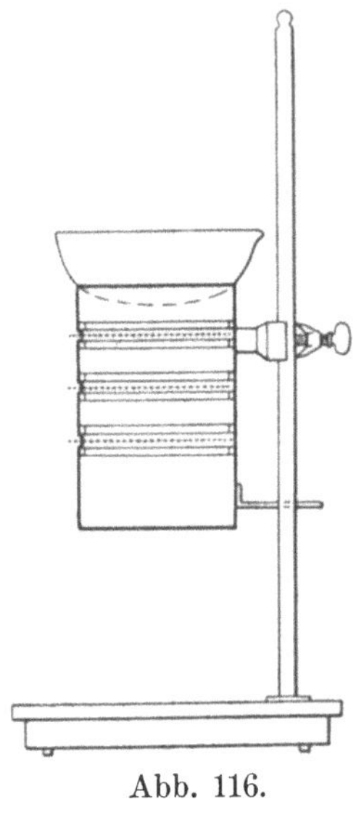

Abb. 116.

zu können, kann man auch den trockenen Rückstand im Trockenschrank während einer Stunde auf diese Temperatur erhitzen. Auch ein Sandbad kann zum Erhitzen verwendet werden.

Nach beendigtem Erhitzen bedeckt man die Schale mit Uhrglas und läßt erkalten. Ohne das Uhrglas abzunehmen, übergießt man die erkaltete Masse mit konzentrierter Salzsäure[1]) (spez. Gew. 1,12), wobei starke Erwärmung eintritt, und erhitzt zur vollständigen Lösung der Chloride auf dem Dampfbad unter zeitweisem Umrühren mit einem Glasstab.

Bleibt dabei ein schwerer dunkelroter Rückstand (Eisenoxyd) am Boden ungelöst, was auf zu starkes örtliches Erhitzen hindeuten würde, so muß dieser durch weiteres Erhitzen oder Eindampfen der Lösung und Wiederlösen mit etwas rauchender Salzsäure in Lösung gebracht werden.

Die Lösung wird dann mit Wasser stark verdünnt, kurze Zeit absitzen gelassen und durch ein 9 cm-Filter (z. B. Weißbandfilter von Schleicher und Schüll) in einen Erlenmeyerkolben abfiltriert[2]).

---

[1]) Etwa 10 ccm auf jedes Gramm Einwage.
[2]) Langes Stehenlassen bietet keinen Vorteil, da Siliziumdioxyd zum Teil wieder kolloid in Lösung gehen kann.

Enthält die Probe viel Silizium und befürchtet man baldiges Verstopfen der Filterporen oder auch Trübegehen des Siliziumdioxydes, so kann man vor dem Filtrieren etwas aufgeschlämmte Papiermasse auf das Filter bringen, die man durch tüchtiges Schütteln von kleinen Stücken aschefreien Filtrierpapiers mit heißem Wasser in einem verschlossenen Erlenmeyerkolben herstellt[1]).

Nachdem alles Flüssige aufs Filter gegeben und die Schale mittels Spritzflasche ausgespült ist, entfernt man den in der Schale oft ziemlich fest haftenden Rest von Siliziumdioxyd, indem man die Schale mit einem alkoholbefeuchteten Stück aschefreien Filters ausreibt. Dies kann mit der Hand oder auch mit einem kräftigen Glasstab, der an seinem gebogenen Ende mit etwas glattem (schwarzem) Gummischlauch überzogen ist, geschehen[2]).

Filter und Rückstand werden mit heißer verdünnter Salzsäure (etwa 100 ccm konzentrierter Salzsäure auf 500 ccm verdünnt) ausgewaschen, bis das Ablaufende mit verdünnter Ferricyankaliumlösung keine Blaufärbung mehr liefert. Den noch feuchten Rückstand samt Filter verascht man im gewogenen Platintiegel und glüht mit kräftiger Flamme, bei größeren Mengen Siliziumdioxyd kurze Zeit auf dem Gebläse und wägt. Das Glühen und Wägen des Siliziumdioxyds wird fortgesetzt, bis sein Gewicht sich nicht mehr ändert.

Abb. 117.

Das Siliziumdioxyd, das bei weißem Roheisen, Flußeisen, Stahl usw. nach dem Auswaschen grau gefärbt ist, wird beim Veraschen meist voll-

---

[1]) Das Filtrieren kann man sich übrigens stets sehr erleichtern durch richtiges Anlegen der Filter (vergleiche auch Raaschou, Ztschr. anal. Chem. 49. (1910). 759), worüber einige Worte gesagt sein mögen.

Filter, die ganz an den Trichterwandungen anliegen, filtrieren bekanntlich schlecht; Filter dagegen, die nur mit ihrem oberen Rand am Trichter sitzen, sonst aber lose im Trichter hängen, filtrieren gut; dementsprechend falte man die Filter nicht genau im rechten Winkel, sondern so, daß der Winkel des Filters wenig größer ausfällt als der des Trichters.

Um ferner zu verhüten, daß zwischen Filter und Trichter offene Kanäle entstehen, durch die ein Teil des Niederschlags hindurchgezogen wird, reiße man, wie in der Abb. 117 angedeutet, die Ecken der an der Trichterwand anliegenden Falte ab.

Zum Anlegen des Filters faßt man den Trichter mit der linken Hand, legt das gefaltete Filter hinein und hält es mit dem Zeigefinger der linken Hand in der richtigen Lage fest. Dann füllt man das Filter aus der Spritzflasche mit Wasser voll, hält das Ablaufrohr des Trichters zu, hebt das Filter an der Glaswand etwas hoch, um die Luft aus dem Trichterrohr nach oben zu lassen, setzt das Filter wieder tiefer und preßt durch Andrücken des Filters an die Trichterwand die zwischen Filter und Glaswand vorhandenen Luftblasen heraus. Dann erst läßt man das Ablaufrohr los und gießt weiteres Wasser auf, wobei sich im Trichterrohr keine Luftblase mehr zeigen soll; ferner muß nach Ablaufenlassen des Wassers das Trichterrohr gefüllt bleiben.

Beim Filtrieren gieße man nicht bis über den Filterrand Flüssigkeit auf, wenn man Trübdurchgehen vermeiden will.

Für Massenfiltrationen eignen sich am besten kurze Trichter und Erlenmeyerkolben.

[2]) Bei Gegenwart selbst geringer Mengen von Wolfram, bleibt meist ein sehr festhaftender, gelb gefärbter Rand in der Schale zurück, der sich durch Ausreiben nicht ganz entfernen läßt. Man entfernt ihn durch Ausreiben mit einem Stück Filtrierpapier, das man mit wenig Ammoniak getränkt hat (vergl. bei Wolfram, Seite 234).

kommen weiß. Bei genauen Bestimmungen darf man sich aber nicht darauf verlassen, daß solch weißes Siliziumdioxyd auch völlig rein ist, man bestimmt vielmehr die Menge des vorhandenen Dioxyds durch Abrauchen mit Schwefelsäure und Flußsäure.

Zu diesem Zweck wird das Siliziumdioxyd im Platintiegel mit etwas verdünnter Schwefelsäure[1]) befeuchtet, dann wird reine Flußsäure[2]) (1—3 ccm) zugesetzt und auf dem Dampfbad soweit als möglich eingedampft. Danach setzt man den Tiegel auf den Finkenerturm und raucht durch allmählich gesteigertes Erhitzen die Schwefelsäure fort; durch Glühen des Tiegels über freier Flamme zersetzt man schließlich vorhandene Sulfate und wägt nach dem Erkalten.

Gewöhnlich bleiben nach dem Abrauchen trotz sorgfältigen Auswaschens kleine Mengen Eisen- oder Manganoxyd zurück, bei wolfram-, titan-, chrom- oder vanadinhaltigem Material finden sich außerdem mehr oder weniger große Mengen dieser Stoffe in dem Abrauchrückstand vor.

Bei der Bestimmung des Siliziums in Graueisen bleibt mit dem abgeschiedenen Siliziumdioxyd auch aller Graphit zurück, zu dessen völliger Verbrennung kräftig erhitzt werden muß. Wäscht man mit verdünnter Salzsäure aus, so gelingt es hierbei nur schwierig, so reines Siliziumdioxyd zu erhalten, daß es mit Flußsäure - Schwefelsäure abgeraucht werden kann, weil stets Eisen in wesentlichen Mengen zugegen bleibt. Um das Eisen aus dem abfiltrierten Rückstand vollständiger zu entfernen, empfiehlt es sich nach Auswaschen der Hauptmenge Eisenlösung (mit heißer verdünnter Salzsäure) die bei der Zersetzung der Karbide entstandenen Stoffe mit Alkohol herauszulösen und danach weiter mit verdünnter Salzsäure auszuwaschen, bis das Ablaufende keine Eisenreaktion mehr gibt. Anstatt das Siliziumdioxyd aus dem Gewichtsverlust beim Abrauchen mit Schwefelsäure Flußsäure zu bestimmen, kann man das Siliziumdioxyd auch durch Aufschließen und nochmaliges Abscheiden reinigen; dazu verfährt man in folgender Weise:

Man vermengt den geglühten Rückstand im Platintiegel mit etwa der sechsfachen Menge seines Gewichts an reinem Natriumkaliumkarbonat, legt den Deckel auf und erhitzt, bis die Masse ruhig fließt. Dann läßt man erkalten, bringt Tiegel samt Deckel in ein kleines Becherglas (z. B. von 150 ccm Inhalt), gibt Wasser zu, bis der Tiegel fast davon bedeckt ist und erhitzt auf dem Dampfbad. Nachdem die Schmelze vom Tiegel losgelöst ist, nimmt man Tiegel und Deckel heraus, spritzt mit Wasser ab und reinigt von anhaftendem Siliziumdioxyd. Die Lösung spült man in

---

[1]) Da der Zusatz von Schwefelsäure beim Abrauchen den Zweck hat, die Bildung flüchtiger Fluoride zu verhindern, so muß die Menge der Schwefelsäure nach der Menge der vorhandenen Verunreinigungen (nicht nach der Menge vorhandenen Siliziumdioxyds) bemessen werden. Zu geringer Schwefelsäurezusatz würde bei Gegenwart der Oxyde z. B. von Aluminium, Chrom, Titan, Vanadin u. a. durch teilweises Mitverflüchtigen der Fluoride dieser Metalle zu hohen Gewichtsverlust und damit zu hohe Siliziumwerte zur Folge haben. Ist Wolframtrioxyd zugegen, so darf vor und nach dem Abrauchen nur mit kräftigem Bunsenbrenner (nicht auf dem Gebläse) erhitzt werden, da andernfalls das Wolframtrioxyd ständig an Gewicht abnimmt.

[2]) Von der Reinheit der Flußsäure muß man sich stets bei Verwendung einer frischen Flasche durch Abdampfen einer kleinen Menge (wie sie gewöhnlich zum Abrauchen verwendet wird) mit etwas Schwefelsäure im Platintiegel und Glühen versichern.

eine kleine Porzellanschale, bedeckt mit Uhrglas und fügt Salzsäure im Überschuß zu. Dann erwärmt man zum Verjagen des Kohlendioxyds, spritzt das Uhrglas ab und dampft zur Trockene ein. Der trockene Rückstand wird wieder, wie oben beschrieben, zum Unlöslichmachen des Siliziumdioxyds erhitzt, nach Erkalten mit Salzsäure und Wasser behandelt, wobei die Chloride in Lösung gehen, und das abgeschiedene Siliziumdioxyd abfiltriert, ausgewaschen, verascht und gewogen wie angegeben. Es empfiehlt sich, zur größeren Sicherheit auch das gereinigte Siliziumdioxyd mit Flußsäure-Schwefelsäure abzurauchen.

Geringe Mengen von Siliziumdioxyd befinden sich noch in der Haupteisenlösung (erstes Filtrat), die aber bei sonst richtiger Arbeitsweise vernachlässigt werden können, da sie selten mehr als Bruchteile von Milligrammen betragen. Zu ihrer Abscheidung muß das Filtrat nochmals eingedampft, nach Erhitzen bei 135° C wieder gelöst und filtriert werden.

Das Hauptfiltrat zusammen mit dem in Salzsäure gelösten, bzw. aufgeschlossenen Abrauchrückstand vom Siliziumdioxyd kann für Bestimmungen von Mangan, Kupfer, Nickel, Chrom, Aluminium, jedoch nicht für Phosphor und Schwefel weiter verwendet werden.

Verfahren b): Auflösen des Probematerials mit Salpetersäure.

Für dieses Verfahren werden die gleichen Probemengen, wie beim Lösen in Salzsäure, in passenden, möglichst flachen Porzellanschalen abgewogen. Nach Aufdecken eines Uhrglases wird durch Zugabe von verdünnter Salpetersäure (spez. Gew. 1,18) gelöst, und zwar nimmt man für jedes Gramm Probe etwa 12 ccm Säure und setzt diese in kleinen Mengen hinzu, wobei man vor jedem neuen Zusatz das Nachlassen der einsetzenden heftigen Reaktion abwartet. Ist alle Säure zugegeben, so führt man durch Erwärmen auf dem Dampfbad vollständige Lösung herbei. Falls beim Lösen trübbraune Ausscheidungen auftreten, so sind diese durch Zusatz weiterer Salpetersäure und Erhitzen in Lösung zu bringen, so daß schließlich ziemlich klare, mehr oder weniger dunkle braune Lösungen erhalten werden. Man nimmt dann das Uhrglas ab und dampft auf dem Dampfbad möglichst weit zur Trockene ein. Da sich gegen Schluß des Eindampfens auf der Lösung eine Decke bildet, die das vollständige Eindampfen erschwert, so bewirkt man von Zeit zu Zeit durch Drehen und Schwenken der Schale, daß der noch flüssige Teil sich über der eingetrockneten Schicht ansammelt.

Weniger zweckmäßig ist es, das rasche Eindampfen unter ständigem Umrühren mit einem Glasstab zu erzielen, schon aus dem Grunde, weil bei dem später erforderlichen starken Glühen Splitterchen vom Glasstab abspringen können und die Bestimmung des Siliziums dadurch fehlerhaft würde.

Nach vollständigem Eindampfen der salpetersauren Lösung stellt man die Schale auf den Finkenerturm oder das Sandbad — auch eine etwa 3 mm dicke Asbestplatte, die auf einer mittels Fletcherofens erhitzten Eisenplatte aufgelegt ist, eignet sich hiefür gut — und erhitzt zunächst gelinde.

Beim Erhitzen muß anfänglich, bis alle Salpetersäure verdampft ist, darauf geachtet werden, daß kein Spritzen eintritt. Wenn keine Blasen mehr entstehen, erhitzt man ohne Uhrglas stärker (auf dem Finkenerturm durch Fortnehmen der unteren Drahtnetze), bis zur Zersetzung der Nitrate. Schließlich erhitzt man nach Aufdecken eines Uhrglases auf einem Asbestdrahtnetz über dem Dreibrenner oder Mastebrenner bis keine roten Stickoxyddämpfe mehr gebildet werden, also die Nitrate völlig zersetzt sind. Die Oxyde nehmen dabei schwarzbraune Farbe an und lösen sich teilweise von der Schale ab.

Nach Erkalten werden die Oxyde mit wenig rauchender Salzsäure (spez. Gew. 1,19) durchfeuchtet und kurze Zeit in der Wärme stehen gelassen. Dann gibt man etwa 10 ccm konz. Salzsäure für jedes Gramm Einwage hinzu und erwärmt unter Umrühren mit dem Glasstab, bis alles Eisenoxyd in Lösung gegangen ist.

Da die vollständige Abscheidung des Siliziumdioxyds durch Glühen der Nitrate nicht genügend sichergestellt ist, so ist es notwendig, die salzsaure Lösung zur Trockene einzudampfen und zum Unlöslichmachen des Siliziumdioxyds einige Zeit bei 135 ^{0} C zu erhitzen. Nach Erkalten wird durch Anfeuchten mit rauchender Salzsäure und Zusatz von konzentrierter wieder gelöst und das jetzt unlösliche Siliziumdioxyd nach hinreichender Verdünnung der Lösung abfiltriert. Filter und Siliziumdioxyd werden mit heißer, verdünnter Salzsäure ausgewaschen bis zum Ausbleiben der Eisenreaktion (Prüfung mit Rhodanammoniumlösung).

Bei graphitfreiem Material bleibt hierbei das Siliziumdioxyd in Form eines fast farblosen, gallertigen oder auch weißen Niederschlags auf dem Filter zurück; bei Vorhandensein von Wolfram in der Probe ist das Siliziumdioxyd durch mitabgeschiedenes Wolframtrioxyd mehr oder weniger gelb gefärbt.

Graphithaltiges Siliziumdioxyd, wie es aus Graueisen erhalten wird, erfordert im allgemeinen die gleiche Behandlung, wie beim vorhergehenden Verfahren beschrieben.

Zur Ermittelung der Menge des vorhandenen Siliziumdioxyds ist auch bei diesem Verfahren das gewogene rohe Siliziumdioxyd mit Schwefelsäure-Flußsäure abzurauchen.

Zur Abscheidung noch geringer Siliziumdioxydmengen aus dem Hauptfiltrat verfährt man wie auf Seite 133 beschrieben.

Das Filtrat vom Siliziumdioxyd, vereinigt mit dem Aufschluß bzw. der salzsauren Lösung des Abrauchrückstandes kann für die Bestimmung weiterer Stoffe wie Mangan, Kupfer, Nickel, Aluminium, Chrom, Phosphor, auch von Eisen u. a., nicht aber von Schwefel, benützt werden.

Berechnung. Um aus der gefundenen Siliziumdioxydmenge den Gehalt des Probemateriales an Silizium zu ermitteln, dient folgender Ansatz, worin a die ausgewogene Menge Siliziumdioxyd und e die Menge der Einwage bedeutet:

$$^0/_0 \text{ Si} = \frac{46,93\,a}{e}.$$

Beispiele.

Die Ergebnisse von vergleichenden Versuchen mit verschiedenem Probematerial nach beiden Verfahren sind in Tabelle 83 zusammengestellt.

Die angegebenen Mengen Siliziumdioxyd sind durch Abrauchen des rohen Siliziumdioxyds mit Schwefelsäure-Flußsäure als Gewichtsverlust ermittelt.

Tabelle 83.

Nr.	Probematerial	Verfahren a) (Lösen mit Salzsäure)			Verfahren b) (Lösen mit Salpetersäure)		
		Einwage g	SiO_2 g	Si %	Einwage g	SiO_2 g	Si %
1	Stahl	5	0,0354	0,33	6	0,0405	0,32
2	Siliziumstahl	5	0,1761	1,65	6	0,2105	1,65
3	Chromstahl	5	0,0215	0,20	6	0,0256	0,20
4	Chromwolframstahl	5	0,0246	0,23	6	0,0298	0,23

Aus der Übereinstimmung der Si-Werte nach beiden Verfahren ergibt sich, daß die beiden angewandten Verfahren als gleichwertig zu betrachten sind.

Weitere Beispiele mit verschiedenem Probematerial. Bestimmung nach Verfahren b.

Tabelle 84.

Nr.	Probematerial	Einwage g	SiO_2 g	Si %
5	Martinroheisen	2	0,0804	1,89
6	Ferrovanadin[1])	5	0,0784	0,74
7	Flußeisen K	10	0,0055	0,03
8	Flußeisen B[2])	10	0,0014	Spuren unter 0,01

Genauigkeit der nach beiden Verfahren erhaltenen Werte.

Als wesentliche Fehlerquellen können für die Siliziumbestimmung nach obigen Verfahren in Betracht kommen:

1. Verunreinigung der angewandten Säuren durch Siliziumdioxyd.

2. Auflösung von Siliziumdioxyd aus dem Material der Porzellanschalen.

3. Löslichkeit des Siliziumdioxyds in den salzsauren Eisenlösungen.

4. Vorhandensein nichtflüchtiger Verunreinigungen in der Flußsäure (Eisenoxyd, Tonerde, Alkalien).

Die beiden ersten Fehlerquellen würden Vermehrung, die beiden andern Verminderung der Siliziumdioxydwerte herbeiführen.

Diese Fehlerquellen können teilweise ausgeschaltet werden.

---

[1]) Von Goldschmidt, 26% Vanadin enthaltend. Der hohe Vanadingehalt beeinträchtigt die Abscheidung des SiO_2 nach beiden Verfahren nicht. Von dem abgeschiedenen Siliziumdioxyd werden nur geringe Vanadinpentoxydmengen zurückgehalten, die beim Abrauchen mit Flußsäure-Schwefelsäure zurückbleiben.

[2]) Aus dem Filtrat konnten nach nochmaliger Abscheidung keine wägbaren Mengen von Siliziumdioxyd mehr erhalten werden.

Die Höhe der Fehlerquelle 1. kann durch Ausführung von Leerversuchen ermittelt werden, die man mit gleich großen und aus den gleichen Flaschen entnommenen Säuremengen in gleicher Weise wie die eigentlichen Versuche ausführt. Etwa sich ergebende Siliziumdioxydmengen sind vom entsprechenden Versuchswert abzurechnen.

Das beim Leerversuch gefundene Siliziumdioxyd könnte indessen noch aus dem Material der benützten Porzellanschale stammen (2.). Erhebliche Fehler dieser Art können tatsächlich bei Verwendung frischer, noch nicht mit Säuren ausgekochter Porzellanschalen vorkommen. Mehrfach in Verwendung gewesene Schalen aus gutem Porzellan geben im allgemeinen keine wägbaren Mengen von Siliziumdioxyd an Säuren ab.

Flußsäure hält häufig geringe Mengen Eisenoxyd und Tonerde in Lösung, die beim Abrauchen zurückbleiben. Es ist daher nötig, daß man zeitweise (bei Verwendung neuer Lieferungen) durch Leerversuche die Menge der beim Abdampfen und Glühen abgemessener Säuremengen zurückbleibenden Stoffe ermittelt.

In den geringen Mengen zum Abrauchen erforderlicher reiner Säure sind diese Stoffe aber kaum in solchen Mengen vorhanden, daß die Ergebnisse der Siliziumbestimmungen beeinträchtigt würden.

Über die möglichen Fehler, die durch geringe Löslichkeit des bei 135^0 C abgeschiedenen Siliziumdioxyds in salzsauren Eisenlösungen bedingt sind, liegen in der Literatur keine genaueren Angaben vor[1]. Aller Wahrscheinlichkeit nach sind aber diese Fehler nicht größer als die durch Wägefehler oder Nichtberechnung der Filterasche (von aschefreien Filtern) verursachten.

Unter der Annahme, daß die Fehler bei der Siliziumbestimmung insgesamt ± 1 mg bei der Auswage nicht übersteigen, würde sich bei 10 g Einwage ein Fehler von ± 0,005 ^{0}/o Si ergeben.

Bei diesem niedrig angenommenen Fehler von 1 mg Auswage können also die Siliziumwerte in Prozenten im günstigsten Falle bis zur 2. Dezimale genau sein.

Erheblich größere Einwagen als 10 g bereiten der Ausführung der Siliziumbestimmung bedeutend größere Schwierigkeiten, so daß die erzielten Werte kaum genauer ausfallen.

Geringere Werte als 0,01 ^{0}/o Si lassen sich bei obigen Verfahren nicht mehr sicher ermitteln; sie müssen als „Spuren weniger als 0,01 ^{0}/o“ bezeichnet werden. (Vergl. Beispiel 8 der Tabelle 84.)

Höchstzulässige Abweichungen bei Siliziumwerten.

Entsprechend den Fehlerquellen und der möglichen erreichbaren Genauigkeit bei Siliziumbestimmungen können etwa folgende Unterschiede als noch einhaltbar bezeichnet werden:

---

[1] Wie z. B. das früher als unlöslich angesehene Bromsilber sich als in geringer Menge wasserlöslich herausgestellt hat, so wird man ohne Zweifel auch bei dem als unlöslich geltenden Siliziumdioxyd annehmen müssen, daß es z. B. in salzsauren Eisenlösungen wenn auch nur in sehr geringem Maße löslich ist, und zwar dadurch, daß das unlöslich abgeschiedene Siliziumdioxyd durch Quellung (Wasseraufnahme) in Kolloid übergeht. Die hierdurch bedingte Fehlerquelle wird um so größer werden, je längere Zeit das Siliziumdioxyd mit Lösungen in Berührung bleibt.

bei Siliziumgehalten		zulässige Abweichung
von	bis	
0,01 %	0,25 %	± 0,005 %
0,25 „	1,00 „	± 0,01 „
1,00 „	5,00 „	± 0,02 „
5,00 „	10,00 „	± 0,03 „

Anwendbarkeit der Verfahren a und b.

Alle in Salzsäure oder Salpetersäure löslichen Eisensorten, Legierungen, auch die meisten übrigen salzsäurelöslichen Metalle (z. B. Nickel, Chrom, Mangan, Aluminium, Molybdän) können zur Bestimmung des Siliziumgehaltes nach den Verfahren a oder b untersucht werden.

Bis zu 5 % Silizium enthaltende Eisensorten lassen sich noch ohne besondere Schwierigkeiten lösen, Proben mit über 5 bis etwa 10 % lösen sich nicht immer vollständig, so daß man hierfür mit Vorteil auch das im nächsten Abschnitt beschriebene Aufschlußverfahren anwenden kann.

2. Bestimmung des Siliziums in säureunlöslichem Material. (Aufschlußverfahren).

Grundlagen des Verfahrens. Fein gepulverte Metalle und Legierungen können durch Erhitzen mit Mischungen aus reinem Natriumkarbonat und reiner Magnesia vollständig aufgeschlossen werden[1]).

Der Aufschlußvorgang, bei dem zunächst Oxydation der Metalle erreicht wird, beruht auf dem teilweisen Zerfall des Natriumkarbonats beim Erhitzen in Natriumoxyd und Kohlendioxyd; das entstehende Kohlendioxyd wirkt auf Metall unter Bildung von Metalloxyd und Kohlenoxyd ein[2]). Die Umsetzungen entsprechen folgenden Gleichungen:

$$\text{a) } Na_2CO_3 \rightleftarrows Na_2O + CO_2,$$
$$\text{b) } Si + 2\,CO_2 = SiO_2 + 2\,CO.$$

Durch den Zusatz von Magnesia kommt die Aufschlußmasse nicht ins Schmelzen, sie bleibt vielmehr locker, so daß das entstehende Kohlenoxyd rasch entweichen und die Umsetzung vollständig verlaufen kann.

Nach erfolgtem Aufschluß wird durch Lösen in Säuren und Abscheidung des Siliziumdioxyds, wie früher beschrieben, die Bestimmung zu Ende geführt.

Erforderliche Aufschlußmischungen. Zweckmäßig hält man sich zwei Mischungen von reinstem Natriumkarbonat und reinster Magnesia vorrätig, und zwar die natriumkarbonatreichere nach Rothe[3]), bestehend aus 2 Teilen Natriumkarbonat und 1 Teil Magnesia, und die magnesiareichere nach Eschka[4]) aus 1 Teil Natriumkarbonat und 2 Teilen Magnesia. Ihre Herstellung erfolgt durch inniges Mischen der Bestandteile in der Reibschale.

Man schließt gewöhnlich mit der Rotheschen Mischung auf und ver-

---

[1]) In einzelnen Fällen kann auch Aufschließen mit Natriumkarbonat allein von Erfolg sein, der Aufschluß findet aber dabei unter Spritzen und erheblich schwieriger statt als der Aufschluß mit den angegebenen Mischungen.

[2]) Deiß, Chem.-Ztg. 34. (1910). 781.

[3]) Mitteilungen aus d. Kgl. Materialprüfungsamt 25. (1907). 51.

[4]) Ztschr. anal. Chem. 13. (1874). 344.

wendet die nach Eschka erst dann, wenn bei Verwendung der Rotheschen Mischung, Schmelzung eintreten sollte.

Ausführung des Verfahrens. Das Haupterfordernis für das Gelingen
der Aufschlüsse ist, daß das Probematerial als möglichst feines Pulver zur
Anwendung gelangt. Je feiner die Probe gepulvert ist, um so rascher und
vollständiger geht das Aufschließen vor sich. Grobe Stücke zerschlägt man
im Diamantmörser und zerreibt sie, wenn angängig, in der Achatreibschale,
bis sie, ohne Rückstand zu hinterlassen, durch ein Sieb von 2500 Maschen
auf den Quadratzentimeter hindurchgehen.

Von hochprozentigem Material (Siliziummetall, Ferrosilizium) reicht für
die Siliziumbestimmung eine Einwage von 0,3 bis 1 g aus, bei Legierungen
mit wenig Silizium verwendet man bis 5 g (Ferrochrom, Ferrowolfram u. a.).
Für das Aufschließen ist ein geräumiger Platintiegel erforderlich, der zuvor
durch Ausschmelzen mit Natriumkaliumkarbonat gereinigt wird. Man gibt
auf den Boden des Tiegels in etwa 3—4 mm hoher Schicht Magnesia-
Natriumkarbonatmischung, bevor die Probe eingebracht wird. Das auf einem
Schiffchen abgewogene Metallpulver wird in einer reinen Achatschale mit
etwa der 7—8fachen Menge Aufschlußmischung innig vermischt, das Gemenge
ohne Verlust (auf untergelegtem schwarzem Glanzpapier) in den Tiegel gebracht; Reibschale samt dem benützten Spatel werden mit weiterer Aufschlußmischung sorgfältig ausgerieben und diese Anteile ebenfalls in den Tiegel
eingefüllt. Sodann legt man den Deckel auf den Tiegel und erhitzt über
kräftigem Brenner etwa eine halbe Stunde lang, und zum Schluß $^1/_2$ bis
1 Stunde über der Gebläseflamme. Steht ein elektrischer Muffelofen[1]) zur
Verfügung, so kann man diesen mit Vorteil verwenden. Man muß aber
darauf achten, daß der Tiegel nicht mit den glühenden Muffelwandungen
in Berührung kommt, damit nicht infolge örtlicher Überhitzung der Platintiegel an der Muffel anklebt und sowohl Muffel wie Tiegel beschädigt werden;
man hilft sich dadurch, daß man den Tiegel in ein Platindreieck setzt,
dessen Enden senkrecht nach unten gebogen sind, so daß nur die drei
Enden auf den Boden der Muffel zu stehen kommen. (Vergl. Abb. 124).

Hat man so lange wie angegeben erhitzt, so nimmt man den Tiegel
vom Feuer und läßt ihn erkalten. Die ganze Aufschlußmasse ist zu einem
fest zusammenhaftenden, aber an keiner Stelle am Tiegel festgebackenen
Kuchen zusammengesintert und läßt sich daher nahezu quantitativ aus dem
Tiegel durch einfaches Umstülpen entfernen. Daß dabei ein Angriff des
Platintiegels stattfindet, ist nach der Beschaffenheit des Aufschlusses so gut
wie ausgeschlossen. In der Tat war nach Aufschlüssen von mehreren
Grammen verschiedener Legierungen keine Gewichtsabnahme am verwendeten
Platintiegel bemerkbar.

Für die Bestimmung des Siliziumdioxyds im Aufschluß verfährt man
weiter in der Weise, daß man den Kuchen in eine Porzellanschale bringt
und da zunächst mit Wasser aufweicht; der Platintiegel wird sorgfältig
mit Wasser ausgewaschen und etwa vorhandene Reste des Aufschlusses mit

---

[1]) Geeignete Öfen mit eingebautem Vorschaltwiderstand liefert z. B. W. C. Heraeus,
Hanau; auch solche von der Firma Carl Issem, Berlin-Reinickendorf können als sehr
brauchbar empfohlen werden. Die Beschaffungskosten für einen Ofen belaufen sich auf
etwa 250—300 $\mathcal{M}$.

Salzsäure unter Erwärmen herausgespült. Diese Reste gibt man nach Aufdecken eines Uhrglases zur Hauptmenge in die Porzellanschale, gibt dann weitere Salzsäure[1]) bis zur Zersetzung des vorhandenen Natriumkarbonats hinzu und erwärmt zur völligen Lösung von Magnesia, Eisenoxyd u. a. auf dem Dampfbad. Die Lösung des Aufschlusses wird soweit als möglich eingedampft, dann, um alles Siliziumdioxyd unlöslich zu machen, der Rückstand einige Zeitlang in üblicher Weise auf 135° C erhitzt[2]), nach Abkühlenlassen wieder mit Salzsäure vom spez. Gew. 1,19 angefeuchtet und durch Zusatz von nicht zuviel konzentrierter Salzsäure und Erwärmen alles Lösliche gelöst.

Das unlöslich zurückgebliebene Siliziumdioxyd wird abfiltriert und im übrigen in gleicher Weise verfahren wie bei den vorher beschriebenen Abscheidungsweisen angegeben ist. Zur Prüfung des Filtrates auf noch vorhandene Reste von Siliziumdioxyd wiederholt man die Abscheidung durch Eindampfen.

Sollten beim Abfiltrieren noch schwer am Boden sitzende, schwarze Teilchen von unaufgeschlossenem Material vorhanden sein (sie unterscheiden sich von etwaigen Graphitteilchen dadurch, daß sie beim Zerdrücken mit einem Glasstab knirschen), so muß das abfiltrierte und gut ausgewaschene Siliziumdioxyd verascht und mit Natriumkaliumkarbonat im bedeckten Platintiegel aufgeschlossen werden; die Wiederabscheidung des Siliziumdioxyds geschieht wie früher beschrieben.

Zum Schluß wird das Siliziumdioxyd, nachdem man sich durch mehrmaliges Glühen und Wiederwägen überzeugt hat, daß keine Gewichtsabnahme durch Wasserverlust mehr stattfindet, in bekannter Weise mit Schwefelsäure-Flußsäure abgeraucht und der dabei bleibende Rückstand in Abrechnung gebracht.

Die Berechnung der Siliziumwerte erfolgt in gleicher Weise wie Seite 134 angegeben.

Beispiele.

Siliziumbestimmungen in verschiedenen Probematerialien.

Tabelle 85.

Nr.	Probematerial	Einwage g	Siliziumdioxyd in g	Silizium in %
1	Ferrosilizium etwa 75 prozentig	1,0000 1,0000	1,6684 1,6664	78,3 78,2
2	Ferrosilizium etwa 90 prozentig	0,3491 0,6412	0,6829 1,2528	91,8 91,7
3	Silicomangan	0,6210 0,8642	0,3074 0,4279	23,2 23,2

[1]) Bei Anwendung von 10 g Aufschlußmittel sind etwa 45 ccm konzentr. Salzsäure (sp. Gew. 1,12) ausreichend.

[2]) Das Eindampfen erfordert wegen der erheblichen Menge von Chlormagnesium mehr Zeit; ferner ist bei stärkerem Erhitzen des flüssig bleibenden Eindampfrückstandes Neigung zum Verspritzen vorhanden, daher muß das Erhitzen sorgfältig überwacht werden.

Genauigkeit der Siliziumwerte beim Aufschlußverfahren.

Da die Einwagen beim Aufschlußverfahren in der Regel nicht so groß genommen werden können wie dies bei den Auflösungsverfahren noch möglich ist, so müssen die bei diesen Verfahren besprochenen Fehlerquellen hier stärker ins Gewicht fallen; die Genauigkeit des Aufschlußverfahrens ist also eine geringere.

Erhebliche Fehler können durch etwaigen Siliziumdioxydgehalt der Aufschlußmischung in die Bestimmungen hineingetragen werden. Man muß sich daher jedesmal bei Anwendung frischer Mischungen durch Ausführung blinder Versuche überzeugen, daß das verwendete Material — und zwar in solcher Menge, wie es bei Versuchen verwendet wird — frei von Siliziumdioxyd ist oder aber welcher SiO_2-Gehalt jeweils bei den Versuchen in Abzug gebracht werden muß.

Bemerkt sei, daß die erforderlichen Stoffe — Magnesia und Natriumkarbonat — von solcher Reinheit im Handel beschafft werden können, daß z. B. in 10 g Rothescher Mischung wägbare Mengen von SiO_2 nicht nachweisbar sind, was aber natürlich keineswegs besagen soll, daß Leerprüfungen ein für allemal zu unterlassen sind.

Zulässige Abweichungen bei den Siliziumwerten nach dem Aufschlußverfahren.

Unter Berücksichtigung der Fehlerquellen des Verfahrens können die zulässigen Abweichungen, soweit sie höherprozentige Siliziumlegierungen betreffen, wie folgt zusammengefaßt werden:

bei Siliziumgehalten in %		zulässige Abweichung
von	bis	
1,00	10,00	$\pm$ 0,03 %
10,00	20,00	$\pm$ 0,04 „
20,0	50,0	$\pm$ 0,05 „
50,0	100,0	$\pm$ 0,1 „

Anwendbarkeit des Aufschlußverfahrens.

Die Anwendbarkeit des Verfahrens erstreckt sich im wesentlichen auf alle in Säuren nicht oder schwer lösliche Metalle und Legierungen, sofern sie auf mechanischem Wege in feinpulvrige Form gebracht werden können. Titanlegierungen machen eine Änderung des Verfahrens notwendig, da beim Ausscheiden des Siliziumdioxyds aus salzsauren, titanhaltigen Lösungen ein großer Teil Titandioxyd mit dem Siliziumdioxyd unlöslich zurückbleibt und die sichere Ermittelung des Siliziumgehaltes dadurch erschwert wird.

Abänderung der Siliziumbestimmung für Titanlegierungen.

Man verfährt in folgender Weise:

Der wie oben angegebene, mit Rothe- oder Eschka-Mischung erhaltene Aufschluß der Titanlegierung wird mit kaltem Wasser aufgeweicht; die Stücke werden in der Achatreibschale zerdrückt und das Ganze in ein Becherglas gespült. Unter Vermeidung jeglicher Erwärmung wird mit starker Salzsäure versetzt, bis die Lösung stark sauer ist; darauf wird sie 1—2 Stunden in der Kälte stehen gelassen.

Dann wird unter Umrühren allmählich auf dem Dampfbad erwärmt, wobei der Aufschluß sich innerhalb einiger Stunden klar löst. Die Lösung wird nach Zusatz von verdünnter Schwefelsäure eingedampft, bis alle Salzsäure verjagt ist, danach in eine Platinschale übergeführt und schließlich auf dem Finkenerturm erhitzt, bis weiße Schwefelsäuredämpfe abzurauchen beginnen.

Sowie dies erreicht ist, stellt man das Erhitzen ein und läßt abkühlen. Der Rückstand wird durch Zusatz von Wasser in Lösung gebracht, das vorhandene unlöslich gewordene Siliziumdioxyd abfiltriert, mit verdünnter Salzsäure eisenfrei gewaschen und im übrigen wie bei den früher beschriebenen Verfahren weiter behandelt; nach dem Wägen des Siliziumdioxyds wird mit Schwefelsäure-Flußsäure abgeraucht.

Beispiele.

Tabelle 86.

Nr.	Probematerial	Einwage g	Gefunden SiO_2 g	Silizium-gehalt %
1	Titanmetall	1,001	0,1022	4,79
		1,0008	0,0998	4,69
2	Ferrotitan	0,8527	0,0663	3,65
		0,5096	0,0391	3,60

D. Mangan.

In Eisen und Stahl findet sich Mangan in wechselnden Mengen; der Gehalt daran in Flußeisen und Stahl bleibt meist unter 1 Prozent, nur in seltenen Fällen (Manganstahl) ist er höher. Größere Manganmengen sind in manchen Roheisensorten, in Weißstrahleisen, Manganstahl und Spiegeleisen vorhanden; in den höherprozentigen Ferromanganen, die mit jedem beliebigen Mangangehalt hergestellt werden, außerdem in Silikomangan, Chrommangan und anderen Manganlegierungen, bildet das Mangan einen der Hauptbestandteile.

1. Bestimmung des Mangans durch Gewichtsanalyse.

Grundlagen des Verfahrens. Zur Trennung des Mangans von Eisen in Roheisen, Stahl und sonstigen manganarmen Legierungen eignet sich am besten das bekannte Ätherverfahren von Rothe. Zu dessen Ausführung muß Eisen als Ferrisalz, Mangan als Oxydulsalz in salzsaurer Lösung vorliegen.

Beim Ausäthern nach Rothe gehen außer dem Mangan noch andere Metalle, sowie Säuren in die salzsaure Lösung über. Um daher aus der ausgeätherten Lösung das Mangan in Form eines reinen Manganniederschlages abscheiden zu können, muß man vorher die übrigen Metalle nach geeigneten Verfahren entfernen.

Erforderliche Apparate und Lösungen. Zur Trennung des Ferrichlorids von den Chloriden des Mangans, Nickels, Aluminiums u. a. Metalle durch Äther ist ein Rothescher Schüttelapparat späterer Ausführung[1] (vergl. Abb. 118) erforderlich.

Für vorteilhaftes Arbeiten beim Ausäthern ist es zweckmäßig, die folgenden Lösungen in größeren Mengen (1—2 Liter) vorrätig zu halten:

1. Salzsäure vom spez. Gewicht 1,10.

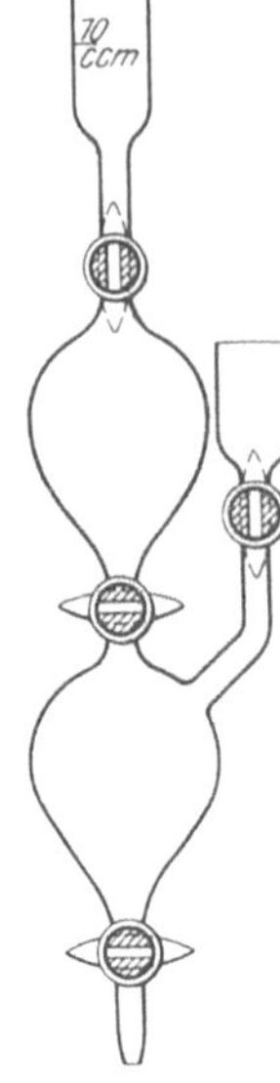

2. Äthersalzsäure 1,19, d. h. Salzsäure vom spez. Gew. 1,19 mit Äther gesättigt. Ihre Herstellung erfolgt durch allmähliches Zugeben von Äther zu Salzsäure vom spez. Gew. 1,19 unter Umschütteln und, da erhebliche Wärmeentwickelung eintritt, unter zeitweisem Kühlen, bis ein Teil Äther auf der Flüssigkeit schwimmend bleibt. 100 ccm Salzsäure vom spez. Gew. 1,19, nehmen etwa 150 ccm Äther auf.

3. Äthersalzsäure 1,10, d. h. Salzsäure vom spez. Gew. 1,10 mit Äther gesättigt. Ihre Herstellung erfolgt wie die der Äthersalzsäure vom spez. Gew. 1,19. 100 ccm Salzsäure vom spez. Gew. 1,10 nehmen etwa 30 ccm Äther auf.

Für die weitere Trennung des Mangans durch Aufschließen dient eine geräumige Platinschale von 11 bis 13 cm Durchmesser mit zwei seitlichen, am Schalenrand horizontal angelöteten Ansätzen. Bei Ausführung der Schmelze wird die Schale mit geeigneten Haltern, die an den Ansätzen rechts und links der Schale befestigt werden, gehalten (nach Rothe benützt man z. B. kleine Feilkloben, siehe Abb. 119, Seite 145).

Ausführung der Bestimmung. Von Stahl und Eisen mit geringem Mangangehalt (bis etwa 1 %) werden 10 g, von Material mit höherem Mangangehalt 5 g abgewogen, in eine Porzellanschale von 15 bzw. 14 cm Durchmesser gebracht und nach Bedecken mit einem Uhrglas durch allmählichen Zusatz von verdünnter Salpetersäure 1,18 spez. Gew. gelöst. Die weitere Behandlung bis zum Abfiltrieren und Veraschen des Siliziumdioxyds geschieht genau so wie bei Verfahren 1 b der Siliziumbestimmung (s. S. 133) beschrieben ist[2].

Abb. 118.

Bleibt beim Abrauchen des Siliziumdioxyds ein dunkel gefärbter (manganhaltiger) Rückstand, so muß dieser aufgeschlossen (s. S. 132) und für sich auf Mangan untersucht werden.

Das gesamte beim Verfahren 1 b (s. S. 133) erhaltene Filtrat wird in der

---

[1] Erstmals abgebildet in der „Denkschrift zur Eröffnung des Kgl. Materialprüfungsamtes" von Martens und Guth, Berlin bei Julius Springer 1904. S. 55; in zwei Größen zu beziehen von Bleckmann & Burger, Berlin, Auguststr. 3. Der kleinere Apparat, mit etwa 110 ccm fassenden Kugeln, eignet sich für Einwagen bis zu 5 g Stahl, der größere, mit etwa 250 ccm fassenden Kugeln, für Einwagen bis zu 15 g Stahl.

[2] Anstatt des bei der Siliziumbestimmung nach Verfahren 1b erhaltenen Filtrats kann man für die Manganbestimmung auch das nach Verfahren 1a (S. 130) erhaltene verwenden. Die Lösung muß in diesem Falle vorher oxydiert werden. Man engt die Lösung zu diesem Zweck in der Porzellanschale stark ein, bis sich am Rand der Lösung Salzkrusten (Eisenchlorür) abzuscheiden beginnen. Dann deckt man ein Uhrglas auf und fügt zur heißen noch salzsauren Lösung in kleinen Mengen verdünnte Salpetersäure (spez. Gew. 1,18) hinzu, so lange noch Dunkelfärbung und Entwickelung von Stickoxyd eintritt. Ist die Einwirkung vorüber, so spritzt man das Uhrglas ab und dampft die Lösung zur Vertreibung der Salpetersäure zweimal mit konzentrierter Salzsäure ein. Die konzentrierte Eisenlösung ist dann ebenfalls zum Ausäthern vorbereitet.

Porzellanschale eingedampft, bis es ganz dickflüssig geworden ist, aber noch keine Kristalle ausgeschieden enthält. Die Lösung ist dann zum Ausäthern fertig. Man gießt diese konzentrierte Lösung so vollständig wie möglich in die obere Kugel des Schüttelapparates (Abb. 118), was bei der weiten Bohrung der Einfüllhähne leicht vonstatten geht, und läßt gut ablaufen. Sodann werden die in der Schale verbliebenen Anteile mit kleinen Mengen Salzsäure vom spez. Gew. 1,10 ebenfalls dazu gespült, und zwar gibt man zu jedem Ausspülen 1—2 ccm dieser Salzsäure in die Schale, sammelt durch Drehen der Schale die anhaftenden Teile der Eisenlösung und läßt diese in den Apparat einfließen. Das Ausspülen der Schale wird in dieser Weise so oft wiederholt, als noch beim Zugeben von Salzsäure in die Schale gelbe Färbung von vorhandenem Eisenchlorid auftritt. Das Einspülen der Eisenlösung muß mit möglichst geringen Salzsäuremengen ausgeführt werden, wenn die Ausätherung gut gelingen soll, und man kann ohne besondere Schwierigkeiten die Schale mit 10—15 ccm Salzsäure eisenfrei bekommen. Zuletzt ist der Inhalt der oberen Kugel gut durchzuschütteln, wobei mehr oder minder starke Erwärmung, je nach dem Gehalt an Eisenchlorid, eintritt und sodann unter der Wasserleitung bis auf unter 15° C abzukühlen, um eine Reduktion von Eisenchlorid beim Hinzufügen von Äther möglichst zu vermeiden.

Nach Vorschriften, die Rothe für sein Verfahren zur Entfernung des Eisenchlorids aus salzsauren Lösungen durch Äther ausgearbeitet hat, wird nun zu der im Schüttelapparat befindlichen Eisenlösung soviel äthergesättigte Salzsäure 1,19 gegeben, daß auf je 1 g in der auszuäthernden Lösung vorhandenes Eisen 6 ccm dieser Äthersalzsäure kommen, und das Ganze durch Umschütteln gemischt. Dieser Zusatz von Äthersalzsäure 1,19 bezweckt einmal, die für das Ausäthern günstigste Salzsäurekonzentration der Lösung herzustellen, sodann auch die Erwärmung, die bei Zugabe von Äther zur Eisenlösung auftreten würde, im Apparat möglichst zu vermeiden. Nach Vermischen der Lösungen füllt man den übrigen Raum der Kugel bis auf einen kleinen Teil mit Äther an, schließt den Hahn und schüttelt tüchtig durch. Sollte dabei noch eine geringe Erwärmung eintreten, so kühlt man unter fließendem Wasser ab.

Den Apparat befestigt man durch Einklemmen der Verengung über dem oberen Hahn in einer Stativklemme und überläßt ihn nach dem Umschütteln einige Zeit der Ruhe. Man erhält dann eine obere grüne Lösung, im wesentlichen Eisenchlorid in Äther gelöst enthaltend, und darunter die salzsaure Lösung der sonst noch vorhandenen Metalle. Letztere zeigt je nach Art und Menge der vorhandenen Metalle verschiedene Farbe.

Bei Anwesenheit von Chrom, Nickel oder viel Vanadin ist sie grün bis blaugrün gefärbt, fehlen diese, so hat sie von kleinen Mengen Eisenchlorid herrührende gelbe Farbe. Kleine Mengen von Titan färben die Lösung oft braungelb; bei größeren Titanmengen scheidet sich unter Umständen flockiges Titandioxyd aus (vergl. hierüber den Abschnitt über Titan Seite 224).

Die salzsaure Lösung wird jetzt aus der oberen Kugel in die untere, leere abgelassen mit der Vorsicht, daß nichts von der ätherischen Eisenchloridlösung in die untere Kugel oder die Bohrung des mittleren Hahnes

gelangt. Den nach einiger Zeit im unteren Teil der oberen Kugel noch an-
gesammelten Rest salzsaurer Lösung läßt man gleichfalls in die untere
Kugel ab. Um den Teil der salzsauren Lösung, der sich in der Bohrung
des Hahns (zwischen beiden Kugeln) befindet, in die untere Kugel zu
bringen, gibt man in die obere Kugel wenige ccm Äthersalzsäure 1,10,
ohne umzuschütteln und läßt die über dem Hahn angesammelte Salzsäure
in die untere Kugel ab. Man hat nun in der oberen Kugel hauptsächlich
Eisenchlorid in salzsäurehaltigem Äther gelöst als olivgrüne Flüssigkeit,
die noch Reste der in der salzsauren Lösung vorhandenen Metalle teils in
Lösung, teils an den Gefäßwandungen anhaftend, enthält, in der unteren
Kugel die salzsaure Lösung, in der sich die übrigen Metalle neben nur
wenig Eisen befinden. Zur Entfernung der in der Lösung der oberen
Kugel befindlichen Reste von Mangan-, Nickel- u. a. Metallchloriden gibt
man 10 ccm Äthersalzsäure 1,10 zur Lösung, und um die kleinen Mengen
Eisenchlorid aus der salzsauren Lösung der unteren Kugel zu entfernen,
füllt man die untere Kugel bis auf einen kleinen Raum mit Äther, schließt
die Hähne und schüttelt das Ganze tüchtig durch. Nach erfolgter Trennung
der Schichten in beiden Kugeln ist in der oberen weiteres Metallchlorid
aus der ätherischen Lösung in die salzsaure übergegangen, gleichzeitig mit
kleinen Mengen Eisenchlorid. In der unteren Kugel hingegen ist aus der
schon bis auf höchstens 1—2 mg von Eisen befreiten salzsauren Lösung
Eisenchlorid in den frischen Äther übergegangen. Dementsprechend haben
weitere Nachschüttelungen die Aufgabe zu erfüllen, noch vorhandene Reste
der Metallchloride aus der Eisenchloridätherlösung der oberen Kugel herauszuholen, anderseits muß der so gewonnene Auszug, der stets etwas Eisenchlorid aus der ätherischen Eisenchloridlösung aufnimmt, in der unteren
Kugel durch Behandeln mit eisenchloridarmem Äther von Eisenchlorid wieder
befreit werden.

Man läßt aus der unteren Kugel die salzsaure Metallchloridlösung in
die vorher benutzte Porzellanschale ab und spült, wie üblich, den in der
Hahnbohrung und dem Rohransatz befindlichen Rest mit wenig Äthersalzsäure 1,10 nach. Dann läßt man die salzsaure Lösung der oberen Kugel
in die untere fließen und spült ebenfalls mit wenig Äthersalzsäure nach.
Zur weiteren Entfernung noch vorhandener Metallchloride wird die Eisenchloridätherlösung der oberen Kugel zum zweiten Male mit 10 ccm Äthersalzsäure 1,10 nachgeschüttelt. Nachdem die Schichten in beiden Kugeln
sich wieder getrennt haben, läßt man die salzsaure Lösung der unteren
Kugel in die Schale zur Hauptlösung und die salzsaure Lösung der oberen
Kugel wieder in die untere abfließen. Sicherheitshalber schüttelt man noch
einige Male mit je 10 ccm Äthersalzsäure 1,10 nach, um aus der Eisenchloridlösung den Rest der Metallchloride herauszuholen; in der Regel läßt
sich dies mit 3—4 maligem Nachschütteln sicher erreichen und man kann dann
die salzsauren Lösungen in die Schale ablassen. Die gesammelten salzsauren Auszüge enthalten alles Mangan, ferner Nickel, Kobalt, Chrom,
Aluminium, Kupfer, Titan, Schwefelsäure, Phosphorsäure und falls Vanadin
vorhanden ist, den größeren Teil davon, neben höchstens Spuren von Eisen.

Größere Mengen von Alkalisalzen wirken störend, da sie beim Ausäthern ausfallen und die Hahnbohrungen verstopfen. Bei Herstellung der

Eisenlösung zum Ausäthern, ist daher die Verwendung irgendwelcher Alkalisalze zu vermeiden (also mit Salpetersäure, nicht mit Kaliumchlorat oxydieren, nicht mit Ammoniak abstumpfen u. a.).

Im Apparat behält man das Eisen in salzsaurer, ätherischer Lösung zurück. Durch Ausschütteln mit Wasser kann man daraus das Eisenchlorid von der Hauptmenge Äther trennen und die erhaltene Eisenlösung zur Bestimmung des Eisengehalts verwenden [1]). Gleichzeitig erhält man dabei die Hauptmenge des angewandten Äthers wieder, und bei häufig wiederkehrenden Ausätherungen empfiehlt es sich, den mit Wasser gewaschenen Äther zu sammeln und, wenn genügende Mengen vorhanden sind, durch Waschen mit Natronlauge, Trocknen über Chlorkalzium und Destillieren wieder verwendbar zu machen. Bei Vorhandensein von Dampfbädern bietet dies keinerlei Schwierigkeit.

Die in der Porzellanschale gesammelten salzsauren Auszüge werden wie folgt weiter behandelt.

Durch Erwärmen an einer nicht zu heißen Stelle des Dampfbades vertreibt man noch vorhandenen Äther und dampft danach zur Trockene ein

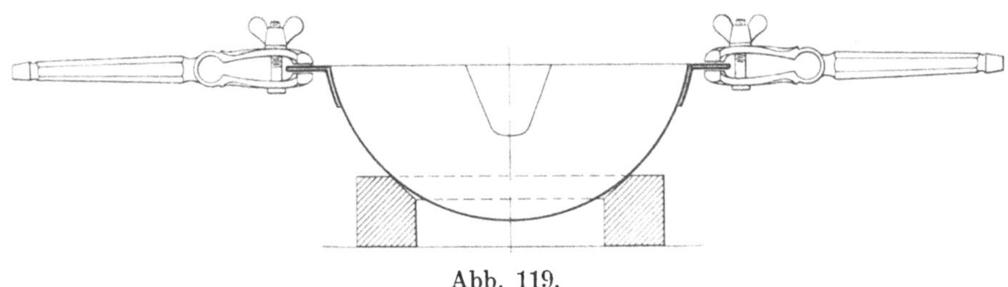

Abb. 119.

Nach Aufnehmen mit wenig verdünnter Salzsäure spült man die Lösung in ein kleines 100 ccm fassendes Becherglas über, fügt zur Abscheidung des Kupfers einige Kubikzentimeter gesättigtes Schwefelwasserstoffwasser zu und rührt mit dem Glasstab um, bis sich der Niederschlag von Schwefelkupfer zusammenballt und absetzt. Dann filtriert man in die vorher benutzte Schale ab, wäscht gut aus, setzt zum Filtrat etwas verdünnte Schwefelsäure und dampft zur Trockene ein. Den verbliebenen Rückstand löst man mit wenig verdünnter Schwefelsäure und führt die Lösung in eine Platinschale von 11—13 cm Durchmesser über (Abb. 119). Der Zusatz von Schwefelsäure muß so bemessen sein, daß beim nachfolgenden Abdampfen in der Platinschale alle noch vorhandenen Chloride sicher in Sulfate übergeführt werden und bei stärkerem Erhitzen (auf dem Finkenerturm) ein geringer Schwefelsäureüberschuß abraucht. Nachdem alle freie Schwefelsäure abgeraucht ist, läßt man kalt werden und kann nun die Schmelzung vornehmen.

Die Schmelzung bezweckt, das Mangan (mit vorhandenem Nickel, Kobalt, Eisen) von vorhandener Phosphorsäure, sowie von Chrom, Vanadin und Aluminium zu trennen.

Je nach der Menge der vorhandenen Sulfate gibt man 2—5 g festes reines Ätznatron (in einem Platintiegel mit möglichst wenig Wasser gelöst)

---

[1]) Siehe unter Bestimmung des Eisens. (229).

in die Schale, wobei sich die Metallsalze umsetzen. Dann befestigt man die Halter an den Ansätzen der Schale (Abb. 119) und bringt durch vorsichtiges Bewegen der Schale über der kleinen Flamme eines Bunsenbrenners den Schaleninhalt zur Trockene und zum Schmelzen[1]). Starkes Erhitzen ist hierzu nicht erforderlich. Ist alles glatt geschmolzen, so läßt man etwas abkühlen und bestreut mit einer kleinen Menge (eine Messerspitze voll genügt) Kaliumchlorat oder Natriumsuperoxyd, die man mit dem Platinspatel auf der ganzen Schmelze verteilt. Auf einer nur wenig größeren Bunsenflamme erhitzt man darauf zum Schmelzen unter ständigem Hin- und Herbewegen der Schale, bis der ganze Inhalt geschmolzen ist und keine ungeschmolzenen Körnchen von Natriumsuperoxyd mehr wahrnehmbar sind.

Stärkeres örtliches Erhitzen als gerade zum Schmelzen erforderlich ist, muß dabei vermieden werden, da andernfalls die Platinschale angegriffen werden kann. Bei einiger Sorgfalt ist es übrigens nicht schwer, die Schmelzen sowohl mit Kaliumchlorat, als mit Natriumsuperoxyd ohne jeglichen Angriff des Platinmaterials durchzuführen.

Nach Abkühlen der Oxydationsschmelze nimmt man die Halter ab, bedeckt mit Uhrglas und löst durch Zugießen von etwa 60 ccm heißen Wassers, wodurch überschüssiges Natriumsuperoxyd unter Sauerstoffabgabe zersetzt wird. Die von Manganat meist noch grün gefärbte Lösung wird bei aufgedecktem Uhrglas mit einer Messerspitze Natriumsuperoxyd versetzt; dadurch wird das Manganat zerstört unter Entwickelung von Sauerstoff und Abscheidung von Mangandioxyd.

Um überschüssiges Natriumsuperoxyd zu zerstören, erhitzt man $^1/_2$ bis 1 Stunde bei aufgedecktem Uhrglas auf dem Dampfbad. Darauf spült man den Inhalt der Platinschale in ein Becherglas von 300—400 ccm Inhalt, verdünnt mit Wasser auf etwa 200 ccm und läßt gut absitzen. In der Platinschale bleibt gewöhnlich ein geringer gelbbrauner Beschlag von Mangandioxyd zurück, der durch Erwärmen mit wenig verdünnter Schwefelsäure und einem Kriställchen reiner Oxalsäure in Lösung gebracht wird.

Die klare Lösung über dem Mangandioxydniederschlag im Becherglas zeigt bei Roheisen und Stahl fast immer mehr oder weniger starke Gelbfärbung, von Chromat herrührend (Chrom findet sich in nahezu allen Eisen- und Stahlsorten in geringer Menge)[2]). Nach Erkalten der Lösung gießt man die klare alkalische Flüssigkeit, ohne den Niederschlag aufzurühren oder aufs Filter zu bringen, durch ein Weißbandfilter (7—9 cm Durchmesser, je nach der Menge des Niederschlags). Ist die Lösung abgegossen, so gibt man heißes Wasser auf den Niederschlag im Becherglas, läßt absitzen und gießt das Klare wieder ab. Dies wiederholt man noch ein- oder zweimal; dann setzt man den Trichter auf einen frischen Erlenmeyerkolben und bringt den Niederschlag aufs Filter. Man vermeidet so im Falle, daß der feine Mangandioxydniederschlag trüb durchs Filter geht, die ganze klar filtrierte Lösung nochmals filtrieren zu müssen. Den Niederschlag auf dem Filter wäscht

---

[1]) Bei zu raschem Verdampfen könnte Verspritzen eintreten, was natürlich vermieden werden muß. Für jeden Fall ist daher das Arbeiten mit Schutzbrille anzuraten.

[2]) Nach Fischbach, Stahl und Eisen 1909. S. 248 in neuerer Zeit häufig infolge Verwendung neuer ausländischer chromhaltiger Erze zur Verhüttung (vergl. hierzu die in Tabelle 88 angegebenen Chromwerte gewöhnlicher Eisensorten).

man mit reinem Wasser; dies muß vorsichtig geschehen, da er beim Fort-
waschen sämtlicher Alkalisalze leicht in kolloider Form durchs Filter geht.
Dies kann man verhüten, wenn man gegen Ende des Auswaschens statt reinen
Wassers verdünnte Ammonsulfatlösung zum Auswaschen verwendet, oder beim
Auswaschen mit reinem Wasser zeitweise einen Kristall von Ammonsulfat
aufs Filter bringt.

Die vereinigten Filtrate enthalten alles Chrom und Aluminium, außerdem Phosphor und Vanadin und können für die Bestimmung dieser Stoffe
verwendet werden.

Auf dem Filter befindet sich alles Mangan, Nickel und Kobalt und
eine geringe Menge Eisen (von der Ausätherung zurückgeblieben). Der
Niederschlag wird mit konzentrierter Salzsäure in ein kleines Becherglas
gelöst (bei erheblichen Mengen Niederschlag spritzt man die Hauptmenge
mit Hilfe der Spritzflasche vom Filter ins Becherglas und löst den Rest mit
Salzsäure dazu); das Filter wird mit heißer verdünnter Salzsäure gründlich
ausgewaschen. Zu dieser Auflösung des Manganniederschlags gibt man den
mit Schwefelsäure und Oxalsäure gelösten Rest aus der Platinschale und
dampft das Ganze zur Entfernung freien Chlors auf dem Dampfbad bis auf
eine kleine Flüssigkeitsmenge ein; diese kann von kleinen Mengen Eisen
gelblich, von vorhandenem Nickel mehr oder weniger gelbgrün gefärbt sein.

Bei Anwesenheit größerer Nickelmengen verfährt man für die Bestimmung des Mangans nach der Ausätherung wie weiter unten (Seite 149)
beschrieben.

Um zunächst die kleinen Eisenmengen (die bei gutgelungener Ausätherung aber nur wenige Milligramme betragen) zu entfernen, wird die
freie Säure mit Ammoniak größtenteils abgestumpft, zur schwach sauren
Lösung, die keinen Niederschlag enthalten darf, 1—2 ccm Ammonazetatlösung (200 g des Salzes zum Liter gelöst) gegeben und bis zum beginnenden Kochen erhitzt. Die rotbraun ausfallenden Flocken von Ferri-
hydroxyd werden durch ein kleines Filter abfiltriert und mit Wasser gut
ausgewaschen. Sollte dieser Niederschlag erheblicher sein, so muß er mit
Salzsäure gelöst und nochmals gefällt werden, um alles Mangan daraus zu
entfernen.

Die Filtrate vom Eisenhydroxyd werden vereinigt, mit einem Tropfen
Essigsäure schwach sauer gemacht und zunächst kalt mit Schwefelwasserstoffgas gesättigt. Ohne das Einleiten von Schwefelwasserstoffgas zu unterbrechen, erhitzt man die Lösung langsam zum Kochen, dreht dann die
Flamme aus und läßt unter ständigem Durchleiten von Schwefelwasserstoffgas abkühlen. Nach Absitzen des Nickel- und Kobaltsulfidniederschlags
filtriert man durch ein gutlaufendes Filter ab und wäscht sorgfältig mit
Wasser aus. Das Filtrat wird in der Porzellanschale eingeengt, wobei sich
häufig noch kleine Mengen von Nickelsulfid abscheiden; man gießt die
Lösung dann in ein Becherglas und leitet nochmals Schwefelwasserstoffgas ein. Den Nickelsulfidniederschlag filtriert man ab und engt das gesamte Filtrat wieder ein, um den Schwefelwasserstoff zu vertreiben.

In einem etwa 400 ccm fassenden Becherglas verdünnt man die
Manganlösung auf etwa 200 ccm, neutralisiert mit Ammoniak, fügt etwas
Brom und in geringem Überschuß Ammoniak hinzu und erwärmt. Durch

Umrühren beschleunigt man das Abscheiden des Mangandioxydniederschlags. Durch nochmaligen Zusatz von wenig Brom und Ammoniak und Erhitzen, überzeugt man sich, ob die Menge des Niederschlags noch zunimmt, und gibt in diesem Fall weiteres Brom und Ammoniak zu.

Der Mangandioxydniederschlag wird nach kurzem Stehen auf dem Dampfbad durch ein aschefreies Filter abfiltriert und mit warmem Wasser einige Male ausgewaschen. Die Filtrate werden mit Brom und Ammoniak nochmals auf Mangan geprüft und, falls keine Abscheidung erfolgt, zur Trockene eingedampft, wobei sich manchmal nach Versetzen mit wenig Brom und Ammoniak noch geringe Manganmengen abscheiden lassen.

Man verascht vorsichtig den erhaltenen Manganniederschlag im gewogenen Porzellantiegel und wägt zunächst als Mn_3O_4. Um sicher zu gehen, führt man den Manganoxyduloxydniederschlag nach dem Wägen in Sulfat über[1]). Dazu löst man ihn nach Aufdecken eines Uhrglases mit wenig konzentrierter Salzsäure, erwärmt zur Vertreibung des Chlors, setzt auf je etwa 100 mg gewogenen Manganoxydoxyduls etwa 0,5 ccm verdünnter Schwefel-

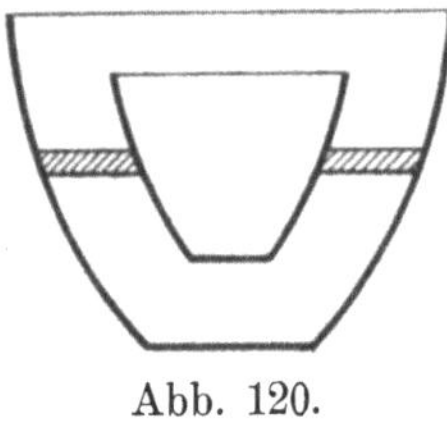

Abb. 120.

säure (1 Teil konzentrierte auf 5 Teile verdünnt) zu und dampft möglichst weit ein. Zur Entfernung des Schwefelsäureüberschusses erhitzt man zuletzt im Luftbad, das man sich nach Gooch und Austin[2]) mit Hilfe eines größeren Porzellantiegels herstellt. Den äußeren Tiegel wählt man so groß, daß nach Einsetzen des kleinen Tiegels zwischen beiden ein Abstand von etwa 1 cm bleibt. Der innere Tiegel wird durch einen entsprechend geschnittenen Asbestring oder ein eingehängtes Platindreieck in der richtigen Lage gehalten. (Abb. 120.)

Das Erhitzen im Luftbad wird mit einem kräftigen Bunsenbrenner oder kurze Zeit mit einem Dreibrenner ausgeführt und so oft wiederholt, bis das Gewicht des Mangansulfats sich nicht mehr ändert. Das Mangansulfat muß schwach rosa gefärbt und darf am Boden nicht gebräunt sein; auch muß es sich in Wasser klar lösen.

Berechnung. Der Prozentgehalt an Mangan ergibt sich aus der Einwage (e Gramm) und der Auswage (a Gramm) wie folgt:

Bei der Wägung als Manganoxydoxydul (a = g Mn_3O_4)

$$^0/_0 \ Mn = \frac{72{,}03 \cdot a}{e},$$

bei der Wägung als Mangansulfat (a = g $MnSO_4$)

$$^0/_0 \ Mn = \frac{36{,}38 \cdot a}{e}.$$

Das im vorstehenden beschriebene Verfahren wird zweckmäßig für besondere Materialien entsprechend abgeändert:

a) Manganreiche Legierungen (hochprozentiges Ferromangan, Manganmetall u. a.), die nur wenig Eisen enthalten, werden nach Lösen von 2 bis

---

[1]) Der Sauerstoffgehalt des geglühten Manganniederschlags ist nicht völlig konstant; er hängt von der Glühtemperatur, sowie von der vorhandenen Menge Niederschlag ab.

[2]) Ztschr. anorgan. Chem. 17. (1898). 264.

4 g der Probe (gute Durchschnittsprobe!)[1]) mit Salpetersäure, Zerstören der Nitrate und Abscheidung des Siliziumdioxyds [2]) wie folgt behandelt. Das Filtrat vom Siliziumdioxyd wird mit Ammoniak sorgfältig neutralisiert, Ammonazetat zugesetzt und zur Fällung des Eisens erhitzt. Ist die gefällte Eisenmenge erheblich, so muß sie wiedergelöst und die Fällung mit Ammonazetat wiederholt werden. Im Filtrat werden nach schwachem Ansäuern mit Essigsäure Kupfer, Nickel und Kobalt durch Schwefelwasserstoff abgeschieden. Ist die Manganmenge zu groß, um ungeteilt zur Bestimmung verwendet werden zu können, so bringt man das Filtrat von der Schwefelwasserstofffällung auf 250 ccm und entnimmt davon zur Fällung des Mangans einen bestimmten Teil mittels Pipette [3]).

Die Bestimmung des Mangans kann, wie oben beschrieben, durch Fällen als Dioxyd und Wägen als Mangansulfat erfolgen. Da indessen manche Manganlegierungen geringen Gehalt an Kalk aufweisen (nach Müller) [4]), wodurch der Mangangehalt zu hoch gefunden würde, so ist es sicherer, in solchem Fall das Mangan als Sulfid zu fällen, in Sulfat überzuführen und als solches zu wägen. (Vergl. hierüber unter c.)

b) Nickelreiche Legierungen. (Hochprozentiger Nickelstahl, Chromnickelstahl u. a.)

Um die Fällung großer Nickelmengen mit Schwefelwasserstoff zu umgehen, wird die Hauptmenge des vorhandenen Nickels nach erfolgtem Ausäthern des Eisens auf folgende Weise entfernt. Man dampft die ätherhaltigen salzsauren Auszüge zur Trockene ein, nimmt wieder mit Salzsäure auf und stumpft den Säureüberschuß mit Ammoniak ab. Dann fügt man Brom hinzu, sowie Ammoniak im Überschuß und erwärmt unter Umrühren. Nickel geht dann größtenteils als Oxydulhydrat in Lösung, eine blaue Lösung bildend, während Mangan, geringe Mengen Eisen mit nur wenig Nickel ausfallen. Der entstandene braune Niederschlag wird abfiltriert und die Nickellösung noch-

---

[1]) Zu beachten ist hierbei das auf Seite 31 im ersten Teil des Buches Gesagte.

[2]) Beim Abscheiden des Siliziumdioxyds darf wegen der Flüchtigkeit des Manganochlorids nicht zu stark erhitzt werden.

[3]) Um hierbei Fehler nach Möglichkeit auszuschließen, muß man Pipette und Meßkolben vorher aufeinander einstellen. Zur Einstellung der 50 ccm-Pipette auf den 250 ccm-Kolben kann man z. B. wie folgt verfahren. Man läßt in den leeren, völlig trocken gemachten Kolben die mit Wasser gefüllte 50 ccm-Pipette 5 mal ausfließen, wozu man Wasser von gemessener Zimmertemperatur und stets die gleichen Bedingungen beim Ausfließenlassen anwendet. Die Höhe des Flüssigkeitsspiegels im Kolbenhals bezeichnet man durch eine Marke. Die Entnahme der Lösung für die Manganbestimmung hat dann unter den nämlichen Bedingungen der Temperatur und des Ausfließens aus der Pipette zu erfolgen.

Genauer als dieses Verfahren ist in jedem Fall das Auswägen der Lösung, wozu zweckmäßig eine bei höherer Belastung (bis zu 1 kg) noch hinreichend genaue Wage auf etwa 1 bis 2 mg) benutzt wird.

Man wägt zuerst den völlig trocken gemachten, leeren 100 oder 250 ccm fassenden Kolben samt Stopfen, füllt danach die zu teilende Lösung ein und wägt wieder. Dann wird ein zweites leeres Kölbchen mit Stopfen gewogen, mit der Pipette ein Teil der gewogenen Lösung entnommen, in das leere Kölbchen eingefüllt und nach Verschließen des Kölbchens wieder gewogen.

Aus dem Gewicht der Menge Gesamtlösung und dem Gewicht des mittels Pipette entnommenen Teils ist der zur Anwendung kommende Teil der Einwage zu berechnen.

[4]) Vergl. Reis, Ztschr. angew. Chem. 1892. 672 ff.

mals mit Brom und Ammoniak auf Mangan geprüft. Die Oxyde werden mit konzentrierter Salzsäure vom Filter gelöst und zur Vertreibung von Chlor und Salzsäure im Becherglas unter Zusatz von wenig verdünnter Schwefelsäure eingedampft. Die schwefelsaure Lösung wird dann in eine Platinschale übergeführt, eingedampft und der Schwefelsäureüberschuß auf dem Finkenerturm verjagt. Nach Schmelzen des Rückstandes mit Ätznatron und Natriumsuperoxyd oder Kaliumchlorat wird Eisen und Nickel abgeschieden, wie S. 147 angegeben, und Mangan als Mn_3O_4 bzw. als $MnSO_4$ bestimmt[1]).

c) Säureunlösliches Material. (Ferrochrom, Ferrowolfram, Ferrosilizium, Silikomangan u. a.)

Zur Überführung dieser Stoffe in säurelösliche Verbindungen bedient man sich des bei Bestimmung des Siliziums in säureunlöslichem Material beschriebenen Aufschlußverfahrens (s. S. 137), und zwar verwendet man zum Aufschluß zweckmäßig die von Rothe benutzte natriumkarbonatreichere Mischung.

Der Aufschluß wird mit 1 bis 2 g manganarmem oder 0,5 bis 1 g manganreichem Probematerial ausgeführt; die erhaltene Schmelze gibt man in eine reine Achatreibschale, befeuchtet sie mit Wasser und zerreibt mit dem Pistill zu möglichst feinem Brei, den man mit Wasser in ein Becherglas spült. Danach verdünnt man mit heißem Wasser auf etwa 200 ccm, fügt unter Aufdecken eines Uhrglases zur Reduktion etwa vorhandenen Manganates eine kleine Menge Natriumsuperoxyd hinzu und zerstört den Überschuß an Natriumsuperoxyd durch Erhitzen der Flüssigkeit. Nach gründlichem Absitzen des Niederschlags gießt man die klare Flüssigkeit durch ein Filter, gibt heißes Wasser zum Rückstand im Becherglas, gießt nach Absitzenlassen wieder die klare Lösung durchs Filter und wiederholt das Auswaschen des Niederschlags in dieser Weise noch einige Male.

Schließlich löst man den ausgewaschenen Niederschlag im Becherglas mit konzentrierter Salzsäure, gibt den auf dem Filter befindlichen Rest des Niederschlags samt Filter dazu und erhitzt nach Bedecken mit Uhrglas zum Verjagen des Chlors. Von den zurückbleibenden Filterfasern und etwaigen unaufgeschlossen gebliebenen Resten der Probe filtriert man ab und wäscht gut mit Salzsäure enthaltendem Wasser aus. Sind unaufgeschlossene Reste vorhanden (die sich gewöhnlich als schwere schwarze Teilchen am Boden des Becherglases ansammeln und beim Zerdrücken mit dem Glasstab knirschen), so verascht man Filter samt Rückstand und schließt mit Natriumkarbonat auf. Der Aufschluß wird mit Wasser gelöst, etwas Natriumsuperoxyd zur Reduktion des Manganats zugefügt, falls solches — an der Grünfärbung des wässerigen Auszugs erkennbar — vorhanden ist. Der Niederschlag von Manganoxyden, Eisenoxyd u. a. wird abfiltriert, das Filtrat zu dem ersten alkalischen Hauptfiltrat gegeben, der Filterrückstand mit Salzsäure in Lösung gebracht und mit der salzsauren Hauptlösung vereinigt.

Das alkalische Filtrat kann für die Bestimmung von Chrom oder Phosphor Verwendung finden.

---

[1]) Sind Phosphor und Chrom nicht in nennenswerten Mengen vorhanden, so kann man das Schmelzen mit Ätznatron und Superoxyd umgehen und die Reste von Eisen und Nickel auf dem üblichen Wege direkt entfernen.

Die salzsaure Lösung des Filterrückstandes wird in der Porzellanschale möglichst weit eingedampft, dann zur stärkeren Erhitzung (auf etwa 135 ° C) auf die erhitzte Asbestplatte gestellt. Nach Erkalten löst man mit Salzsäure und filtriert von Siliziumdioxyd ab.

Das salzsaure Filtrat, das die gesamte Menge Mangan und im übrigen hauptsächlich Eisen und Magnesia enthält, wird auf 250 ccm gebracht; nach Abstumpfen der Salzsäure mit Ammoniak gibt man etwas Ammonazetatlösung dazu und erhitzt zur Fällung des Eisens. Der Eisenniederschlag, der noch etwas Mangan enthalten kann, wird zur größeren Sicherheit mit Salzsäure nochmals gelöst und die Fällung mit Ammonazetatlösung wiederholt.

Das schwach essigsauer gemachte Filtrat wird durch Einleiten von Schwefelwasserstoffgas und Abfiltrieren des entstehenden Niederschlags von Nickel befreit. Das Filtrat vom Schwefelnickel wird in einem 300 ccm fassenden Becherglas auf etwa 100 ccm gebracht und zur Fällung des Mangans und Trennung von der Hauptmenge Magnesiasalze mit Brom und Ammoniak versetzt; zur Beschleunigung der Fällung rührt man mit einem Glasstab tüchtig um.

Der Niederschlag wird abfiltriert und ausgewaschen, das Filtrat zur weiteren Prüfung auf Reste von Mangan verwahrt. Man spritzt den Mangandioxydniederschlag vom Filter in ein Becherglas, gibt konzentrierte Salzsäure dazu, löst die auf dem Filter bleibenden Reste mit starker Salzsäure und vereinigt die salzsauren Lösungen. Dann engt man sie auf eine möglichst kleine Flüssigkeitsmenge ein und fällt das Mangan als Sulfid mit frischem Schwefelammonium [1]).

Für die Fällung erhitzt man etwa 50 bis 100 ccm Schwefelammoniumlösung (je nach der vorhandenen Manganmenge) in einem 300 bis 400 ccm fassenden Becherglas zum beginnenden Sieden und gießt die ebenfalls erhitzte Manganlösung, die möglichst neutral sein muß, zur heißen Schwefelammoniumlösung hinein; den Rest Manganlösung spült man mit Hilfe der Spritzflasche dazu. Man erhitzt dann noch kurze Zeit weiter und erhält so in den meisten Fällen gut filtrierbares, grünes Mangansulfid.

Nach gründlichem Absitzenlassen des Sulfidniederschlags filtriert man durch ein gut laufendes Filter ab [2]) und wäscht mit Schwefelammonium enthaltendem Wasser aus. Filtrat samt den Waschwässern wird eingedampft und geringe noch vorhandene Manganreste mit Ammoniak und Brom daraus gefällt. Die Behandlung mit Brom und Ammoniak ist zu wiederholen, damit man sicher alles Mangan erhält. (In den Filtraten vom Schwefelmangan finden sich stets noch kleine Manganmengen, die durch Schwefelammonium nicht mehr gefällt werden können.)

---

[1]) Zur Herstellung polysulfidfreien Schwefelammoniums leitet man in einen Teil konzentrierten Ammoniaks (spez. Gew. 0,96) Schwefelwasserstoffgas bis zur Sättigung ein und vermischt danach mit der gleich großen Menge konzentrierter Ammoniaklösung.

[2]) Sollte der Niederschlag trüb durchs Filter gehen, so filtriert man (vorausgesetzt, daß das Filter nicht zu langsam läuft) trotzdem weiter und bringt den gesamten Niederschlag aufs Filter, das danach bald klares Filtrat gibt. Sobald dies eintritt, wechselt man den Kolben zum Auffangen des Filtrats und gießt nun das trübgegangene Filtrat durch. Beim Aufgießen der Lösung aufs Filter halte man das Filter stets fast gefüllt und warte auch beim Auswaschen nicht das Auslaufen der Flüssigkeit ab.

Der Sulfidniederschlag wird verascht, das erhaltene Manganoxyduloxyd mit Salzsäure (1,12 spez. Gew.) nach Bedecken des Porzellantiegels gelöst und durch Zusatz von verdünnter Schwefelsäure in geringem Überschuß in Sulfat übergeführt, wie oben (S. 148) angegeben. Die geringen aus den Filtraten erhaltenen Mangandioxydmengen werden für sich verascht und als Mn_3O_4 gewogen.

d) Beschleunigung des Verfahrens. Erhebliche Beschleunigung in der Ausführung des Verfahrens bis zur Ätherbehandlung läßt sich erreichen, wenn man als Gefäß für das Auflösen usw. des Probematerials nicht eine Porzellanschale, sondern einen Rundkolben wählt.

Man wägt die Probe ab, schüttet sie in den Rundkolben (für Einwagen von 5 bis 10 g verwendet man solche von etwa 500 ccm, für Einwagen von etwa 3 g solche von etwa 300 ccm Inhalt), bringt sie durch allmählichen Zusatz der erforderlichen Menge Salpetersäure vom spez. Gew. 1,18 in Lösung, erhitzt zur vollständigen Lösung auf kleiner Flamme und dampft dann über der Flamme eines Mastebrenners (etwa 30 mm Durchmesser) oder über einem Dreibrenner zur Trockene ein. Um den Kolben halten zu können, spannt man ihn am Kolbenhals in einen nicht zu schweren Stativhalter; man bewegt den Kolben, um rasches Abdampfen zu erzielen, so über der Flamme, daß der Kolbenhals einen Kegelmantel mit möglichst stumpfem Winkel beschreibt, dessen Spitze in der Mitte der Kugel des Rundkolbens liegt. Die Lösung kommt bei hinreichend raschem Drehen des Kolbens kaum zum Blasenwerfen, dampft aber sehr schnell ab.

Ist die Lösung fast zur Trockene eingedampft, so muß man vorsichtiger weiter erhitzen und den Kolben zeitweise von der Flamme fortnehmen, falls Spritzen zu befürchten ist. Dies dauert nur kurze Zeit, dann beginnt bei weiterem starkem Erhitzen die Zersetzung der Nitrate und man fährt mit dem Erhitzen fort, bis die Entwickelung brauner Stickoxyddämpfe nachläßt. Danach läßt man abkühlen, löst die Oxyde durch Zugabe der notwendigen Menge rauchender Salzsäure unter Erwärmen; ist alles gelöst, so dampft man wieder durch Drehen des Kolbens über der Flamme zur Trockene, wie zuerst bei der salpetersauren Lösung. Kurz vor dem Trockenwerden des Inhalts erhitze man wieder vorsichtig weiter, bis die Farbe des Rückstandes violettbraun geworden ist; stärkeres Erhitzen bis zur Bildung roten Eisenoxyds ist nicht erforderlich. Nach Erkalten löst man den Rückstand durch rauchende Salzsäure und Kochen, wobei man darauf achten muß, daß kein schwerlösliches Eisenoxyd am Boden zurückbleibt. Man verdünnt und filtriert das abgeschiedene Siliziumdioxyd ab. Zum Ausgießen der Lösung aus dem Kolben bedient man sich am besten kleiner, im Winkel von etwa 60^0 gebogener Glasstabhaken.

Für die Bestimmung des Siliziums ist diese Arbeitsweise nicht geeignet, da die vollständige Entfernung des Siliziumdioxyds aus dem Kolben nicht genügend sicher durchzuführen ist.

Nach Zurückgießen des Filtrates in den reinen Kolben kann man das Einengen über der Flamme vornehmen und dann zum Ausäthern übergehen.

Beispiele.

Prüfung des Ätherverfahrens zur Trennung von Eisen und Mangan. Zur Prüfung diente eine Manganchlorürlösung, die in

25 ccm 0,0354 g Mangan enthielt (Mittel aus drei Bestimmungen als Sulfat).

Je 25 ccm der Manganlösung wurden mit reiner manganfreier Eisenchloridlösung (entsprechend 3,5 g Eisen) vermischt und nach Einengen ausgeäthert wie oben beschrieben. Aus der salzsauren ausgeätherten Lösung wurden Reste von Eisen (1 bis 2 mg Eisenoxyd entsprechend) nach Neutralisieren durch Fällen mit Ammonazetat entfernt und, da im Filtrat kein Nickel vorhanden war, mit Brom und Ammoniak das Mangan ausgefällt.

Gefunden wurden	1. Versuch	2. Versuch	3. Versuch	g Mangan im Mittel
bei Wägung als Mn_3O_4 .	0,0504 g	0,0505 g	0,0508 g	0,0364 g Mangan
bei Wägung als $MnSO_4$.	0,0976 g	0,0975 g	0,0972 g	0,0354 g Mangan

Ergebnisse einiger Bestimmungen sind zusammen mit solchen der maßanalytischen Manganbestimmung in Tabelle 87 und 88 angegeben.

Genauigkeit der erhaltenen Werte und höchstzulässige Abweichungen.

Für die Beurteilung des Genauigkeitsgrades der angegebenen gewichtsanalytischen Manganbestimmungsverfahren kommen außer Wägefehlern die bei chemischen Arbeiten unvermeidlichen Fehler in Betracht. Sie lassen sich bei sorgfältigem Arbeiten in gewissen engen Grenzen halten. Im allgemeinen kann man für die Wägung des Mangans als Sulfat bei kleinen Mengen etwa bis zu 50 mg Sulfat ± 1 mg, bei größeren Mengen ± 2 mg als zulässige Abweichungen anerkennen.

Je nach Höhe der Einwagen (z. B. 5 g bei Material mit weniger als 2 % Mn, 1 g bei manganreicheren) ergeben sich danach für die Prozentgehalte verschieden manganhaltiger Materialien etwa folgende zulässige Abweichungen:

von	bis	zulässige Abweichung
0 %	0,2 %	± 0,01 %
0,2 „	1 „	± 0,02 „
1 „	5 „	± 0,04 „
5 „	10 „	± 0,06 „
10 „	30 „	± 0,08 „
30 „ und mehr		± 0,1 „

Anwendbarkeit des Verfahrens.

Unter Benutzung der angegebenen Abänderungen läßt sich das gewichtsanalytische Verfahren der Manganbestimmung für alle im Stahlbetrieb vorkommenden Sorten Eisen, Stahl und sonstigen Legierungen verwenden.

2. Maßanalytische Bestimmung des Mangans.

Abgeändertes Verfahren nach Volhard, Wolff, Schöffel und Donath.

Grundlagen des Verfahrens. Beim Zusammenbringen der Lösungen von Manganoxydulsalzen und von Kaliumpermanganat setzen sich diese Stoffe unter Bildung von Mangandioxyd nach folgender Gleichung um:

$$2\,MnO_4' + 3\,Mn{\cdot}{\cdot} + 2\,H_2O = 5\,MnO_2 + 4\,H{\cdot}$$

Diese Umsetzung ist seit der ersten Untersuchung von G o r g e u[1]), der sie auf ihre Verwendbarkeit zur maßanalytischen Manganbestimmung zu verwenden suchte, häufig Gegenstand eingehender Untersuchungen gewesen, worauf hier nicht weiter eingegangen werden kann.

Die Bedingungen, die erforderlich sind, um das gesamte, in einer Lösung vorhandene Manganoxydulsalz genau dieser Gleichung entsprechend umzusetzen, werden am sichersten erfüllt, wenn man zunächst aus der verdünnten, heißen, viel Ferrichlorid enthaltenden Manganoxydulsalzlösung durch Zusatz von Zinkoxyd in geringem Überschuß das Eisen fällt, eine abgemessene, überschüssige Menge Permanganatlösung auf einen Guß, also sehr rasch, hinzufügt und nach Absitzenlassen des Niederschlages den Permanganatüberschuß in geeigneter Weise zurückmißt[2]).

Werden diese Bedingungen nicht genau erfüllt, so können erhebliche Störungen des Umsetzungsverlaufes auftreten. Setzt man wie z. B. bei dem Verfahren von W o l f f[3]) die Permanganatlösung allmählich zur gefällten Lösung bis zum Auftreten der Permanganatfärbung zu, so ist weniger Permanganatlösung notwendig, um alles Mangan zu fällen, und zwar bis zu einer gewissen Grenze um so weniger, je größer der zur Fällung des Eisens angewandte Zinkoxydüberschuß ist. Der Minderverbrauch an Permanganatlösung kann unter Umständen bis zu $10\,^0/_0$ betragen.

Ist der Zinkoxydüberschuß gleich Null, so daß also nur Eisenhydroxyd zugegen ist (eine Bedingung, die schwierig einzuhalten ist), so entspricht auch bei der W o l f f schen Arbeitsweise der Permanganatverbrauch dem der Gleichung.

Die Ursache der durch Zinkoxydüberschuß bewirkten Störung der Umsetzung ist im wesentlichen auf die Mitfällung von Manganihydroxyd zurückzuführen.

Beim Titrieren von Manganoxydulsalz in s a u r e r Lösung fällt der Permanganatverbrauch gleichfalls niedriger aus als die Gleichung verlangt (Verfahren von V o l h a r d)[4]). In diesem Fall wird die Störung bei der Umsetzung hauptsächlich dadurch verursacht, daß das allmählich ausfallende Mangandioxyd Manganoxydul adsorbiert und dadurch einen Teil des Mangans der Umsetzung entzieht[5]).

Beim Verfahren von S c h ö f f e l und D o n a t h[6]), wonach die durch Zinkoxydzusatz gefällte Eisenchlorid-Manganchloridlösung zu im Überschuß vorhandenem Permanganat eingetragen wird, können richtige Werte erhalten werden, wenn nämlich die beiden Lösungen rasch genug miteinander vermischt werden. Die Bedingung, daß Permanganat bei der Umsetzung ständig im Überschuß vorhanden ist, reicht allein noch nicht aus, um Störungen, wie sie bei den Verfahren von V o l h a r d und W o l f f auftreten, auszuschließen.

---

[1]) Ann. Chim. Phys. 1862. III. Bd. 66. 154.
[2]) D e i ß, Chem. Ztg. 34. (1910). 237.
[3]) Stahl und Eisen 1884. 702; 1891. 377.
[4]) Annal. Chem. 1879. 198. S. 318.
[5]) Näheres hierüber siehe D e i ß, Über Bildung und Eigenschaften des kolloiden Mangandioxyds, Ztschr. f. Chem. Ind. Kolloide 6. (1910). 69.
[6]) Stahl und Eisen 1887. 30.

Bei Anwendung des Wolffschen Verfahrens ist mehrfach vorgeschlagen worden, den durch die gestörte Umsetzung bedingten Fehler dadurch auszuschalten, daß man den Mangantiter der Permanganatlösung nicht aus dem Permanganatgehalt nach der Gleichung, sondern mit Hilfe eines erfahrungsmäßig ermittelten Faktors berechnet. Da aber mit jedem verschieden großen Zinkoxydüberschuß, den man bei der Fällung des Eisens zusetzt, dieser Faktor verschiedenen Wert annimmt — was auch die verschiedenen in Vorschlag gebrachten Faktoren beweisen[1]) — so liegt auf der Hand, daß diese Art der Titerstellung für genaue Analysen nicht angewandt werden darf.

Erforderliche Apparate und Lösungen. Bei Ausführung der Titrationen benützt man zweckmäßig eine nach Abb. 121 angefertigte Titrierbank aus Holz, die einen oder besser zwei Erlenmeyerkolben von 1,1 bis 1,5 Liter Inhalt in schräger Lage aufzustellen gestattet. Die in dem Gestell angebrachten Vertiefungen, in welche die Kolben eingestellt werden, sind mit Filz ausgekleidet, um die Kolben vor Stößen beim Aufstellen zu schützen. Die Titrierbank wird beim Titrieren in Augenhöhe auf einem Arbeitstisch aufgestellt, so daß man gegen ein sonnenfreies Fenster mit nicht zu hellem blendendem Licht sieht.

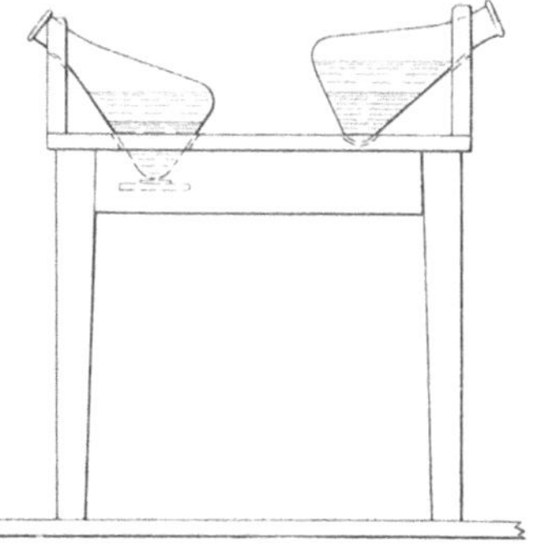

Abb. 121.

Zum Titrieren werden folgende Lösungen gebraucht:

1. Permanganatlösungen. Man verwendet je nach dem Mangangehalt des zu untersuchenden Materials verschieden starke Lösungen. Zweckmäßig hält man 2 Lösungen vorrätig und zwar eine schwächere, die etwa 16 g, und eine stärkere, die etwa 40 g Kaliumpermanganat in 5 Litern gelöst enthält.

Ihre Herstellung erfolgt durch Lösen der abgewogenen Menge reinsten Kaliumpermanganates im Becherglas mit frisch ausgekochtem und wieder abgekühltem destilliertem Wasser, Abgießen der Lösung in eine rein ausgespülte 5 Liter-Flasche (mit eingeschliffenem Stopfen) und Auffüllen der Lösung auf 5 Liter.

Vor ihrer Verwendung zum Titrieren läßt man die Permanganatlösungen wenigstens 3 bis 4 Wochen vor Licht und Staub geschützt stehen. Nach dieser Zeit hat sich in der frischen Lösung als Kolloid vorhandenes Mangandioxyd abgeschieden und in Form eines braunen flockigen Niederschlags am Boden angesammelt; oft findet es sich auch als brauner, spiegelnder Überzug an den Glaswänden.

Bei Verwendung von reinem destilliertem Wasser[2]) und reinem Kaliumpermanganat setzt sich selbst bei monatelangem Stehen der Permanganatlösung kein erheblicher Manganniederschlag ab.

2. Natriumarsenitlösungen. Die Stärke der Arsenitlösungen

---

[1]) Skrabal, Österr. Chem.-Ztg. 1906. 300.
[2]) Destilliertes Wasser ist häufig noch durch organische (fette) Stoffe verunreinigt, die auf Permanganat reduzierend wirken.

wählt man so, daß 1 ccm der Permanganatlösungen einem oder vorteilhafter 2 ccm der Arsenitlösungen entspricht. Zur Herstellung der letzteren löst man in einem Becherglas, entsprechend der Stärke der oben angegebenen Permanganatlösungen, etwa 8 bzw. 20 g reiner arseniger Säure gleichzeitig mit halb soviel reinem Ätznatron in Wasser auf (die letzten Reste arseniger Säure lösen sich beim Erhitzen) und füllt die Lösung zu 5 Liter auf.

Titerstellung der Permanganatlösungen. *a) Mit Natriumoxalat (nach Sörensen).* Die Titerstellung von Permanganatlösungen mit reinem Natriumoxalat[1] hat sich nach den bisher von verschiedenen Seiten gemachten Erfahrungen bei richtiger Ausführung als frei von irgendwelchen erheblichen Fehlerquellen erwiesen.

Für die Ermittelung des Titers der Permanganatlösungen von oben angegebener Stärke werden etwa 0,3 bzw. 0,8 g des reinen getrockneten Salzes genau abgewogen, in einen Erlenmeyerkolben von etwa 1 Liter Inhalt geschüttet, durch Zugießen von 500 bis 600 ccm kochend heißen Wassers gelöst und die Lösung mit etwa 50 ccm verdünnter Schwefelsäure (1 : 5) versetzt. Die heiße Lösung wird sogleich titriert.

Die anfangs durch Permanganat erzeugte Färbung verschwindet erst nach mehreren Sekunden, was man aber nicht weiter beachtet; dann folgt eine Zeitlang fast augenblickliche Entfärbung der einfließenden Permanganatlösung beim Umschütteln und gegen Schluß geht der Entfärbung eine Braunfärbung voran, bis schließlich die Lösung durch einen Tropfen Permanganatlösung im Überschuß dauernd gefärbt bleibt.

Es ist zur Erlangung richtiger Werte notwendig, die Titrationen möglichst rasch durchzuführen.

Die Berechnung des Mangantiters der Permanganatlösung ergibt sich durch folgende Betrachtung:

Der Umsetzung zwischen Permanganat und Oxalat liegt folgender Vorgang zugrunde:

$$2\,MnO_4{}' + 5\,C_2O_4{}'' + 16\,H^{\cdot} = 2\,Mn^{\cdot\cdot} + 10\,CO_2 + 8\,H_2O.$$

Demnach brauchen 5 Moleküle Oxalat 2 Moleküle Permanganat zur Oxydation. Nach der Seite 153 für die Mangantitration angegebenen Gleichung brauchen 3 Moleküle Manganosalz ebenfalls 2 Moleküle Permanganat. Es entsprechen also in bezug auf ihren Permanganatverbrauch

5 Moleküle Oxalat — 3 Molekülen Manganosalz,

oder, da man den Mangantiter gewöhnlich auf Manganmetall berechnet, 5 Moleküle Oxalat — 3 Atomen Mangan. Durch Einsetzen der Molekulargewichte bzw. Atomgewichte erhält man:

670,00 g Natriumoxalat entsprechen 164,79 g Mangan.

Sind für die Titration e Gramm Natriumoxalat eingewogen worden, so entsprechen diesen:

$$\frac{164{,}79}{670}\,e = 0{,}246 \cdot e \text{ Gramm Mangan.}$$

---

[1] Von der Firma C. A. F. Kahlbaum, Berlin, kann reines, bei 230° C getrocknetes Natriumoxalat nach Sörensen bezogen werden. Obwohl das Salz nicht hygroskopisch ist, empfiehlt es sich, für die Titerstellungen eine Probe des Salzes im Trockenschrank bei etwa 105° C zu trocknen und im verschlossenen Wägegläschen aufzubewahren.

Bezeichnet man die Anzahl der beim Titrieren der e Gramm Natriumoxalat gebrauchten Kubikzentimeter Permanganatlösung mit n, so zeigen diese n ccm Permanganatlösung 0,2460 . e Gramm Mangan an, woraus sich der Titer der Permanganatlösung auf Mangan berechnet:

1 ccm der Permanganatlösung entspricht $0,2460 . \dfrac{e}{n}$ Gramm Mangan.

b) Mit Thiosulfatlösung nach Volhard (Lieb. Ann. 198 (1879) 333.) Steht genau eingestellte Zehntel-Normal-Thiosulfatlösung (deren Herstellung vergl. bei Chrom S. 206) zur Verfügung, so läßt sich damit sehr rasch und sicher der Titer von Permanganatlösungen ermitteln.

Man läßt zu diesem Zweck in eine auf etwa 300 ccm verdünnte und mit Salzsäure angesäuerte, farblose[1]) Jodkaliumlösung ungefähr 50 ccm Permanganatlösung (von der starken etwa 30 ccm) aus der zum Titrieren benutzten Bürette zufließen. Bildet sich dabei noch ein Niederschlag von Mangandioxyd, so bringt man ihn durch Zusatz weiterer Salzsäure in Lösung. Die durch freies Jod rotgefärbte Lösung wird nun mit Zehntel-Normal-Thiosulfatlösung titriert, bis sie nur noch leicht gelb gefärbt erscheint; dann setzt man einige Tropfen Jodzinkstärkelösung[2]) hinzu und titriert bis zur Entfärbung der Jodstärke.

Der Berechnung des Mangantiters der Permanganatlösung liegen folgende Umsetzungen zugrunde:

Permanganat und Jodwasserstoff bilden freies Jod nach folgender Gleichung:

$$2\,MnO_4{}' + 10\,J' + 16\,H^{\cdot} = 2\,Mn^{\cdot\cdot} + 5\,J_2 + 8\,H_2O \dots\dots 1.)$$

d. h. 2 Moleküle Permanganat geben 10 Atome Jod.

Freies Jod und Thiosulfat wirken im Sinne folgender Gleichung aufeinander ein:

$$J_2 + 2\,S_2O_3{}'' = 2\,J' + S_4O_6{}'' \dots\dots\dots\dots 2.)$$
Thiosulfation   Tetrathionation

Da nach 1.) 2 Moleküle Permanganat 10 Atome Jod in Freiheit setzen, und 10 Atome Jod nach 2.) 10 Molekülen Thiosulfat entsprechen, so entsprechen auch 2 Moleküle Permanganat 10 Molekülen Thiosulfat. Da weiterhin bei der Mangantitration 2 Moleküle Permanganat 3 Atome Mangan (Oxydulsalz) in Dioxyd überführen, so haben 10 Moleküle Thiosulfat und 3 Atome Mangan (als Manganosalz) gleiche Reduktionswirkung gegen Permanganat. 1 Liter Zehntel-Normal-Thiosulfatlösung entspricht demnach $\dfrac{3}{10}$. 54,93 g Mangan und der Mangantiter der Permanganatlösung berechnet sich bei Anwendung von a ccm Permanganatlösung und einem Verbrauch von n ccm $\dfrac{n}{10}$ Thiosulfatlösung bei der Titerstellung wie folgt:

1 ccm Permanganatlösung entspricht $0,001648 \dfrac{n}{a}$ g Mangan.

---

[1]) Etwaige Gelbfärbung der Jodkaliumlösung kann von der Verwendung jodathaltigen Jodkaliums (oder chlorhaltiger Salzsäure) herrühren; die Lösung muß dann vorher durch tropfenweises Zusetzen von $\dfrac{n}{10}$ Thiosulfatlösung entfärbt werden, andernfalls können erhebliche Fehler unterlaufen.

[2]) Im Handel erhältlich.

Die mit Oxalat und mit Thiosulfatlösung ermittelten Titer einer Permanganatlösung zeigen vorzügliche Übereinstimmung; beide Verfahren der Titerbestimmung eignen sich daher sehr gut zur Kontrolle des Titers einer Permanganatlösung.

Die Titerstellung der Arsenitlösungen ist bei der Ausführung des Verfahrens beschrieben.

Ausführung der Bestimmung.

a) Vorbereitung der Proben für die Titration. Wenn in Proben mit weniger als 10 % Mangan nur der Mangangehalt zu bestimmen ist, so kann man in folgender Weise verfahren:

Man wägt 3 mal[1]) je 2 g des Materiales ab, löst in einer flachen Porzellanschale von 12 cm Durchmesser nach Aufdecken eines Uhrglases durch allmähliches Zugeben von 25 ccm verdünnter Salpetersäure (1,18 spez. Gew.), dampft die Lösung nach Abnehmen des Uhrglases zur Trockene ein, zerstört die Nitrate durch Erhitzen auf der Asbestplatte und schließlich durch starkes Glühen (während mindestens 20 Minuten) auf dem Asbestdrahtnetz, bis auch nach längerem Erhitzen unter dem aufgedeckten Uhrglas keine Stickoxyddämpfe mehr wahrnehmbar sind. Nach Erkalten wird der Rückstand in der Schale mit etwa 20 ccm rauchender Salzsäure (spez. Gew. 1,19) in Lösung gebracht.

Bleibt hierbei ein dunkler (graphithaltiger) Rückstand ungelöst, so muß dieser nach Eindampfen der Lösung, Erhitzen des Rückstandes auf 135 ° C (um das Siliziumdioxyd unlöslich zu machen, da sonst die Lösung schlecht filtriert), Wiederlösen mit Salzsäure und Verdünnen abfiltriert werden, ehe die Lösung titriert werden kann. Das nach gründlichem Auswaschen des Filterrückstandes erhaltene Gesamtfiltrat wird eingeengt und ungeteilt für die Titration des Mangans verwendet.

Ist Graphit nicht vorhanden, so braucht man das Siliziumdioxyd nicht erst unlöslich zu machen; man dampft die Lösung der Oxyde in Salzsäure zur Trockene ein, um etwa aus Manganoxyden gebildetes Chlor zu vertreiben, nimmt wieder mit starker Salzsäure auf und spült die Lösung in einen etwa 1 Liter fassenden Erlenmeyerkolben über.

Die Lösung wird, wie weiter unten angegeben, mit Permanganatlösung titriert.

Will man mit der Bestimmung des Mangans noch die des Siliziums, oder bei phosphorreichen Proben auch die des Phosphors und bei Nickelstahl die des Nickels verbinden, so kann man eine größere Menge des Probematerials abwägen, lösen und einen Teil der Lösung für die Manganbestimmung verwenden. Dies ist auch zur Erlangung besserer Durchschnittsproben zweckmäßiger als die Verwendung geringer Einwagen.

Von Material bis zu 10 % Mn werden dann etwa 8—10 g, von manganreicheren Legierungen (Ferromangan, Manganmetall) entsprechend weniger (bis zu 2 g herab) abgewogen, mit Salpetersäure 1,18 gelöst und zur Abscheidung des Siliziumdioxyds wie bei der Bestimmung des Siliziums nach Verfahren 1 b (Seite 133) angegeben weiterbehandelt. Beim Abfiltrieren des

---

[1]) Davon ist eine Einwage für die Vorprüfung bestimmt, die in der Regel kein genaues Ergebnis liefert.

Siliziumdioxyds wird das Filtrat in einem 500 ccm fassenden Meßkolben, oder falls geringere Mengen als 8—10 g eingewogen wurden, in einem 250 ccm Meßkolben aufgefangen. Der ausgewaschene Filterrückstand wird verascht, gewogen und das Siliziumdioxyd abgeraucht. Bleibt dabei ein dunkler (manganhaltiger) Rückstand, so wird dieser mit wenig konzentrierter Salzsäure aus dem Tiegel gespült und die Lösung zur Hauptmenge im Meßkolben gegeben.

Für die Titration des Mangans werden der bis zur Marke aufgefüllten Lösung aliquote Teile entweder mit einer auf den Kolben eingestellten Pipette oder genauer durch Abwägen (wie bei der gewichtsanalytischen Manganbestimmung Seite 149, Anm. 3 beschrieben) entnommen.

Liegen in Säuren unlösliche Proben zur Untersuchung auf ihren Mangangehalt vor, so werden 2—3 g des fein gepulverten Materiales in der bei der Siliziumbestimmung beschriebenen Weise mit Magnesia-Natriumkarbonatmischung aufgeschlossen. Den Aufschluß bringt man in eine Achatreibschale, feuchtet gut mit Wasser an, zerdrückt die groben Stücke mit dem Pistill und zerreibt sie möglichst fein. Das Ganze spült man hierauf in ein Becherglas, gibt nach Aufdecken eines Uhrglases zur Reduktion von vorhandenem Manganat etwas Natriumsuperoxyd zu und erhitzt unter zeitweiligem Umrühren auf dem Dampfbad, um alles überschüssige Natriumsuperoxyd zu zerstören. Ist die Lösung nach Absitzen des Niederschlags noch grün oder violett gefärbt, so muß die Behandlung mit Natriumsuperoxyd wiederholt werden; nach Entfernung des Manganates ist die Lösung farblos, bei Anwesenheit von Chrom mehr oder weniger gelb gefärbt. Man filtriert den Niederschlag, der alles Mangan und außerdem Eisen, Magnesia u. a. enthält, ab, wäscht gut mit heißem Wasser aus, spült den Niederschlag vom Filter in eine Porzellanschale und löst ihn mit starker Salzsäure. Die Lösung wird eingedampft, um sicher alles Chlor zu vertreiben, dann mit verdünnter Salzsäure in einen 250 ccm fassenden Meßkolben gespült, zur Marke aufgefüllt und ein Teil der Lösung für die Titration verwendet.

Welche der Permanganatlösungen für die Titration zu verwenden ist, hängt von dem Mangangehalt der zu titrierenden Lösung ab. Im allgemeinen kann man Lösungen mit nicht mehr als etwa 40—80 mg Mangan (also bei 2 g Probe mit nicht mehr als 2—4 % Mangan) mit der angegebenen schwächeren Permanganatlösung (16 g $KMnO_4$ in 5 Liter enthaltend) titrieren; für Proben mit höherem Mangangehalt verwendet man die stärkere Permanganatlösung (etwa 40 g $KMnO_4$ auf 5 Liter gelöst).

Hat man Lösungen mit nur geringem Eisengehalt zu titrieren, so fügt man jeder Lösung vor dem Titrieren zweckmäßig reines Eisenchlorid (z. B. etwa einem Gramm Metall entsprechend) hinzu. Hierfür stellt man aus chemisch reinem, wasserhaltigem Eisenchlorid ($FeCl_3 + 6\,aq$) durch Lösen von etwa 500 g des Salzes mit Wasser und etwas Salzsäure und Verdünnen zu einem Liter eine geeignete Lösung her, die in 10 ccm etwa 1 g Eisen gelöst enthält.

b) Ausführung der Titration. Die in einem etwa 1 Liter fassenden Erlenmeyerkolben befindliche manganosalzhaltige Eisenchloridlösung — der erforderlichenfalls noch 10 ccm Eisenchloridlösung zugesetzt sind — wird, um etwaige Spuren von zweiwertigem Eisensalz zu oxydieren, zunächst mit einigen Körnchen Kaliumchlorat oder vorteilhafter (weil leichter zerstörbar) mit einigen Tropfen reiner konzentrierter Wasserstoffsuperoxydlösung versetzt und während 10 bis 15 Minuten (unter Ersatz der verdampfenden Salzsäure) zum Kochen erhitzt, um den Überschuß des Oxydationsmittels zu zerstören. (Die Lösung darf zuletzt keinen Chlorgeruch mehr erkennen lassen.)

Inzwischen bringt man das für die Titration nötige destillierte Wasser in einem Zweiliterkolben auf einem Fletcherbrenner zum Kochen und reibt in einer Porzellanschale das zur Fällung des Eisens nötige Zinkoxyd in einer Reibschale mit Wasser zu dünnflüssigem Brei an, welchen man in einem kleinen Erlenmeyerkolben aufbewahrt.

Ist der Verbrauch der zu titrierenden Lösung an Permanganatlösung nicht bekannt, so ermittelt man ihn annähernd durch einen Vorversuch in folgender Weise.

Die manganhaltige Lösung im Erlenmeyerkolben wird mit kochendheißem Wasser auf etwa 600 bis 700 ccm verdünnt und soviel von dem aufgeschlämmten Zinkoxyd nach und nach in kleinen Mengen zugesetzt, bis nach kräftigem Umschütteln gerade alles Eisen in Form brauner (nicht hellbräunlicher) Flocken ausfällt[1]) und die Lösung nach Absitzen des Niederschlags vollkommen wasserklar wird.

Zum raschen Absitzenlassen des Niederschlags stellt man den Kolben in schräger Lage auf die Titrierbank (Abb. 121, Seite 155). Um den Permanganatverbrauch annähernd zu ermitteln, fügt man zur heißen Lösung 10 ccm Permanganatlösung aus der Bürette, schüttelt kräftig um und läßt auf dem Gestell absitzen. Ist die über dem Niederschlag stehende Lösung nicht von Permanganat gefärbt, so gibt man weitere 10 ccm Permanganatlösung zu, schüttelt wieder um und beobachtet die Färbung der Lösung nach Absitzen des Niederschlags. Man fährt mit dem Permanganatzusatz fort, bis die klare Lösung nach Absitzen des Niederschlags Permanganatfärbung zeigt. Dann setzt man in kleinen Mengen von der entsprechenden Arsenitlösung hinzu, schüttelt den Kolbeninhalt kräftig durch und läßt absitzen. Den Zusatz von Arsenitlösung wiederholt man, bis nach Absitzen des Niederschlags die klare Lösung farblos geworden ist.

Der annähernde Verbrauch an Permanganatlösung ergibt sich aus der zugesetzten Menge Permanganatlösung, indem man die den verbrauchten Kubikzentimetern Arsenitlösung entsprechende Menge Permanganatlösung davon abzieht. Den genauen Wirkungswert der Arsenitlösung ermittelt man im Anschluß an den gleich darauf auszuführenden Hauptversuch[2]).

Für den Hauptversuch mißt man aus der Bürette eine um 2 bis 4 ccm größere Menge Permanganatlösung als die annähernd ermittelte in ein kleines Becherglas ab; dann verdünnt man die manganhaltige Eisenlösung

---

[1]) Zusatz von Zinkoxyd im Überschuß, so daß die Lösung nach Absitzen des Niederschlags weißlich getrübt bleibt (wie oft angegeben wird), bietet keinen Vorteil. Eine Störung des Umsetzungsvorganges durch Zinkoxydüberschuß ist nicht zu befürchten, solange der Permanganatzusatz, wie beim Hauptversuch angegeben, sehr rasch erfolgt: dagegen entstehen erhebliche Fehler, wenn in solchem Falle der Permanganatzusatz allmählich erfolgt (s. die Grundlagen des Verfahrens Seite 154).

[2]) Deiß, Stahl und Eisen 30. (1910). 760.

im Erlenmeyerkolben mit kochend heißem Wasser auf 600 bis 700 ccm, fügt die zur Fällung des Eisens nötige Menge aufgeschlämmten Zinkoxyds hinzu und schüttelt kräftig um. Ist alles Eisen gefällt, so schüttet man die im Becherglas abgemessene Menge Permanganatlösung in einem schnellen Guß zu der heißen gefällten Lösung, spült den im Becherglas verbliebenen Rest Permanganatlösung mit der Spritzflasche dazu und schüttelt den Inhalt des Kolbens tüchtig durch.

Sollte die Lösung nach Absitzen des Niederschlags nicht oder nur schwach durch überschüssiges Permanganat gefärbt erscheinen, so wiederholt man den Versuch besser mit etwas größerer Permanganatmenge.

Um den in der gefärbten Lösung vorhandenen Permanganatüberschuß zu ermitteln, gibt man Arsenitlösung aus der Bürette in kleinen Mengen hinzu, unter Durchschütteln und Absitzenlassen nach jedem Zusatz, bis Entfärbung der klaren Lösung über dem Niederschlag erreicht ist. Für die Genauigkeit der Bestimmung ist es wesentlich, daß die letzten Zusätze von Arsenitlösung klein gewählt werden.

Zur Ermittelung des Wirkungswertes der Arsenitlösung, die unter möglichst gleichartigen Bedingungen, wie sie bei der soeben ausgeführten Rücktitration vorlagen erfolgen muß, gibt man bei den Hauptversuchen zu der noch genügend heißen, soeben fertig titrierten Lösung 5 ccm Permanganatlösung aus der Bürette, schüttelt durch und titriert die damit erzielte Färbung in gleicher Weise wie vorhin durch kleine Zusätze von Arsenitlösung zurück, bis nach Absitzenlassen gerade farblose Lösung erhalten wird.

Aus der Anzahl der dabei zugesetzten Kubikzentimeter Permanganatlösung, dividiert durch die zur Entfärbung gebrauchten Kubikzentimeter Arsenitlösung, berechnet sich der Wirkungswert von 1 ccm der Arsenitlösung, ausgedrückt in Kubikzentimetern der Permanganatlösung.

Sodann ergibt sich die Menge des bei der Hauptumsetzung im Überschuß gebliebenen Permanganates in Kubikzentimetern Permanganatlösung, wenn man die zum Rücktitrieren gebrauchten Kubikzentimeter Arsenitlösung mit dem gefundenen Wirkungswert multipliziert. Zieht man ferner die so ermittelten Kubikzentimeter überschüssigen Permanganates von den ursprünglich angewandten Kubikzentimetern Permanganatlösung ab, so erhält man die zur Umsetzung des vorhandenen Manganoxydulsalzes verbrauchte Menge Permanganatlösung und aus letzterer durch Multiplizieren mit dem Mangantiter die Manganmenge.

Wurde beim Versuch Eisenchloridlösung zugesetzt, so ist der Permanganatverbrauch der Eisenchloridlösung unter gleichen Versuchsbedingungen zu ermitteln und in Abzug zu bringen. Zur Ermittelung des Permanganatverbrauchs der Eisenchloridlösung genügt es, eine gleich große Eisenchloridmenge abzumessen, mit heißem Wasser zu verdünnen, mit Zinkoxyd zu fällen und mit Permanganatlösung bis zum Auftreten der Rotfärbung zu titrieren.

Berechnung. Bezeichnet man

1. die für den Titrierversuch in Rechnung zu ziehende Einwage mit e,

2. die zum Hauptversuch angewandten Kubikzentimeter Permanganatlösung mit a_1,

3. die zum Rücktitrieren des Permanganatüberschusses verbrauchten Kubikzentimeter Arsenitlösung mit b_1,

ferner 4. die zur Ermittelung des Wirkungswertes der Arsenitlösung zugesetzten Kubikzentimeter Permanganatlösung mit a_2,

5. die zur Entfärbung dieser Permanganatmenge verbrauchten Kubikzentimeter Arsenitlösung mit b_2,

6. den Permanganatverbrauch der etwa zugesetzten Eisenchloridlösung mit c und

7. den Titer der Permanganatlösung, auf Mangan berechnet, mit T, so berechnet sich der Mangangehalt der titrierten Probe in Prozenten nach dem Ausdruck

$$\frac{\left[a_1 - b_1 \cdot \dfrac{a_2}{b_2} - c\right] \cdot T \cdot 100}{e} = {}^0/_0 \text{ Mn};$$

hierbei gibt $\dfrac{a_2}{b_2}$ den Wirkungswert der Arsenitlösung in Kubikzentimeter Permanganatlösung an.

Urprüfung des Verfahrens. Zur Prüfung, ob nach dem angewandten Verfahren die Umsetzung zwischen Permanganat und Manganosalz nach der angegebenen Gleichung verläuft, kann man sich zweckmäßig des von Wolff[1]) und später von de Koninck[2]) benützten Weges bedienen, wonach eine abgemessene Menge Permanganatlösung[3]) durch Eindampfen mit Salzsäure reduziert und nach Wiederlösen mit der gleichen Permanganatlösung titriert wird. Verläuft die Umsetzung entsprechend der Gleichung, so müssen beim Titrieren genau $^2/_3$ der ursprünglich angewandten Permanganatmenge verbraucht werden.

Die Ausführung der Urprüfung wird in der Weise vorgenommen, daß man eine beliebige (nicht zu kleine) Menge Permanganatlösung aus der Bürette abmißt und in der Porzellanschale nach Zugabe von konzentrierter Salzsäure eindampft. Der Eindampfrückstand wird mit verdünnter Salzsäure in einen Erlenmeyerkolben (1 Liter Inhalt) gespült und 10 oder 20 ccm der Eisenchloridlösung zugesetzt, deren Permanganatverbrauch wie oben angegeben, festgestellt ist. Die Titration erfolgt dann weiter wie oben beschrieben und nach Beendigung der Titration wird der Wirkungswert der Arsenitlösung wie angegeben ermittelt.

Prüfung des Zinkoxyds auf Reinheit.

Von Zeit zu Zeit muß das für die Titrierversuche verwendete Zinkoxyd geprüft werden, ob es den erforderlichen Reinheitsgrad besitzt. Die Prüfung wird am besten mit der Ermittelung · des Permanganatverbrauchs von z. B. 10 ccm der Eisenchloridlösung gleichzeitig ausgeführt.

10 ccm Eisenchloridlösung werden mit heißem Wasser auf etwa

---

[1]) Stahl und Eisen 11. (1891). 380.

[2]) Bull. soc. chim. de Belgique, 18. (1904). 56, u. Chemisches Zentralblatt 1904. I. 1429.

[3]) Die verwendete Permanganatlösung muß ebenso wie für Titerstellungen völlig frei von (kolloid gelöstem oder gefälltem) Mangandioxyd sein (vgl. hierzu Stahl und Eisen 30. (1910). 762.)

600 ccm verdünnt, 4 g in der Reibschale mit Wasser fein zerriebenes Zinkoxyd zugesetzt und mit Permanganatlösung bis zum Eintritt der Rotfärbung titriert.

Dann wird ein zweiter Versuch ausgeführt, indem man zu 10 ccm Eisenchloridlösung im Erlenmeyerkolben etwa 15 ccm konzentrierte Salzsäure gibt, mit heißem Wasser auf 600 ccm verdünnt und jetzt 10 g mit Wasser fein zerriebenes Zinkoxyd zugibt. Man läßt unter Umschütteln kleine Mengen Permanganatlösung einfließen, bis Rotfärbung eintritt.

Ist das Zinkoxyd rein, so ist der Permanganatverbrauch beim zweiten Versuch nicht größer als beim ersten. Etwaiger Mehrverbrauch würde dem Permanganatverbrauch der mehr zugefügten 6 g Zinkoxyd entsprechen.

Beispiele.

1. Ergebnisse bei der Titerstellung einer Permanganatlösung.

a) Titerstellung mit Natriumoxalat.

Versuch 1. 1,0047 g Oxalat verbrauchten 71,9 ccm Permanganatlösung;
Versuch 2. 0,9610 g   „   „   68,7   „   „
Versuch 3. 0,6004 g   „   „   42,95 „   „

Der Mangantiter der Permanganatlösung berechnet sich nach dem Ausdruck $0{,}246 \cdot \dfrac{e\ (\text{Gramm Oxalat})}{n\ (\text{ccm Permanganatlösung})}$ wie folgt:

Versuch 1. 0,003437 (g Mn)
Versuch 2. 0,003441 („ „)
Versuch 3. 0,003439 („ „)

b) Titerstellung mit Zehntelnormalthiosulfatlösung.

Versuch 4. 42,0 ccm Permanganatlösung verbrauchten 87,6 ccm $\dfrac{n}{10}$ Thios.

Versuch 5. 25,0 „   „   „   52,2 „   „   „

Der Mangantiter der Permanganatlösung, berechnet nach dem Ausdruck $0{,}001648 \cdot \dfrac{n\ (\text{ccm } \frac{n}{10}\ \text{Thios.})}{a\ (\text{ccm Permang.})}$ ist demnach:

nach Versuch 4. 0,003437 (g Mn)
nach Versuch 5. 0,003441 („ „)

2. Urprüfung des Umsetzungsvorganges.

50 ccm Permanganatlösung wurden durch Eindampfen mit Salzsäure reduziert; danach wurden 10 ccm Eisenchloridlösung und 600 ccm kochendes Wasser zugesetzt und die Lösung mit Zinkoxyd gefällt; die Titration erfolgte durch Zusatz von Permanganatlösung (a_1)   34,0 ccm
Zurückmessen des Überschusses mit Arsenitlösung (b_1) 0,48 ccm.
Ermittelung des Wirkungswertes der Arsenitlösung:
Zusatz von Permanganatlösung (a_2)   5,0 ccm
Verbrauch an Arsenitlösung   (b_2)   5,2 ccm
Permanganatverbrauch der 10 ccm Eisenchloridlösung (c) 0,2 ccm.

Die zur Umsetzung des Mangans verbrauchte Menge Permanganatlösung beträgt demnach:

$$a_1 - b_1 \frac{a_2}{b_2} - c = 34{,}0 - 0{,}48 \cdot \frac{5{,}0}{5{,}2} - 0{,}2 = 33{,}34 \text{ ccm.}$$

Der zu erwartende Verbrauch an Permanganatlösung ist:

$$\frac{2}{3} \cdot 50 = 33^{1}/_{3} \text{ ccm Permanganatlösung.}$$

3. Ergebnisse von Manganbestimmungen bei Proben mit hohem Mangangehalt.

Tabelle 87.

Nr.	Probematerial	Gewichtsanalytische Bestimmung % Mn	Maßanalytische Bestimmung
1	Spiegeleisen	7,84 7,81	7,95 7,98
2	Ferromangan (60% Mn)	58,8 58,9	59,0 58,9
3	Ferromangan (80%)	82,1 81,9	82,0 81,9
4	Manganmetall[1] (Goldschmidt)	99,1 99,15	99,0 99,0

4. Ergebnisse von Manganbestimmungen bei Stahl- und Eisenproben mit geringem Mangangehalt.

Tabelle 88.

Nr. der Probe	Probematerial	Mangangehalt Gewichtsanalytisch bestimmt %	Mangangehalt Maßanalytisch bestimmt %	Chromgehalt der Probe (Bestimmt nach Seite 210) %
1	Sehr weiches Flußeisen	0,04	0,08	Fehlt
2	Flußeisen	0,19	0,22	Spuren weniger als 0,01%
3	Nickelstahl mit 2,5% Nickel	0,28	0,44	0,10
4	Gewöhnl. Stahl	0,29	0,39	0,024
5	Flußeisen (Kesselblech)	0,44	0,49	0,016
6	Gewöhnl. Stahl	0,44	0,52	0,024
7	desgl.	0,69	0,74	0,010
8	Gewöhnl. Stahl (Radreifen)	0,82	0,90	0,026
9	Gewöhnl. Stahl (Feilenmaterial)	0,97	1,10	0,19
10	desgl. (Feilenmaterial)	0,98	1,02	Spuren weniger als 0,01%

[1]) Der Mangangehalt der Probe nach Bestimmung der gesamten Verunreinigungen als Rest zu 100 berechnet, wurde gefunden zu 99,1%.

Die Verunreinigungen der Probe waren: Eisen 0,40; Silizium 0,26; Nickel 0,06; Kupfer 0,02; Aluminium 0,06; Blei 0,03; Kohlenstoff 0,05; Schwefel 0,01; Phosphor 0,008%.

Genauigkeit der maßanalytisch ermittelten Werte.

Der Mangangehalt in reinen, im wesentlichen nur Manganosalz und Ferrichlorid enthaltenden Lösungen kann nach vorstehend angegebenem Verfahren noch auf Bruchteile von Milligrammen genau ermittelt werden. Das Verfahren liefert aber leicht zu hohe Werte, sobald in den zu titrierenden Lösungen neben Manganosalz wesentliche Mengen anderer auf Permanganat reduzierend wirkender Stoffe enthalten sind[1]).

Als solche kommen hauptsächlich Chrom, Kobalt und Vanadin in Betracht. Von diesen Stoffen wird allgemein angenommen, daß sie in gewöhnlichen Sorten von Roheisen und Stahl nur in sehr geringer Menge vorkommen, so daß die Ergebnisse der maßanalytischen Manganbestimmungen dadurch nicht beeinflußt würden.

Bei häufiger Bestimmung des Chromgehaltes in gewöhnlichen Eisen- und Stahlsorten, die also keine absichtlichen Zusätze von Chrom und anderen Stoffen erhalten haben, hat sich indessen gezeigt, daß fast stets kleine oder größere Chromgehalte[2]) vorhanden sind, weshalb (einigermaßen dem Chromgehalt entsprechend) der maßanalytisch bestimmte Manganwert stets etwas höher ausfällt als der gewichtsanalytisch gefundene (Tabelle 88)[3]).

Daraus ergibt sich, daß das angegebene maßanalytische Verfahren nur bei solchen Materialien genaue Werte ergeben kann, deren Gehalt an Chrom, Kobalt und Vanadin so gering ist, daß der dadurch bedingte Fehler tatsächlich innerhalb der Fehlergrenzen des Verfahrens bleibt, wie dies z. B. bei den höherprozentigen Ferromanganen (Tabelle 87) der Fall ist.

Im allgemeinen lassen sich dann für die maßanalytischen Bestimmungen folgende Abweichungen der Manganwerte als noch einhaltbar bezeichnen:

bei Mangangehalten	zulässige Abweichung
von 0,2 bis 1,0 %	$\pm$ 0,02 %
„ 1,0 „ 2,0 „	$\pm$ 0,04 „
„ 2,0 „ 10 „	$\pm$ 0,06 „
„ 10 und mehr	$\pm$ 0,1 „

Für die genaue Ermittlung des Mangangehaltes von Roheisen- und Stahlproben, von denen man nicht sicher weiß, ob ihr Gehalt an Chrom, Kobalt und Vanadin ohne Einfluß auf die Mangantitration ist, kann nur die gewichtsanalytische Bestimmung ausschlaggebend sein.

Anwendbarkeit des Verfahrens.

Wie aus Vorstehendem hervorgeht, gibt das beschriebene maßanalytische Verfahren nur bei chrom-, vanadin- und kobaltfreiem Material richtige Werte.

Nickel wirkt erst bei hohem Gehalt und dann nur in geringem Maße störend beim Titrieren des Mangans. Die stattfindende Störung hat ihre

---

[1]) In Mischungen, die aus reiner Eisenchloridlösung und reiner Manganchloridlösung hergestellt sind, kann man mit entsprechend verdünnter Permanganatlösung noch kleine Manganmengen (z. B. 0,002 g bzw. 0,0005 g Mn) in Gegenwart von 2 g Eisen als Chlorid, also auf die Eisenmenge bezogen: 0,1 bzw. 0,03 % Mn mit befriedigender Genauigkeit nach oben beschriebenem Verfahren bestimmen.

[2]) Fischbach erblickt die Ursache für das Vorkommen kleiner Chrommengen in Stahl und Eisen in der Verhüttung neuerdings verwendeter, ausländischer Erze. Stahl und Eisen 29. (1909). 248.

[3]) Vergl. auch v. Reis, Zeitschr. für angew. Chemie 1892. 604 und 672.

Ursache nicht in einer chemischen Umsetzung zwischen Nickelsalz und
Permanganat, sondern kommt dadurch zustande, daß das Gelblichgrün der
Nickellösung und das Violett der Permanganatlösung Komplementärfarben
sind und bei einer bestimmten Mischung eine scheinbar farblose Lösung
geben. Beim Titrieren der durch Permanganat gefärbten Flüssigkeit bis
zur Entfärbung erhält man auf diese Weise einen etwas zu hohen Permanganatverbrauch. Außerdem kann das Permanganatverfahren für die
Manganbestimmung im Nickelstahl nicht als genau empfohlen werden und
zwar wegen des im Nickelstahl stets in mehr oder weniger erheblicher Menge
vorhandenen Kobaltgehaltes, der verschieden hoch sein kann (z. B. bei einem
23 %igen Nickelstahl = 0,39 % Co betrug, entsprechend annähernd 1,6 %
des vorhandenen Nickels). Kobaltsalze setzen sich mit Permanganat in
ähnlicher Weise wie Manganosalze um.

Bleisalze erhöhen den Permanganatverbrauch nur in geringem Maße,
sie kommen zudem in Lösungen von Eisen- und Stahlproben nicht in nennenswerten Mengen vor.

Die übrigen in Roheisen und Stahl vorkommenden Stoffe, soweit sie
in der zu titrierenden Lösung zugegen bleiben, stören die Umsetzung nicht.

Um in Chrom (oder Vanadin) enthaltendem Material das Mangan zu bestimmen, ist vorgeschlagen worden, das Mangan nach dem Chloratverfahren
zunächst von Chrom und der Hauptmenge Eisen zu trennen, das abfiltrierte
Mangandioxyd zu lösen und unter geeigneten Bedingungen mit Permanganat
zu titrieren. Dagegen ist aber einzuwenden, daß bei Gegenwart von Phosphorsäure — Phosphor findet sich in allen Stahl- und Eisensorten in wechselnden Mengen — Mangan als Manganiphosphat in Lösung bleibt[1]) und so
zum Teil der Fällung entgeht. Bei kleinen Manganmengen oder hohem
Phosphorgehalt der Probe wird oft nach diesem Verfahren überhaupt kein
Manganniederschlag erhalten[2]).

Als sicherstes Verfahren für die Bestimmung kleiner Manganmengen
bleibt für solche Fälle der beim gewichtsanalytischen Verfahren angegebene
Weg, der auf der Wegschaffung der großen Eisenmengen durch das Ätherverfahren und der Entfernung von Chrom, Vanadin und Phosphor durch die
alkalische Schmelze beruht. Die maßanalytische Bestimmung des Mangans
in den zurückbleibenden Oxyden kann, falls Kobalt nicht in erheblicher
Menge zugegen ist, nach Lösen der Oxyde, Zusatz von Eisenchloridlösung
von bekanntem Permanganatverbrauch und Titrieren, wie beschrieben, ausgeführt werden. Vorhandenes Kobalt müßte vorher mit dem Nickel zusammen aus der schwach essigsauer gemachten Lösung der Oxyde durch
Schwefelwasserstoff entfernt werden.

E. Phosphor.

Phosphor findet sich in allen Sorten Eisen und Stahl, sowie in den
sonstigen bei der Stahlherstellung vorkommenden Legierungen in wechselnder

---

[1]) Barreswil, Comptes rend. 44. (1857). 677. Siehe auch die Verfahren von Moore,
Chem. News 64. 66 und Hampe, Chem. Ztg. 1883. 1109, die auf Überführung des
Mangans in Manganiphosphat beruhen.

[2]) Das gleiche ist auch beim Persulfatverfahren der Fall, vergl. Heike, Stahl
und Eisen. 29. (1909). 1929.

Menge, für besondere Zwecke werden z. B. Eisenphosphorlegierungen mit bis zu 25 °/o P hergestellt. Er tritt in phosphorärmerem Material mit Eisen zusammen als Mischkristall auf, in phosphorreichem Material (mit über 1,7 °/o Phosphor) findet er sich außerdem in Form von freiem Phosphid.

Da der Phosphor stark zur Seigerung neigt, so ist auf etwaiges Vorhandensein von Seigerungen bei der Probenahme und beim Einwägen des Analysenmaterials besonders sorgfältig zu achten. (Siehe hierüber das im ersten Teil des Buches Gesagte.)

1. Bestimmung des Phosphors in salpetersäurelöslichem Material.

a) Durch Wägen des Molybdatniederschlages (nach Finkener).

Grundlagen des Verfahrens. Für genaue Bestimmung des Phosphors muß zunächst der gesamte Phosphor in Phosphorsäure übergeführt werden.

Beim Lösen von Eisen- und Stahlproben in Salpetersäure vom spez. Gew. 1,18 wird nur ein Teil des vorhandenen Phosphors zu Phosphorsäure oxydiert. Der Rest befindet sich in Form weniger hoch oxydierter Säuren (phosphoriger Säure) in der Lösung. Letztere müssen, da sie mit Molybdänlösung nicht gefällt werden, durch stärkeres Oxydieren ebenfalls in Phosphorsäure übergeführt werden.

Nach einer Zusammenstellung von Hundeshagen[1]) ist für die Vollständigkeit der Phosphorfällung mit Molybdänsäurelösung im wesentlichen folgendes zu beachten:

1. Freie Salzsäure und Schwefelsäure, sowie hohe Konzentration der Lösung an freier Salpetersäure verhindern die vollständige Fällung der Phosphorsäure.

2. Geringe Mengen freier Salpetersäure, sowie Salze einbasischer Säuren (Chloride, Bromide) wirken nicht störend.

3. Ammonnitrat beschleunigt die Abscheidung des Niederschlags stark.

Erhöhte Temperatur beschleunigt zwar die Ausfällung, doch wird beim Fällen in der Kälte nach Finkener das Mitfallen von Molybdänsäure sicherer verhindert als beim Fällen in der Wärme, was für die Wägung des Phosphors als Molybdänniederschlag wichtig ist.

Zu genauen Phosphorbestimmungen in Arsen, Wolfram oder Vanadin enthaltenden Proben läßt sich das nachstehend beschriebene Verfahren nicht ohne weiteres verwenden.

Erforderliche Lösungen. Zur Fällung des Phosphors bedient man sich der nach Finkener bereiteten Molybdänlösung.

Für 2 l der Finkenerschen Molybdänlösung werden 80 g Ammoniummolybdat in der Reibschale fein gepulvert und das Pulver in einem großen Erlenmeyerkolben mit 640 ccm Wasser und 160 ccm 20°/oigem Ammoniak (spez. Gew. 0,925) unter kräftigem Schütteln gelöst. Dann bereitet man in einer mit Glasstöpsel verschließbaren Zweiliterflasche eine Mischung aus 960 ccm 30°/oiger Salpetersäure (1,18 spez. Gew.) und 240 ccm Wasser, kühlt die warm gewordene Mischung ab und gießt die zuerst hergestellte Ammoniummolybdatlösung allmählich in kleinen Anteilen und unter Umschütteln dazu.

---

[1]) Zeitschr. anal. Chem. 28. (1889). 141.

Die Lösung läßt man vor ihrer Verwendung einige Tage im Dunkeln stehen, wobei sich etwas gelber Niederschlag abscheidet. Für den Gebrauch gießt man die klare Lösung ab oder filtriert sie, wenn nötig.

Waschflüssigkeit. Die zum Auswaschen der Phosphormolybdatniederschläge dienende Waschflüssigkeit wird hergestellt durch Lösen von 150 g Ammonnitrat in Wasser, Zusatz von 10 ccm konzentrierter Salpetersäure (1,40 spez. Gew.) und Auffüllen mit Wasser auf 1 l.

Ausführung des Verfahrens. Von Stahl- und Eisenproben werden 4 bis 5 g[1] abgewogen und in einer mit Uhrglas bedeckten flachen Porzellanschale (von etwa 14 cm Durchmesser) mit 50 bis 70 ccm verdünnter Salpetersäure (spez. Gew. 1,18), die nach und nach zugesetzt werden, in Lösung gebracht. Die erhaltene Lösung wird zur Trockene eingedampft, die Nitrate werden durch starkes Glühen zerstört, um sicher allen Phosphor in Phosphorsäure überzuführen.

Der Rückstand wird mit starker Salzsäure gelöst, Siliziumdioxyd daraus abgeschieden und im übrigen genau so verfahren wie bei der Bestimmung des Siliziums nach Verfahren 1 b angegeben[2].

Das abfiltrierte Siliziumdioxyd wird sorgfältig mit heißer verdünnter Salzsäure (400 ccm Wasser und 100 ccm konzentrierte Salzsäure) ausgewaschen und das gesamte Filtrat schließlich in einem 150 oder 250 ccm fassenden Becherglas, um die freie Salzsäure möglichst zu vertreiben, bis zur Sirupdicke eingedampft, doch nicht soweit, daß die Lösung beim Abkühlen kristallisiert oder basische Eisensalze abgeschieden werden. Zum Abdampfen kann man sich vorteilhaft der auf erhitzter Eisenplatte geheizten Asbestplatte bedienen.

Ist viel Phosphor zugegen oder soll die Lösung außer zur Phosphorbestimmung auch zur Mangan- oder Nickelbestimmung Verwendung finden, so verdünnt man im Meßkolben auf 250 ccm, entnimmt der durchgemischten Lösung entsprechende Anteile und dampft den zur Phosphorbestimmung vorgesehenen, wie angegeben, möglichst weit ein.

Die stark eingeengte Eisenlösung, die nicht mehr viel freie Salzsäure enthalten darf, wird abgekühlt. Man gibt dann je nach der vorhandenen Phosphorsäuremenge 50 bis 100 ccm von der Finkenerschen Molybdänlösung hinzu und rührt mehrmals kräftig mit dem Glasstab um, zur Beschleunigung der Abscheidung des Niederschlags. Nach $^{1}/_{2}$ stündigem Stehenlassen in der Kälte trägt man soviel festes, reines Ammoniumnitrat in die Flüssigkeit ein, daß sie 25 % davon enthält, und bringt das Salz durch Umrühren vollständig in Lösung. Wurden z. B. 100 ccm Molybdänlösung zugegeben, und nahm die Eisenlösung einen Raum von etwa 10 ccm ein, so setzt man 28 g festes Ammonnitrat zu. Die Lösung kühlt sich stark ab und die Abscheidung des Phosphormolybdatniederschlages wird vervollständigt. Nach 18 bis 24-stündigem Stehenlassen bei gewöhnlicher Temperatur wird der Niederschlag

---

[1]) Zur Erlangung besserer Durchschnittsproben ist es zweckmäßig, auch bei phosphorreicherem Material keine zu kleinen Einwagen (z. B. 1 g oder 0,5 g) anzuwenden, dagegen später nur einen Teil der Lösung größerer Einwagen zur Fällung des Phosphors zu benützen.

[2]) Will man die Ausführung des Verfahrens beschleunigen, so löst man die Probe im Rundkolben, wie S. 152, Abschnitt d beschrieben und verfährt mit dem Filtrat vom Siliziumdioxyd weiter wie hier angegeben.

abfiltriert. Man benützt ein gut laufendes Filter und als Vorlage einen 300 ccm fassenden Erlenmeyerkolben, gießt ohne den Niederschlag aufzurühren, zuerst die klare niederschlagfreie Lösung durch das Filter, so vollständig als dies angängig ist, dann wechselt man den Erlenmeyerkolben durch einen frischen aus, gibt den Niederschlag aufs Filter und wäscht einige Male aus. Falls vom Niederschlag dabei etwas durchgegangen ist, filtriert man diesen kleinen Teil des Filtrates nochmals, wäscht danach sorgfältig mit der Waschflüssigkeit von oben angegebener Zusammensetzung die vorhandene Eisenlösung aus Filter und Niederschlag heraus, bis das Ablaufende mit Ferrozyankalium- oder Rhodanammonlösung keine Eisenreaktion mehr gibt. Das Hauptfiltrat wird durch Zugabe weiterer Molybdänlösung geprüft, ob alle Phosphorsäure gefällt war; nach mehrstündigem Stehen darf keine gelbe Abscheidung mehr eintreten. Ist der erhaltene Niederschlag von erheblicher Menge [1]), so daß man ihn vom Filter spritzen kann, so spült man ihn mit destilliertem Wasser (aus der Spritzflasche) in einen gewogenen Porzellantiegel (von 45 ccm Inhalt) und dampft das Wasser auf dem Dampfbade weg. Die im Becherglase befindlichen Reste des Niederschlages löst man mit verdünntem Ammoniak und wäscht mit der erhaltenen Lösung das Filter aus, wobei man das Filtrat in einem kleinen (nicht gewogenen) Porzellantiegel auffängt, und Becherglas wie Filter mit verdünntem Ammoniak völlig von Molybdänsalz frei wäscht. Diese Lösung wird auf dem Dampfbad soweit eingedampft, bis eben der Ammoniakgeruch verschwunden ist. Dann wird zur Hauptmenge des Molybdänniederschlages (im gewogenen Tiegel) etwas starke Salpetersäure (spez. Gew. 1,40), etwa 5 Tropfen, zugegeben, die Lösung aus dem zweiten Tiegel hinzugefügt und letzterer mit Wasser nachgewaschen. Das Ganze wird auf dem Dampfbad zur Trockene eingedampft und nach völligem Trocknen auf dem Finkenerturm erhitzt, um das vorhandene Ammoniumnitrat aus dem Niederschlag zu vertreiben. Beim Erhitzen größerer Niederschlagsmengen muß mit besonderer Vorsicht verfahren werden, da bei etwas zu raschem Erhitzen Teile des Niederschlages durch Verspritzen verloren gehen können. Man erhitzt den auf ein dünnes Tondreieck gestellten Tiegel samt Niederschlag auf dem mit drei eingeschobenen Drahtnetzen versehenen Finkenerturm (s. Abb. 116) zur völligen Trockenheit, entfernt dann das untere Drahtnetz und später, wenn das Wegrauchen von Ammonnitrat etwas nachgelassen hat, auch das mittlere. Schließlich erhitzt man unter zeitweiligem Drehen des Tiegels, bis kein weißer Ammonsalzrauch mehr fortgeht, faßt dann den Tiegel mit der Zange, erhitzt die Wände des Tiegels durch Schwenken über der Bunsenflamme, um zu erkennen, ob noch unzersetztes Ammonnitrat vorhanden ist, das man vorsichtig verjagt. Dieses Erhitzen muß aber vorsichtig geschehen, damit der Niederschlag nicht blaugrün oder blau anläuft.

---

[1]) Ist der Niederschlag nur gering, so löst man die im Becherglase verbliebenen Niederschlagsreste mit verdünntem Ammoniak, gibt die Lösung aufs Filter und fängt das Ablaufende im gewogenen (25 bis 45 ccm fassenden) Porzellantiegel auf, samt den beim Auswaschen von Becherglas und Filter erhaltenen Waschwässern. Die gesamte Lösung wird eingedampft, bis der Ammoniakgeruch verschwunden ist (nicht bis zur Abscheidung fester Salze!), dann etwas konzentrierte Salpetersäure zur Fällung des gelben Salzes zugegeben, zur Trockene eingedampft und wie oben angegeben auf dem Finkenerturm erhitzt und weiter behandelt.

Der heiße Tiegel wird zum Abkühlen in einen Schwefelsäureexsikkator gestellt, sogleich ein mit dem Tiegel zusammen gewogenes Uhrgläschen aufgedeckt und nach 20 bis 25 Minuten möglichst schnell gewogen. Diese Vorsichtsmaßregeln sind notwendig, weil der Niederschlag aus der Luft Feuchtigkeit anzieht und beim Wägen ohne Uhrglas allmählich an Gewicht zunehmen würde. Nach dem Wägen wird das Erhitzen, Abkühlenlassen und Wägen wiederholt, bis das Gewicht des Niederschlages sich nicht mehr wesentlich ändert.

Berechnung. Die Zusammensetzung des nach vorstehend angegebener Arbeitsweise erhaltenen Phosphormolybdatniederschlages entspricht der Formel $(NH_4)_3PO_4$, $12\,MoO_3$; er enthält demnach 1,65 % P.

Bei einer Einwage von e Gramm Probematerial und einer Auswage von a Gramm gelbem Niederschlag berechnet sich der Phosphorgehalt des Materiales zu:

$$\frac{1,65\,a}{e} = \%\ P;$$

oder falls der Gehalt an Phosphorsäure (P_2O_5) daraus zu berechnen ist:

$$\frac{3,78\,a}{e} = \%\ P_2O_5.$$

b) Wägung des Phosphors als Magnesiumpyrophosphat. (Magnesiaverfahren.)

In besonderen Fällen, z. B. wenn der Molybdänniederschlag sehr erheblich ist und man nicht sicher ist, daß alles Ammonnitrat durch Erhitzen daraus entfernt ist, kann es von Nutzen sein, sich von der Richtigkeit des gefundenen Wertes dadurch zu überzeugen, daß man den Molybdatniederschlag in Ammoniak löst, die Phosphorsäure als Ammoniummagnesiumphosphat fällt, dieses in Magnesiumpyrophosphat überführt und wägt. Man verfährt dazu in folgender Weise. Mit möglichst wenig verdünntem Ammoniak (25 ccm 10 %iges auf 100 ccm verdünnt) löst man den Molybdatniederschlag aus dem Tiegel (bzw. vom Filter) und filtriert, falls die Lösung nicht ganz klar sein sollte, durch ein kleines Filter. Die klare Lösung wird in einem kleinen (100 bis 150 ccm haltenden) Becherglas aufgefangen und das Filter mit verdünntem Ammoniak ausgewaschen. Dann fügt man konzentrierte Salzsäure zu, bis eine bleibende Fällung von gelbem Molybdänniederschlag entsteht und löst diesen mit wenig Ammoniak wieder auf. Die Lösung wird, falls sie mehr als etwa 40 ccm betragen sollte, eingeengt, nach Abkühlen tropfenweise mit klarer Magnesiamischung[1]) versetzt, solange noch Niederschlag ausfällt und etwa 10 bis 15 ccm Ammoniak (spez. Gew. 0,96) hinzugegeben. Danach rührt man mit einem Glasstab tüchtig um und läßt während 4 bis 6 Stunden absitzen. Der Niederschlag wird auf ein kleines Filter abfiltriert, mit verdünntem Ammoniak bis zum Verschwinden der

---

[1]) Magnesiamischung wird bereitet durch Auflösen von 55 g krist. Chlormagnesium, 70 g Chlorammonium in Wasser, Zugabe von 250 ccm 10 prozentigem Ammoniak (spez. Gew. 0,96) und Verdünnen auf 1 Liter; oder auch durch Lösen von 70 g krist. Chlormagnesiumchlorammonium, 55 g Chlorammonium in Wasser, Zusatz von 250 ccm Ammoniak (spez. Gew. 0,96) und Verdünnen auf 1 Liter. Die Lösung wird nach mehrtägigem Stehen filtriert.

Chlorreaktion ausgewaschen, bei nicht zu hoher Temperatur samt Filter verascht, dann stark geglüht, bis das Magnesiumpyrophosphat weiß ist, und gewogen.

Berechnung. Magnesiumpyrophosphat ($Mg_2P_2O_7$) enthält 27,87% Phosphor. Bei e Gramm Einwage und a Gramm gewogenem Pyrophosphat ergibt sich somit der Phosphorgehalt der Probe zu

$$\frac{27,87 \cdot a}{e} = \% \; P.$$

Zu bemerken ist, daß die Bestimmung des Phosphors durch Wägen als Magnesiumpyrophosphat in der beschriebenen Weise n i c h t g e n a u e r i s t als die Bestimmung durch Wägen des Molybdatniederschlages nach dem oben angegebenen Verfahren. Denn der beim Molybdatverfahren zur Wägung kommende Niederschlag besitzt das 17 fache Gewicht von dem Niederschlag, der bei gleicher Phosphormenge nach dem Magnesiaverfahren zu wägen ist.

Ein Unterschied von 0,004% im Phosphorgehalt einer Probe würde bei einer Einwage von 5 g beispielsweise nach dem Molybdatverfahren einer Menge von 0,0121 g Auswage und beim Magnesiaverfahren einer Menge von 0,0008 g Auswage entsprechen. Ein Fehler von 0,0008 g kann aber leicht durch Wägefehler, durch geringe Löslichkeit des Magnesianiederschlages, geringes Trübgehen beim Filtrieren, ungenügendes Auswaschen, Filterasche und andere möglichen Fehlerquellen entstehen, während bei 0,0121 g nicht ohne weiteres solche Fehler zugestanden werden können, wenn nicht gerade ganz grobe Verstöße bei Durchführung der Bestimmung gemacht werden.

Diese Überlegung zeigt ohne weiteres, daß die größere Sicherheit auf Seiten des Molybdatverfahrens liegt.

2. Bestimmung des Phosphors in salpetersäureunlöslichem Probematerial.

(Ferrosilizium, Ferrophosphor u. a. Legierungen.)

Das Aufschließen des in Salpetersäure unlöslichen Materiales, das zu diesem Zweck möglichst fein gepulvert sein muß (Sieb mit 2500 Maschen auf den qcm), wird am besten mit Natriumkarbonat-Magnesia-Mischungen vorgenommen, wie bereits bei der Bestimmung des Siliziums (S. 137) beschrieben ist. Man verwendet 1 bis 3 g der Probe und schließt mit der 6 bis 8 fachen Menge Natriumkarbonat-Magnesia (2 : 1) auf.

Nach dem Aufschließen wird mit Salzsäure gelöst und Siliziumdioxyd in bekannter Weise abgeschieden. Nach Abrauchen des Siliziumdioxyds mit Flußsäure-Schwefelsäure wird der Abrauchrückstand mit wenig Natrium-kaliumkarbonat aufgeschlossen, der Aufschluß mit Salzsäure gelöst und die Lösung auf Phosphorsäure untersucht. Das gesamte Filtrat vom Silizium-dioxyd — bei phosphorreichen Proben ein gemessener Teil davon — wird stark eingeengt, im Becherglas wie Seite 168 angegeben nach Finkeners Verfahren gefällt und der Phosphorniederschlag als Molybdat gewogen.

Zur Vermeidung von Fehlern, die durch geringen Phosphorgehalt der bei Herstellung der Aufschlußmischung verwendeten Stoffe bedingt sein können, muß eine gleich große Menge Aufschlußmischung wie sie zum Aufschließen der Probe verwendet wurde, für sich abgewogen, in einem Becherglas mit Salzsäure gelöst und in der Lösung die vorhandene Phosphorsäure mit Molybdänlösung bestimmt werden; ist Phosphor zugegen, so wird von der Menge des Phosphormolybdatniederschlages der Probe ein entsprechender Betrag in Abzug gebracht.

Für die Bestimmung des Phosphorgehaltes in Ferrotitan und Titanmetall wird die durch Aufschließen des fein gepulverten Metalls mit Magnesia-Natriumkarbonat erhaltene Aufschlußmasse mit kaltem Wasser gründlich ausgelaugt, der Rückstand abfiltriert, verascht und im Platintiegel von neuem mit Natriumkarbonat erhitzt, um etwa zurückgebliebene Reste von Phosphorsäure daraus zu entfernen. Nach Auslaugen der zweiten Schmelze mit kaltem Wasser wird vom Rückstand, der alles Titan als Natriumtitanat enthält, abfiltriert, die Filtrate werden mit Salzsäure angesäuert, zur Trockene verdampft und Siliziumdioxyd durch Erhitzen auf der heißen Asbestplatte in unlösliche Form übergeführt.

Nach Erkalten wird mit konzentrierter Salzsäure und heißem Wasser aufgenommen, vom Siliziumdioxyd abfiltriert und das Filtrat in üblicher Weise durch Fällung mit Molybdänlösung auf Phosphor untersucht.

3. Bestimmung des Phosphors in arsenhaltigem Material.
(Bromwasserstoffverfahren.)

Einfluß des Arsens auf die Phosphorfällung.

Nach verschiedenen Angaben in der Literatur sollen durch den geringen Arsengehalt in Stahl- und Eisenproben — solange der Gehalt an Arsen nicht höher ist als $0,10\,\%$ — keine wesentlichen Fehler bei der Phosphorbestimmung entstehen[1]).

Dagegen ist von anderen Seiten gezeigt worden, daß auch kleine Mengen von Arsen (unter $0,10\,\%$) bei der Bestimmung des Phosphorgehaltes infolge Mitfallens von Ammoniumarsenomolybdat erhebliche Fehler verursachen können, wenn nach den üblichen Verfahren gearbeitet wird[2]). Insbesondere wiesen Frank und Hinrichsen nach, daß der Phosphorgehalt bei der Bestimmung nach Finkener bis um $0,015\,\%$ zu hoch ausfällt, wenn der Arsengehalt, der in gewöhnlichen Eisen- und Stahlproben bis zu etwa $0,05\,\%$ betragen kann, bei der Phosphorbestimmung nicht berücksichtigt wird. Da auch noch höhere Arsengehalte in Roheisen und Flußeisen vorkommen[3]), so ist es jedenfalls geboten, bei genauen Phosphorbestimmungen auf etwaigen Arsengehalt der Probe Rücksicht zu nehmen.

---

[1]) Ledebur gibt an, daß ein Flußeisen mit abnorm hohem Arsengehalt von 0,365 % folgende Phosphorwerte ergab:

ohne Abscheidung des Arsens 0,068 %,
bei   „   „   „   0,053 „ ;

er bemerkt aber dabei, daß ein geringer As-Gehalt (unter 0,10 %) für die Phosphorbestimmung nicht von Belang sei. (Leitfaden für Eisenhüttenlaboratorien. Braunschweig 1908. S. 110).

[2]) Campbell, Journ. of analyt. and appl. Chem. 1893. S. 2. Referat in Stahl und Eisen 13. (1893). 480; ferner Frank und Hinrichsen, Stahl und Eisen 28. (1908). 295.

[3]) Von Reis, Stahl und Eisen 9. (1889). 720, fand in verschiedenen Roheisen und Flußeisen Gehalte von 0,05 bis 0,08 %.

Will man ganz sicher gehen, daß kein Arsenomolybdat bei der Wägung des Phosphorniederschlages mitgewogen wird, so entfernt man das Arsen vor der Phosphorfällung aus der Lösung. Die bisher in der Literatur angegebenen Verfahren sind umständlich und langwierig und nicht immer genügend sicher. Dagegen führt das im nachstehenden beschriebene Bromwasserstoffverfahren[1]) rasch und sicher zum Ziel, so daß sich dessen Anwendung überhaupt zur genauen Phosphorbestimmung empfiehlt.

Grundlagen des Bromwasserstoffverfahrens zur Phosphorbestimmung. (Hierzu die Versuche Tabelle 90.) Wird eine Arsensäure und Phosphorsäure enthaltende Eisenchloridlösung mit reiner Bromwasserstoffsäure (spez. Gew. 1,49) versetzt und auf dem Dampfbad eingedampft, so geht nach den Beobachtungen von Rothe, ohne daß noch ein besonderes Mittel zur Reduktion der Arsensäure zugesetzt zu werden braucht, alles in der Lösung vorhandene Arsen (wahrscheinlich als Arsentribromid) flüchtig, während Phosphorsäure quantitativ zurückbleibt. Da die bei der Fällung der Phosphorsäure anwesenden Bromide des Eisens die Abscheidung des Molybdatniederschlages nicht stören[2]), so kann man die Bestimmung des Phosphors in der von Arsen befreiten Lösung in gleicher Weise wie bei dem zuerst angegebenen Finkenerschen Verfahren weiterführen.

Ausführung der Bestimmung. 5 g Stahl oder Eisen werden mit Salpetersäure (spez. Gew. 1,18) in der Porzellanschale gelöst und die Lösung zunächst in gleicher Weise wie beim Verfahren nach Finkener (S. 168) weiterbehandelt. Die Nitrate werden durch starkes Glühen zerstört, Siliziumdioxyd aus salzsaurer Lösung abgeschieden. Das erhaltene gesamte Filtrat bzw. bei phosphorreichem Material ein bestimmter Teil desselben wird mit 10—20 ccm reiner Bromwasserstoffsäure[3]) (spez. Gew. 1,49, etwa 48 % HBr enthaltend) vermischt und die Lösung zum Verjagen des Arsens auf dem Dampfbad zur Trockene eingedampft.

Es empfiehlt sich, die Bromwasserstoffsäure vor dem Eindampfen der Eisenlösung zuzusetzen, um Spritzen zu vermeiden, das beim Zugeben der Bromwasserstoffsäure zu konzentrierter Eisenchloridlösung infolge Bildung von Chlorwasserstoff eintreten würde.

Der nach Abdampfen verbleibende Rückstand ist dunkelrot; er wird mit wenig verdünnter Salzsäure gelöst und in ein Becherglas von 150 bzw. 250 ccm Inhalt übergespült. Nach weiterem Eindampfen zum Zweck der Entfernung der überschüssigen freien Säure wird die verbleibende dunkelrote Lösung mit 50—100 ccm Molybdänlösung (nach Finkener) kalt gefällt und der entstehende Niederschlag nach dem Seite 168 beschriebenen Verfahren zur Wägung gebracht.

---

[1]) Es ist beabsichtigt, demnächst Ausführlicheres über das Verfahren zu veröffentlichen.

[2]) Hundeshagen, a. a. O. S. 167, Fußnote.

[3]) Käufliche konzentrierte Bromwasserstoffsäure (spez. Gew. 1,49) ist stets durch geringe oder größere Mengen von Phosphorsäure verunreinigt. Bei geringem Gehalt ist es am zweckmäßigsten, mit gleich großen Säuremengen, wie sie zu den Versuchen verwendet werden, blinde Versuche auszuführen (Abdampfen, Aufnehmen mit wenig Salzsäure, Fällen mit Molybdänlösung und Bestimmung des entstehenden Phosphormolybdatniederschlages) und die jeweils gefundene Menge Molybdatniederschlag von den Gewichtsmengen der eigentlichen Versuche in Abzug zu bringen.

Ist der Phosphorsäuregehalt ein größerer, so ist Destillation der Säure erforderlich.

Auf die Ergebnisse der in vergleichender Weise mit und ohne Bromwasserstoffsäurezusatz ausgeführten Phosphorbestimmungen und die dabei auftretenden Unterschiede, wie sie in Tabelle 91 zum Ausdruck gelangen, mag noch besonders hingewiesen werden, da sie manchmal für die Entscheidung von Streitfragen von Bedeutung sein können.

Beim Abschluß von Roheisen-, Stahl- auch Erzlieferungsverträgen werden häufig Bedingungen über den Phosphorgehalt vereinbart, nach denen nur geringe Abweichungen vom vorgeschriebenen Phosphorgehalt zulässig sind. Diese zulässigen Abweichungen sind oft erheblich geringer als die Unterschiede, die sich bei der Phosphorbestimmung infolge vorhandenen Arsens ergeben können. Daher müßte entweder nach Frank und Hinrichsen ein weiterer Spielraum für den Phosphorgehalt zugelassen werden oder aber sollte verlangt werden, daß der Phosphor nach einem Verfahren bestimmt wird, dessen Genauigkeit durch vorhandenes Arsen nicht beeinflußt wird.

4. Bestimmung des Phosphors in wolframhaltigem Material.

Grundlagen des Verfahrens. Bei der Fällung der Phosphorsäure in Gegenwart von Wolframsäure nach Finkeners Verfahren wird nach den Untersuchungen von Hinrichsen[1]) Wolframsäure mitgefällt. Wollte man also den Phosphorgehalt wie gewöhnlich aus dem Gewicht des gefundenen Molybdatniederschlages berechnen, so würde man zu hohe Phosphorwerte finden.

Nach Hinrichsen kann man aus dem Molybdatniederschlag die Wolframsäure entfernen, wenn man den Niederschlag in Ammoniak löst und die Lösung nach Jörgensen[2]) heiß mit Magnesiamischung fällt. (Kalte Fällung würde wiederum wolframhaltigen Niederschlag ergeben.)

Erforderliche Lösung. Die zur Fällung der Phosphorsäure nach Jörgensen erforderliche Lösung wird wie folgt hergestellt: 50 g kristallisiertes Chlormagnesium ($MgCl_2 + 6\,aq$) und 150 g Chlorammonium werden mit Wasser zu einem Liter gelöst.

Ausführung der Bestimmung. Man löst 5 g der wolframhaltigen Stahlprobe mit Salpetersäure (spez. Gew. 1,18), dampft die Lösung ein und zerstört die Nitrate des getrockneten Rückstandes durch kräftiges Glühen. Nach Erkalten durchfeuchtet man die Oxyde mit rauchender Salzsäure, erwärmt nach Zusatz weiterer Salzsäure bis zur vollständigen Lösung des Eisens, dampft dann die erhaltene Lösung zur Trockene ein und führt die vorhandene Kieselsäure und Wolframsäure durch Erhitzen bei 135° C auf der Asbestplatte oder im Trockenschrank (bis keine salzsäurehaltigen Dämpfe mehr entweichen) in unlösliche Form über. Nach Erkalten bringt man wieder mit möglichst wenig rauchender Salzsäure alles Eisen in Lösung und verdampft den Salzsäureüberschuß, soweit dies möglich ist, ohne Abscheidung von Eisensalzen in fester Form zu erhalten. Dann läßt man einige Zeit absitzen, gibt verdünnte Salzsäure zu und filtriert den Rückstand ab.

Zum Auswaschen des Eisens aus Filtrierrückstand und Filter verwendet man zunächst verdünnte Salzsäure; wenn die Eisensalze größtenteils ent-

---

[1]) Mitteilungen aus dem Kgl. Materialprüf.-Amt 28. (1910). 229.
[2]) Zeitschr. anal. Chem. 45. (1906). 273.

fernt sind, ist es dagegen vorteilhafter mit ammonsalzhaltiger, saurer
Lösung auszuwaschen, um zu verhindern, daß Wolframsäure kolloid in Lösung
geht und das Filtrat trübt; man kann dazu die zum Auswaschen des Molybdatniederschlages angegebene salpetersaure Ammonnitratlösung (deren Herstellung s. Seite 168) benutzen.

Der Rückstand auf dem Filter wird nach Veraschen und Abrauchen
des Siliziumdioxyds für sich auf Phosphor untersucht. Man schließt ihn
mit wenig Natriumkarbonat auf, löst die Schmelze mit Wasser und fällt
im Filtrat vorhandene Phosphorsäure durch Magnesialösung in der Wärme
wie nachher bei der Fällung der Hauptmenge beschrieben.

Das Filtrat enthält die Hauptmenge Phosphorsäure; es kann aber
noch geringe Mengen in Lösung verbliebener (kolloider) Wolframsäure
enthalten. Man dampft es in einem (150 oder 250 ccm fassenden) Becherglas soweit als ohne Abscheidung fester Teile möglich ist, ein, fällt Phosphorsäure durch Molybdänlösung in der beim Molybdatverfahren beschriebenen Weise (s. S. 168) und filtriert den Niederschlag ab.

Nach dem Auswaschen in üblicher Weise löst man den Niederschlag,
der auch die im Filtrat vorhandenen Wolframsäurereste enthält, mit wenig
$2^{1}/_{2}\,^{0}/_{0}$igem Ammoniak vom Filter und fängt die ammoniakalische
Lösung samt den Waschwässern in einem 150 ccm fassenden Becherglas auf.

Die ammoniakalische Lösung soll bei dem meist nur geringen Phosphorgehalt der Wolframlegierungen nicht mehr als 20 ccm betragen. Sie wird
nach Aufdecken eines Uhrglases bis zum Beginn des Kochens erhitzt und
dann tropfenweise mit der neutralen Magnesialösung versetzt, solange der
Niederschlag noch sichtlich zunimmt (in der Regel reichen hierzu 1—2 ccm
aus). Dabei fällt zunächst flockiger Niederschlag aus, der sich allmählich
in dichten, kristallinischen umwandelt.

Während des Abkühlens rührt man häufig um und filtriert nach
wenigstens vierstündigem Stehen. Der Niederschlag wird mit $2^{1}/_{2}\,^{0}/_{0}$igem
Ammoniak ausgewaschen und, wenn die Niederschlagsmenge hinreichend
groß ist, um in der Form des Magnesiumpyrophosphats genau bestimmt
werden zu können, in folgender Weise weiter behandelt: Das Becherglas
wird sorgfältig von anhaftendem Niederschlag durch Ausreiben mit einem
Stückchen aschefreien Filters befreit und letzteres samt dem Filter mit der
Hauptmenge des Niederschlags im Platintiegel verascht.

Ist die Menge des Magnesianiederschlages nur geringfügig, so löst
man besser den ausgewaschenen Niederschlag mit verdünnter Salpetersäure (1,18) vom Filter in das zur Fällung benutzte Becherglas, wäscht
das Filter mehrmals mit verdünnter Salpetersäure aus, um alle Phosphorsäure daraus zu entfernen und fällt die salpetersaure Lösung von neuem
mit Molybdänlösung nach Finkener, wobei man soviel Ammonnitrat in
fester Form zugibt, daß die Lösung $25\,^{0}/_{0}$ davon enthält.

Die Bestimmung der Niederschlagsmenge wird wie beim Hauptver-
fahren angegeben zu Ende geführt

Über die Berechnung des Phosphorgehaltes siehe S. 170.

5. Bestimmung des Phosphors in vanadinhaltigem Material.

(Vanadinstahl, Ferrovanadin).

Grundlagen des Verfahrens. Bei der Fällung der Phosphorsäure durch Molybdänlösung in Gegenwart von Vanadinsalzen fällt ein Teil des vorhandenen Vanadins mit dem Phosphorniederschlag aus. Der entstehende Niederschlag besitzt nicht rein gelbe, sondern mehr oder weniger orangerote Farbe.

Um aus dem Niederschlag das Vanadin zu entfernen, kann man nicht den bei wolframhaltigem Material benützten Weg einschlagen, da das Vanadin bei jeder Fällung der Phosphorsäure wieder mitfällt. Dagegen gelingt es, Vanadinsäure von Phosphorsäure und Molybdänsäure zu trennen, wenn man das Vanadin aus der Lösung des Niederschlags in verdünntem Ammoniak mit Chlorammonium fällt. Vanadinsäure läßt sich so quantitativ entfernen, während Phosphor- und Molybdänsäure in Lösung bleiben[1]).

Nach Abfiltrieren des Ammoniumvanadats kann die Phosphorsäure im Filtrat in üblicher Weise bestimmt werden.

Ausführung der Bestimmung. Je nach dem Phosphorgehalt des Materials werden 5—10 g des Probematerials mit verdünnter Salpetersäure (spez. Gew. 1,18) in der bedeckten Porzellanschale gelöst und die Lösung, wie bei der Bestimmung des Siliziums (Verfahren 1 b S. 133) beschrieben, weiter behandelt.

Im Filtrat vom Siliziumdioxyd wird die Phosphorsäure in der auf Seite 168 beschriebenen Weise gefällt und der orangerot gefärbte Niederschlag abfiltriert. Nach gründlichem Auswaschen mit schwach saurer Ammoniumnitratlösung löst man den Niederschlag mit Hilfe von Ammoniak und Wasser in ein etwa 150 ccm fassendes Becherglas, wäscht Filter und das zur Fällung benutzte Becherglas sorgfältig aus und engt die erhaltene Lösung auf etwa 20 ccm ein.

Während des Einengens fügt man von Zeit zu Zeit einen Tropfen Ammoniak hinzu, wobei die Lösung stets, falls sie gelb geworden sein sollte, wieder farblos werden muß (vergl. Anmerkung, S. 177). Zur schwach ammoniakalischen, abgekühlten Lösung fügt man alsdann auf je 20 ccm Lösung 5 bis 6 g festes reines Chlorammonium auf einmal hinzu, rührt eine Zeitlang kräftig um, damit die Lösung rasch mit Chlorammonium gesättigt wird. Ein kleiner Rest des zugefügten Chlorammoniums darf dabei ungelöst bleiben. Ist die vorhandene Vanadinsäuremenge nicht zu gering, so wird die Flüssigkeit bei raschem Lösen des Chlorammoniums milchig trübe und scheidet feinflockigen Niederschlag von Ammoniummetavanadat ab; die Fällung ist nach etwa sechs Stunden eine vollständige.

Der Niederschlag wird abfiltriert und mit gesättigter Chlorammoniumlösung (250 g Chlorammonium zum Liter gelöst) ausgewaschen, bis eine Probe des Filtrates mit Molybdänlösung keine Phosphorfällung mehr gibt.

Im Filtrat kann nach schwachem Ansäuern mit verdünnter Salpetersäure und Zusatz von Molybdänlösung die Phosphorsäure ohne weiteres gefällt werden. Infolge der anwesenden großen Chlorammoniummengen fällt dabei der gelbe Niederschlag zusammen mit überschüssiger Molybdänsäure

---

[1]) Die Grundlagen des Verfahrens finden sich schon in Rose-Finkeners Handbuch der analytischen Chemie (1871. Band II. S. 535) angegeben.

in feinpulveriger Form aus. Um den genauen Phosphorwert zu erfahren, kann man den erhaltenen gelben Niederschlag mit verdünntem Ammoniak lösen, die Phosphorsäure daraus durch Zugabe von neutraler Magnesialösung (nach Jörgensen, S. 174) und Ammoniak fällen, den Niederschlag abfiltrieren, mit verdünntem Ammoniak auswaschen, mit verdünnter Salpetersäure vom Filter bzw. aus dem Becherglase wieder lösen und die Lösung in einem 150 bis 250 ccm fassenden Becherglas auffangen. Durch Zusatz von Molybdänlösung und soviel festem Ammoniumnitrat, daß die Lösung 25 % festes Salz enthält, wird die Phosphorsäure jetzt von neuem gefällt und der reine Niederschlag in früher beschriebener Weise zur Wägung gebracht.

Anmerkung. Enthält das zu untersuchende Material außer Vanadin noch Wolfram, so muß dieses als Wolframtrioxyd durch sorgfältiges Abscheiden mit dem Siliziumdioxyd entfernt werden. Andernfalls kann der in der salzsauren Lösung zurückgebliebene Anteil des Wolframs in den Phosphormolybdatniederschlag übergehen und beim Abscheiden der Vanadinsäure erhebliche Schwierigkeiten bereiten. Das Vorhandensein von Wolframtrioxyd im Phosphormolybdatniederschlag kann man daran erkennen, daß beim Lösen des Niederschlags mit ammoniakhaltigem Wasser keine farblose sondern eine gelbgrün gefärbte Lösung entsteht, die ihre Färbung dem Vorhandensein einer komplexen Vanadinwolframsäure verdankt. Aus dieser Lösung läßt sich die Vanadinsäure nicht in der oben angegebenen Weise durch Chlorammonium abscheiden.

Beispiele.

1. Vergleichende Bestimmungen nach dem Molybdatverfahren bei Wägung als Molybdatniederschlag und bei Wägung als Magnesiumpyrophosphat.

Probe 1. 4 g Schweißeisen ergaben an Molybdatniederschlag 0,2612 g entsprechend 0,10s % Phosphor (0,1₁ %).

Nach Lösen des Niederschlags, Fällen mit Magnesiamischung, Überführen in Magnesiumpyrophosphat wurden erhalten 0,0154 g $Mg_2P_2O_7$ entsprechend 0,107 % Phosphor (0,1₁ %).

Probe 2. Phosphorarmes Flußeisen. Je 5 g des Probematerials ergaben an Molybdatniederschlag:

a) 0,0167 g entsprechend 0,005₅ % Phosphor
b) 0,0163 g entsprechend 0,005₄ % Phosphor.

Von der Wägung des Phosphors in Form von $Mg_2P_2O_7$ wurde abgesehen, weil bei der geringen zu erwartenden Menge $Mg_2P_2O_7$ (0,0010 g) die mit dem Molybdatverfahren erzielte Genauigkeit nicht sicher erreichbar ist.

Probe 3. Ferrophosphor. Aufschluß mit Eschkamischung; die benutzte Aufschlußmischung erwies sich als frei von Phosphorsäure.

Tabelle 89.

Versuch Nr.	a) Molybdatfällung			
	Aufgeschlossene Menge der Probe g	Zur Fällung verwendet	Molybdatniederschlag g	Phosphor %
a)	0,5002	$\frac{1}{20}$	0,3766	24,84
b)	0,5004	$\frac{1}{20}$	0,3774	24,89
	b) Magnesiafällung			
c)	1,0015	$\frac{1}{5}$	g $Mg_2P_2O_7$ 0,1786	24,85

2. Phosphorbestimmungen in verschiedenen Proben.

Probe 4. **Ferrosilizium.** Aufschluß mit Magnesia-Natriumkarbonat.
Je 1 g des Materials (78 % Si enthaltend) ergab:
Versuch a) 0,0193 g Molybdatniederschlag entsprechend 0,03₂ % P
Versuch b) 0,0179 g „ „ 0,03₀ „ „.

Probe 5. **Silikomangan** (mit 23,2 % Si und 67,2 % Mn) Aufschluß mit Eschkamischung.
Vers. a) 0,5830 g gaben 0,1044 g Molybdatniederschl. entsprech. 0,29₅ % P
Vers. b) 0,5256 g „ 0,0928 g „ „ 0,29₁ „ „.

Probe 6. **Titanmetall** mit 66 % Ti). Aufschluß mit Eschkamischung.
Vers. a) 1,0011 g gaben 0,0491 g Molybdatniederschl. entsprech. 0,08₀ % P.
Vers. b) 2,0015 g „ 0,1058 g „ „ 0,08₇ „ „.

Probe 7. **Wolframstahl** (mit 1,1₁ % Wolfram).
Je 4 g der Probe ergaben nach Entfernung des Wolframs:
Versuch a) 0,0672 g Molybdatniederschlag entsprechend 0,02₈ % P
Versuch b) 0,0670 g „ „ 0,02₈ „ „.

Probe 8. **Ferrovanadin** (26 % Vanadin enthaltend).
Je 3 g der kohlenstoffarmen Probe lieferten nach Entfernung des mitgefällten Vanadins:
Versuch a) 0,6236 g Molybdatniederschlag entsprechend 0,34₂ % P
Versuch b) 0,6208 g „ „ 0,34₁ „ „.

Wurde die Phosphorbestimmung in derselben Probe mit je 1 g ohne Rücksicht auf das vorhandene Vanadin ausgeführt, so wurden erhalten:
Versuch c) 0,2367 g Molybdatniederschlag [entsprechend 0,3₉ % P]
Versuch d) 0,2401 g „ [„ 0,4₀ % P].

3. Ergebnisse vergleichender Phosphorbestimmungen nach dem Molybdatverfahren, ohne und mit Anwendung von Bromwasserstoffsäure.

a) Mit Ammonphosphatlösung.

Die benutzte Eisenlösung enthielt 2,4 g metallisches Eisen in 15 ccm, die Arsensäurelösung 0,045 g Arsen in 5 ccm.

Tabelle 90.

Ver-such Nr.	Angewandte Mengen				Molybdatniederschlag in g	
	Phosphat-lösung ccm	Eisen-chlorid-lösung ccm	Arsen-säure-lösung ccm	Bromwasser-stoffsäure[1] ccm	ohne Abzug	nach Abzug des aus angewandter HBr-Menge stammenden Molybdat-niederschlags
1	20	15	—	—	0,1882	—
2	20	15	—	25	0,1932	0,1871
3	20	15	5	—	0,2877	—
4	20	15	5	—	0,2929	—
5	20	15	10	25	0,1919	0,1858
6	20	15	10	25	0,1929	0,1868
7	20	15	5	—	0,2792[2]	—

[1] 25 ccm der Bromwasserstoffsäure, nach Eindampfen mit Molybdänlösung gefällt ergaben: a) 0,0064 g; b) 0,0058 g Molybdatniederschlag. Die Arsensäurelösung erwies sich als frei von Phosphorsäure.

[2] Bei Versuch 7 wurde statt mit Bromwasserstoffsäure mit 25 ccm rauchender Salzsäure eingedampft. Der Versuch zeigt, daß mit Salzsäure nicht die mit Bromwasserstoffsäure eintretende völlige Verflüchtigung des Arsens erzielt wird.

b) Mit verschiedenen Eisen- und Stahlproben.

Tabelle 91.

Probe Nr.	Materialbezeichnung	Phosphorgehalt, ermittelt	
		ohne	mit
		Anwendung von Bromwasserstoffsäure	
		%	%
1	Flußeisen	0,025	0,019
		0,021	0,018
2	Schweißeisen	0,148	0,127
		0,142	0,126
3	Roheisen	0,048	0,044
		0,049	0,045
4	Qualitäts-Martin-Roheisen	0,109	0,076
		0,110	0,078
5	Siemens-Martinstahl[1]	0,040	0,028
		0,042	0,029
		0,042	0,029
		0,041	0,028

Die Werte der Tabelle 91 zeigen, daß Übereinstimmung von Werten, die nach einem Verfahren erhalten sind, zwar gleichmäßige Arbeitsweise erkennen läßt, aber nicht ohne weiteres als Beweis ihrer Richtigkeit betrachtet werden darf, wenn nicht auch das richtige Verfahren für die Bestimmung angewandt ist. Die Abweichungen der nach beiden Verfahren gefundenen Phosphorwerte, die zum Teil recht erhebliche Beträge ausmachen[2]), lassen sich im vorliegenden Fall nicht auf Ungleichmäßigkeit des Probematerials, sondern nur auf die Anwesenheit von Arsen zurückführen.

Genauigkeit der Phosphorbestimmungen und höchstzulässige Abweichungen.

Die bei der Fällung der Phosphorsäure durch Molybdänlösung erhaltenen Niederschläge lassen sich erfahrungsgemäß bis auf einen Fehler von etwa $\pm\,0,001$ g genau bestimmen. Da indessen eine Reihe von Stoffen mit Molybdänsäure ähnliche Niederschläge liefern oder von dem Molybdatniederschlag mitgerissen werden, so kann von genauen Werten nur dann gesprochen werden, wenn alle störenden Einflüsse durch entsprechende Maßnahmen beseitigt sind; geeignete Verfahren sind im vorstehenden angegeben. Unter Annahme eines größten Fehlers von $\pm\,0,001$ g Molybdatniederschlag kann man dann folgende Abweichungen der Phosphorwerte als zulässig bezeichnen:

bei Phosphorgehalten	zulässige Abweichungen
von 0 —0,03 %	$\pm\,0,001$ %
„ 0,03—0,1 „	$\pm\,0,002$ „

[1]) Je zwei Bestimmungen wurden von verschiedenen Analytikern ausgeführt. Der Arsengehalt der Probe 5 wurde zu 0,058% gefunden.

[2]) Die Phosphorwerte der Proben 4 und 5 (Tab. 91), nach den beiden Verfahren ermittelt, verhalten sich annähernd wie 10:7!

bei Phosphorgehalten	zulässige Abweichungen.
von 0,1 —0,2 %	± 0,003 %
„ 0,2 —1,0 „	± 0,005 „
„ 1,0 —2,0 „	± 0,01 „
„ 2,0 —5,0 „	± 0,02 „
„ 5,0 und mehr	± 0,05 „

F. Arsen.

Kleine Mengen von Arsen gehen beim Verhütten der fast immer etwas arsenhaltigen Erze in das Eisen über und man kann geringe Arsengehalte — im allgemeinen bis zu 0,05 %, nach von Reis bis zu 0,08 % Arsen — in den meisten Eisen- und Stahlproben nachweisen.

Da ein Arsengehalt die durch den Phosphor- und Schwefelgehalt bedingten schlechten Eigenschaften eines Materials weiter steigert, so ist die Kenntnis des Arsengehaltes für die Beurteilung des Materials unter Umständen von Wichtigkeit. Wie im vorhergehenden Abschnitt gezeigt, ist ein Arsengehalt auf die Bestimmung des Phosphors von Einfluß, so daß die Kenntnis des Arsengehalts auch für den Analytiker bei der Wahl des Phosphorbestimmungsverfahrens von Bedeutung ist.

Grundlagen des Verfahrens. Beim Lösen von Eisen und Stahl mit Salpetersäure geht vorhandenes Arsen in entsprechender Weise wie der Phosphor in Arsensäure über. Beim Eindampfen und Zerstören der Nitrate bleibt alles Arsen als Arsenat beim Rückstand.

Aus der salzsauren Lösung des Rückstandes kann man dann das vorhandene Arsen als Trichlorid abdestillieren, nachdem man das in dreiwertiger Form vorliegende Eisen zuvor zur zweiwertigen Stufe reduziert hat.

Am sichersten erfolgt diese Reduktion durch Kupferchlorür[1]). Der Reduktionsvorgang läßt sich durch folgende Ionengleichung ausdrücken:

$$\text{Fe}^{\cdots} + \text{Cu}^{\cdot} = \text{Fe}^{\cdot\cdot} + \text{Cu}^{\cdot\cdot}.$$

Danach sind zur Reduktion von 56 Teilen (als Chlorid vorhandenes) Eisen 99 Teile Kupferchlorür erforderlich.

Ausführung der Bestimmung. 10—12 g Eisen oder Stahl werden im Rundkolben von etwa 500 ccm Inhalt unter allmählichem Zugeben von verdünnter Salpetersäure (spez. Gew. 1,18) und Erhitzen über dem Bunsenbrenner in Lösung gebracht. Die Lösung wird in der auf S. 152 (Beschleunigung des Verfahrens) beschriebenen Weise zur Trockene verdampft und der Rückstand auf dem Dreibrenner geglüht, bis keine roten Stickoxyddämpfe mehr entweichen.

Nach Abkühlen des Rückstandes gibt man 80—100 ccm rauchende

---

[1]) Bei der Wahl des Reduktionsmittels ist zu berücksichtigen, daß durch manche Stoffe (Zinnchlorür, Natriumhypophosphit) infolge zu weitgehender Reduktion oft Arsen in metallischer Form im Destillationskolben abgeschieden wird, das in solcher Form nicht überdestilliert werden kann, während bei anderen (Zink, Eisen u. a.) durch Bildung von Arsenwasserstoff Verluste an Arsen eintreten können.

Bei Verwendung nicht zu feiner Späne von reinem Eisen zur Reduktion ist der dadurch entstehende Arsenverlust nur ein geringer, falls die Reduktion in der nur schwach sauren und wenig angewärmten Lösung erfolgt.

Salzsäure (spez. Gew. 1,19) dazu und bringt die Oxyde durch g a n z g e l i n d e s Erwärmen unter Umschwenken in Lösung. Erwärmen bis zum Sieden der Salzsäure ist unter allen Umständen zu vermeiden, da Verluste durch Verflüchtigen von Arsentrichlorid eintreten würden.

Inzwischen bringt man in den Kolben a des Arsendestillierapparates (Abb. 122) auf je 10 g eingewogenen Eisens 18 g reines arsenfreies Kupferchlorür[1]) und läßt dann die arsenhaltige salzsaure Lösung des Eisens einfließen; die in der Schale zurückbleibenden Reste spült man mit konzentrierter Salzsäure vom spez. Gew. 1,12 in den Kolben nach. Dann erhitzt man die Lösung im Kolben zum Kochen und fängt die abdestillierende Flüssigkeit in einem etwa 500—600 ccm fassenden Becherglas auf. Wenn alles bis auf etwa 50 ccm Flüssigkeit aus dem Kolben abdestilliert ist, stellt man das Erhitzen ein, gießt nach einigem Abkühlen noch 50 ccm rauchende Salzsäure (1,19) durch das Einfüllrohr in den Kolben und destilliert zur größeren Sicherheit nochmals bis auf etwa 50 ccm ab, wobei man das Übergehende mit dem zuerst erhaltenen Destillat vereinigt.

Weiteres Destillieren nach Zusatz frischer Salzsäure ist überflüssig, da das ganze Arsen sich im zuerst Übergegangenen befindet.

Das stark salzsaure Destillat wird mit der gleichen Menge Wasser verdünnt, mit Schwefelwasserstoff gesättigt und zum Absitzenlassen des ausgefallenen Schwefelarsens über Nacht unter eine Glasglocke gestellt.

Den Niederschlag von Arsensulfid filtriert man durch ein kleines, gut laufendes Filter ab, wäscht die Salzsäure mit Wasser aus, bis das Waschwasser nicht mehr sauer reagiert, spritzt die Hauptmenge des Sulfides vom Filter in eine flache Porzellanschale von etwa 10 cm Durchmesser, löst den Rest mit Ammoniak vom Filter

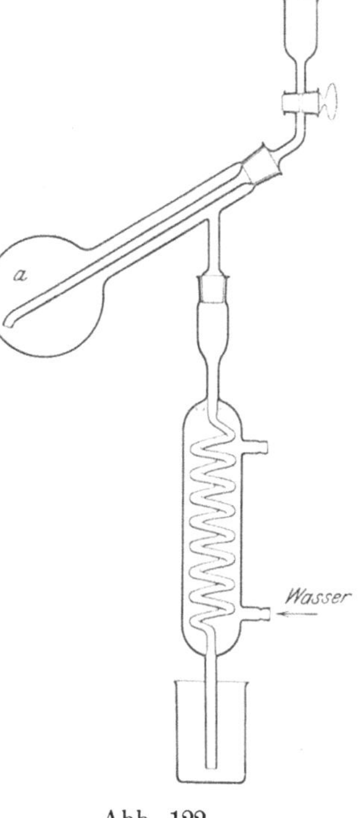

Abb. 122.

in die Schale und wäscht das Filter mit ammoniakhaltigem Wasser aus. Die ammoniakalische Lösung des Arsensulfides wird zur Verjagung überschüssigen Ammoniaks eingeengt und mit konzentrierter Salpetersäure vom spez. Gew. 1,40 zur Trockene verdampft; dann gibt man einige Tropfen rauchender Salpetersäure (spez. Gew. 1,52) zu, um vorhandene Reste von Schwefel zu oxydieren, und dampft auf dem Dampfbad ein. Die erhaltene Arsensäure nimmt man mit wenig Wasser auf, filtriert durch ein kleines

---

[1]) Zweckmäßig entfernt man etwa vorhandenes Arsen aus dem Kupferchlorür v o r d e m Z u g e b e n d e r E i s e n l ö s u n g, indem man die anzuwendende Menge Kupferchlorür im Arsendestillierkolben mit etwa 100 ccm Salzsäure (vom spez. Gew. 1,19) destilliert. (Versuche mit reinem Kupferchlorür von Kahlbaum, Berlin ergaben keine wägbaren Mengen von Arsen, diese Vorsichtsmaßregel war in diesem Falle nicht erforderlich.)

Filter ab und engt das Filtrat in einem etwa 50 bis 100 ccm fassenden Becherglas auf eine kleine Flüssigkeitsmenge (etwa 10 bis 20 ccm) ein. Man fügt hierauf 2 bis 3 ccm klarer Magnesiamischung (deren Bereitung siehe S. 170, Fußnote), sowie etwa die Hälfte der Flüssigkeitsmenge an Ammoniak (spez. Gew. 0,96) hinzu und rührt mit dem Glasstab tüchtig um. Der Niederschlag des Magnesiumammoniumarsenates beginnt sich alsbald abzuscheiden. Nach einiger Zeit prüft man durch Zugeben einiger weiterer Tropfen der Magnesiamischung, ob alle Arsensäure ausgefällt ist; dann fügt man noch den vierten Teil der Flüssigkeitsmenge an Alkohol hinzu und läßt bis zum anderen Tag den Niederschlag absitzen.

Die sicherste Art, den Magnesianiederschlag in wägbare Form überzuführen, ist nach Treadwell[1]) folgende: Man filtriert den Niederschlag durch einen bis zum gleichbleibenden Gewicht ausgeglühten Goochtiegel oder noch besser Neubauertiegel und wäscht mit verdünntem Ammoniak bis zum Verschwinden der Chlorreaktion aus. Dann trocknet man den Niederschlag zunächst bei 110^0 C im Trockenschrank und stellt den Tiegel in ein Luftbad (hergestellt aus Porzellantiegel und Asbestring nach Abb. 120, S. 148), so daß der Boden des Gooch- bzw. Neubauertiegels nur 2—3 mm vom Boden des äußeren Porzellantiegels entfernt ist, erhizt zuerst ganz gelinde, steigert allmählich die Hitze bis zur hellen Rotglut und wägt nach Erkaltenlassen im Exsikkator das Magnesiumpyroarsenat. Durch nochmaliges Glühen in der beschriebenen Weise und Wägen hat man sich zu überzeugen, daß das Gewicht des Niederschlages sich nicht mehr ändert.

Berechnung. Unter der Annahme, daß e Gramm Probematerial eingewogen wurden und a Gramm Pyroarsenat gefunden sind, berechnet sich der Arsengehalt des Probematerials wie folgt:

$$^0/_0\ As = \frac{48,27 \cdot a}{e}.$$

Beispiele.

Versuche mit einer Arsensäurelösung von bekanntem Gehalt.

Je 10 ccm Arsensäurelösung ergaben nach Fällung des Arsens mit Magnesialösung und Wägen als Pyroarsenat:

Versuch 1. 0,0338 g $Mg_2As_2O_7$; Versuch 2. 0,0332 g $Mg_2As_2O_7$.

Je 5 g reines Eisen (reduziertes Eisen von Kahlbaum) wurden unter Zusatz von 10 ccm Arsensäurelösung im Rundkolben mit Salpetersäure gelöst und die Arsenbestimmung nach dem oben beschriebenen Verfahren durchgeführt.

Die erhaltenen Mengen von Magnesiumpyrophosphat waren:

Versuch 1. 0,0326 g $Mg_2As_2O_7$; Versuch 2. 0,0328 g $Mg_2As_2O_7$.

Das benutzte Eisen war frei von Arsen.

---

1) Lehrbuch der analytischen Chemie, II. Band (Quantitative Analyse). 3. Aufl. 1905. 145.

Versuche mit verschiedenen Eisen- und Stahlproben.

Tabelle 92.

Probe Nr.	Bezeichnung	Einwage g	$Mg_2As_2O_7$ g	Arsengehalt in %
1	Roheisen . . . . . { a)	5	0,0034	0,033
	{ b)	5	0,0035	0,034
2	Siemens-Martinstahl . { a)	5	0,0024	0,023
	{ b)	5	0,0026	0,025
3	desgl. . . . . { a)	5	0,0066	0,064
	{ b)	5	0,0054	0,052
4	desgl. . . . . { a)	10	0,0128	0,062
	{ b)	10	0,0106	0,051

Genauigkeit des Verfahrens. Für Arsengehalte in Eisen und Stahlproben bis zu 0,3 % kann man nach dem angegebenen Verfahren erfahrungsgemäß etwa folgende Abweichungen der Einzelwerte als noch einhaltbar
und für genaue Bestimmungen zulässig bezeichnen:

für Arsengehalte in %	zulässige Abweichung
von 0,01 bis 0,05	± 0,005 %
„ 0,05 „ 0,10	± 0,008 „
„ 0,10 „ 0,30	± 0,01 „.

Die Anwendbarkeit des Verfahrens erstreckt sich auf alle in Salpetersäure löslichen Proben von Eisen und Stahl.

G. Schwefel.

Schwefel findet sich in Eisen- und Stahlsorten als steter Begleiter und
zwar in wechselnden Mengen, die im Höchstfall einige Zehntelprozente
erreichen.

Er ist stets in Form von Eisensulfür vorhanden, kann also durch
Säuren in Schwefelwasserstoff übergeführt werden. Da der Schwefel leicht
zur Seigerung neigt, so ist bei der Entnahme des Probematerials für die
Analyse, sowie beim Einwägen der Proben hierauf Rücksicht zu nehmen.
Näheres darüber ist im ersten Teil des Buches gesagt.

1. Bestimmung des Schwefels in säurelöslichem Probematerial.

Grundlagen der Verfahren. Der in Eisen oder Stahl vorhandene
Schwefel kann nach zwei auf verschiedenen Grundlagen aufgebauten Verfahren bestimmt werden. Diese Verfahren sind:

a) das Entwickelungsverfahren und

b) das Ätherverfahren.

Ersteres beruht auf der Verflüchtigung des Schwefels in Form von
gasförmigem Schwefelwasserstoff und Bestimmen des in geeigneter Weise
aufgefangenen Schwefelwasserstoffs[1]).

---

[1]) Vergl. Schulte, Stahl und Eisen 26. (1906). 985, sowie Kinder, Stahl und Eisen
28. (1908). 249.

Das zweite Verfahren ist auf der von R o t h e herrührenden Beobachtung begründet, daß aus schwefelsäurehaltigen Eisenchloridlösungen, wie sie z. B. durch oxydierendes Lösen von Stahl- und Eisenproben erhalten werden können, alles Eisen durch Äther entfernt wird, ohne daß Schwefelsäure in nachweisbaren Mengen in die Ätherlösung eingeht[1]). Durch Bestimmen der Schwefelsäure in der eisenfreien Lösung läßt sich demnach der Schwefelgehalt der Probe ermitteln.

a) Bestimmung des Schwefels nach dem Entwickelungsverfahren.

Erforderliche Apparate und Lösungen. Schwefelbestimmungsapparat. Von der großen Anzahl der vorgeschlagenen Apparate hat sich der in Abb. 123 angegebene als geeignet erwiesen[2]).

K i p p scher Apparat zur Entwickelung von reinem Kohlendioxydgas.

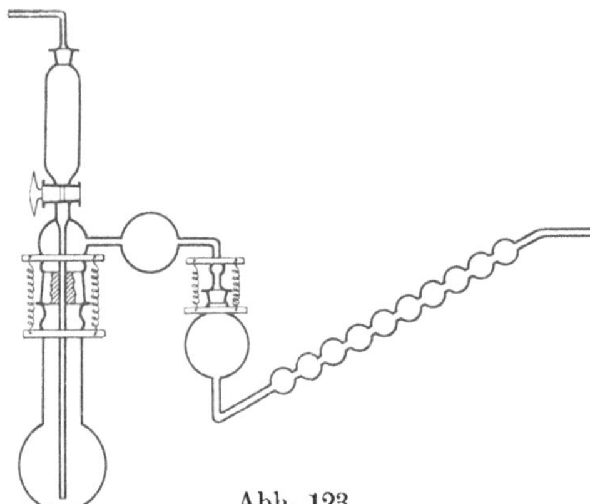

Abb. 123.

B r o m s a l z s ä u r e. Die zur Absorption des Schwefelwasserstoffes dienende Bromsalzsäure wird hergestellt durch Vermischen von etwa 13 ccm reinem, schwefelfreiem Brom mit 1 Liter Salzsäure vom spez. Gew. 1,12 unter kräftigem Schütteln.

N a t r i u m c h l o r i d l ö s u n g. Wird durch Sättigen einer 10⁰/₀ igen Lösung von schwefelsäurefreiem Natriumkarbonat mit Salzsäure erhalten.

Ausführung der Bestimmung. In den trockenen Kolben des Apparates (Abb. 123) bringt man die abgewogene Menge des Probematerials[3]) (gewöhnlich 10 g, die auf der Handwage abgewogen werden können, vergl. die Anmerkung S. 107 u. 108).

Dann setzt man den aufgeschliffenen Teil mit dem Einleitrohr auf den Kolben und verdrängt durch Einleiten getrockneten Kohlendioxydgases die im Kolben vorhandene Luft. Während dies geschieht, füllt man in das Kugelrohr etwa 30 ccm Bromsalzsäure ein, d. h. soviel, daß beim Durchleiten der Gase die drei letzten der zehn Kugeln des Rohres von der Bromsalzsäure nicht erreicht werden. Das Kugelrohr wird dann an den Entwickelungskolben angeschlossen und weiter Kohlendioxyd durchgeleitet, so daß in der großen Kugel des Kugelrohres keine Bromdämpfe mehr wahrnehmbar sind. Dies pflegt nach 1—2 Minuten einzutreten.

Man schließt alsdann den Hahn am Einfülltrichter, entfernt das eingeschliffene Rohrende, das zum Einleiten des Kohlendioxyds dient, vom

---

[1]) Vergl. auch K r u g, Stahl und Eisen 25. (1905). 887.
[2]) Der Apparat ist von der Firma Bleckmann & Burger in Berlin zu beziehen.
[3]) Falls das Material eisenoxydhaltig ist (d. h. Glühspan oder Rost enthält), so gibt man gleichzeitig mit der Probe 1—2 g festes Zinnchlorür in den Kolben, um zu vermeiden, daß ein Teil des Schwefels durch das entstehende Eisenchlorid in Schwefelsäure übergeführt werde. In diesem Fall kann die Eisenlösung aber nicht zur Bestimmung des Kupfergehaltes weiter verwendet werden.

Einfülltrichter und füllt die zum Auflösen des Eisens nötige Salzsäure-
menge ein.

Zum Auflösen von 10 g Eisen verwendet man am besten 100 ccm
Salzsäure vom spez. Gew. 1,16 bis 1,15[1]). Man erhält diese Konzentration,
wenn man den etwa 50 ccm fassenden Einfülltrichter zuerst mit rauchender
Salzsäure (vom spez. Gew. 1,19) füllt, das eingeschliffene Rohrstück aufsetzt
und unter Einleiten von Kohlendioxyd die Salzsäure in den Kolben fließen
läßt; dann füllt man den Trichter von neuem, diesmal mit konzentrierter
Salzsäure (spez. Gew. 1,12) und läßt die Säure unter den gleichen Versuchs-
maßregeln (um den Luftzutritt fernzuhalten) in den Lösungskolben einfließen.

Sollte die Einwirkung der Säure sehr heftig einsetzen, so kühlt man
durch Eintauchen des Lösungskolbens in eine Schale mit kaltem Wasser.
Geht die Einwirkung sehr langsam vor sich, so erwärmt man durch ein
untergestelltes kleines Flämmchen (hierzu genügt das Sparflämmchen eines
Bunsenbrenners).

Während des Lösungsvorganges stellt man die Kohlendioxydzuleitung
ab, um nicht unnötig Brom aus der Kugelvorlage zu verjagen. Die Wärmezufuhr richtet man so ein, daß die entwickelten Gase ziemlich flott durch
die Bromsalzsäure hindurchgehen. Nach und nach verstärkt man die
Wärmezufuhr, bis die Flüssigkeit zum Sieden kommt; gleichzeitig muß dann
auch alles Eisen in Lösung gegangen sein. Der ganze Lösungsvorgang soll
nicht mehr als eine Stunde beanspruchen; dauert er länger (z. B. bei schwer-
löslichem wolfram- oder molybdänhaltigem Material), so kann leicht zu
geringer Schwefelgehalt gefunden werden.

Ist alles Eisen gelöst, so kocht man etwa eine Minute lang, leitet
dann in raschem Strom Kohlendioxydgas durch, dreht die Flamme aus
und läßt abkühlen.

Nach 10—15 Minuten kann man das Kugelrohr abnehmen und das
Durchleiten von Kohlendioxyd unterbrechen. Der Inhalt des Kugelrohres wird
mit destilliertem Wasser in eine Porzellanschale gespült, 2 bis 3 ccm der
reinen Natriumchloridlösung zugesetzt und in schwefelsäurefreier Luft auf
dem Dampfbad zur Trockene eingedampft. Der verbleibende Rückstand[2])
wird mit verdünnter Salzsäure aufgenommen, durch ein kleines Filter abfiltriert und in einem kleinen Becherglas von 100 ccm Inhalt das Filtrat
und die Waschwässer aufgefangen. Zur Fällung der Schwefelsäure erhitzt
man die Lösung zum Sieden, fügt je nach dem vorhandenen Schwefelgehalt 3 bis 6 ccm Chlorbariumlösung (100 g kristallisiertes Salz auf 500 ccm

---

[1]) Die Anwendung stärkerer Salzsäure als vom spez. Gew. 1,15 bis 1,16 ergibt
keine genaueren Werte. Salzsäure von 1,19 spez. Gew. ist unvorteilhaft für die Bestimmungen, weil sie schon bei gelindem Erwärmen viel Chlorwasserstoffgas entwickelt
und dadurch viel Brom aus der Vorlage unnützerweise verjagt wird. Sie neigt ferner
zum Überkochen und bei Übergehen von Chlorwasserstoff steigt die Bromsalzsäure (besonders bei Luftzug) oft heftig zurück, so daß Bromdämpfe bis in die Entwickelungskolben gelangen können. In solchen Fällen werden die Ergebnisse unsicher und der
Versuch muß wiederholt werden. Derartige Fehlversuche lassen sich beim Lösen mit
etwas schwächerer Salzsäure (spez. Gew. 1,16) vermeiden.

[2]) Der Rückstand enthält bei kohlenstoffreichem Material Bromkohlenwasserstoffe,
die ihn braun färben und ihm einen scharfen Geruch verleihen; sie stören bei der weiteren
Fällung des Bariumsulfates in keiner Weise.

gelöst) hinzu und läßt kurze Zeit, bis zum völligen Absitzen des Bariumsulfates, an mäßig warmer Stelle stehen. Dann filtriert man durch ein
kleines aschefreies Filter (wobei man wieder vor Aufgeben des Niederschlags aufs Filter das Filtriergefäß wechselt) und wäscht zuerst mit verdünnter Salzsäure, zuletzt mit Wasser bis zum Verschwinden der Salzsäure-
reaktion aus.

Das feuchte Filter samt Niederschlag wird in einem gewogenen
Porzellan- oder Platintiegel erst durch schwächeres Erhitzen getrocknet,
dann verascht, der Rückstand schließlich über dem vollen Bunsenbrenner
geglüht und nach Erkalten gewogen.

Um sicher zu gehen, daß der Schwefelgehalt nicht etwa infolge von
Verunreinigungen der Lösungen zu hoch gefunden wird, empfiehlt es sich,
von Zeit zu Zeit die verwendeten Lösungen auf ihren Gehalt an Schwefelsäure zu prüfen. Für genaue Werte ist es überdies stets erforderlich, bei
Ausführung der Versuche nebenher einen blinden Versuch mit den benützten
Lösungen auszuführen. Man mißt die gleiche Menge Bromsalzsäurelösung
wie die in das Kugelrohr eingefüllte ab, dampft sie unter Zugabe von einer
gleich großen Menge Natriumchloridlösung wie beim Versuch ein, löst und
fällt mit wenig Chlorbariumlösung die Schwefelsäure aus. Die nach Abfiltrieren des Niederschlags, Auswaschen, Glühen und Wägen erhaltene
Menge $BaSO_4$ wird von der beim Versuch gefundenen in Abzug gebracht.

Die im Lösungskolben zurückbleibende Eisenchlorürlösung kann für
andere Bestimmungen Verwendung finden. Zur genauen Bestimmung des
Siliziums ist sie weniger gut geeignet, da die an dem Kolbenwandungen
haftenden Teile von Siliziumdioxyd sich nicht immer gut entfernen lassen.

Nach Herausspülen der Lösung, Unlöslichmachen des Siliziumdioxyds
durch Eindampfen und Erhitzen in der bei Verfahren 1 a) der Siliziumbestimmung (S. 130) angegebenen Weise kann man das Filtrat zur Bestimmung des Kupfers oder aber für die Ausätherung nach Rothe, also
zur Bestimmung von Kupfer, Mangan, Nickel, Chrom, Aluminium oder
Vanadin verwerten.

Berechnung. Der Schwefelgehalt des Probematerials berechnet sich
bei einer Einwage von e Gramm der Probe und Auswage von a Gramm
Bariumsulfat wie folgt:

$$\% \; S = \frac{13{,}74 \cdot a}{e}.$$

Urprüfung des Verfahrens. Zur Feststellung, ob das angegebene
Verfahren den vorhandenen Sulfidschwefelgehalt vollständig zu ermitteln
gestattet, wurden Schwefelbestimmungen in der beschriebenen Weise ausgeführt unter Verwendung einer Mischung aus 5 g kohlenstoffreichen Stahls
(1,29% C) und einer gewogenen Menge reinen Zinksulfids.

Das hierzu verwendete Zinksulfid war durch Fällen reiner Zinksalz-
lösung bei Gegenwart freier Ameisensäure mit Schwefelwasserstoff frisch
hergestellt und sorgfältig getrocknet; Sulfat war in der Probe nicht nachweisbar.

Bei der Bestimmung des Schwefelgehaltes in 5 g der Stahlprobe für
sich wurden 0,0058 g Bariumsulfat erhalten.

Versuch 1. Angewandt 5 g Stahlprobe und 0,0811 g Zinksulfid.

Gefunden (nach Abzug von 0,0058 g $BaSO_4$ entsprechend dem Schwefelgehalt aus den angewandten 5 g Stahlprobe) 0,1902 g $BaSO_4$ (berechnet aus der Menge des angewandten Zinksulfids: 0,1943 g $BaSO_4$).

Versuch 2. Angewandt 5 g Stahlprobe und 0,0658 g Zinksulfid.

Gefunden (nach Abzug der 0,0058 g $BaSO_4$) 0,1576 g $BaSO_4$ (berechnet: 0,1576 g $BaSO_4$).

Blinde Versuche mit gleich großen Mengen der angewandten Bromsalzsäure, Salzsäure und Chlornatriumlösung ergaben keine wägbaren Mengen Bariumsulfat.

Beispiele an Stahl- und Eisenproben.

Versuche mit Säuren verschiedener Konzentration.

1. Salzsäure spez. Gew. 1,15 und Salzsäure spez. Gew. 1,19.

Verwendet wurden je 10 g der Stahlproben.

Tabelle 93.

Nr. der Stahlprobe	Angewandt			
	Salzsäure 1,15		Salzsäure 1,19	
	Gewogen g $BaSO_4$	Schwefel %	Gewogen g $BaSO_4$	Schwefel %
1	0,0356	0,049	0,0354	0,049
2	0,0228	0,031	0,0237	0,033
3	0,0368	0,051	0,0378	0,052

Die Ergebnisse bei Anwendung von Salzsäure 1,15 und Salzsäure 1,19 zeigen somit Übereinstimmung.

2. Salzsäure spez. Gew. 1,10 und Salzsäure spez. Gew. 1,15.

Für die Versuche wurden je 5 g einer schwefelreichen Tempergußprobe verwendet; folgende in Tabelle 94 zusammengestellten Werte wurden erhalten:

Tabelle 94.

Versuch Nr.	Spez. Gewicht der angewandten Salzsäure	Gewogene Menge $BaSO_4$ g	Schwefelgehalt %
1	1,10	0,0778	0,214
2	1,10	0,0770	0,212
3	1,15	0,0855	0,235
4	1,15	0,0864	0,237

Die Ergebnisse zeigen zwar bei Anwendung von Salzsäure einer und derselben Konzentration Übereinstimmung, die mit Salzsäure 1,10 erhaltenen Werte sind aber zu niedrig. Diese Versuche zeigen auch, daß Übereinstimmung zweier Werte, die nach ein und demselben Verfahren erhalten sind, noch keineswegs als Beweis für ihre Richtigkeit betrachtet werden darf.

Genauigkeit der erhaltenen Werte und zulässige Abweichungen.

Die bei Ausführung der Schwefelbestimmung nach vorstehend beschriebenem

Verfahren unterlaufenden unvermeidlichen Fehler, einschließlich der Wäg-fehler, überschreiten erfahrungsgemäß nicht ± 1 mg von der Auswage an Bariumsulfat.

Je nach der Höhe der angewandten Einwagen, die man je nach Schwefelgehalt der Probe verschieden hoch wählen wird (z. B. zwischen 4 und 15 Gramm), kann man als zulässige und noch einhaltbare Ab-weichungen bei den erhaltenen Werten folgende Beträge bezeichnen:

Bei Einwagen von g	Schwefelgehalt der Probe: % S	zulässige Abweichungen in %
10—15	0,01—0,04	$\pm 0,001$
10	0,04—0,10	$\pm 0,002$
8	0,10—0,15	$\pm 0,003$
5	0,15—0,20	$\pm 0,004$
4	0,20—0,40	$\pm 0,005$

Anwendbarkeit des Verfahrens.

Das Verfahren ist für alle mit Salzsäure löslichen Sorten von Roheisen, Stahl und Legierungen des Eisens, Mangans usw. verwendbar.

Bei Proben, die in Salzsäure unter Hinterlassung metallischer Rück-stände löslich sind (Wolfram-, Vanadin-, Molybdänstahlproben), ist auf etwaigen Schwefelgehalt im Rückstand Rücksicht zu nehmen.

Zweckmäßig filtriert man den Rückstand ab, oxydiert in der Porzellan-schale durch Eindampfen mit starker Salpetersäure, scheidet Wolframsäure unlöslich ab durch Eindampfen mit Salzsäure, zieht dann mit Salzsäure aus und fällt nach Abfiltrieren der Wolframsäure die salzsaure Lösung mit Chlor-barium.

Weniger umständlich ist für diesen Fall das nachfolgend beschriebene Verfahren, falls das Material durch Salpetersäure gelöst wird.

b) Bestimmung des Schwefels nach dem Ätherverfahren.

Erforderliche Apparate und Lösungen: Schüttelapparat nach Rothe für größere Einwagen (Abb. 118, Seite 142), ferner die zum Ausäthern notwendigen Lösungen vergl. die Angaben ebenda.

Ausführung der Bestimmung. 8—10 g des Probematerials (auf der Handwage abgewogen) werden in einem etwa 500 ccm fassenden Rund-kolben, dessen Hals in eine zum Halten des Kolbens geeignete Klammer gespannt ist, mit etwa 70—90 ccm starker Salpetersäure vom spez. Gew. 1,40 übergossen. Da in der Kälte in der Regel keine Einwirkung erfolgt, erhitzt man vorsichtig mit anfangs kleiner Flamme bis zum Beginn der Stickoxyd-entwickelung. Dabei hält man eine Schale mit kaltem Wasser bereit, um nötigenfalls bei heftig werdender Umsetzung durch Abkühlen die Re-aktion mäßigen zu können. Ist der Lösungsvorgang beendet, so dampft man den Inhalt des Rundkolbens wie bei anderer Gelegenheit zur Be-schleunigung des Eindampfens beschrieben (vergl. S. 152 Abschn. d) zur Trockene und zerstört die Nitrate durch Glühen.

Nach Aufnehmen der Oxyde mit starker Salzsäure, Abdampfen im Kolben und Erhitzen zur Abscheidung des Siliziumdioxyds, löst man noch-mals mit Salzsäure, filtriert dann das unlöslich abgeschiedene Siliziumdioxyd ab und wäscht sorgfältig mit heißer verdünnter Salzsäure eisenfrei aus. Das Filtrat wird in der Porzellanschale, soweit als ohne Kristallabscheidung möglich, eingedampft und im großen Schüttelapparat nach den bei der Manganbestimmung gemachten Angaben mit Äther ausgeschüttelt.

Nach drei- bis viermaligem Nachschütteln der Lösungen in den beiden Kugeln ist alle Schwefelsäure in der salzsauren Lösung vorhanden.

Die salzsaure, von Eisen bis auf sehr geringe Reste befreite Lösung wird durch Abdunsten von Äther befreit und zur Trockene eingedampft. Der Rückstand wird mit wenig verdünnter Salzsäure aufgenommen, die erhaltene Lösung von etwa nicht löslichen Teilen (kleine Reste von Siliziumdioxyd, Titandioxyd) durch Filtrieren befreit und das Filter gut ausgewaschen. Durch Einengen bringt man das Filtrat auf eine kleine Flüssigkeitsmenge von etwa 20—40 ccm, erhitzt zum Kochen und fällt die schwach salzsaure Lösung mit Chlorbariumlösung.

Nach mehrstündigem Stehenlassen der Fällung in der Wärme ist die über dem Niederschlag stehende Flüssigkeit klar; sie wird nach Abkühlenlassen durch ein kleines Filter gegossen, der Niederschlag aufs Filter gegeben und sorgfältig Becherglas, Filter und Niederschlag mit verdünnter Salzsäure, dann mit Wasser ausgewaschen. Der Bariumsulfatniederschlag wird im gewogenen Platin- oder Porzellantiegel verascht und gewogen.

Da bei diesem Verfahren erhebliche Mengen von Säuren zur Anwendung kommen, so ist es, um genaue Werte zu erhalten, wichtig, bei Ausführung der Bestimmungen stets auch einen blinden Versuch mit den verschiedenen Stoffen auszuführen; die Säuren (Salpetersäure 1,40 zum Lösen der Probe, Salzsäure zum Lösen der Oxyde, Äthersalzsäure beim Ausäthern usw.) werden in gleich großer Menge und aus der gleichen Flasche wie für den Versuch selbst entnommen, in einer Porzellanschale eingedampft und nach Lösen des Rückstandes mit verdünnter Salzsäure die vorhandene Schwefelsäure mit Bariumchloridlösung gefällt. Die gefundene Bariumsulfatmenge wird jeweils von der Bariumsulfatmenge des gleichzeitig ausgeführten Versuchs in Abzug gebracht.

Die Berechnung des prozentischen Schwefelgehaltes erfolgt wie beim Entwickelungsverfahren.

Urprüfung des Ätherverfahrens für die Trennung von Schwefelsäure und Eisenchlorid. Angewandt wurden je 50 ccm einer Eisenchloridlösung, etwa 4,5 g Eisen entsprechend.

Beim Ausäthern dieser Lösung für sich und Fällen der salzsauren eisenfreien Lösung mit Bariumchlorid wurden gefunden

$$0,0155 \text{ g } BaSO_4.$$

Die verwendete Schwefelsäurelösung ergab aus 10 ccm nach Fällung mit Bariumchloridlösung $\quad 0,0420 \text{ g } BaSO_4.$

Versuche. 50 ccm Eisenchloridlösung wurden zusammen mit 10 ccm der Schwefelsäurelösung eingedampft, ausgeäthert und die eisenfreie salzsaure Lösung mit Chlorbariumlösung gefällt.

Versuch 1 ergab 0,0576 g $BaSO_4$; nach Abzug der in der Eisenchloridlösung vorher vorhandenen Schwefelsäuremenge (entsprechend 0,0155 g $BaSO_4$) verblieben für die 10 ccm Schwefelsäurelösung

$$0,0421 \text{ g (anstatt } 0,0420 \text{ g) } BaSO_4.$$

Versuch 2. Gefunden 0,0581 g $BaSO_4$. Für die 10 ccm Schwefelsäurelösung ergeben sich demnach

$$0,0426 \text{ g (anstatt } 0,0420 \text{ g) } BaSO_4.$$

Beispiele an Eisen- und Stahlproben.

Drei Proben von Eisen und Stahl gaben bei Bestimmung des Schwefelgehaltes nach dem Entwickelungsverfahren mit Salzsäure 1,15 bis 1,16 folgende Mengen Bariumsulfat bzw. folgende Schwefelgehalte:

5 g Probe Nr. 1 (Temperguß)	0,0855 g $BaSO_4$ entsprechend	0,235 % S
4 g Probe Nr. 2 (weißes Roheisen)	0,1230 g $BaSO_4$ „	0,423 „ „
10 g Probe Nr. 3 (Stahl)	0,0131 g $BaSO_4$ „	0,018 „ „.

Nach Lösen von ebenso großen Mengen des gleichen Probematerials mit Salpetersäure von verschiedener Konzentration und Ausäthern wurden nachstehende Werte erhalten (Tabelle 95).

Tabelle 95.

Probe Nr.	Angewandte Einwagen	Mit Salpetersäure 1,18				Mit Salpetersäure 1,40			
		Gesamt $BaSO_4$ g	Blindversuch $BaSO_4$ g	Rein $BaSO_4$ g	S in %	Gesamt $BaSO_4$ g	Blindversuch $BaSO_4$ g	Rein $BaSO_4$ g	S in %
1	5 g (Temperguß)	0,0556	0,0026	0,0530	0,146	0,0888	0,0041	0,0847	0,234
2	4 g (Weißes Roheisen)	0,0965	0,0008	0,0957	0,329	0,1249	0,0015	0,1234	0,424
3	10 g (Stahl)	0,0119	0,0024	0,0095	0,013	0,0163	0,0026	0,0137	0,019

Bei einem weiteren Versuch mit 4 g der Probe 2 konnte beim Lösen der Probe in der offenen Porzellanschale mit Salpetersäure 1,18 kurz nach dem Zugeben der Säure und noch vor der nach 5—10 Sekunden einsetzenden Stickoxydentwickelung Schwefelwasserstoff sowohl am Geruch als durch Bleipapier erkannt werden. Der Versuch ergab 0,292 % S. Merkwürdigerweise zeigte sich aber, daß beim Lösen der Probe mit Salpetersäure 1,18 in einem geschlossenen Apparat (Schwefelbestimmungsapparat Abb. 123) und Durchleiten der entweichenden Gase durch Bromsalzsäure oder Kaliumpermanganatlösung k e i n e S p u r Schwefel in der Vorlage gefunden wird[1]).

A u s d e n V e r s u c h e n e r g i b t s i c h , d a ß n u r b e i m L ö s e n d e r P r o b e n m i t S a l p e t e r s ä u r e 1,40 d e r v o r h a n d e n e S c h w e f e l v o l l s t ä n d i g z u S c h w e f e l s ä u r e o x y d i e r t w i r d .

Für die Genauigkeit des Ätherverfahrens und die zulässigen Abweichungen der gefundenen Werte ist das beim Entwickelungsverfahren Gesagte maßgebend.

---

[1]) Vermutlich bildet sich beim Lösen schwefelhaltigen Eisens mit verdünnter Salpetersäure (1,18) z u m T e i l f r e i e r S c h w e f e l (vergl. auch v. R e i s, Stahl und Eisen 8. (1888). 829). Dieser geht beim Glühen der Nitrate in flüchtige Verbindungen (SO_2) über, wodurch die beobachteten Verluste sich erklären lassen.

2. Bestimmung des Schwefels in säureunlöslichem Probematerial.

(Ferrosilizium, Ferrochrom u. a.)

Zum Aufschließen der fein gepulverten Probe verwendet man mit Vorteil Magnesia-Natriumkarbonat; doch darf des im Leuchtgas stets vorhandenen, geringen Schwefelgehaltes wegen der Aufschluß nicht über der Gasflamme erfolgen; zweckmäßig benützt man dazu einen elektrisch geheizten Muffelofen (vergl. S. 138, Fußnote).

Nach erfolgtem Aufschluß wird mit heißem Wasser gründlich ausgelaugt, die Lösung unter Zusatz von Salzsäure eingedampft, Siliziumdioxyd abgeschieden und nach Abfiltrieren sowie Einengen des Filtrates die vorhandene Schwefelsäure mit Bariumchloridlösung gefällt. Der Bariumsulfatniederschlag wird wie üblich gewogen.

Beispiel.

Schwefelbestimmung in einer Probe 78 %igen Ferrosiliziums. Zum Aufschließen wurden je 2 g der feingepulverten Probe und 15 g Magnesia-Natriumkarbonat (1 : 2) verwendet.

	Gefunden Bariumsulfat	entsprechend % S
Versuch 1.	0,0054 g	0,03$_7$
Versuch 2.	0,0064 g	0,04$_4$.

H. Kupfer.

Geringe Kupfergehalte finden sich in allen Sorten Roheisen und Stahl; erheblichere Kupfermengen (über 1—2 Zehntelprozente) können manchmal infolge Verwendung stark kupferhaltiger Eisenabfälle (Schrott) in das damit hergestellte Material übergehen.

1. Fällung des Sulfides aus der salzsauren Lösung der Probe.

Grundlagen der Bestimmung. Nach Lösen von Eisen oder Stahl mit Salzsäure (spez. Gew. 1,12) kann man das Kupfer aus der Eisenchlorürlösung durch Einleiten von Schwefelwasserstoff ausfällen; der nach Abfiltrieren der Flüssigkeit erhaltene Niederschlag enthält neben kleinen Mengen anderer Stoffe in der Regel Siliziumdioxyd; davon ist das Kupfer in geeigneter Weise zu trennen.

Ausführung der Bestimmung. 10 g Stahl oder Roheisen werden mit 100—110 ccm starker Salzsäure (spez. Gew. 1,12) in einem etwa 500 ccm fassenden Becherglas gelöst und die Lösung durch Erwärmen auf dem Dampfbad beschleunigt und vervollständigt.

Anstatt die Bestimmung des Kupfers in besonderer Einwage auszuführen, kann man sie auch mit der Schwefelbestimmung nach dem Entwickelungsverfahren (S. 184) oder mit der Siliziumbestimmung nach Verfahren 1 a (S. 130) verbinden.

Die salzsaure Lösung der Probe wird sofort nach beendigter Auflösung (oder nach Abfiltrieren des Siliziums ohne langes Stehenlassen des Filtrates an der Luft) mit destilliertem Wasser auf 200—300 ccm verdünnt und während einer halben Stunde Schwefelwasserstoffgas durch die Lösung geleitet. Dann erwärmt man kurze Zeit auf dem Dampfbad, um die Hauptmenge des Schwefelwasserstoffüberschusses zu vertreiben, und filtriert durch ein rasch laufendes Filter. Niederschlag und Filter werden mit Schwefelwasserstoff enthaltendem Wasser, zuletzt mit reinem Wasser salzsäurefrei gewaschen.

Sogleich nach vollkommenem Auswaschen der Salzsäure[1] aus dem Kupfersulfidniederschlag verascht man vorsichtig mit kleiner Flamme in einem geräumigen, nicht gewogenen Porzellantiegel, feuchtet die Asche mit etwas konzentrierter Salpetersäure (spez. Gew. 1,40) an und erhitzt, bis Filterkohle bzw. Graphit völlig verbrannt sind. Zum Rückstand, der alles Kupfer als Oxyd enthält, gibt man einige Kubikzentimeter starker Salzsäure (1,12), bringt das Kupferoxyd durch Erhitzen in Lösung, dampft zur Trockene ein, um kleine Reste von in Lösung gegangenem Siliziumdioxyd abzuscheiden, nimmt nochmals mit konzentrierter Salzsäure auf und filtriert nach Verdünnen vom Nichtgelösten ab. Die so erhaltene reine Kupferlösung fängt man in einem kleinen (100—150 ccm fassenden) Becherglas auf und wäscht das Filter mit salzsäurehaltigem Wasser gründlich aus, ohne jedoch das Filtrat auf mehr als 30 ccm zu verdünnen.

Durch Zusatz von 10—20 ccm gesättigtem Schwefelwasserstoffwasser fällt man Kupfersulfid aus, erwärmt auf dem Dampfbad unter Umrühren bis der Niederschlag sich zusammenballt und die Flüssigkeit klar wird. Dann filtriert man durch ein kleines Filter, wäscht mit schwefelwasserstoffhaltigem Wasser salzsäurefrei, verascht vorsichtig Filter samt Niederschlag im gewogenen Porzellantiegel, glüht und wägt das Kupferoxyd.

Beim Veraschen des Kupfersulfids ist zu beachten, daß insbesondere bei etwas größeren Mengen leicht Versprühen des Oxydes eintreten kann, wodurch Verluste entstehen.

Nach Glühen und Wägen des Kupferoxyds prüft man dieses auf Reinheit, indem man mit konzentrierter Salpetersäure unter leichtem Erwärmen löst, wobei kein Rückstand verbleiben darf, und versetzt mit starkem Ammoniak; das Kupferoxyd muß eine klare blaue Lösung geben.

Bei Roheisen mit viel Silizium und Graphit kann man vor Einleiten des Schwefelwasserstoffs zunächst nach Verfahren 1a der Siliziumbestimmung das Siliziumdioxyd abscheiden und abfiltrieren und das Kupfer aus der siliziumfreien Lösung fällen. Der Rückstand, der beim Abfiltrieren des unlöslich gemachten Siliziumdioxyds verbleibt, muß nach Auswaschen der Salzsäure für sich in der oben beschriebenen Weise auf noch vorhandene Reste von Kupfer untersucht werden.

Berechnung. Aus dem gefundenen Gewicht an Kupferoxyd (a Gramm) berechnet sich der Kupfergehalt des eingewogenen Probematerials (e Gramm) zu

$$^0/_0 \ \mathrm{Cu} = \frac{79{,}89 \cdot a}{e}.$$

---

[1] Bei längerem Verbleiben des feuchten Schwefelkupferniederschlags auf dem Trichter kann sich infolge teilweiser Oxydation Kupfersulfat bilden; dieses kann ins Rohr des Trichters gelangen und so der Bestimmung entgehen. Es ist daher sicherer, den Niederschlag nach dem Auswaschen sogleich in den Porzellantiegel zu bringen. Vollkommenes Auswaschen der Salzsäure ist wegen der Flüchtigkeit des Kupferchlorides beim Erhitzen erforderlich. Beim Veraschen salzsäurehaltiger Kupfersulfidniederschläge zeigt die beim Verbrennen des Filters entstehende Flamme grünen Saum, der Verflüchtigung von Kupferchlorid zu erkennen gibt.

2. Fällung nach Entfernung des Eisens mit Äther.

Grundlagen des Verfahrens. Geringe Mengen von Kupfer, die sich neben großen Eisenchloridmengen in einer Lösung befinden, können nach dem Ätherverfahren vom Eisenchlorid getrennt und in dem salzsauren Auszug nach bekannten Verfahren bestimmt werden.

Ausführung der Bestimmung. 10 g (oder mehr) Probematerial werden mit verdünnter Salpetersäure (spez. Gew. 1,18) nach dem Verfahren 1 b der Siliziumbestimmung (S. 133) in Lösung gebracht und, wie dort beschrieben, das Siliziumdioxyd abgeschieden und entfernt. Das Filtrat wird wie bei dem zur Manganbestimmung angegebenen Verfahren (S. 142) eingeengt, nach Rothe ausgeäthert und 3 bis 4 mal mit je 10 ccm Äthersalzsäure 1,10 nachgeschüttelt. Die salzsaure Lösung, die höchstens noch Spuren von Eisen, alles Kupfer und Mangan, Nickel, Chrom usw. enthält, wird auf dem Dampfbad eingedampft, wieder mit wenig Salzsäure gelöst[1]), die Lösung in ein kleines Becherglas übergeführt und in der beim ersten Verfahren angegebenen Weise mit Schwefelwasserstoffwasser gefällt. Nach Filtrieren und Auswaschen der Salzsäure wird der Kupfersulfidniederschlag im gewogenen Porzellantiegel verascht, vorsichtig geglüht und das Kupferoxyd gewogen.

Die Berechnung des Kupfergehaltes erfolgt wie beim vorhergehenden Verfahren.

Sind die Kupfermengen erheblich, so kann man auch nach Fällung des Sulfids, sorgfältigem Auswaschen und Veraschen das Oxyd wieder in Salpetersäure lösen und die Lösung nach Zusatz von etwas Schwefelsäure in einem Becherglas von etwa 200 ccm Inhalt elektrolysieren. Man verwendet dazu am besten eine Netzelektrode aus Platindraht, wie beim elektrolytischen Abscheiden des Nickels angegeben (S. 200); auch kann man zur Beschleunigung der Abscheidung den dort beschriebenen Fraryapparat gut gebrauchen.

Man elektrolysiert die auf etwa 50 ccm gebrachte, nicht zu saure Lösung mit einem Strom von 0,2 Amp. bei einer Klemmenspannung von 2—2,5 Volt; der Fraryapparat wird mit einem etwas stärkeren Strom gespeist. Nach 2—3 Stunden ist die Abscheidung der kleinen Kupfermengen beendet, die Lösung ist farblos; man unterbricht den Strom, nimmt die Drahtnetzelektrode rasch heraus und spült sie mit heißem Wasser in das Becherglas hinein ab. Nach Trocknen mit Alkohol und Äther wägt man das abgeschiedene Kupfer. Die elektrolysierte Flüssigkeit enthält fast immer noch kleine Kupfermengen; um diese zu bestimmen, fällt man die Lösung mit Schwefelwasserstoff und bestimmt den Rest des Kupfers als Oxyd. Durch diese nicht zu umgehende Nachfällung kleiner Kupfermengen wird die elektrolytische Kupferbestimmung für Stahl und Eisen umständlich, so daß in den meisten Fällen die Bestimmung durch doppelte Fällung mit Schwefelwasserstoff und Wägen als Oxyd die vorteilhaftere Bestimmungsart ist.

Beispiele.

Trennung von Eisen und Kupfer durch das Ätherverfahren nach Rothe. Angewandt wurden 25 ccm einer Kupferchloridlösung, die

---

[1]) Bleibt hierbei ein geringer Rückstand (SiO_2, TiO_2), so muß vorher filtriert werden.

nach Fällen für sich mit Schwefelwasserstoff und Veraschen des Kupfersulfidniederschlags 0,1369 g CuO ergaben.

25 ccm dieser Kupferchloridlösung wurden mit 50 ccm Eisenchloridlösung, die Eisenchlorid entsprechend 4,5 g metallischem Eisen enthielt und frei von Kupfersalzen war, vermischt und nach Eindampfen das Eisenchlorid ausgeäthert. Die salzsaure eisenfreie Lösung ergab

bei Versuch 1 0,1379 g CuO,
bei Versuch 2 0,1364 g CuO.

Ergebnisse der Kupferbestimmung in Eisen- und Stahlproben.

Tabelle 96.

Probe Nr.	Material-bezeichnung	Kupferbestimmung in je 10 g der Probe			
		Erstes Verfahren		Zweites Verfahren	
		g CuO	% Cu	g CuO	% Cu
1	Gewöhnlicher Stahl	0,0188	0,15	0,0198	0,16
2	Temperguß	0,0269	0,22	0,0255	0,20
3	Chromstahl	0,0033	0,03	0,0036	0,03
4	Nickelstahl	0,0340	0,27	0,0366	0,29

Genauigkeit der Verfahren und zulässige Abweichungen. Bei sorgfältigem Arbeiten kann man im allgemeinen den Gehalt an Kupfer bis auf einen Fehler von 0,0005 g CuO, bei höheren Kupfergehalten (über 0,1 % Cu) bis auf 0,001 g CuO ermitteln.

Danach können bei Einwagen von wenigstens 10 g Probematerial nachstehende Abweichungen der Werte als noch einhaltbar bezeichnet werden:

bei Gehalten von	zulässige Abweichung
0,01 bis 0,06 % Cu	± 0,002 %
0,06 bis 0,2 % Cu	± 0,005 „
0,2 und mehr Cu	± 0,01 „

J. Nickel.

Gewöhnliche Eisen- und Stahlsorten sind nur in seltenen Fällen frei von Nickel und seinem ständigen Begleiter Kobalt; im allgemeinen übersteigt ihr Gehalt an Nickel nicht wesentlich 0,1 %.

Besondere Stahlsorten (Nickelstahl, Chromnickelstahl und andere Speziallegierungen mit sehr verschiedenen Nickelgehalten) werden durch Zusatz von Nickel zum Eisen hergestellt.

Zur Bestimmung des Nickelgehaltes in Eisen und Stahl können im wesentlichen zwei verschiedene Verfahren verwendet werden: das Dimethylglyoximverfahren[1]), sowie das auf elektrolytischer Abscheidung beruhende.

---

[1]) Fällung des Nickels mit Dimethylglyoxim nach Tschugaeff, Berichte d. dtsch. chem. Ges. 38. (1905). 2520; ausgearbeitet von Brunck, Zeitschr. angew. Chemie 20. (1907). 1844.

Die nach beiden Verfahren erhaltenen Werte weisen gewöhnlich geringe Abweichungen auf, die darin begründet sind, daß beim ersten Verfahren ohne weiteres der Gehalt an Nickel gefunden wird, während man bei elektrolytischer Abscheidung die Summe an Nickel + Kobalt erhält, die mitunter als Nickelgehalt schlechthin angegeben wird.

Um den mit Dimethylglyoxim gefundenen Wert für Nickel mit dem nach elektrolytischer Abscheidung erhaltenen Wert für Nickel + Kobalt in Übereinstimmung zu bringen, legt Brunck den im Handelsnickel regelmäßig vorhandenen Kobaltgehalt von rund 1 % der Berechnung zugrunde und erhöht dementsprechend den mit Glyoxim erhaltenen Nickelwert um $^1/_{100}$. Für genaue Bestimmungen von Nickel und Kobalt kann indessen die Trennung beider Metalle nicht umgangen werden. (Siehe die Kobaltbestimmung S. 203.)

1. Bestimmung des Nickels nach dem Dimethylglyoximverfahren.

Grundlagen des Verfahrens. Aus ammoniakalischen oder schwach essigsauren Lösungen des Nickels kann man sämtliches Nickel durch Zusatz genügender Mengen von Dimethylglyoxim[1]), in alkoholischer Lösung, abscheiden. Das Dimethylglyoxim, nach seiner Herstellung aus Diazetyl und Hydroxylamin auch als Diazetyldioxim bezeichnet, setzt sich mit einem Nickelsalz entsprechend folgender Gleichung um:

$$
\begin{array}{ccc}
CH_3-C-C-CH_3 & & CH_3-C-C-CH_3 \\
\| \ \ \| & & \| \ \ \| \\
OH-N \ \ N-OH & & OH-N \ \ N-O \\
& Cl\!\!\diagdown & \diagdown \\
+ & \ \ \ \ Ni= & \ \ \ \ Ni + 2\,HCl. \\
& Cl\!\!\diagup & \diagup \\
OH-N \ \ N-OH & & OH-N \ \ N-O \\
\| \ \ \| & & \| \ \ \| \\
CH_3-C-C-CH_3 & & CH_3-C-C-CH_3 \\
\text{2 Mol.} & & \text{1 Mol.} \\
\text{Dimethylglyoxim} & & \text{Dimethylglyoximnickel} \\
(C_4H_8O_2N_2) & & (C_8H_{14}N_4O_4Ni)
\end{array}
$$

Die Fällung läßt sich auch bei Gegenwart fremder Metalle (Kupfer, Kobalt, Chrom, Eisen, Mangan, Wolfram, Vanadin) ohne Störung durchführen, wenn man vor dem Ammoniakalischmachen der Lösung durch Zusatz genügender Mengen von Weinsäure die mit Ammoniak fällbaren Metalle am Ausfallen verhindert. In allen Fällen ist großer Überschuß des Fällungsmittels zu vermeiden, da es in Wasser nur wenig löslich ist und durch Mitfallen zu hohe Werte ergeben würde.

Erforderliche Lösungen. Dimethylglyoximlösung. 10 g Dimethylglyoxim werden in 1 Liter 99 %igem Alkohol gelöst und die erhaltene Lösung in eine Vorratsflasche abfiltriert.

Mit 10 ccm der Lösung können annähernd 0,025 g Nickel gefällt werden.

---

[1]) Der Preis des Dimethylglyoxims der 1908 noch 12 Mk. für 10 g betrug, ist nach der letzten Preisliste von Kahlbaum, Berlin 1911 (Oktober) auf 1,50 Mk. für 10 g gesunken, so daß die Preisfrage für die Anwendung dieses bequemen Verfahrens kaum mehr in Betracht kommt.

Weinsäurelösung. 500 g Weinsäure werden mit Wasser zu 1 Liter gelöst; die Lösung wird nötigenfalls filtriert.

Ausführung der Bestimmung. Von Nickelstahlen mit etwa 3 bis 5 % Nickelgehalt wägt man 1 g, von solchen mit weniger als 3 % Nickel 2 g ab, löst in bedeckter Schale mit verdünnter Salpetersäure (spez. Gew. 1,18) und dampft die Lösung zur Trockene ab. Danach erhitzt man den Rückstand auf der Asbestplatte, zuletzt auf dem Asbestdrahtnetz stärker bis zur völligen Zerstörung der Nitrate. Der Glührückstand wird nach Erkalten mit 10 bis 20 ccm rauchender Salzsäure unter gelindem Erwärmen in Lösung gebracht, zur Trockene eingedampft und hierauf zur Abscheidung des Siliziumdioxyds auf der Asbestplatte erhitzt. Man löst dann wieder mit Salzsäure, verdünnt mit etwas Wasser und filtriert das Siliziumdioxyd ab[1]).

Die erhaltene Eisenlösung wird in ein Becherglas von etwa 300 ccm Inhalt übergeführt, dann auf jedes Gramm Eisen 14 ccm der Weinsäurelösung, entsprechend 7 g Weinsäure, zugegeben und mit 10 %igem Ammoniak bis zur schwach alkalischen Reaktion versetzt. (7 g Weinsäure brauchen etwa 16 ccm 10 %iges Ammoniak zur Neutralisation.)

Beim Neutralisieren mit Ammoniak scheidet sich, noch ehe die Lösung ammoniakalisch ist, ein gelber Niederschlag von Ferritartrat aus (je nach der vorhandenen Weinsäuremenge mehr oder weniger), der auf Zusatz weiterer Ammoniaks sich wieder vollkommen löst. Wenn die Lösung deutlich ammoniakalisch ist, darf kein Niederschlag in der braunen Lösung vorhanden sein. Dann wird der Ammoniaküberschuß mit Salzsäure neutralisiert, die Lösung erwärmt, 10 bis 20 ccm der alkoholischen Dimethylglyoximlösung zugegeben und mit Ammoniak schwach alkalisch gemacht (die Lösung muß deutlich nach Ammoniak riechen). Das vorhandene Nickel fällt dabei in Form eines aus feinen roten Nädelchen gebildeten Niederschlages aus. Man gibt nach einiger Zeit weitere 10 ccm Dimethylglyoximlösung zu und beobachtet, ob sich der Niederschlag vermehrt. Ist dies der Fall, so gibt man nach einiger Zeit weitere 10 ccm Dimethylglyoximlösung zu.

Schließlich stellt man die Fällung während etwa einer Stunde an eine nicht zu heiße Stelle des Dampfbades, läßt eine weitere halbe Stunde lang abkühlen und filtriert dann durch einen bei 120° C getrockneten und gewogenen Neubauertiegel (Platintiegel mit siebartig durchlöchertem Boden und einer Schicht von Platinmohr) oder, falls ein solcher nicht zur Verfügung steht, durch einen Porzellan-Goochtiegel[2]), der auf dem siebartig durchlöcherten Boden eine Schicht aus gewaschenem Asbest mit einem Porzellansiebplättchen enthält.

Man filtriert unter schwachem Saugen mit der Wasserstrahlpumpe. Der Tiegel ist vorher bis zu gleichbleibendem Gewicht bei 120° C getrocknet und wird mit Hilfe eines Stückes weiten Gummischlauches in den weiten Teil eines rohrförmigen Trichters eingesetzt; der Trichter ist mit Hilfe eines durchbohrten Gummistopfens in die Öffnung einer Saugflasche eingesteckt. Um nicht die filtrierende Schicht gleich anfangs zu verstopfen, sorge man

---

[1]) Scheidet man das Siliziumdioxyd nicht ab, so können, besonders bei siliziumreicheren Stahlen, fehlerhafte Werte erhalten werden.

[2]) Porzellan-Goochtiegel mit Asbestfilter eignen sich ihrer größeren Durchlässigkeit wegen besonders zum Filtrieren größerer Mengen des Nickelniederschlags.

durch stetes Nachgießen von Flüssigkeit, daß der Tiegel nicht leer wird, wodurch Niederschlag auf dem Filter festgesaugt würde; auch sauge man mit der Wasserstrahlpumpe nicht stärker als eben zu mäßig raschem Filtrieren nötig ist.

Becherglas, Glasstab sowie Tiegel mit Niederschlag werden mit heißem Wasser gewaschen; der im Becherglas anhaftende Niederschlagsrest läßt sich durch Herausspritzen mit der Spritzflasche leicht in den Tiegel spülen. Je nach der Menge des Niederschlages ist nach 8 bis 12 maligem Auswaschen alles Eisen aus Tiegel und Niederschlag ausgewaschen. Der Tiegel wird dann auf einem Platindreieck (oder Nickeldrahtdreieck) (vergl. Abb. 124) in einen auf 120° C vorgewärmten Trockenschrank gestellt und bei dieser Temperatur während etwa einer halben Stunde getrocknet. Nach Abkühlen im Exsikkator wägt man ihn, trocknet danach nochmals während 20 bis 30 Minuten und wägt nach Abkühlen wieder. Falls das Gewicht von Tiegel mit Niederschlag noch abgenommen hat, wird weiter bei 120° C getrocknet und gewogen, bis keine Gewichtsabnahme mehr erfolgt[1]).

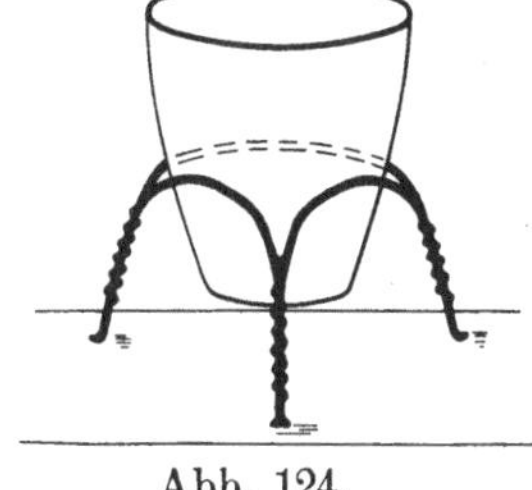

Abb. 124.

Zur Reinigung der Tiegel entfernt man die Hauptmenge des Niederschlages auf trockenem Wege, wäscht den Rest mit heißer Salzsäure und Wasser aus und trocknet den Tiegel für weitere Bestimmungen bis zu konstant bleibendem Gewicht bei 120° C.

Berechnung.

Aus der Menge (a Gramm) des erhaltenen Dimethylglyoximniederschlages, sowie der eingewogenen Probemenge (e Gramm) berechnet sich der Gehalt der Probe an Nickel entsprechend der oben angegebenen Zusammensetzung des Dimethylglyoximnickels wie folgt:

$$ \%\,Ni = \frac{20{,}32 \cdot a}{e}. $$

Bemerkungen.

1. Damit bei hochprozentigen Nickelstahlproben (z. B. mit 25 % Ni) keine zu großen Nickelniederschlagsmengen gewogen werden müssen, verwendet man für die Fällung so kleine Probemengen, daß höchstens 0,05 bis 0,08 g Nickel zur Fällung gelangen. Anstatt so kleine Mengen Probematerial abzuwägen, ist es für die Entnahme guter Durchschnittsproben zweckmäßiger, größere Mengen einzuwägen und nach dem Auffüllen der Lösung einen Teil davon zur Fällung zu verwenden.

Bei 25 %igem Material verfährt man z. B. wie folgt: Abwägen von

---

[1]) Es ist auch vorgeschlagen worden, den Niederschlag der Nickelverbindung auf ein aschefreies Filter abzufiltrieren, Filter samt Niederschlag nach gutem Auswaschen im gewogenen Tiegel zu veraschen und das entstehende NiO zu wägen. Das Verfahren wird dadurch rascher ausführbar, aber nicht genauer. Der Nickelgehalt der Probe berechnet sich in diesem Falle bei e Gramm Einwage und a Gramm gefundenem Nickeloxyd zu $\% \, Ni = \dfrac{78{,}58 \cdot a}{e}$.

3 g Material, Verdünnen der Lösung auf 100 ccm, Entnahme von etwa
$^1/_{10}$ der Lösung durch Auswägen, Fällen mit Dimethylglyoxim usw.

2. Die Bestimmung kleiner Nickelmengen (z. B. unter 0,1 %), — wie sie
in gewöhnlichen Sorten Roheisen und Stahl in der Regel vorkommen, lassen
sich ohne Entfernung der Hauptmenge des Eisens nicht mit Sicherheit durch
das Dimethylglyoximverfahren bestimmen. Zu ihrer Ermittelung entfernt man
das Eisen wie bei der gewichtsanalytischen Bestimmung des Mangans
beschrieben (S. 142) durch das Ätherverfahren, gibt zur eisenfreien Lösung
eine kleine Menge reinen Eisenchlorids und verfährt zur Nickelbestimmung
wie oben angegeben.

Will man aber noch die übrigen in der salzsauren Lösung vorhandenen
Metalle bestimmen, so erfährt man den Nickelgehalt besser durch Fällen
des Nickels mit Schwefelwasserstoff aus essigsaurer Lösung, Abfiltrieren,
Veraschen, Lösen in Königswasser, Fällen der Lösung mit Dimethylglyoxim
nach Zugabe von Ammoniak in geringem Überschuß und Wägen des
Niederschlags.

3. Handelt es sich bei nickelplattiertem oder vernickeltem
Eisen und Stahl um Ermittelung der Nickelmenge bzw. der Dicke des Nickel-
überzuges, so löst man den Nickelüberzug von einem oder mehreren
Stücken, deren nickelüberzogene Fläche bekannt ist, ab, indem man das
Material (unter Kühlung von außen) mit kalter Salpetersäure vom spez.
Gew. 1,45 übergießt, die erhaltene Nickellösung in ein zweites Becherglas
abgießt, die Probe mehrmals mit starker Salpetersäure abspült, die Nickel-
lösungen eindampft, nach Zusatz von Weinsäure mit Ammoniak neutralisiert
und mit Dimethylglyoxim fällt.

Unter der Annahme des spezifischen Gewichts von Nickel zu 8,9
läßt sich die durchschnittliche Dicke des Überzuges aus der vernickelten
Fläche (f in qmm angegeben) und der darauf gefundenen Nickelmetall-
menge [1] (n in Gramm) wie folgt berechnen:

$$d \text{ (Dicke des Überzuges)} = \frac{n}{f \cdot 8,9} \text{ (mm)}.$$

4. Aufarbeiten der Nickeldimethylglyoximniederschläge.
Die gesammelten Nickelniederschläge können nach Angaben von Brunck
in einfacher Weise auf reines Dimethylglyoxim verarbeitet werden. Man
verfährt dazu am besten in folgender Weise: Die Niederschläge werden
in einer Reibschale mit Wasser zerrieben. Der erhaltene Brei wird in eine
Porzellanschale übergespült und unter kleinen Zusätzen von reinem Cyan-
kalium erwärmt, bis die rote Nickelverbindung unter Bildung einer gelbroten
Flüssigkeit gelöst ist. Die Lösung filtriert man alsdann ohne längeres
Stehenlassen durch ein Faltenfilter von vorhandenem Asbest und sonstigen
ungelösten Stoffen ab, läßt abkühlen und leitet dann reines Kohlendioxyd
in die Lösung ein. Nach Verlauf einer Stunde ist alles Dimethylglyoxim abgeschieden. Man saugt auf einem Saugtrichter ab, wäscht den Niederschlag
mit kaltem Wasser nach, trocknet und wägt. Das trockene Glyoxim wird
in einem Erlenmeyerkolben mit je 100 ccm Alkohol auf 1 g trockenes
Glyoxim in Lösung gebracht, eine kleine Menge Tierkohle zugegeben, er-

---

[1] Berechnet aus Dimethylglyoximnickelniederschlag (a Gramm) wie folgt: 0,2032 a
= Gramm Nickelmetall.

wärmt und filtriert. Die klare Lösung kann für weitere Bestimmungen benützt werden.

2. Bestimmung des Nickels durch elektrolytische Abscheidung.

Grundlagen des Verfahrens. Nickel läßt sich nach Entfernung des Eisens — die am besten nach dem Ätherverfahren vorgenommen wird — sowie des vorhandenen Kupfers aus ammoniakalischer, ammonsulfathaltiger Lösung durch den elektrischen Strom abscheiden.

Erforderliche Apparate. Zylinderförmige Drahtnetzelektrode mit spiralförmig gewundenem Draht als Anode. (Höhe des Drahtnetzzylinders etwa 70 mm, Durchmesser etwa 40 mm.)

Zweckmäßig führt man die Elektrolyse mit dem Fraryapparat[1] aus, wodurch die Zeitdauer der Elektrolyse wesentlich herabgesetzt wird. Die Wirkung des Apparates ist darauf begründet, daß ein vom elektrischen Strom durchflossener Leiter (hier die Elektrolysierflüssigkeit), der quer zur Feldrichtung in einem magnetischen Felde liegt, sich zu bewegen strebt. Die Flüssigkeit im Becherglas wird in Drehbewegung versetzt, sobald durch Fraryapparat und Elektrolysierflüssigkeit gleichzeitig Strom hindurchgeht.

Ausführung der Bestimmung. Von Nickelstahl werden 3—5 g, von nickelarmem Material 5—10 g in eine Porzellanschale abgewogen, und nach Lösen mit Salpetersäure, Zerstören der Nitrate, Abscheiden des Siliziumdioxyds die Lösung für das Ausäthern vorbereitet und die Ausätherung in gleicher Weise, wie beim Mangan S. 142 beschrieben, vorgenommen[2].

Aus der eisenfreien salzsauren Lösung wird nach Verjagen des Äthers mit Schwefelwasserstoffwasser das Kupfer ausgefällt und abfiltriert (S. 193). Das Filtrat vom Kupfersulfid wird unter Zusatz von etwas Schwefelsäure eingedampft, dann in eine Platinschale übergeführt und weiter eingeengt; zuletzt erhitzt man auf dem Finkenerturm, um den Schwefelsäureüberschuß zu verjagen. Der Rückstand nach Abrauchen der Schwefelsäure wird in der beim Mangan (S. 145) beschriebenen Weise mit Ätznatron und Natriumsuperoxyd aufgeschlossen, um vorhandenes Chrom sicher zu entfernen[3], und der Aufschluß mit Wasser ausgezogen.

Die abgeschiedenen und abfiltrierten Oxyde (im wesentlichen Oxyde des Nickels, Kobalts, Mangans mit geringen Mengen Eisenoxyd) werden im Becherglas mit starker Salzsäure in Lösung gebracht und der in der Platinschale zurückgebliebene braune Beschlag mit einem Körnchen Oxalsäure und wenig verdünnter Schwefelsäure gelöst und die Lösung zur Hauptmenge gegeben. Wenn viel Mangan zugegen ist, scheidet man besser Nickel und Kobalt gemeinsam aus schwach essigsaurer Lösung durch Schwefelwasserstoff ab, filtriert und wäscht die Sulfide aus, verascht sie, löst die Oxyde mit Königswasser und elektrolysiert Nickel und Kobalt aus am-

---

[1] Francis C. Frary, Zeitschr. für Elektrochemie 13. 308.

[2] Um die Abscheidung des Siliziumdioxyds in kürzerer Zeit durchzuführen, kann man nach S. 152, Abschn. d verfahren.

[3] Die Gegenwart von Chromsalzen bei der Elektrolyse führt zur Bildung von Chromat, welches die Abscheidung von Nickel erheblich stört; durch Zusatz von Natriumhypophosphit läßt sich die störende Wirkung des Chromates bis zu einem gewissen Grad aufheben.

moniakalischer, sulfathaltiger Lösung. Da kleinere Manganmengen die elektrolytische Abscheidung des Nickels und Kobalts nicht stören, so kann man bei manganarmen Nickelstahlen die Lösung der beim Aufschluß abgeschiedenen Oxyde in Salzsäure für die Elektrolyse verwenden, ohne erst das Mangan zu entfernen.

Die salzsaure Lösung wird mit verdünnter Schwefelsäure in geringem Überschuß eingedampft und erhitzt, bis Schwefelsäuredämpfe abzurauchen beginnen, dann in ein Becherglas von etwa 200 ccm übergeführt, das sich in den Fraryapparat ohne viel Spielraum einsetzen läßt (Abb. 125). Zur Lösung im Becherglas gibt man etwa 10 g festes Ammonsulfat und 20 – 30 ccm starkes Ammoniak (spez. Gew. 0,96) im Überschuß, verdünnt bis die Gesamtmenge der Flüssigkeit etwa 100 ccm beträgt, stellt das Becherglas in den Fraryapparat, setzt die gewogene Netzelektrode samt

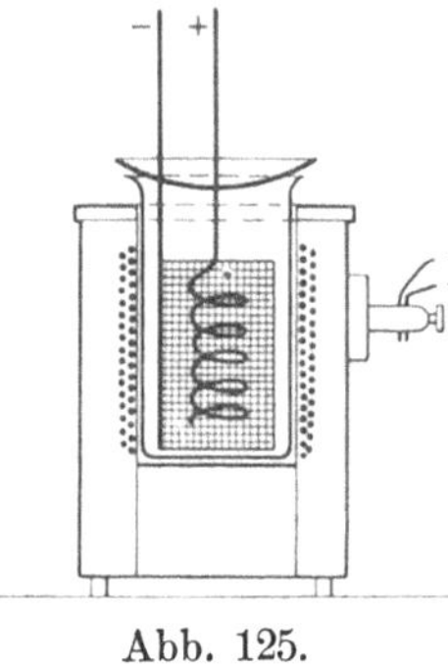

Abb. 125.

Anode ein und verbindet die Elektroden sowie den Fraryapparat mit den Polen der Stromquelle. Man elektrolysiert mit einem Strom von 1 — 2 Ampère bei 3,5 — 4 Volt Spannung und prüft, falls mit Fraryapparat gearbeitet wird, nach etwa 2 Stunden, andernfalls nach 4 — 5 Stunden zunächst durch Eingießen von etwas Wasser und Fortsetzung der Elektrolyse während 10 Minuten, ob sich an dem frisch benetzten Elektrodenteil noch Metall abscheidet. Ist dies nicht der Fall, so nimmt man mittels Pipette einen Tropfen der Flüssigkeit heraus und prüft durch Zusammenbringen mit einem Tropfen Schwefelammonium auf einer Porzellanplatte, ob alles Nickel aus der Lösung abgeschieden ist. Hat sich die Lösung als nickelfrei erwiesen, so wird die Stromzuführung abgestellt, die Netzelektrode rasch herausgenommen und in einer bereit gestellten Schale mit heißem Wasser durch Eintauchen von anhaftenden Ammonsalzen gründlich gewaschen[1]). Mit Alkohol und reinem (rückstandfreiem) Äther trocknet man die Elektrode, stellt sie auf einem Uhrglas kurze Zeit in den auf etwa 110° C erhitzten Trockenschrank, läßt abkühlen und wägt das abgeschiedene Metall.

Man erhält so Nickel samt vorhandenem Kobalt.

Berechnung. Der Gehalt an Nickel (samt Kobalt) berechnet sich bei einer Einwage von e Gramm Probematerial und einer gefundenen Metallmenge von a Gramm wie folgt:

$$°/_0 \; Ni \, (+ Co) = \frac{100 \, a}{e} \cdot$$

Beispiele.

a) Versuche mit reiner Nickellösung.

Die Bestimmung des Nickelgehaltes durch Elektrolyse von 50 ccm der zu den nachstehenden Versuchen benützten Nickellösung ergab bei Versuch 1 0,1504 g; Versuch 2: 0,1501 g Nickel.

---

[1]) Die elektrolysierte Lösung wird, besonders wenn Mangandioxydniederschlag vorhanden ist, vorsichtshalber noch auf Nickel geprüft, indem man mit Salzsäure den vorhandenen Niederschlag löst, und Nickel in oben beschriebener Weise aus schwach ammoniakalischer Lösung mit Dimethylglyoxim fällt.

50 ccm Nickellösung nach Fällung mit Dimethylglyoxim und Wägen des Niederschlags lieferten bei

Versuch 3: 0,7392 g Nickelniederschlag entsprechend 0,1502 g Ni;
  „ 4: 0,7407 g   „   „   0,1505 g „
  „ 5: 0,7397 g   „   „   0,1503 g „

10 ccm Nickellösung (enthaltend 0,0301 g Ni) nach Vermischen mit 50 ccm nickelfreier Eisenchloridlösung (entsprechend 4,8 g metallischem Eisen), Zugabe von Weinsäure und Ammoniak lieferten bei Fällung mit Dimethylglyoxim:

Versuch 6: 0,1500 g Nickelniederschlag entsprechend 0,0305 g Ni.

10 ccm Nickellösung (enthaltend 0,0301 g Ni) nach Vermischen mit 50 ccm Eisenchloridlösung (entsprechend 4,8 g Eisen) und 25 ccm Manganochloridlösung (entsprechend 0,7 g Mangan), Ausäthern des Eisens und Fällen der eisenfreien Lösung nach Zusatz von wenig Eisenchlorid, Weinsäure und Ammoniak gaben:

Versuch 7: 0,1490 g Nickelniederschlag entsprechend 0,0303 g Ni.

b) **Vergleichende Versuche mit den beiden Verfahren.**

Probematerial: hochprozentiger Nickelstahl.

Tabelle 97.

Ver-such Nr.	Dimethylglyoximverfahren		
	Einwage g	Gewicht des Niederschlags g	Nickelgehalt in %
1	0,5000	0,5629	22,88
2	0,2088	0,2365	23,00
	Elektrolytisches Verfahren		
		Gewicht des abgeschiedenen Metalls	
3	3,8607	0,9057	23,46
4	3,6105	0,8485	23,50
5	1,0002	0,2340	23,40

Die erhebliche Abweichung zwischen den Werten der beiden Verfahren erklärt sich durch den Kobaltgehalt der Probe. Vergleiche hierzu die beim Abschnitt über Kobalt angegebenen Beispiele (Seite 205).

c) **Bestimmung des Nickelgehaltes in verschiedenen Proben nach dem Dimethylglyoximverfahren.**

Tabelle 98.

Nr. der Probe	Probematerial	Einwage g	Gewicht des Niederschlags g	Nickelgehalt in %
1	Nickelstahl . . . {	1,0049	0,2500	5,05
		1,0440	0,2582	5,02
2	Nickelstahl . . . {	1,0282	0,1247	2,46
		1,0625	0,1288	2,46

Tabelle 98 (Fortsetzung).

Nr. der Probe	Probematerial	Einwage g	Gewicht des Niederschlags g	Nickelgehalt in %
3	Gewöhnlicher Stahl	0,8572	0,0040 a)	0,10
		5,0310	0,0237 a)	0,10
		5,0109	0,0278 b)	0,11
		5,0799	0,0280 b)	0,11
4	Schienenstahl . .	5,0004	keine Fällg. a)	—
		4,9320	0,0028 b)	0,011
		4,6020	0,0030 b)	0,013
5	Roheisen	10,00	0,0251 b)	0,051
		10,00	0,0233 b)	0,047

a) bei Gegenwart der ganzen Eisenmenge gefällt.
b) nach Ausätherung des Eisens gefällt.

Genauigkeit der erhaltenen Werte und zulässige Abweichungen.

Da der Kobaltgehalt in verschiedenen Nickelstahlen von wechselnder Höhe ist, so können die nach dem Dimethylglyoximverfahren und die durch Elektrolyse erhaltenen Werte für Nickel bzw. Nickel $+$ Kobalt um sehr verschiedene Beträge voneinander abweichen.

Handelt es sich um die Bestimmung des Gehaltes an reinem Nickel, so kann dafür nur das Dimethylglyoximverfahren in Betracht kommen, da der Weg der elektrolytischen Abscheidung von Nickel $+$ Kobalt mit nachfolgender Bestimmung des Kobalts (s. folgendes Verfahren) für die Nickelbestimmung allein viel zu umständlich wäre.

Die Summe der bei der Bestimmung des Nickels als Dimethylglyoximnickel auftretenden Fehler überschreiten im allgemeinen nicht $\pm$ 0,001 g des Nickelniederschlages.

Je nach der Höhe der Einwagen können demnach unter Zugrundelegung eines zulässigen Fehlers von nicht mehr als $\pm$ 0,001 g Auswage folgende Unterschiede der Nickelwerte als noch zulässig bezeichnet werden:

Bei einem Nickelgehalt	Zulässige Abweichungen der Nickelwerte
von 0,05 — 1 %	$\pm$ 0,005 %
„ 1 — 2 %	$\pm$ 0,01 „
„ 2 — 5 %	$\pm$ 0,02 „
„ 5 —10 %	$\pm$ 0,03 „
„ 10 und mehr	$\pm$ 0,05 „

K. Kobalt.

Als steter Begleiter des Nickels kommt Kobalt in allen nickelhaltigen Eisen- und Stahlsorten vor. Erheblichere Kobaltmengen können sich in Spezialstahlsorten vorfinden, die mit absichtlichem Zusatz von Kobalt hergestellt sind.

Bestimmung des Kobalts.

Grundlagen des Verfahrens. Nickel und Kobalt lassen sich nach Rosenheim und Huldschinsky[1]) durch Behandeln der Doppelrhodanide beider Metalle mit einem Amylalkoholäthergemisch voneinander trennen. (Vogels Reaktion auf Kobalt)[2]).

Apparate und Lösungen. 1. Schüttelapparat nach Rothe (Abb. 118). 2. Amylalkoholäthermischung. Die Mischung wird aus 25 Raumteilen Äther und 1 Raumteil Amylalkohol hergestellt.

Ausführung der Bestimmung. Bei hochnickelhaltigem Material werden etwa 5 g, bei nickelärmerem Stahl 10 g Probe abgewogen und nach dem auf S. 199 beschriebenen Verfahren die vorhandenen Mengen von Nickel und Kobalt zusammen auf einer Platindrahtnetzelektrode elektrolytisch niedergeschlagen.

Das Metallgemisch wird mit wenig starker Salpetersäure (spez. Gew. 1,40) unter Erwärmen von der Platinnetzelektrode abgelöst und die Elektrode sorgfältig abgespült. Man dampft die salpetersaure Lösung beider Metalle zur Vertreibung der überschüssigen Salpetersäure in der Porzellanschale zur Trockene ein und nimmt die zurückbleibenden neutralen Nitrate mit wenig Wasser auf. Auf je 0,1 g bei der Elektrolyse erhaltenen Metalles gibt man dann 4 g reines Rhodanammonium[3]) in die Schale und bringt mit wenig Wasser in Lösung. Um die Lösung der Rhodanide möglichst konzentriert zu erhalten, engt man sie erforderlichenfalls auf dem Dampfbad etwas ein. Die konzentrierte Lösung gießt man in die obere Kugel des Rotheschen Schüttelapparates. Die in der Porzellanschale verbleibenden Reste der Nickel- und Kobaltrhodanidlösung spült man mit wenig konzentrierter Rhodanammoniumlösung zur Hauptmenge in den Schüttelapparat. Sodann gibt man 60—80 ccm des Amylalkoholäthergemisches dazu und schüttelt kräftig durch. Bei Vorhandensein selbst nur sehr geringer Kobaltmengen zeigt sich nach Trennung der beiden Flüssigkeitsschichten das Amylalkoholäthergemisch schön blau[4]) gefärbt: Kobalt ist in Form des beständigeren Ammoniumkobaltorhodanids in die ätherische Schicht übergegangen, während das Nickel in der unteren Lösung als Rhodanverbindung zurückgeblieben ist neben Resten von Kobalt. Man läßt die untere Schicht aus der oberen Kugel in die untere Kugel ab und spült den im Hahn befindlichen Rest Nickelsalzlösung mit etwas konzentrierter Rhodanammoniumlösung dazu. Dann gibt man zu der Amylalkoholätherlösung in der oberen Kugel etwa 10 ccm konzentrierte Rhodanammoniumlösung und in die untere Kugel 40 ccm Amylalkoholäthergemisch und schüttelt durch. Dabei wird in der oberen Kugel die kobalthaltige Amylalkoholätherlösung von kleinen Nickelresten befreit, während aus der Nickellösung der unteren Kugel noch kleine Mengen Kobaltdoppelrhodanid in das Äthergemisch übergehen. Nach gutem Absitzenlassen der

---

[1]) Berichte der Deutschen chem. Ges. 34. (1901). 2050.
[2]) Berichte 12. (1879). 2314; vergl. auch Morell, Zeitschrift f. anal. Chemie 16. 251.
[3]) Käufliches Rhodanammonium ist für die Trennung und Bestimmung des Kobalts nicht immer rein genug. Vor allem ist darauf zu sehen, daß das verwendete Rhodanammonium beim Erhitzen keinen Rückstand hinterläßt, der andernfalls beim späteren Wägen des Kobaltsulfats zu hohe Werte ergeben würde.
[4]) Bei Gegenwart geringer Eisenmengen erhält man häufig statt der rein blauen Farbe des Kobaltsalzes trübrote Mischfarben. (In solchem Fall wird nach Abrauchen der Schwefelsäure eisenhaltiges Kobaltsulfat erhalten.)

Flüssigkeiten beider Kugeln läßt man die grüne Nickellösung aus der unteren Kugel in ein Becherglas ab und spült die an den Wandungen der Kugel, in der Hahnbohrung, sowie im angesetzten Röhrchen befindlichen Reste der Nickellösung mit wenig konzentrierter Rhodanammoniumlösung heraus. Dann läßt man die untere Schicht der oberen Kugel in die untere ab und spült gleichfalls mit etwas Rhodanammoniumlösung nach. In die obere Kugel gibt man weiter 5—10 ccm verdünnte Schwefelsäure (1 Teil konzentrierte auf 10 Teile verdünnt), schließt die Hähne und schüttelt durch. Die blaue Farbe der Amylalkoholäthermischung in der oberen Kugel verschwindet und alles Kobalt geht in die Schwefelsäure unter Bildung rosagefärbter Kobaltsulfatlösung über. Die in der unteren Kugel angesammelte Rhodanlösung, die noch geringe Reste von Nickel aufgenommen hat, läßt man ab und spült in üblicher Weise nach. Darauf läßt man die Kobaltsulfatlösung der oberen Kugel in die untere fließen und spült mit wenig Tropfen verdünnter Schwefelsäure nach. Beim Umschütteln wird auch die blaue Ätherlösung der unteren Kugel entfärbt[1]). Die schwefelsaure Kobaltlösung fängt man in einem gewogenen Porzellantiegel auf, spült die obere und die untere Ätherlösung noch einige Male mit wenig verdünnter Schwefelsäure nach und gibt die dabei erhaltenen Lösungen ebenfalls in den Porzellantiegel zur Hauptmenge der Kobaltlösung. Letztere dampft man auf dem Wasserbad soweit als möglich ein, und erhitzt darauf im Doppeltiegel (wie beim Mangansulfat, S. 148) zur Zerstörung der organischen Stoffe und schließlich bis alle überschüssige Schwefelsäure vertrieben ist. Das zurückbleibende rohe Kobaltsulfat wird gewogen und dann auf vorhandene Verunreinigungen geprüft. Man löst das rosa gefärbte Salz mit wenig Wasser, fügt etwas Ammoniak hinzu, bis die Lösung schwach ammoniakalisch reagiert[2]) und tropfenweise solange Dimethylglyoximlösung, als noch der entstehende Nickelniederschlag zunimmt. Den Nickelniederschlag filtriert man nach etwa halbstündigem Stehenlassen in der Wärme auf ein kleines aschefreies Filter ab, wäscht mit warmem Wasser gründlich aus, verascht und wägt das erhaltene Nickeloxyd.

Die Menge des Kobaltsulfates läßt sich aus dem Gewicht des rohen Sulfats nach Abzug der vorhandenen Verunreinigungen (Eisenoxyd, Nickelsulfat) berechnen.

Um das Kobalt selbst durch Wägen zu bestimmen, dampft man das Filtrat vom Nickelniederschlag im gewogenen Porzellantiegel ein, raucht den Rückstand mit wenig Salpetersäure und Schwefelsäure ab und bringt das zurückbleibende Kobaltsulfat, in gleicher Weise wie Mangansulfat (S. 148), zu konstantem Gewicht. Das Kobalt wird als Sulfat oder nach nochmaliger elektrolytischer Abscheidung als Metall gewogen.

Berechnung. Der Kobaltgehalt der untersuchten Probe (bei e Gramm Einwage) berechnet sich bei Auswage von a Gramm wasserfreiem Kobaltsulfat zu

$$^0/_0 \; Co = \frac{38{,}03 \cdot a}{e}; \; \text{oder}$$

---

[1]) Gewöhnlich bleibt die Ätherlösung etwas rotbraun gefärbt von geringen Eisenmengen.

[2]) Etwa vorhandener oder beim Zusatz von Ammoniak entstehender Niederschlag von geringen Mengen Eisenhydroxyd wird abfiltriert.

bei der Auswage von b Gramm Kobaltmetall zu

$$\% \ Co = 100 \ \frac{b}{e}.$$

Beispiele.

1. Trennung von Nickel und Kobalt; Versuche mit Lösungen bekannten Gehalts.

Verwendet: 25 ccm einer kobaltfreien Nickelchloridlösung, enthaltend 0,0245 g Nickel, und 25 ccm nickelfreier Kobaltchloridlösung, enthaltend 0,0110 g Kobalt; die Bestimmung des Kobalts erfolgte in Form des Sulfats und ergab bei zwei Versuchen 0,0290 und 0,0288 g $CoSO_4$.

Nach Vermischen von je 25 ccm beider Lösungen, Ausäthern des Kobaltrhodaniddoppelsalzes und Wägen des Kobalts als Sulfat wurden bei drei Versuchen erhalten:

Versuch 1: 0,0302 g $CoSO_4$ entsprechend 0,0115 g Co

   „   2: 0,0300 g „   „   0,0114 g „

   „   3: 0,0320 g „   „   0,0122 g „

Das Kobaltsulfat des dritten Versuches war infolge des verwendeten eisenhaltigen Ammoniumrhodanids nicht ganz rein; nach Lösen des Kobaltsulfats und Elektrolysieren wurden erhalten: 0,0114 g Co.

2. Ergebnisse mit Nickelstahl.

Probematerial: hochprozentiger Nickelstahl. (Dessen Nickelbestimmung siehe Tabelle 97.)

Tabelle 99.

Versuch Nr.	Einwage g	Elektrolytisch abgeschiedene Metallmenge (Ni + Co)		Rohes Kobaltsulfat in g	Rein-Kobalt elektrolytisch abgeschieden	
		g	%		in g	%
1	3,6105	0,8485	23,50	0,0623	0,0138	0,38
2	3,8607	0,9057	23,46	0,0687	0,0151	0,39

Aus dem Unterschied zwischen den Werten für Nickel und Kobalt (elektrolytische Abscheidung) und Nickel (Dimethylglyoximwert) würde sich der Kobaltgehalt im Mittel zu 0,51 % ergeben.

3. Untersuchung von Nickelmetall auf Kobaltgehalt.

Tabelle 100.

Versuch Nr.	Einwage g	Elektrolytisch bestimmt (Ni + Co)[1]	Rohes Kobaltsulfat g	Rein-Kobalt	
				in g	%
1	2,0000	1,9857	0,0543	0,0176	0,88
2	2,0017	1,9906	0,0533	0,0177	0,89

[1] Nach Untersuchungen von Dr. E. Schürmann enthält Handelsnickel häufig noch kleine Mengen Zink, die ebenfalls in den elektrolytischen Metallniederschlag und beim Ausäthern (mit Amylalkoholäthergemisch) mit dem Ammoniumkobaltorhodanid in die Ätherlösung übergehen.

L. Chrom.

Kleine Mengen von Chrom, im allgemeinen nicht über 0,1 % finden sich in fast allen Eisen- und Stahlproben. Besondere Sorten Stahl mit wechselndem Chromgehalt werden durch Zusatz von Chrom bzw. Chromlegierungen zum Eisen hergestellt; sie werden entsprechend ihrer sonstigen Zusammensetzung als Chromstahl, Chromnickelstahl, Siliziumchromstahl, Chromwolframstahl, Chromvanadinstahl usw. benannt. Zu ihrer Herstellung dienen hauptsächlich Ferrochrom und Chrommangan mit wechselnden Chromgehalten.

1. Bestimmung des Chromgehaltes in säurelöslichem Material.

a) Ätherverfahren.

Grundlagen des Verfahrens. Chrom in dreiwertiger Form läßt sich ebenso wie Mangan, Nickel, Aluminium u. a. Elemente aus salzsauren Lösungen nach Rothes Ätherverfahren vom Eisen trennen. In der von Eisen befreiten Lösung kann man nach Oxydation von Chromiion zum sechswertigen Chromation den Chromgehalt entweder maßanalytisch oder gewichtsanalytisch ermitteln. Bei maßanalytischer Bestimmung geben das jodometrische Verfahren und das Permanganatverfahren beide richtige und gut übereinstimmende Werte.

Erforderliche Apparate und Lösungen. Für die Trennung des Chroms vom Eisen und vom Mangan bedient man sich der bereits beim Mangan (S. 141) beschriebenen Apparate und Lösungen (Schüttelapparat nach Rothe, Äthersalzsäuren, Aufschlußplatinschale).

Je nach dem Verfahren, das man für die Bestimmung des Chromates wählt, sind verschiedene Lösungen erforderlich. Die jodometrische Bestimmung des Chroms führt man mit genau eingestellter Zehntelnormalthiosulfatlösung aus; wählt man das Permanganatverfahren, so ist dafür genau eingestellte Permanganatlösung, sowie eine Lösung von Ferrosulfat erforderlich.

Für die Fällung des Chromates (gewichtsanalytische Chrombestimmung) verwendet man Quecksilberoxydulnitratlösung.

α) Herstellung und Titerstellung der Zehntelnormal-Thiosulfatlösung (nach Treadwell)[1].

Man löst 124,5 bis 125 g reines kristallisiertes Natriumthiosulfat ($Na_2S_2O_3 + 5 H_2O$) in Wasser und verdünnt die Lösung zu 5 Liter. Zum Lösen und Verdünnen verwende man nur frisch ausgekochtes und wieder abgekühltes destilliertes Wasser. Die Titerstellung wird am sichersten mit Jod vorgenommen. Zur Herstellung des dazu nötigen reinen Jods verreibt man 5—6 g gereinigten Jods mit 2 g Jodkalium, bringt das Gemisch in ein trockenes Becherglas von 150—300 ccm Inhalt und setzt auf das Becherglas einen mit Wasser von Zimmertemperatur gefüllten Rundkolben (von etwa 300 ccm Inhalt). Das Becherglas samt Rundkolben wird auf ein Asbestdrahtnetz gestellt und mit kleiner Flamme erhitzt. Nach

---

[1] Kurzes Lehrbuch der analytischen Chemie, (1905) 3. Aufl., Quantit. Anal. Bd. II. S. 472.

einiger Zeit ist die Hauptmenge des Jods an den Rundkolben sublimiert; man bringt die Jodkristalle in ein frisches Glas und wiederholt die Sublimation ohne Jodkaliumzusatz, um rückstandfreies Jod zu erhalten. Das zweite Sublimat wird im Achatmörser zerdrückt und auf einem Uhrglas im Chlorkalziumexsikkator mit nicht eingefettetem Deckel während 24 Stunden getrocknet.

Um die Zehntelnormalthiosulfatlösung einzustellen, beschickt man drei kleine Wägegläschen mit je 2 g reinem, jodfreiem Jodkalium[1]) und höchstens $^1/_2$ ccm Wasser, verschließt und wägt. Nach dem Wägen wirft man etwa 0,5 g des reinen und getrockneten Jods in das Wägegläschen, das sich in der konzentrierten Jodkaliumlösung rasch löst, verschließt wieder und wägt die Jodmenge als Gewichtszunahme.

Wägegläschen samt Jod werden dann in einen Erlenmeyerkolben von 600 ccm Inhalt eingeworfen, in dem sich etwa 1 g Jodkalium in 200 ccm Wasser gelöst befinden. Beim Einfallenlassen löst man den Stöpsel vom Wägegläschen ab, mit der Vorsicht, daß keine Jodverluste eintreten. Die erhaltene Jodlösung wird mit der einzustellenden Thiosulfatlösung titriert, bis die Jodlösung nur noch wenig gelb gefärbt erscheint; nach Zusatz von einigen Tropfen Jodzinkstärkelösung titriert man zu Ende, bis mit einem Tropfen Thiosulfatlösung die blaue Jodstärke eben entfärbt wird.

Der Umsetzung liegt folgender Vorgang zugrunde:

$$J_2 + 2\,Na_2S_2O_3 = 2\,NaJ + Na_2S_4O_6.$$

Danach entsprechen je 0,012692 g Jod einem Kubikzentimeter Zehntel-Normalthiosulfatlösung.

Die Thiosulfatlösung wäre demnach genau zehntelnormal, wenn auf je 0,012692 g Jod 1 ccm Thiosulfatlösung verbraucht werden. Gewöhnlich ist indessen die Lösung etwas schwächer oder etwas stärker. Man berechnet dann aus der eingewogenen Jodmenge und dem Verbrauch an Thiosulfatlösung (in Kubikzentimetern) die 1 ccm der Thiosulfatlösung entsprechende Jodmenge. Diese Zahl, durch 0,012692 dividiert, ergibt den Faktor (f) zur Umrechnung der Kubikzentimeter Thiosulfatlösung in Kubikzentimeter Zehntelnormallösung.

Da die Umsetzung zwischen Chromation und Jodion nach folgender Gleichung vor sich geht:

$$2\,CrO_4'' + 6\,J' + 16\,H^\cdot = 2\,Cr^{\cdots} + 8\,H_2O + 3\,J_2$$

und somit ein Atom Chrom drei Atomen Jod bzw. drei Molekülen Thiosulfat entspricht, so zeigt ein Molekül Thiosulfat $\frac{1}{3}$ Atom Chrom an, d. h.

1 ccm Zehntel-Normalthiosulfatlösung entspricht 0,001733 g Chrom.

b) **Herstellung und Titerstellung der Permanganat- und Ferrosulfatlösung.**

Zur Ermittelung des Chromatgehaltes kann eine der zur maßanalytischen Manganbestimmung (S. 155) dienenden Permanganatlösungen (z. B. 16 g Kaliumpermanganat zu 5 Litern gelöst) Verwendung finden. Herstellung sowie Titerstellung erfolgen wie dort angegeben. Die Ermittelung des Chromtiters ist einige Zeilen weiter unten angegeben.

---

[1]) Eine Probe des Jodkaliums darf nach Lösen in reinem Wasser und Ansäuern mit reiner Salzsäure auf Zusatz von Jodzinkstärkelösung keine Bläuung geben.

Die Ferrosulfatlösung kann in beliebiger Stärke hergestellt werden. Zweckmäßig löst man 60 g reines Ferrosulfat ($FeSO_4 + 7 H_2O$) mit Wasser, gibt 100 ccm konzentrierte Schwefelsäure dazu und verdünnt zu 2 Litern.

Von der Ferrosulfatlösung mißt man zur Ermittelung ihrer Stärke jedesmal, wenn man Titrationen von Chromatlösungen auszuführen hat, eine bestimmte Menge mittels Pipette ab und stellt deren Permanganatverbrauch fest. Eine gleichgroße Ferrosulfatmenge wird der mit Schwefelsäure angesäuerten Chromatlösung zugegeben. Sie muß in jedem Fall ausreichen, um sämtliches Chromat in Chromisalz überzuführen; der dann verbleibende Ferrosalzüberschuß wird gleich darauf mit Permanganatlösung zurücktitriert. Setzt man statt der angewandten Menge Ferrosulfatlösung deren Permanganatverbrauch in Rechnung, so ergibt sich nach Abzug der beim Rücktitrieren des überschüssigen Ferrosulfats verbrauchten Kubikzentimeter Permanganatlösung diejenige Permanganatmenge, die bezüglich ihres Oxydationswertes der vorhanden gewesenen Chromatmenge entspricht.

Die Umsetzung zwischen Chromation und Ferroion geht nach folgender Gleichung vor sich:

$$CrO_4'' + 3\,Fe\cdot\cdot + 8\,H\cdot = Cr\cdot\cdot\cdot + 3\,Fe\cdot\cdot\cdot + 4\,H_2O.$$

Beim Rücktitrieren spielt sich zwischen Permanganation und überschüssigem Ferroion folgender Vorgang ab:

$$MnO_4' + 5\,Fe\cdot\cdot + 8\,H\cdot = Mn\cdot\cdot + 5\,Fe\cdot\cdot\cdot + 4\,H_2O.$$

Nach diesen beiden Gleichungen entsprechen sich also:

$$1\,MnO_4' - 5\,Fe\cdot\cdot - \frac{5}{3}\,CrO_4'';$$

unter Ausschaltung der Ferroionen bei der Berechnung zeigt demnach ein Molekül Permanganat $\frac{5}{3}$ Atome Chrom an.

Da bei der Einstellung der Permanganatlösung mit Natriumoxalat nach Sörensen (vergl. S. 156)

5 Mol. Natriumoxalat − 2 Mol. Permanganat

entsprechen, so werden durch 5 Moleküle Oxalat $\frac{10}{3}$ Atome Chrom nachgewiesen und man kann den Chromtiter der Permanganatlösung unmittelbar aus der Natriumoxalateinwage (e Gramm) und dem Permanganatverbrauch hiefür (n Kubikzentimeter) in folgender Weise berechnen:

$$1 \text{ ccm Permanganatlösung entspricht } \frac{^{10}/_3\ Cr}{5\,Na_2C_2O_4} \cdot \frac{e}{n} = \frac{e}{n} \cdot 0{,}2587 \text{ g Cr.}$$

Hat man die Permanganatlösung nach S. 157 mit Zehntelnormalthiosulfatlösung eingestellt und bei Anwendung von p Kubikzentimeter Permanganatlösung n Kubikzentimeter Zehntelnormalthiosulfatlösung gebraucht, so berechnet sich der Chromtiter der Permanganatlösung:

$$1 \text{ ccm entspricht } 0{,}001733 \cdot \frac{n}{p} \text{ g Cr.}$$

c) Herstellung der Quecksilberoxydulnitratlösung. 100 g reines Quecksilberoxydulnitrat werden in einer Reibschale zerrieben und in einer Literflasche (mit Glasstopfen) mit Wasser geschüttelt. Um zu verhüten, daß sich die Lösung oxydiert, verwahrt man die Lösung unter Zugabe von etwas reinem Quecksilber. Zu beachten ist für die Fällungen, daß Quecksilberoxydulnitrat durch Wasser hydrolysiert wird; die Lösung enthält infolgedessen stets freie Säure, während basisches Salz als unlöslicher Bodensatz verbleibt.

Ausführung der Bestimmung. Von Roheisen und Stahl mit geringem Chromgehalt werden 10—15 g, von chromreicherem Material 4—5 g in der Porzellanschale mit verdünnter Salpetersäure (spez. Gew. 1,18) gelöst[1]; nach Eindampfen, Zerstören der Nitrate durch Glühen wird aus der salzsauren Lösung des Glührückstandes Siliziumdioxyd unlöslich abgeschieden und abfiltriert (vergl. Verfahren 1 b[2]) S. 133).

Das Siliziumdioxyd hält häufig kleine Mengen von Chrom zurück. Der nach Abrauchen des Siliziumdioxyds mit Flußsäure und Schwefelsäure verbleibende Rückstand muß daher für sich auf etwaigen Chromgehalt untersucht werden.

Dies geschieht wie folgt: Der Rückstand wird im Platintiegel mit etwas Magnesia-Natriumkarbonatgemisch verrieben und durch kräftiges Erhitzen während ½ Stunde aufgeschlossen. Beim Auslaugen mit heißem Wasser geht Natriumchromat in Lösung. Die vom Unlöslichen abfiltrierte Lösung wird mit Salzsäure angesäuert, schwach saure (farblose) Jodkaliumlösung zugegeben und das ausgeschiedene Jod mit Zehntelnormalthiosulfatlösung unter Verwendung von etwas Jodzinkstärkelösung titriert. Anstatt zu titrieren, kann man auch wie unten beschrieben, aufschließen und das Chrom in reines Oxyd überführen.

Das Filtrat vom Siliziumdioxyd wird eingedampft, nach S. 142 ausgeäthert, aus der eisenfreien Lösung der Chloride Kupfer entfernt und das Filtrat vom Schwefelkupfer, wie S. 145 beschrieben, in der Platinschale mit Ätznatron und Natriumsuperoxyd aufgeschlossen.

Beim Zugeben von Wasser zur Schmelze geht alles Chrom als Chromat in Lösung; Mangan geht zum Teil als Manganat unter Grünfärbung der Flüssigkeit in Lösung. Falls noch vorhandenes, überschüssiges Natriumsuperoxyd nicht hinreicht, um alles Manganat zu Mangandioxyd zu reduzieren, gibt man noch ein oder zwei Messerspitzen davon hinzu, rührt die Lösung tüchtig durch und bedeckt mit einem Uhrglas. Man füllt die Lösung des Aufschlusses in ein Becherglas von etwa 300 ccm Inhalt über, verdünnt mit Wasser auf etwa 200 ccm und läßt auf dem Dampfbad den Niederschlag absitzen. Nach Abkühlen filtriert man die klare, je nach Chromgehalt mehr oder weniger stark gelb gefärbte Lösung durch ein Weißbandfilter ab, wäscht den Niederschlag, der alles Mangan, Nickel, Kobalt und

---

[1]) Manche Sorten chromreichen Materials lösen sich mit Salpetersäure nicht oder nur unvollständig; in diesem Falle versuche man mit konzentrierter Salzsäure (ohne Zusatz eines Oxydationsmittels) zu lösen. Ist die Probe löslich, so wird Siliziumdioxyd bei 135° C nach Verfahren 1 a) (s. S. 130) abgeschieden, das Filtrat nach Oxydation mit verdünnter Salpetersäure zur Ausätherung vorbereitet und wie oben weiter behandelt. Die Anwendung von Königswasser, Kaliumchlorat und Salzsäure und anderer Chlor entwickelnder Mischungen zum Lösen von Chromstahl usw. ist nicht zu empfehlen, weil dabei Chrom teilweise verloren gehen kann.

[2]) Zur Beschleunigung der Ausführung kann man auch nach S. 152 Abschnitt d) verfahren.

Reste von Eisen enthält, im Becherglas mehrmals mit heißem Wasser aus, bis er keine wesentlichen Mengen von Alkalisalz mehr enthält.

Der Niederschlag kann zur Bestimmung von Mangan, Nickel und Kobalt weiter benützt werden. Enthält das Material außer Chrom noch Phosphor, Vanadin, Wolfram oder Molybdän, so finden sich im Filtrat neben Chrom (als Chromat), Phosphor, die Hauptmenge des Vanadins, sowie kleine Reste von Wolfram und Molybdän in Form ihrer Säuren.

Bei jodometrischer Bestimmung des Chroms kann von diesen Stoffen Vanadinsäure in erheblichem Maße störend wirken, da diese aus angesäuerter Jodkaliumlösung langsam Jod in Freiheit setzt und dadurch bewirkt, daß nach Fertigtitrieren der Lösung mit Thiosulfat die farblose Lösung immer wieder nachbläut.

Auch beim Titrieren mit Ferrosulfat- und Permanganatlösung sollen durch Vanadinsäure zu hohe Ergebnisse erzielt werden[1]), während nach Campagne[2]) auf diesem Weg trotz der Gegenwart von Vanadinsäure richtige Chromwerte erhalten werden. Sicherer ist es in jedem Falle, vorhandenes Vanadin vor dem Titrieren des Chromates aus der Lösung zu entfernen.

Beim Fällen mit Quecksilberoxydulnitratlösung gehen sämtliche vorhandenen Metallsäuren samt der Phosphorsäure in den Quecksilberniederschlag über. Um das Chrom daraus rein zu erhalten, muß man den Niederschlag veraschen, zur Vertreibung des Quecksilbers glühen und den Rückstand in geeigneter Weise aufschließen.

Zeigt die Chromatlösung nur geringe Gelbfärbung, so kann man das gesamte Filtrat zur Titration verwenden. Bei Anwesenheit größerer Chrommengen füllt man das Filtrat beispielsweise auf 500 ccm auf und entnimmt der Lösung 50 ccm entsprechend $^1/_{10}$ der eingewogenen Materialmenge.

Größere Chrommengen (als etwa 0,1 g Cr entsprechend) für die Titrationen zu verwenden, ist nicht vorteilhaft, da die Lösungen gegen das Ende der Titration durch Chromiion stark grün gefärbt sind, so daß das scharfe Erkennen des Endpunktes — sowohl beim jodometrischen als auch beim Permanganatverfahren — stark beeinträchtigt wird. Starkes Verdünnen ist in jedem Falle notwendig.

α) **Jodometrische Bestimmung des Chroms.** Bevor die alkalische Chromatlösung angesäuert wird, muß alles Natriumsuperoxyd (bzw. daraus gebildetes Wasserstoffsuperoxyd), von dem noch geringe Reste vorhanden sein könnten, durch Erhitzen der Lösung bis zum Sieden zerstört werden. Sind beim Ansäuern noch geringe Mengen Superoxyd zugegen, so gibt ein Teil des Chromates damit blaue Überchromsäure, die rasch unter Sauerstoffabgabe zerfällt und Chromisalz bildet, so daß ein Teil des vorhandenen Chromates für die Titration verloren gehen würde.

Die superoxydfreie Lösung wird in einem 600 ccm (bei größeren Chrommengen 1 Liter) fassenden Erlenmeyerkolben in der Kälte mit Salzsäure angesäuert, $^1/_2$—1 g reines, jodatfreies Jodkalium zugegeben, mit Wasser

---

[1]) Leitfaden für Eisenhüttenlaboratorien von A. Ledebur, 8. Auflage, neu bearbeitet von W. Heike, 1908. S. 55.

[2]) Chem. News 90. (1904.) 237.

auf etwa 200—300 ccm verdünnt und unter Umschütteln mit Zehntelnormalthiosulfatlösung titriert, bis die Lösung nur noch schwach gelb erscheint. Dann setzt man einige Tropfen Jodzinkstärkelösung hinzu und weiter tropfenweise Thiosulfatlösung, bis die durch Stärkelösung hervorgerufene Blaufärbung eben verschwindet.

Berechnung. Ist der Verbrauch an Zehntelnormalthiosulfatlösung für die gesamte Einwage von e Gramm = n ccm Thiosulfatlösung (wobei auch der Thiosulfatverbrauch der im Siliziumdioxydrückstand vorhandenen Chrommenge mitgerechnet ist), so ergibt sich der Chromgehalt des Probematerials in Prozenten zu:

$$\% \ Cr = 0{,}1733 \, f \cdot \frac{n}{e} \, ;$$

dabei ist unter f der Faktor für die Umrechnung der nicht genau zehntelnormalen Thiosulfatlösung in genau Zehntelnormallösung zu verstehen. (Siehe hierüber die Titerstellung S. 207.)

β) **Titration mit Ferrosulfat und Permanganatlösung.** Zu der in einem 1 Liter fassenden Erlenmeyerkolben befindlichen superoxydfreien Chromatlösung gibt man verdünnte Schwefelsäure (1 : 10), bis ein ziemlicher Überschuß davon vorhanden ist, und verdünnt auf etwa 300 bis 500 ccm. Dann entnimmt man aus der Ferrosulfatvorratslösung mittels Pipette 25 oder 50 ccm und läßt sie in die Chromsäurelösung einfließen.

Die Ferrosulfatmenge muß so bemessen sein, daß nach Einfließen der abgemessenen Menge Ferrosulfatlösung alles Chromat zu Chromisalz reduziert ist; die Farbe der Lösung muß dementsprechend von gelb in grün übergegangen sein.

Gleich nach Einfließen der Ferrosulfatlösung läßt man von der Permanganatlösung aus der Bürette zufließen, bis die Farbe der Flüssigkeit im Kolben deutlich einen geringen Überschuß an Permanganat erkennen läßt, der auch beim Umschütteln der Flüssigkeit nicht verschwindet. (Der Verbrauch an Permanganatlösung beim Rücktitrieren möge b ccm betragen.)

Dann ermittelt man durch einen besonderen Versuch, wieviel Permanganatlösung eine gleich große (mit derselben Pipette abgemessene) Menge der Ferrosulfatlösung bis zum Auftreten der Permanganatfärbung verbraucht. (Die gefundene Menge Permanganatlösung sei = a ccm.)

Berechnung. Unter der Annahme, daß die bei der Titration des Chroms angewandte Menge Lösung einer Einwage von e Gramm Probematerial entspricht und der Chromtiter der Permanganatlösung = T ist, berechnet sich der Chromgehalt der Probe zu

$$\% \ Cr = \frac{100 \, T \cdot (a - b)}{e} \, .$$

γ) **Fällung mit Quecksilberoxydulnitratlösung.** Für die Chrombestimmung verwendet man je nach der Menge der vorhandenen fällbaren Säuren die ganze Lösung oder einen Teil des Filtrates vom Superoxydaufschluß.

Die Lösung wird in einem Becherglas von 300—400 ccm Inhalt durch Zusatz von verdünnter Salpetersäure vorsichtig neutralisiert und zum Zersetzen vorhandener Karbonate erhitzt. Man neutralisiert soweit, bis ein in die Lösung geworfenes Stückchen Lackmuspapier weinrote Farbe ange-

14*

genommen hat. Dann gibt man Quecksilberoxydulnitratlösung zu, bedeckt mit Uhrglas, erhitzt kurze Zeit zum Sieden und läßt den aus schwach alkalischer Lösung grau bis graugrün, aus schwachsaurer rot (oder gelb) ausfallenden Niederschlag absitzen. Erscheint die Lösung über dem Niederschlag klar, so prüft man durch weiteren Zusatz von Quecksilbersalzlösung, ob die Fällung vollständig ist und fügt nötigenfalls soviel hinzu, bis Überschuß an Quecksilbersalz vorhanden ist.

Da infolge Zugebens größerer Mengen der stets schwachsauren Quecksilbersalzlösung die gefällte Lösung so sauer geworden sein kann, daß die Fällung von Chrom (bzw. Phosphor, Vanadin, Wolfram, Molybdän u. a.) unvollständig ist, so fügt man der Lösung zur Neutralisation einige Tropfen Ammoniak zu und erhitzt nochmals. Zu beachten bleibt dabei, daß auch ein Überschuß von Ammoniak unvollständige Fällung herbeiführen kann durch Bildung löslicher Ammonsalze der Chromsäure (Vanadinsäure, Wolframsäure usw.) und daher vermieden werden muß. Nach Absitzen des Niederschlags prüft man nochmals mit Quecksilberlösung, ob alles Fällbare gefällt ist, und filtriert dann durch ein gut laufendes Weißbandfilter ab. Zum Auswaschen benützt man erst reines Wasser, gegen Schluß stark verdünnte Quecksilbersalzlösung (etwa 25 ccm Quecksilberoxydulnitratlösung auf 500 ccm verdünnt).

Ist weitere Reinigung des nach Veraschen des Quecksilberniederschlags verbleibenden Chromoxyds notwendig, so braucht man den Quecksilberniederschlag nicht völlig alkalifrei auswaschen.

Man verascht Niederschlag samt Filter im offenen Platintiegel unter gut ziehendem Abzug und glüht den Rückstand zuletzt kräftig. War die Probe frei von Phosphor, Vanadin, Wolfram oder Molybdän, so besteht der beim Veraschen des alkalifrei ausgewaschenen Quecksilberniederschlags verbleibende Rückstand aus reinem Chromoxyd, was aber bei der Untersuchung von Eisen- und Stahlproben nur selten der Fall ist.

In der Regel muß man mit dem Vorhandensein von Phosphor rechnen; bei Roheisen kann auch Vanadin zugegen sein, bei besonderen Stahlproben außerdem Molybdän oder Wolfram (letztere nur in geringer Menge, da die Hauptmengen beim Ausäthern bzw. beim Abscheiden des Siliziumdioxyds entfernt werden).

Reinigung des rohen Chromoxyds. (Trennung des Chroms von Phosphor, Vanadin, Wolfram und Molybdän.)

Grundlagen des Trennungsverfahrens. Durch Aufschließen des unreinen Chromoxyds mit geeigneten reduzierend wirkenden Aufschlußmitteln lassen sich die übrigen im rohen Chromoxyd vorhandenen Stoffe (Phosphorsäure, Wolframsäure, Vanadinsäure, Molybdänsäure) in wasserlösliche Alkalisalze überführen, während Chromoxyd nicht verändert wird und beim Auswaschen mit Wasser als solches rein zurückbleibt.

Herstellung einer geeigneten Aufschlußmischung. Man mischt durch Zusammenreiben in der Porzellanreibschale 4 Teile reines Natriumkaliumkarbonat oder Natriumkarbonat mit 1 Teil reinem Weinstein. (Auch eine Mischung von essigsaurem Natron und Natriumkaliumkarbonat kann verwendet werden.)

Käuflicher Weinstein ist wegen Gipsgehaltes nicht geeignet. Steht reiner Weinstein nicht zur Verfügung, so kann man ihn leicht in folgender Weise herstellen: 150 g reine Weinsäure werden mit Wasser zu 500 ccm gelöst und die Lösung filtriert. Zur Weinsäurelösung schüttet man unter Umrühren eine Auflösung von 56 g reinem Ätzkali in Wasser und läßt abkühlen. Der Weinsteinniederschlag wird auf dem Saugtrichter abgesaugt und bei 105° C im Trockenschrank getrocknet.

Das Aufschließen des unreinen Chromoxyds wird in folgender Weise vorgenommen:

Man vermischt das Chromoxyd im Platintiegel mit etwa der acht- bis zehnfachen Menge Weinsteinmischung und erhitzt mit nicht zu großer Flamme. Der Weinstein beginnt bald sich zu zersetzen. Man hebt den Deckel des Tiegels ab und wartet das Verkohlen und Zusammenschmelzen des Inhaltes ab. Die aus dem Weinstein entstehende Kohle wird durch schmelzendes Alkalikarbonat nach und nach unter Kohlenoxydbildung oxydiert. Man entfernt die Flamme unter dem Tiegel, sobald der Kohlenstoff bis auf einen kleinen Rest verbrannt ist. Dieser Augenblick darf nicht versäumt werden.

Erhitzt man länger, bis aller Kohlenstoff oxydiert ist, so wird leicht ein Teil des Chromoxyds zu Chromat oxydiert (Gelbfärbung der Schmelze); erhitzt man dagegen zu kurz, so werden nicht alle übrigen Stoffe sicher aus dem Chromoxyd entfernt[1]).

Nach Abkühlen der Schmelze bringt man den Tiegel in ein kleines Becherglas und laugt unter Erwärmen mit wenig Wasser aus. Ist die Schmelze gelöst, so nimmt man den Tiegel heraus, spült ihn mit heißem Wasser sorgfältig ab und filtriert die Lösung des Aufschlusses durch ein Weißbandfilter. Chromoxyd vermischt mit Kohle bleiben auf dem Filter zurück, während die Salze der im Rohchromoxyd vorhandenen Säuren in dem farblosen Filtrat enthalten sind. Filter samt Chromoxyd und Kohle werden mit heißem Wasser ausgewaschen, zuletzt tropfenweise mit verdünnter Salpetersäure, um sicher alles Alkali zu entfernen. Man verascht alsdann im gewogenen Platintiegel und wägt das rein grüne Chromoxyd.

Will man sich noch besonders von der Reinheit des Chromoxyds überzeugen, so schließt man mit Magnesianatriumkarbonat auf, löst mit Wasser und Salzsäure oder Schwefelsäure und titriert das Chromat nach einem der oben angegebenen Verfahren.

Das Filtrat vom Chromoxyd kann für die Bestimmung des im rohen Chromoxyd enthaltenen Phosphors und Vanadins benutzt werden.

Berechnung. Aus der Menge des gefundenen Chromoxyds (= a Gramm)

---

[1]) Bei erheblicheren Chromoxydmengen schmilzt man zweckmäßig zuerst mit wenig reinem Natriumkarbonat die Oxyde zusammen, gibt danach Weinsteinmischung zu und verfährt wie beschrieben. Beim ersten Schmelzen entstandenes Chromat wird dabei wieder reduziert. Bei Ausführung der Schmelzen dürfen nicht Teile der Schmelze, von der Hauptmenge getrennt, an den Tiegelwandungen vorhanden sein.

Ein ähnliches Verfahren wie das angegebene ist von Campbell und Woodhams (Journ. Americ. Chem. Soc. (1908. 30). 1233) für die Trennung von Vanadin und Chrom beschrieben worden. Die genannten Verfasser schließen mit Natriumkarbonat auf, geben der Schmelze zum Schluß Holzkohlenpulver zu und erhitzen noch 10 Minuten lang.

berechnet sich der Gehalt des Materials an Chrom, wenn für die Fällung des Chromoxyds e Gramm der Einwage angewandt sind, wie folgt:

$$\% \; Cr = 68{,}42 \cdot \frac{a}{e}.$$

Dazu kommt noch die beim Siliziumdioxyd verbliebene Chrommenge, die, wie angegeben, maßanalytisch ermittelt wird.

b) Das Aufschlußverfahren.

Handelt es sich lediglich um die Bestimmung des Chromgehaltes in einer Probe, so kann man auf wesentlich schnellerem Weg, als dies nach Verfahren 1a möglich ist, zum Ziel gelangen, wenn man wie nachstehend angegeben arbeitet.

Grundlagen des Verfahrens. Führt man das Probematerial in Oxyde über, so läßt sich vorhandenes Chrom durch Schmelzen mit Natriumsuperoxyd im Nickeltiegel glatt in Chromat überführen. Nach Ausziehen der Schmelze mit Wasser wird das Chromat nach einem der bereits beschriebenen Verfahren bestimmt.

Ausführung der Bestimmung. 2 g der Probe[1]) werden in kleiner Porzellanschale mit verdünnter Salpetersäure (spez. Gew. 1,18) gelöst, die Lösung eingedampft und die Nitrate durch starkes Glühen (auf dem Asbestdrahtnetz bei aufgedecktem Uhrglas) vollständig zerstört. Die Oxyde lösen sich dabei zum größeren Teil von den Wandungen der Schale ab. Man bringt die abgelösten Teile in eine Achatreibschale, verreibt sie mit Natriumsuperoxyd (im ganzen sind etwa 16 g davon notwendig) und gibt die Mischung in einen rein ausgescheuerten Nickeltiegel. Die in der Schale verbliebenen Reste von Oxyden löst man vorsichtig durch Abkratzen mit einem Spatel von den Schalenwandungen ab, mischt sie gleichfalls mit Superoxyd und fügt diesen Teil zur Hauptmenge in den Nickeltiegel. Zuletzt bringt man etwas Natriumsuperoxyd in die Porzellanschale, löst durch Abkratzen die Reste der Oxyde soweit als möglich los und gibt alles in den Nickeltiegel. Den geringen in der Schale zurückbleibenden Rest bringt man durch Erwärmen mit schwacher Natronlauge in Lösung. Diese Lösung wird in ein Becherglas gespült und die Schale ausgerieben und ausgespült.

Die Mischung im Nickeltiegel wird nach Bedecken des Tiegels mit nicht zu großer Flamme erhitzt; wenn die Masse geschmolzen ist, setzt man das Erhitzen auf dunkle Rotglut noch etwa 15 Minuten fort. Dann läßt man erkalten, gibt den Tiegel mit der Schmelze in ein Becherglas, gießt heißes Wasser dazu und bedeckt mit Uhrglas. Die Schmelze löst sich rasch unter Zersetzung des Superoxydüberschusses aus dem Tiegel heraus. Man gibt die alkalische Lösung des Restes aus der Porzellanschale dazu, spült den Tiegel sorgfältig mit Wasser ab und läßt auf dem Dampfbad in der Wärme während ein bis zwei Stunden stehen. Sollte die Lösung nicht gelb, sondern grün (von Manganat) gefärbt sein, so reduziert man dieses durch Zugabe einer Messerspitze voll Natriumsuperoxyd und Umrühren. Die Lösung füllt man danach auf etwa 200 ccm auf, läßt abkühlen und gründlich ab-

---

[1]) Z. B. Chromstahl, Chromnickelstahl, Chromwolframstahl und Chromvanadinstahl; bei chromarmen Eisen- und Stahlsorten werden besser größere Mengen nach Verfahren 1a) auf Chrom untersucht.

sitzen und filtriert die klare Lauge durch ein Weißbandfilter, ohne den Niederschlag aufzurühren. Zuletzt übergießt man den Niederschlag im Becherglas mit heißem Wasser und läßt von neuem absitzen. Beim Filtrieren des zweiten Auszuges fängt man das Durchgehende in einem besonderen Erlenmeyerkolben auf, um bei etwaigem Trübegehen des Eisenoxyds nicht das ganze Filtrat nochmals filtrieren zu müssen. Ist der Niederschlag auf das Filter gebracht, so wäscht man mit heißem Wasser aus, bis alles Chrom aus dem Niederschlag entfernt ist. Da kleine Mengen von Chrom noch beim Eisen geblieben sein können, so ist es notwendig, den Rückstand samt dem Filter zu veraschen und nochmals mit Natriumkaliumkarbonat aufzuschließen, die Schmelze mit Wasser auszulaugen und vom Ungelösten abzufiltrieren.

Die alkalischen Filtrate werden aufgekocht, um vorhandenes Superoxyd vollkommen zu zerstören, und dann in einem Meßkolben auf 250 oder 500 ccm aufgefüllt.

Für die Titration des Chroms verwendet man je $^1/_5$ der Lösung (entsprechend etwa 0,4 g Einwage) und verfährt wie Seite 210 angegeben.

Auch für die gewichtsanalytische Bestimmung des Chroms kann man in oben beschriebener Weise verfahren (S. 211). Zweckmäßig wird das nach Veraschen des Quecksilberniederschlags erhaltene rohe Chromoxyd vor dem Aufschließen noch mit Flußsäure-Schwefelsäure abgeraucht, um Siliziumdioxyd, wenn vorhanden, zu entfernen.

2. Chrombestimmung in säureunlöslichem Material.

(Ferrochrom, hochprozentiger Chromwolframstahl u. a.)

Ausführung der Bestimmung. 0,5 bis 2 g des möglichst fein gepulverten Materials werden mit der 10fachen Menge Magnesia-Natriumkarbonatmischung (nach Rothe vergl. S. 137) in der Achatreibschale innig vermengt, die Mischung in einen geräumigen Platintiegel übergeführt und durch halbstündiges Erhitzen auf einem Dreibrenner und weiteres halbstündiges Erhitzen über der Gebläseflamme aufgeschlossen. Die erkaltete Schmelze wird soweit als möglich nach Anfeuchten mit Wasser in der Achatreibschale zerdrückt; der entstandene Brei wird in ein Becherglas gespült und mit Wasser auf dem Dampfbad erhitzt, um das entstandene Chromat auszulaugen. Nach Absitzenlassen filtriert man vom Ungelösten ab und wäscht gründlich mit heißem Wasser aus. Der Rückstand wird verascht und nach Vermischen in der Reibschale mit etwa der vierfachen Menge (von der Einwage) an Natriumkarbonat nochmals erhitzt. Nach Erkalten wird Chromat wie zuerst ausgelaugt, der Rückstand abfiltriert und zum dritten Male mit Natriumkarbonat aufgeschlossen, um vorhandene Reste von Chrom auszuziehen. Bei genügender Zerkleinerung des Probematerials finden sich im wässerigen Auszug des dritten Aufschlusses nur noch so geringe Chrommengen, daß weiteres Aufschließen des Unlöslichen meist nicht mehr erforderlich ist.

Der zuletzt verbleibende Rückstand kann für die Bestimmung von Eisen, Mangan, Nickel benützt werden.

Die vereinigten, alles Chrom als Chromat enthaltenden Filtrate werden auf 500 oder 1000 ccm verdünnt. In einem Teil der Lösung bestimmt man alsdann das Chrom nach einem der im Vorstehenden beschriebenen Verfahren, unter Berücksichtigung etwa vorhandener Vanadinsäure, Wolframsäure usw.

Beispiele.

1. **Titerstellung der Thiosulfatlösung.** Beim Titrieren abgewogener Jodmengen wurden verbraucht:

Versuch 1 für 0,8423 g Jod: 66,4 ccm Thiosulfatlösung
„ 2 „ 0,5446 „ „ : 42,9 „ „
„ 3 „ 0,5481 „ „ : 43,1 „ „

Demnach zeigt jeder Kubikzentimeter dieser Thiosulfatlösung

nach Versuch 1 0,012685 g Jod
„ „ 2 0,012694 „ „
„ „ 3 0,012717 „ „

im Mittel also 0,012699 g Jod an.

Der Faktor zur Umrechnung von 1 ccm der angewandten Thiosulfatlösung in Kubikzentimeter Zehntelnormallösung berechnet sich zu

$$f = \frac{0,012699}{0,012692} = 1,000_6 .$$

2. **Trennung von Chrom und Eisen nach dem Ätherverfahren.**

a) Titration mit Permanganatlösung.

10 ccm einer Chromichloridlösung verbrauchten nach Oxydation des Chromisalzes zu Chromat beim Titrieren nach dem Permanganatverfahren 53,5 ccm Permanganatlösung. (Chromtiter der Permanganatlösung: 1 ccm zeigt 0,002024 g Cr an.)

Die 10 ccm Chromlösung enthielten somit 0,1083 g Cr.

Versuche 1 und 2. Je 10 ccm der Chromichloridlösung wurden mit 50 ccm chromfreier Eisenchloridlösung (entsprechend 4,4 g metall. Eisen) gemischt, Eisen wurde mit Äther entfernt, die eisenfreie Lösung oxydierend geschmolzen und Chromat nach dem Permanganatverfahren titriert.

Der Chromgehalt entsprach bei

Versuch 1 53,5 ccm Permanganatlösung
„ 2 53,3 „ „

Hieraus berechnen sich die Chrommengen zu

1. 0,1083 g; 2. 0,1079 g.

b) Titration mit Thiosulfatlösung.

Benützte Chromchloridlösung: 10 ccm verbrauchten nach Überführung in Chromatlösung 3,6 ccm Zehntelnormalthiosulfatlösung, entsprechend 0,0062 g Chrom.

Versuch 3. 5 ccm dieser Chromisalzlösung mit 30 ccm einer Eisenchloridlösung (entsprechend 3,2 g Eisen) vermischt, ausgeäthert und Chrom zu Chromat oxydiert.

Verbraucht 1,8 ccm $\dfrac{n}{10}$ Thiosulfatlösung, entsprechend 0,0031 g Cr.

Versuch 4. 10 ccm Chromisalzlösung mit 30 ccm Eisenchloridlösung (entsprechend 3,2 g Eisen) vermischt und wie bei Versuch 3 weiter behandelt.

Verbraucht 3,6 ccm $\dfrac{n}{10}$ Thiosulfatlösung, entsprechend 0,0062 g Cr.

3. Ergebnisse der Untersuchung verschiedenen Probematerials.

Chromstahl mit 4 %/0 Cr.

6,000 g wurden nach Verfahren 1a auf Chrom untersucht. Die Chromatlösung wurde auf 500 ccm verdünnt und $^1/_5$ entsprechend 1,20 g der Probe zur Chrombestimmung verwendet.

Maßanalytische Bestimmung des Chroms. Chromtiter der Permanganatlösung: 1 ccm entspricht 0,004563 g Cr.

50 ccm Ferrosulfatlösung verbrauchen 19,5 ccm Permanganatlösung. Nach Zusatz von 50 ccm Ferrosulfatlösung zur Chromatlösung waren zur Rücktitration des überschüssigen Ferrosalzes erforderlich 8,8 ccm Permanganatlösung.

Der Chromgehalt der Probe berechnet sich danach zu

$$\frac{(19,5 - 8,8) \cdot 0,4563}{1,2} = 4,0_7 \,{}^0/_0 \text{ Cr.}$$

Gewichtsanalytische Bestimmung. $^1/_5$ der Lösung wurde mit Quecksilberoxydulnitratlösung gefällt, der Niederschlag verascht und wie oben beschrieben gereinigt.

Gefunden reines Chromoxyd 0,0710 g Cr_2O_3.

Der Chromgehalt beträgt demnach

$$\frac{0,0710 \cdot 68,42}{1,2} = 4,0_5 \,{}^0/_0 \text{ Cr.}$$

Nickelchromstahl mit 3,5 %/0 Nickel.

Versuch a. 6 g der Probe wurden nach Verfahren 1a ausgeäthert und aufgeschlossen. $\dfrac{2}{5}$ der Chromatlösung mit $\dfrac{n}{10}$ Thiosulfatlösung titriert verbrauchten 3,1 ccm Thiosulfatlösung. Die Probe enthält danach

$$\frac{0,1733 \cdot 3,1}{2,4} = 0,2_2 \,{}^0/_0 \text{ Cr.}$$

Versuch b. 10 g der Probe nach Verfahren 1a ausgeäthert und aufgeschlossen. Die ganze Chromatlösung wurde mit $\dfrac{n}{10}$ Thiosulfatlösung titriert; sie verbrauchte 13,1 ccm.

Der Chromgehalt der Probe beträgt:

$$\frac{0,1733 \cdot 13,1}{10} = 0,2_3 \,{}^0/_0 \text{ Cr.}$$

Chromwolframstahl.

Tabelle 101.

Probe Nr.	Versuche Nr.	Chromgehalt durch Titrieren bestimmt			
		nach Verfahren a			nach Verfahren b
		beim SiO_2 zurückgeblieben % Cr	Hauptmenge % Cr	Summe % Cr	% Cr
1 mit 6 % Wolfram	a)	0,04	5,78	5,82	5,85
	b)	0,04	5,78	5,82	5,84
2 mit 4 % Wolfram	a)	0,58	9,62	10,20	10,30
	b)	1,06	9,19	10,25	10,42

Ferrochrom.

Untersucht nach Verfahren 2.

Je 1,0000 g feinst gepulverten Materials wurden aufgeschlossen und $^1/_{10}$ des wässerigen Auszugs titriert. Verbraucht wurden bei

Versuch a) 35,1 ccm $\dfrac{n}{10}$ Thiosulfatlösung entsprechend 60,8 % Cr

Versuch b) 35,0 „ „ „ „ 60,7 % „

4. Reinigung des rohen Chromoxyds nach Fällung des Chromates mit Quecksilberoxydulnitratlösung.

a) Trennung des Chroms von Wolfram.

10 ccm Wolframatlösung (enthaltend 0,2724 g WO_3) und 10 ccm Chromatlösung (entsprechend 0,0250 g Cr_2O_3) wurden gemeinsam mit Quecksilberoxydulnitratlösung gefällt, der Niederschlag wurde verascht und mit Weinsteinmischung aufgeschlossen. Nach Lösen der Schmelze mit Wasser wurde das Zurückbleibende (Chromoxyd mit Kohle) abfiltriert, mit Wasser und Salpetersäure ausgewaschen und verascht.

Gefunden Cr_2O_3 0,0252 g (statt 0,0250 g).

b) Trennung des Chroms von Vanadin.

25 ccm Vanadatlösung (entsprechend 0,153 g V_2O_3) und 20 ccm Chromatlösung (entsprechend 0,0500 g Cr_2O_5) wurden gemeinsam mit Quecksilbersalzlösung gefällt, der Niederschlag verascht und wie bei a) weiter behandelt.

Gefunden Cr_2O_3 0,0505 g (statt 0,0500 g).

Genauigkeit der Chromwerte und zulässige Abweichungen. Um genaue Werte zu erreichen, muß sowohl bei maßanalytischer als auch gewichtsanalytischer Bestimmung auf die Abwesenheit störender Stoffe geachtet werden.

Im allgemeinen lassen sich nachstehende Abweichungen ohne Schwierigkeit einhalten:

bei Chromgehalten von	zulässige Abweichung
0,01 bis 0,05 %	± 0,002 %
0,05 „ 0,50 „	± 0,005 „
0,50 „ 2,00 „	± 0,02 „
2,00 „ 5,00 „	± 0,03 „
5,0 „ 10,0 „	± 0,05 „
10,0 und mehr	± 0,1 „

M. Aluminium.

Bei der Herstellung von Flußeisen und Flußstahl wird häufig zur Desoxydation des Metallbades Aluminium zugesetzt. Es tritt daher, sofern es analytisch überhaupt nachweisbar ist, vorwiegend in Form seiner Sauerstoffverbindung im Eisen auf. War der Zusatz an Aluminium wesentlich höher, als zur Desoxydation erforderlich, so kann es auch in metallischer Form (als Mischkristall und Eisen) vorkommen. Der sichere Nachweis, ob etwa gefundenes Aluminium als Metall oder als Aluminiumoxyd im Eisen vorhanden war, ist auch auf rein analytischem Wege zurzeit nicht möglich.

Wesentliche Mengen von metallischem Aluminium können in gewissen Speziallegierungen (z. B. Aluminiumstahl) vorkommen.

Grundlagen des Verfahrens. Aluminium kann nach Rothes Ätherverfahren in gleicher Weise wie Mangan, Chrom, Nickel u. a. von Eisen getrennt werden. Für die weitere Bestimmung des Aluminiums ist zu berücksichtigen, daß beim Fällen des Aluminiumhydroxydes aus schwach essigsaurer Lösung auch anwesende Phosphorsäure mitfallen würde; aus diesem Grunde kann nur die Fällung des Aluminiums als Phosphat richtige Werte ergeben.

Ausführung der Bestimmung. Von Aluminiumstahl werden 5—10 g, von Flußeisen und anderen Eisenlegierungen 10 g abgewogen und in einer Porzellanschale mit 60 bzw. 120 ccm konzentrierter Salzsäure gelöst. Die Abscheidung vorhandenen Siliziumdioxyds wird nach Verfahren 1a[1]) (S. 130) durch Erhitzen des Trockenrückstands bei 135° C, am sichersten im Trockenschrank vorgenommen; stärkeres Erhitzen ist möglichst zu vermeiden, da sich ein Teil des Aluminiumchlorids verflüchtigen könnte. Das abfiltrierte und gut ausgewaschene Siliziumdioxyd wird verascht und mit Flußsäure sowie einer nicht zu geringen Menge Schwefelsäure abgeraucht. In manchen Fällen bleibt ein gelblicher Rückstand[2]), der für sich weiter auf Aluminium untersucht werden muß. Man schließt ihn mit Natriumkarbonat auf, löst die Schmelze mit Wasser bzw. Salzsäure und bestimmt Aluminium entweder nach Fällen des in der salzsauren Lösung vorhandenen Aluminiums mit Ammoniak und Wägen als Oxyd oder wie nachstehend für die Hauptmenge angegeben.

---

[1]) Das Lösen der Probe und Abscheiden des Siliziumdioxyds kann auch nach Verfahren 1 b), S. 133 und zur Beschleunigung nach Abschnitt d), S. 152 erfolgen.

[2]) Da Aluminium in metallischer Form sich leicht in Salzsäure löst, so ist anzunehmen, daß größere Aluminiummengen, die sich im Abrauchrückstand vorfinden, im wesentlichen schon im Eisen als Aluminiumoxyd vorhanden waren.

Das Filtrat vom Siliziumdioxyd wird in der Porzellanschale stark eingeengt, bis sich am Rande der Lösung Kristallkrusten abzuscheiden beginnen, dann setzt man zur möglichst heißen Lösung verdünnte Salpetersäure (spez. Gew. 1,18) in kleinen Mengen zu und bedeckt mit einem Uhrglas. Ist die Oxydation vollständig, was man daran erkennt, daß ein weiterer Tropfen Salpetersäure keine Stickoxydentwickelung mehr hervorruft und daß die Flüssigkeit in der Schale durchsichtig erscheint, so nimmt man das Uhrglas ab und dampft ein. Man nimmt nochmals mit etwas konzentrierter Salzsäure auf, dampft bis zur Sirupdicke der Lösung ein und äthert dann das Eisen in gewohnter Weise aus. (Vergl. S. 142.)

Die nahezu eisenfreie Chloridlösung wird abgedampft, um Reste des Äthers zu vertreiben, mit wenig Salzsäure wieder gelöst, Kupfer durch Zusatz einiger ccm Schwefelwasserstoffwasser gefällt und das Kupfersulfid abfiltriert.

Das Filtrat wird eingedampft, mit einigen ccm verdünnter Schwefelsäure aufgenommen und in der Platinschale erst auf dem Dampfbad, schließlich auf dem Finkenerturm bis zum beginnenden Abrauchen der Schwefelsäure erhitzt[1]). Die rückständigen Sulfate werden mit Wasser gelöst, in ein Becherglas von 200 bis 250 ccm Inhalt übergeführt und auf etwa 100 ccm verdünnt. Dann übersättigt man mit Ammoniak — bis zur Bläuung eines eingeworfenen Stückchens Lackmuspapier — und löst die ausgefällten Hydroxyde sogleich wieder mit der eben ausreichenden Menge verdünnter Schwefelsäure. Bleibt dabei ein Teil in braunes Oxyd übergegangenes Manganhydroxyd ungelöst, so fügt man 1 ccm wässeriger schwefliger Säure hinzu. Zu der schwach sauren Lösung gibt man $2-3$ ccm neutraler Ammonazetatlösung (100 g Salz zu 500 ccm gelöst); die Lösung muß dabei schwach saure Reaktion beibehalten.

Man erhitzt die Lösung zum Sieden, wobei sämtliches Aluminium mit nur geringen Verunreinigungen ausfällt; nach Absitzenlassen filtriert man den Niederschlag ab und wäscht mit heißem Wasser, dem etwas Ammonazetat oder auch Ammonsulfat zugesetzt ist, gut aus. Darauf spritzt man den Niederschlag vom Filter ins Becherglas zurück und löst ihn mit möglichst wenig verdünnter Schwefelsäure und Wasser wieder auf. Zur Vervollständigung der Lösung des Niederschlags muß auf dem Dampfbad erwärmt werden. Die Fällung des Aluminiums mit Ammonazetat wird, wie vorhin angegeben, wiederholt; der Niederschlag wird durch das vorher benutzte Filter abfiltriert und ausgewaschen.

Der nunmehr von Nickel und Mangan völlig befreite, im wesentlichen aus Hydroxyd und Phosphat bestehende Aluminiumniederschlag wird nochmals vom Filter gespritzt, wieder wie vorhin mit verdünnter Schwefelsäure gelöst und nach Zusatz von 1 bis 2 ccm Ammoniumphosphatlösung (100 g Salz zu 500 ccm gelöst) mit sehr geringem Ammoniaküberschuß das Aluminium als Phosphat in der Hitze gefällt.

Nach erfolgter Fällung säuert man mit verdünnter Essigsäure schwach an, erhitzt zum Sieden, filtriert und wäscht den Niederschlag mit warmem,

---

[1]) Der Grund, weshalb die Chloride in Sulfate übergeführt werden, ist der, daß die aus Sulfatlösungen gefällten Aluminiumniederschläge sich wesentlich besser filtrieren und auswaschen lassen, als die aus Chloridlösungen gefällten.

etwas Ammoniumazetat enthaltendem Wasser aus. Schließlich verascht man den Niederschlag, glüht und wägt das Aluminiumphosphat, dessen Zusammensetzung der Formel $AlPO_4$ entspricht.

In reinem Zustand ist das Aluminiumphosphat weiß. Sind geringe Mengen Chromisalz vorhanden, so fallen diese bei obiger Arbeitsweise als Chromiphosphat mit dem Aluminiumphosphat aus. Der geglühte Niederschlag hat dann graue bis grüne Farbe. In diesem Fall wird der Niederschlag aufgeschlossen durch Erhitzen mit Natriumkarbonat, das gebildete Chromat mit Zehntelnormal-Thiosulfatlösung titriert und die der gefundenen Chrommenge entsprechende Menge Chromiphosphat ($CrPO_4$) vom Aluminiumphosphat in Abzug gebracht.

Sollte bei der ersten Fällung des Aluminiums eisenhaltiges Hydroxyd ausfallen[1]), weil infolge nicht gut gelungener Ausätherung ein Teil des Eisens in der salzsauren Lösung zurückgeblieben war — so kann man das Eisen nach Lösen des gefällten Niederschlags mit verdünnter Schwefelsäure, Eindampfen der Lösung in der Platinschale und Abrauchen der Schwefelsäure durch Aufschließen mit wenig Ätznatron und Natriumsuperoxyd (wie beim Mangan beschrieben, S. 145) entfernen. Der wässerige Auszug der Schmelze wird mit Schwefelsäure neutralisiert, das Aluminium durch mehrmalige Fällung von Natronsalzen gereinigt, schließlich wie oben in Aluminiumphosphat übergeführt und als solches gewogen.

Berechnung. Der Gehalt der Probe an Aluminium berechnet sich bei einer Einwage von e Gramm und einer gefundenen Menge Aluminiumphosphat von a Gramm zu

$$^0/_0\,Al = \frac{22,19 \cdot a}{e}.$$

Ist das Aluminiumphosphat chromhaltig, so berechnet man aus der durch Titrieren ermittelten Chrommenge in Grammen durch Multiplizieren mit 2,828 die entsprechende Menge Chromiphosphat, zieht diese von der Menge beider Phosphate ab und berechnet aus der Menge reinen Aluminiumphosphates den Aluminiumgehalt.

Zur Umrechnung von Aluminiumoxyd in Aluminiummetall multipliziert man die gefundene Oxydmenge mit 0,5303.

Beispiele.

1. Versuche mit Aluminiumchloridlösung.

20 ccm der phosphorsäurefreien Aluminiumchloridlösung ergaben bei der Fällung mit Ammonazetat und Wägen des Niederschlags in Form von Al_2O_3:

Versuch 1   0,0875 g Al_2O_3 entsprechend 0,0464 g Al
Versuch 2   0,0876 „   „   „   0,0465 „ „ .

Bei der Fällung mit Ammonphosphatlösung und Wägen des Niederschlags als $AlPO_4$ wurden aus je 20 ccm erhalten:

Versuch 3   0,2141 g $AlPO_4$ entsprechend 0,0475 g Al
Versuch 4   0,2148 „   „   „   0,0477 „ „ .

---

[1]) Bei der Ausätherung des Eisens (nach den beim Mangan angegebenen Vorschriften S. 142) ist es nicht schwierig, bei sorgfältigem Einhalten der Vorschriften, das Eisen bis auf höchstens 1 oder 2 mg zu entfernen. Ist nur sehr wenig Eisen vorhanden, so läßt sich die Arbeit des Aufschließens in vielen Fällen ersparen.

Je 20 ccm Aluminiumchloridlösung wurden mit 20 ccm Eisenchlorid (entsprechend 5 g metallischem Eisen) eingedampft und das Eisen durch Äther entfernt; bei der Fällung des Aluminiums als Phosphat wurden erhalten:

Versuch 5   0,2214 g $AlPO_4$ entsprechend 0,0491 g Al
Versuch 6   0,2141 „   „   „   0,0475 „   „ .

2. Ergebnisse mit Aluminiumstahlproben.

Probe 1.

Versuch a   5,110 g lieferten 0,0523 g $AlPO_4$ entsprechend 0,23 % Al
Versuch b   5,001 „   „   0,0567 „   „   „   0,25 % „ .

Das abgeschiedene Siliziumdioxyd erwies sich als frei von Aluminium.

Probe 2.

Versuch a   5,000 g der Probe gaben 0,0687 g chromhaltiges Aluminiumphosphat.

Der durch Titrieren ermittelte Chromgehalt war 0,00129 g Cr (entsprechend 0,026 % Cr); hieraus berechnet sich die Menge des im Niederschlag vorhandenen Chromiphosphats zu 0,0036 g $CrPO_4$, somit bleiben für reines $AlPO_4$: 0,0651 g entsprechend $0,29_2$ % Al.

Nach Abrauchen des Siliziumdioxyds konnten noch 0,0032 g Al_2O_3 aus dem Rückstand erhalten werden. Aus diesen berechnet sich die Aluminiummenge durch Multiplizieren mit 0,5303. Der dieser Menge entsprechende prozentische Aluminiumgehalt ist 0,034 % Al.

Gesamtgehalt an Aluminium: $0,3_3$ %.

Versuch b: Entsprechend dem Versuch a ergaben 5,032 g der Probe 0,0721 g Chrom- und Aluminiumphosphat.

Nach Abzug von 0,0036 Chromiphosphat verblieben 0,0685 g reines $AlPO_4$ entsprechend 0,302 % Al. Im Siliziumdioxyd fanden sich noch 0,0038 g Al_2O_3 entsprechend 0,040 % Al.

Gesamtgehalt an Aluminium $0,3_4$ %.

Genauigkeit der Aluminiumwerte und zulässige Abweichungen.

Die Genauigkeit der Aluminiumbestimmung als Aluminiumphosphat hängt wesentlich von den zur Fällung des Phosphats gewählten Bedingungen ab. Bei Einhaltung der angegebenen Versuchsbedingungen ist die Zusammensetzung des Niederschlags in guter Übereinstimmung mit der Formel $AlPO_4$.

Als zulässige und noch einhaltbare Abweichungen bei Aluminiumwerten kann man die folgenden bezeichnen:

bei Aluminiumgehalten	zulässige Abweichung
von 0 bis 0,5 %	± 0,02 %
„ 0,5 bis 1 %	± 0,03 „
„ 1 und mehr %	± 0,05 „

N. Titan.

Geringe Mengen von Titan, aus titanhaltigen Erzen stammend, finden sich häufig in Roheisensorten. Da Titan in ähnlicher Weise wie Aluminium bei der Herstellung von Eisen und Stahl als Desoxydationsmittel Verwendung findet, so kann unter Umständen ein Teil des zugesetzten Titans in das Eisen gelangen. In der Regel wird der Titanzusatz so bemessen, daß alles Titan in die Schlacke übergeht.

Von höherprozentigen Legierungen des Titans finden im Hüttenbetrieb hauptsächlich Ferrotitan und Mangantitan Verwendung.

1. Bestimmung des Titans in säurelöslichem Material.

Grundlagen des Verfahrens. Titan und Eisen lassen sich nach Rothes Ätherverfahren aus salzsaurer, oxydierter Lösung in gleicher Weise trennen, wie dies für die Trennung von Mangan und Eisen (S. 142) beschrieben ist.

Für die weitere Bestimmung des Titans in der ätherfreien Lösung ist zu beachten, daß bei der Äthertrennung außer Titan noch Mangan, Nickel, Chrom und andere Metalle, sowie Phosphorsäure in die salzsaure Lösung übergehen.

Die gewichtsanalytische Bestimmung erfolgt zweckmäßig durch Erhitzen der essigsauren Lösung (z. B. nach Barnebey und Isham)[1]; das so gefällte rohe Titandioxyd muß nach Glühen und Wägen weiter gereinigt werden.

Anstatt die Verunreinigungen (Eisenoxyd, Chromoxyd usw.) zu bestimmen und in Abzug zu bringen, kann man die Menge des Titans, falls sie nicht zu geringfügig ist, auch maßanalytisch bestimmen (nach Hinrichsen)[2].

Erforderliche Apparate und Lösungen. Zur Ausätherung des Eisens sind erforderlich:

Schüttelapparat nach Rothe (Abb. 118),
Salzsäure von spez. Gew. 1,10,
Äthersalzsäuren 1,10 und 1,19;

zur Titration des Titans:

Eisenchloridlösung.

Zur Herstellung der Eisenchloridlösung löst man 27 g wasserhaltiges, reines Eisenchlorid ($FeCl_3 + 6 H_2O$) mit Wasser und Salzsäure[3] und verdünnt auf 1 Liter.

Die Titerstellung der Eisenchloridlösung geschieht mit Zehntelnormalthiosulfatlösung (deren Herstellung s. S. 206) in folgender Weise.

30—40 ccm der Eisenchloridlösung werden auf dem Dampfbad auf etwa 15 ccm eingedampft, mit wenig verdünnter Salzsäure in ein 200 ccm fassendes Erlenmeyerkölbchen übergespült und eine Auflösung von 1—2 g reinem jodatfreiem Jodkalium in wenig Wasser (diese Lösung muß auf Zusatz von wenig Salzsäure farblos bleiben) zugegeben.

Dabei wird nach folgender Gleichung Jod frei:

$$2 \, Fe^{\cdots} + 2 \, J' = 2 \, Fe^{\cdot\cdot} + J_2.$$

Das in Freiheit gesetzte Jod wird mit Zehntelnormalthiosulfatlösung bestimmt.

---

[1] Journ. Americ. Chem. Soc. 32. (1910). 957.
[2] Chemikerzeitung 31. (1907). 738.
[3] Salzsäurezusatz ist erforderlich um zu verhindern, daß die Eisenchloridlösung infolge Hydrolyse trübe und unbrauchbar wird.

Man läßt zunächst von der Thiosulfatlösung zufließen, bis die Eisenlösung nur noch schwach gelbe Färbung zeigt. Dann gibt man einige Tropfen Jodzinkstärkelösung hinzu und titriert weiter, bis die Blaufärbung verschwindet.

Um noch vorhandene geringe Mengen Eisenchlorid mit Jodwasserstoff umzusetzen, erwärmt man jetzt die Lösung auf 50 bis höchstens 60⁰ C, kühlt dann in fließendem Wasser wieder auf Zimmertemperatur ab und titriert nach Zusatz weiterer Stärkelösung bis zur Entfärbung der Lösung.

Der Titer der Eisenchloridlösung läßt sich aus dem Verbrauch an Zehntelnormalthiosulfatlösung wie folgt berechnen:

Da ein Molekül $FeCl_3$ ein Atom Jod in Freiheit setzt und dieses ein Molekül Thiosulfat zur Umsetzung braucht, so entspricht ein Molekül Thiosulfat einem Molekül Eisenchlorid ($FeCl_3$) bzw. einem Atom Eisen.

Die Umsetzung, welche dem maßanalytischen Verfahren der Titanbestimmung zugrunde liegt, erfolgt nach der Gleichung:

$$Ti^{\cdots} + Fe^{\cdots} = Ti^{\cdots\cdot} + Fe^{\cdot\cdot},$$

ein Atom Eisen entspricht demnach auch einem Atom Titan.

Bei einem Verbrauch von n Kubikzentimeter Zehntelnormalthiosulfatlösung zur Titration des durch a Kubikzentimeter der Eisenchloridlösung in Freiheit gesetzten Jods berechnet sich also der Titantiter der Eisenchloridlösung auf folgende Weise:

$$1 \text{ ccm} = \frac{n}{a} \cdot 0{,}00481 \text{ g Titan.}$$

Ausführung der Bestimmung. Von Roheisen oder Stahl werden 10—15 g abgewogen und in der Porzellanschale mit Salpetersäure (spez. Gew. 1,18) in Lösung gebracht, Siliziumdioxyd wird abgeschieden, abfiltriert und nach Veraschen abgeraucht. Der nach Abrauchen verbleibende, meist eisenhaltige Rückstand wird zum Zweck der Bestimmung vorhandenen Titans in der weiter unten angegebenen Weise aufgeschlossen.

Das Filtrat vom Siliziumdioxyd wird eingeengt und Eisenchlorid nach dem Ätherverfahren (S. 142) möglichst vollständig entfernt. Die Anwesenheit von Titan verrät sich dabei häufig dadurch, daß die salzsaure Lösung nach dem ersten Ausschütteln etwas trübe erscheint und nach dem zweiten Ausschütteln stärker trübe wird oder auch gelblich-weiße Flocken von Titandioxyd ausscheidet (Rosenheim und Schütte)[1]. Ist die vorhandene Titanmenge dagegen sehr gering, so erhält man nach dem Ausschütteln des Eisens einen klaren, braungelb gefärbten, salzsauren Auszug, in dem das Titan infolge geringen Superoxydgehalts des Äthers als Pertitansäure vorhanden ist. Die Abscheidung von Titandioxyd beim Ausäthern hat ihre Ursache in der hydrolytischen Spaltung des in der salzsauren Lösung vor-

---

[1] Zeitschrift f. anorg. Chem. 26. 241; die Gelbfärbung des Titandioxyds wird durch geringen Superoxydgehalt des verwendeten Äthers hervorgerufen, vergl. Barnebey und Isham a. a. O. Zusatz von Wasserstoffsuperoxyd färbt die salzsaure Titanlösung gelb bis orangerot. Die entstehende Pertitansäure ist in Äthersalzsäure nicht löslich; man kann sich also durch Wasserstoffsuperoxydzusatz bei den Nachschüttelungen vergewissern, ob alles Titan aus der ätherischen Eisenlösung entfernt ist.

handenen Titansalzes, die durch die salzsäureentziehende Wirkung des Äthers hervorgerufen wird und zu einem Gleichgewichtszustand führt:

$$\text{Ti}^{\cdots\cdot} + \text{H}_2\text{O} \rightleftarrows \text{Ti(OH)}_4 + 4\,\text{H}^{\cdot}.$$

Durch möglichst sorgfältiges Einhalten der Vorschriften für das Ausäthern kann man alles Eisen bis auf sehr geringe Mengen entfernen, man dunstet danach den Äther ab und dampft die salzsaure Lösung zur Trockene ein. Den verbleibenden Rückstand versetzt man mit wenig konzentrierter Salzsäure, wobei Titandioxyd schon zum Teil ungelöst zurückbleibt, verdünnt mit Wasser auf 100—150 ccm und gibt 1—3 g festes Ammoniumazetat hinzu. Nach erfolgter Lösung des Salzes erhitzt man zum Kochen und hält die Flüssigkeit während einiger Minuten in gelindem Sieden. Alles Titan fällt in Form des Dioxyds aus; bei Anwesenheit von Eisen fällt dieses größtenteils mit. Nach Absitzen des grobflockigen Niederschlags filtriert man und wäscht Filter und Niederschlag gut mit ammoniumazetathaltigem Wasser aus. Das essigsaure Filtrat prüft man mit Wasserstoffsuperoxyd, ob alles Titan gefällt ist, nötigenfalls fällt man den zurückgebliebenen Rest des Titans durch weiteres Kochen der Lösung. Der Niederschlag wird im gewogenen Platintiegel verascht und gewogen.

Um in dem erhaltenen rohen Titandioxyd die Menge an reinem Titandioxyd zu ermitteln, schließt man im Platintiegel mit etwa der zehnfachen Menge Natriumkarbonat auf, löst nach Erkalten der Schmelze, indem man Tiegel mit Aufschluß in ein Becherglas bringt, mit kaltem Wasser übergießt und einige Zeit stehen läßt (ohne zu erwärmen). Nachdem alle löslichen Salze in Lösung gegangen sind, bleiben Natriumtitanat sowie vorhandenes Eisenoxyd zurück; diese werden abfiltriert und mit kaltem Wasser ausgewaschen. Ist dies geschehen, so entfernt man das Wasser aus dem Rohr des Trichters, durchbohrt das Filter mit einem spitzen Glasstab und spritzt den Niederschlag mit wenig verdünnter Salzsäure in einen kleinen Erlenmeyerkolben. Man gibt das vier- bis sechsfache von der vorhandenen Flüssigkeitsmenge an konzentrierter Salzsäure (spez. Gew. 1,12) hinzu[1]) und bringt Titandioxyd und Eisenoxyd durch allmähliches Erwärmen vollständig in Lösung.

Die erhaltene Titanlösung wird eingeengt; wenn die Lösung auf etwa 10—20 ccm gebracht ist, wird darin entweder das vorhandene Eisen oder die Titanmenge nach entsprechendem Titrierverfahren bestimmt.

Zur Bestimmung des Eisens verfährt man wie im nächsten Abschnitt angegeben; man berechnet aus der gefundenen Eisenmenge Eisenoxyd (durch Multiplizieren mit 1,430) und zieht die Menge des letzteren von dem Gewicht des rohen Titandioxyds ab.

Man erhält die Menge des reinen Titandioxyds, falls außer Eisenoxyd keine anderen Verunreinigungen zugegen sind.

Handelt es sich um Bestimmung größerer Titanmengen, so empfiehlt sich zu ihrer genauen Ermittelung nach erfolgter Reduktion zur dreiwertigen Stufe die Anwendung des maßanalytischen Verfahrens, zu dessen Ausführung wie folgt verfahren wird.

---

[1]) Mit verdünnter Salzsäure ist infolge Bildung unlöslicher Metatitansäure vollständige Lösung des Titanats nicht erreichbar.

Zu der auf etwa 20—30 ccm eingeengten salzsauren Titanlösung, die sich in einem 200 ccm fassenden Erlenmeyerkölbchen befindet, gibt man 10—20 ccm rauchende Salzsäure (spez. Gew. 1,19). Das Kölbchen verschließt man mit einem durchbohrten Gummistopfen, in dessen Bohrung sich ein Bunsenventil oder besser noch ein ⌐-förmig gebogenes Glasrohr befindet; das freie (längere) Ende des Glasrohrs läßt man während der Reduktion und des späteren Abkühlens in gesättigte Natriumbikarbonatlösung eintauchen, um das Zutreten von Sauerstoff zur reduzierten Titanlösung zu verhindern (Abb. 126)[1].

Zur Reduktion des in vierwertiger Form vorliegenden Titans zu dreiwertigem wirft man etwa 2 g einer 50%igen Zinkmagnesiumlegierung (nach Hinrichsen a. a. O.) oder 3 g Stangenzink (in groben Stücken), das für diesen Zweck nicht besonders eisenfrei zu sein braucht, zur Titan-

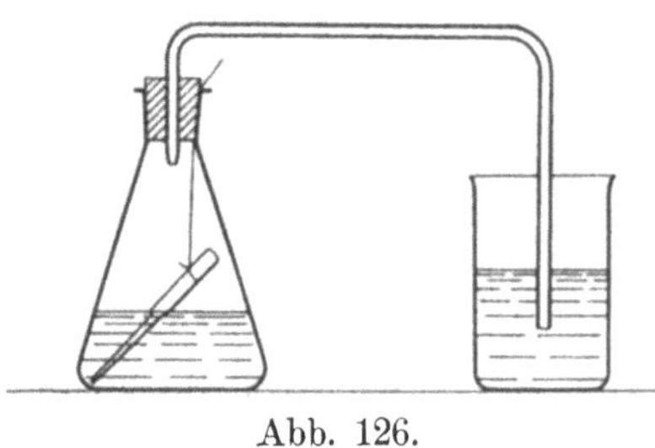
Abb. 126.

lösung, setzt den Gummistopfen auf und läßt die Reduktion zunächst in der Kälte vor sich gehen. Ist nach einiger Zeit die Lösung violett geworden und das zur Reduktion zugegebene Zink ganz oder bis auf einen geringen Rest verbraucht, so gibt man nach Entfernung des Gummistopfens weitere 1—2 g des Metalls in groben Stücken hinzu, verschließt rasch wieder und setzt die Reduktion unter Erwärmen auf dem Dampfbad bis zur vollständigen Auflösung des Metalls fort[2].

Man kann die Reduktion auch mit einem größeren Stück Stangenzink vornehmen, ohne dieses vollständig aufzulösen. Zu diesem Zweck hängt man das Zinkstück an einem feinen Platindraht in die zu reduzierende Lösung ein (vergl. Abb. 126). Nach etwa $^3/_4$ bis einstündiger Reduktion läßt man erkalten, nimmt dann das zurückgebliebene Zink heraus und spült es mit destilliertem Wasser ab.

Zur abgekühlten Lösung gibt man 1—2 g reines eisenfreies Rhodanammonium und titriert unter Umschütteln mit salzsaurer Eisenchloridlösung bis zum Eintreten bleibender Rotfärbung.

Berechnung. Die Menge des vorhandenen Titans ergibt sich aus

---

[1] An Stelle der abgebildeten Vorrichtung kann man den Gummistopfen auch mit einem Aufsatz nach Contat-Göckel (Ztschr. angew. Chem. 13. (1899). 620) versehen.

[2] Bei der Reduktion des vierwertigen Titans findet folgender Vorgang statt:

$$\mathrm{Ti}^{\cdots\cdots} + H_2 = \mathrm{Ti}^{\cdots} + 2H^{\cdot}.$$

Damit alles vorhandene Titan in die dreiwertige Form übergeführt wird, muß die Bedingung erfüllt sein, daß alles vierwertige Titan in Ionen vorliegt. Bei der Reduktion schwach saurer Lösungen trifft dies nur zum Teil zu infolge hydrolytischer Spaltung, die auch dann eingetreten sein kann, wenn kein Niederschlag von Titandioxyd sichtbar ist (kolloide Lösung). Da nicht ionisierte Titanverbindungen nicht reduzierbar sind, so werden beim Titrieren der reduzierten, schwach sauren Titanlösungen zu niedrige Titanwerte erhalten. Um richtige Titanwerte zu erlangen, ist es somit wichtig, stark salzsaure Lösungen zu verwenden, in welchen vierwertiges Titan nicht in nennenswerter Menge hydrolysiert ist.

der gefundenen Menge Titandioxyd ($= a$ Gramm) bei einer Einwage von e Gramm zu

$$\% \ Ti = \frac{60,05 \cdot a}{e};$$

bei der maßanalytischen Bestimmung berechnet sich der Titangehalt bei einem Verbrauch von n Kubikzentimeter Eisenchloridlösung vom Titer auf Titan $= T$ zu

$$\% \ Ti = 100 \ T \cdot \frac{n}{e},$$ oder falls die Eisenchloridlösung genau zehntelnormal ist, zu

$$\% \ Ti = \frac{n}{e} \cdot 0,481.$$

2. Bestimmung des Titans in säureunlöslichem Material.

(Ferrotitan, Titanmetall und andere Titanlegierungen.)

Ausführung der Bestimmung. 1—2 g des möglichst feingepulverten Probematerials wird mit der fünf- bis sechsfachen Menge Magnesianatriumkarbonat ($1 \ MgO : 2 \ Na_2CO_3$ vergl. S. 137) innig vermengt und die Mischung in einem geräumigen Platintiegel, dessen Boden man vor Einfüllen der Mischung mit etwas Magnesia-Natriumkarbonat bedeckt hat, in der beim Silizium (S. 138) angegebenen Weise aufgeschlossen.

Der fertige Aufschluß wird nach Erkalten in eine Achatreibschale gegeben, mit kaltem Wasser angefeuchtet und zu feinem Brei zerrieben; dieser wird in ein Becherglas übergespült (wozu man nur möglichst wenig Wasser verwendet), mit etwa der fünf- bis sechsfachen Menge der vorhandenen Flüssigkeitsmenge an rauchender Salzsäure (spez. Gew. 1,19) übergossen und nach Bedecken mit einem Uhrglas unter Erwärmen und zeitweisem Umrühren in Lösung gebracht. Bei genauem Einhalten dieser Bedingungen erhält man in kurzer Zeit völlig klare Lösung des Aufschlusses.

Um die vorhandene Titanmenge zu ermitteln, engt man die salzsaure Lösung des Aufschlusses stark ein, füllt dann in einen 200 ccm fassenden Erlenmeyerkolben über, reduziert mit Zink und titriert mit Eisenchloridlösung wie oben beschrieben (Abschnitt a)[1]).

Will man nur einen Teil der salzsauren Lösung des Aufschlusses für die Titration verwenden, so füllt man unter Verwendung von konzentrierter Salzsäure (spez. Gew. 1,12) zu 250 ccm auf, entnimmt der Lösung 100 ccm (entsprechend $^2/_5$ der eingewogenen Probemenge) reduziert nach Einengen mit Zink und titriert mit Eisenchlorid. Die Berechnung erfolgt wie oben angegeben.

Beispiele.

Versuche mit Titanlösung.

Aus 20 ccm der Titanlösung wurde Titandioxyd aus schwach essig-

---

[1]) In manchen Fällen erhält man nach dem Reduzieren der Titanlösung schmutzig violett gefärbte Lösungen, in denen sich die Titanmenge nur schwierig durch Titrieren feststellen läßt. Um die störenden Stoffe (Molybdän, Wolfram u. a.) zu entfernen, laugt man den beim einmaligen Aufschließen erhaltenen Schmelzkuchen mit heißem Wasser gründlich aus, filtriert das Unlösliche ab, verascht samt Filter im Platintiegel, mischt das 3 bis 4 fache der Einwage an Natriumkarbonat dazu und schließt von neuem durch kräftiges Erhitzen auf. Den Schmelzkuchen löst man jetzt mit wenig Wasser, aber ohne Erwärmung, aus dem Tiegel heraus, bringt alles mit starker Salzsäure in Lösung und verfährt weiter wie oben angegeben.

saurer Lösung gefällt; der Niederschlag wurde abfiltriert, mit ammonazetathaltigem Wasser gewaschen, verascht und gewogen.

Die Wägung des Titandioxyds ergab:

Versuch 1. 0,0961 g TiO_2 entsprechend 0,0577 g Ti.

Versuch 2. 0,0978 g TiO_2 „ 0,0587 g Ti.

20 ccm Titanlösung wurden mit 30 ccm Eisenchloridlösung (entsprechend 4,8 g metallischem Eisen) unter Salzsäurezusatz eingeengt, Eisen ausgeäthert und aus der nahezu eisenfreien Lösung Titandioxyd aus essigsaurer Lösung gefällt. Zur Bestimmung des vorhandenen Eisens wurde das gewogene Titandioxyd aufgeschlossen, mit Salzsäure gelöst, und Eisen titriert.

Versuch 3 ergab 0,1007 g rohes Titandioxyd; zur Titration des vorhandenen Eisens wurden verbraucht 0,4 ccm Zehntelnormalthiosulfatlösung entsprechend 0,0032 g Eisenoxyd. Der Gehalt an reinem Titandioxyd berechnet sich danach zu 0,0975 g TiO_2 entsprechend 0,0586 g Ti.

Versuch 4 ergab 0,0993 g rohes Titandioxyd; die Titration des vorhandenen Eisens 0,2 ccm Zehntelnormalthiosulfat entsprechend 0,0016 g Eisenoxyd, demnach reines Titandioxyd 0,0977 g entsprechend 0,0587 g Ti.

Titrierversuche.

20 ccm der Titanlösung wurden mit Eisenchloridlösung titriert. Der Titer der Eisenchloridlösung auf Titan war: 1 ccm = 0,004912 g Titan.

Versuch 1. Verbraucht 12,18 ccm Eisenchloridlösung entsprechend 0,0598 g Titan.

Versuch 2. Verbraucht 12,10 ccm Eisenchloridlösung entsprechend 0,0594 g Titan.

20 ccm Titanlösung wurden mit 30 ccm Eisenchloridlösung (entsprechend 4,8 g metallischem Eisen) gemischt, mit Salzsäure eingeengt und ausgeäthert. Die salzsaure Lösung wurde eingedampft, Titan aus essigsaurer Lösung gefällt, verascht und aufgeschlossen; der Aufschluß wurde mit Wasser aufgeweicht, mit starker Salzsäure in Lösung gebracht, reduziert und titriert.

Versuch 3. Verbraucht 12,10 ccm Eisenchloridlösung entsprechend 0,0594 g Ti.

Versuch 4. Verbraucht 12,05 ccm Eisenchloridlösung entsprechend 0,0592 g Ti.

Titanbestimmung in verschiedenen Proben.

Titanmetall. Titer der Eisenchloridlösung: 1 ccm = 0,004995 g Titan.

Versuch 1. $^1/_5$ von 2,0005 g des Metalls verbrauchten 50,5 ccm Eisenchloridlösung entsprechend einem Titangehalt von 63,0 %.

Versuch 2. $^1/_5$ von 2,0008 g Einwage verbrauchten 50,7 ccm Eisenchloridlösung entsprechend 63,3 % Ti.

Ferrotitan. (Goldschmidt.) Titer der Eisenchloridlösung: 1 ccm = 0,00491 g Titan.

Versuch 1. 1 g des Materials verbrauchte 38,4 ccm Eisenchloridlösung entsprechend 18,9 % Titan.

Versuch 2. 1 g des Materials verbrauchte 38,6 ccm Eisenchloridlösung entsprechend 19,0 % Titan.

Roheisen. Gewichtsanalytische Bestimmung des Titangehaltes.

Je 10 Gramm der Probe geben (nach Abrauchen vorhandenen Siliziumdioxyds)

Versuch 1.   0,0117 g TiO_2 entsprechend 0,07₀ % Ti
Versuch 2.   0,0112 g   „   „   0,06₇ % Ti.

Genauigkeit der erhaltenen Werte und zulässige Abweichungen.

Geringe Titanmengen (bis zu einigen Milligrammen TiO_2) lassen sich nach dem Ätherverfahren von Eisen trennen und gewichtsanalytisch, jedoch nicht mehr maßanalytisch bestimmen.

Als noch einhaltbar dürften folgende Abweichungen der Einzelwerte von Titanbestimmungen zu bezeichnen sein:

bei Gehalten von	zulässige Abweichung
0,05—0,2 %	± 0,01 %
0,2 —1,0 „	± 0,02 „
1,0 —5 „	± 0,05 „
5 und mehr	± 0,1 „.

O. Eisen.

Die Bestimmung des Eisengehaltes in Stahl- und Eisenproben ist von Wichtigkeit, wenn es sich darum handelt, z. B. bei Spezialstahlen und Ferrolegierungen rasch zu erfahren, welchen Betrag die übrigen Bestandteile zusammen ausmachen, oder wenn man sich bei der Gesamtanalyse von Stahlen und Ferrolegierungen überzeugen will, ob die Summe der Bestandteile 100 ergibt.

Grundlagen des Verfahrens. In salzsauren Lösungen, die alles Eisen als Chlorid enthalten, kann man den Eisengehalt mit Vorteil nach Mohrs Verfahren[1]) ermitteln, wenn man das Eisenchlorid mit Jodkalium umsetzt und das in Freiheit gesetzte Jod, dessen Menge dem vorhandenen Eisenchlorid entspricht, mit Thiosulfatlösung titriert.

Da bei der Umsetzung zwischen Eisenchlorid und Jodwasserstoff 1 Molekül Eisenchlorid (bzw. 1 Atom Eisen) 1 Atom Jod in Freiheit setzt und 1 Atom Jod bei der Titration 1 Molekül Thiosulfat verbraucht, so zeigt 1 Molekül Thiosulfat 1 Atom Eisen an.

Danach entspricht 1 ccm einer Zehntelnormalthiosulfatlösung = 0,005585 g Eisen.

Über Herstellung und Titerstellung der Thiosulfatlösung vergleiche bei Chrom (S. 206).

1. Bestimmung des Eisens in säurelöslichem Material.

Ausführung der Bestimmung. Die Ermittelung des Eisengehaltes läßt sich in vielen Fällen mit ·der Bestimmung anderer Bestandteile verbinden, so besonders dann, wenn die Ausätherung des Eisenchlorids vorzunehmen

---

[1]) Mohr, Ann. Chem. Pharm. 105. 53 und Rose-Finkener, Handbuch der analyt. Chem. 1871, II., S. 928.

ist (z. B. bei Bestimmung von Mangan, Chrom, Nickel und Kobalt, Aluminium, Titan, Vanadin u. a.).

Man schüttelt zu diesem Zweck die im Schüttelapparat zurückbleibende ätherische Eisenchloridlösung[1]) zuerst mehrmals mit Wasser durch, füllt die erhaltene wässerige Eisenchloridlösung in ein hohes Becherglas ab, wäscht hierauf einige Male mit etwas verdünnter Salzsäure die in dem Apparat noch vorhandenen geringen Eisenmengen heraus, bis erneuter Salzsäurezusatz keine Gelbfärbung mehr zeigt und der Äther vollkommen farblos zurückbleibt. Aus den vereinigten eisenchloridhaltigen Lösungen vertreibt man durch Erwärmen auf dem Dampfbad den Äther und engt hierauf bis auf eine kleine Flüssigkeitsmenge ein.

Enthält die Eisenchloridlösung mehr Eisen als etwa 0,25—0,50 g Metall entspricht, so füllt man die Lösung zweckmäßig zu 250 oder 500 ccm auf und entnimmt für die Titration des Eisens eine etwa 0,25 g Eisen entsprechende Menge, die man auf dem Dampfbad einengt.

Die nicht zu stark salzsaure Eisenchloridlösung füllt man in einen 300—400 ccm fassenden Erlenmeyerkolben über, fügt 1,5—2 g reines (jodatfreies) Jodkalium in wenig Wasser gelöst, hinzu und titriert das freiwerdende Jod mit Zehntelnormalthiosulfatlösung. Man läßt dabei so lange Thiosulfatlösung aus der Bürette zufließen, bis die Eisenlösung nur noch wenig gelb gefärbt ist, dann setzt man etwa 10 Tropfen Jodzinkstärkelösung hinzu und titriert bis zur Entfärbung der durch Jodstärke blau oder dunkel gefärbten Lösung weiter. Ist die Lösung farblos geworden, so kann die Farbe der Jodstärke nach kurzer Zeit wiederkehren, da die letzten Reste Eisenchlorid sich bei gewöhnlicher Temperatur nur langsam unter Jodabscheidung umsetzen. Um diese Reste Eisenchlorid zur Umsetzung zu bringen, erwärmt man die auf farblos titrierte Eisenlösung auf dem Dampfbad auf 50 bis höchstens 60° C, wobei alles Eisen umgesetzt wird, kühlt dann, um titrieren zu können, unter der Wasserleitung auf Zimmertemperatur ab, fügt wieder etwas frische Stärkelösung hinzu und titriert bis zur Entfärbung.

Um die gesamte Eisenmenge zu erhalten, muß zu der im ätherischen Auszug gefundenen Menge noch der im Abrauchrückstand vom Siliziumdioxyd vorhandene Rest Eisen, sowie der beim Ausäthern in den salzsauern Teil übergegangene Rest hinzugezählt werden. Man bestimmt diese kleinen Mengen nach Abscheiden aus schwach essigsaurer Lösung und Lösen des Niederschlags mit Salzsäure durch Titrieren mit Thiosulfatlösung.

Liegt für die Bestimmung des Eisens keine ätherische Eisenchloridlösung vor, so kann man auch die bei der Bestimmung des Schwefels (nach Verfahren 1a S. 184) bzw. des Kupfers (nach Verfahren 1 S. 191) verbleibende Eisenlösung verwenden. Die von Kupfer befreite Lösung wird eingeengt und durch tropfenweisen Zusatz von verdünnter Salpetersäure oder von Kaliumchlorat (auf 10 g gelöstes Eisen etwa 4 g Kaliumchlorat) oxydiert. Man titriert nach wiederholtem Abdampfen mit konzentrierter Salzsäure, wodurch überschüssige Salpetersäure oder Chlor vertrieben werden.

Die Entfernung vorhandenen Kupfers ist für genaue Eisenwerte er-

---

[1]) Zu beachten ist, daß ätherische Eisenchloridlösungen bei längerem Stehen am Licht, besonders bei direkter Sonnenbestrahlung reduziert werden; solche Lösungen müssen daher, ehe das Eisen titriert werden kann, oxydiert werden.

forderlich, da die Salze des zweiwertigen Kupfers durch Thiosulfat ebenfalls reduziert werden und daher, wenn sie nicht entfernt werden, zu hohen Verbrauch an Thiosulfat verursachen würden.

Berechnung. Der Eisengehalt einer Probe ergibt sich bei der Titration einer e Gramm Einwage entsprechenden Probemenge, wenn n ccm Thiosulfatlösung vom Eisentiter T (bei zehntelnormaler Thiosulfatlösung ist T = 0,005585 g Fe) verbraucht wurden zu:

$$\% \text{ Fe} = \frac{n}{e} \cdot 100\,T \text{ bzw. } \frac{n}{e} \cdot 0,5585.$$

2. Bestimmung des Eisens in säureunlöslichem Material.

Ausführung der Bestimmung. Feingepulverte Metalle und Legierungen schließt man wie bei der Bestimmung des Siliziums angegeben (S. 137) mit Magnesia-Natriumkarbonat im Platintiegel auf. Nach Ausziehen des Aufschlusses mit Wasser (wobei Chromat, Vanadat und andere Stoffe in Lösung gehen), bleibt alles Eisen als Oxyd zurück. Der ausgewaschene Rückstand wird mit starker Salzsäure gelöst und für die Bestimmung des Eisens verwendet.

Enthält das Material keine nennenswerten Mengen die Bestimmung des Eisens störender Stoffe wie Chrom, Vanadin, Molybdän, sowie kein Kupfer, so kann man den Aufschluß ohne weiteres mit Salzsäure lösen und die Lösung für die Eisentitration verwenden. Ist Kupfer in merklicher Menge zugegen, so muß dieses durch Schwefelwasserstoff entfernt und die kupferfreie Eisenlösung wieder, wie vorstehend angegeben, oxydiert werden.

Bei titanreichem Material wird der mit Magnesia-Natriumkarbonat erhaltene Aufschluß durch Zugabe starker Salzsäure (spez. Gew. 1,19) unter Umrühren und Erwärmen gelöst. Will man die Aufschlußmasse vorher mit Wasser auslaugen, so darf dies nicht mit warmem Wasser geschehen, da andernfalls mit Salzsäure keine klare Lösung mehr erhalten wird. Die beim Lösen des Aufschlusses mit Salzsäure entstehende Pertitansäure[1]) wird bei dem nachfolgenden Eindampfen der Eisenlösung zerstört.

Die Titration des Eisens selbst wird wie bei säurelöslichem Material beschrieben ausgeführt.

Beispiele.

a) **Eisenbestimmung in 23%igem Nickelstahl.**

Versuch 1. Das aus 0,5001 g Probe durch Ausäthern gewonnene Eisenchlorid verbrauchte 67,5 ccm Thiosulfatlösung. Der Titer der Thiosulfatlösung war 1,003 zehntelnormal.

Der Eisengehalt ist demnach 75,6 %.

Versuch 2. 0,5010 g der Probe verbrauchten 67,65 ccm der gleichen Thiosulfatlösung.

Der Eisengehalt der Probe ist 75,6 %.

b) **Kohlenstoffarmes Ferrovanadin mit 25,7% V.**

Versuch 1. Das aus der Lösung von 4,0000 g der Probe ausgeätherte Eisenchlorid wurde auf 500 ccm verdünnt; davon wurden 25 ccm titriert.

---

[1]) Knecht und Hibbert, Journ. Soc. Chem. Ind. 30. 396.

Verbraucht wurden 25,6 ccm Zehntelnormalthiosulfatlösung.

Der Eisengehalt berechnet sich zu 71,5 %.

Versuch 2. Einwage 4,0000 g; zur Titration verwendet 25 ccm von der auf 500 ccm verdünnten Eisenchloridlösung; verbraucht 25,65 ccm Thiosulfatlösung entsprechend einem Eisengehalt von 71,6 %.

c) Kohlenstoffreiches Ferrovanadin mit etwa 50 % V.

Versuch 1. Einwage 2,6370 g. $^2/_5$ des ausgeätherten Eisens samt den im Abrauchrückstand vom SiO_2 und in der ausgeätherten salzsauren Lösung verbliebenen Resten Eisen verbrauchten 58,9 ccm Zehntelnormalthiosulfatlösung. Der Eisengehalt berechnet sich zu 31,2 %.

Versuch 2. 3,6663 g ebenso behandelt. $^2/_5$ der Eisenlösung verbrauchten 81,4 ccm Thiosulfatlösung entsprechend 31,0 % Fe.

Versuch 3. 0,6376 g mit Magnesianatriumkarbonat aufgeschlossen (Verfahren 2) verbrauchten zur Titration des Eisens 35,5 ccm Zehntelnormalthiosulfatlösung entsprechend 31,1 % Fe.

d) Ferrophosphor mit 24,9 % P.

Versuch 1. 1,0015 g des Materials wurden aufgeschlossen. $^3/_{10}$ von der salzsauren Lösung des Aufschlusses (alles Eisen war in dreiwertiger Form vorhanden) verbrauchten 40,1 ccm Zehntelnormalthiosulfatlösung entsprechend einem Eisengehalt von 74,5 %.

Versuch 2. 0,5081 g in gleicher Weise behandelt. $^3/_{10}$ der salzsauren Lösung verbrauchten 20,40 ccm Thiosulfatlösung entsprechend 74,7 % Fe.

e) Titanmetall mit 63 % Titan.

Versuch 1. 1,0011 g wurden mit Magnesianatriumkarbonat aufgeschlossen, die eingeengte salzsaure Lösung des Aufschlusses wurde mit Thiosulfatlösung titriert.

Verbraucht wurden 5,45 ccm Zehntelnormalthiosulfatlösung entsprechend 3,0₅ % Fe.

Versuch 2. 1,0012 g in gleicher Weise behandelt, verbrauchten 5,35 ccm Thiosulfatlösung entsprechend 2,9₉ % Fe.

Genauigkeit des Verfahrens und zulässige Abweichungen der erhaltenen Werte.

Nach dem jodometrischen Verfahren der Eisenbestimmung können bei sorgsamer Ausführung erfahrungsgemäß folgende Abweichungen der Einzelwerte als zulässig bezeichnet werden:

bei Eisengehalten von	zulässige Abweichung
0,1 bis 0,5 %	± 0,01 %
0,5 „ 2,0 „	± 0,02 „
2,0 „ 10,0 „	± 0,03 „
10,0 „ 25,0 „	± 0,05 „
25,0 „ 50,0 „	± 0,10 „
50,0 „ 100,0 „	± 0,15 „

P. Wolfram.

Wolfram kommt im Stahl nur nach absichtlichem Zusatz vor, und zwar werden Spezialstahle mit Wolframgehalten bis zu 20 und mehr Prozent hergestellt.

Der Zusatz des Wolframs erfolgt in Form von Wolframmetall oder Ferrowolfram mit wechselndem Wolframgehalt.

1. Bestimmung des Wolframs in säurelöslichem Material.

a) Abscheidung des Wolframs als Trioxyd aus salzsaurer Lösung.

Grundlagen des Verfahrens. Beim oxydierenden Lösen von wolframhaltigem Stahl geht alles Wolfram in Wolframtrioxyd über. Das Wolframtrioxyd kann aus salzsaurer Eisenchloridlösung quantitativ abgeschieden werden, wenn solche Bedingungen eingehalten werden, daß sich kein Hydrosol des Wolframtrioxyds bildet.

Ausführung der Bestimmung. Von wolframarmem Material löst man 10 g, von wolframreicherem 5 g (bzw. noch weniger) mit verdünnter Salpetersäure (10 g mit 110 ccm, 5 g mit 60 ccm Säure) in bedeckter Porzellanschale[1]), dampft die Lösung zur Trockene ein und zerstört die Nitrate durch Erhitzen auf dem Sandbad oder der Asbestplatte, zuletzt durch kräftiges Glühen auf dem Finkenerturm oder dem Asbestdrahtnetz, bis keine Stickoxyddämpfe mehr entweichen. Die erhaltenen Oxyde bringt man durch Befeuchten mit wenig rauchender Salzsäure (spez. Gew. 1,19) unter leichtem Erwärmen und Zusatz von Salzsäure (spez. Gew. 1,12) in Lösung. Der verbleibende Rückstand darf dabei nicht durch Eisenoxyd gefärbt bleiben. Die erhaltene Lösung dampft man auf dem Dampfbad wiederum zur Trockene ein und erhitzt den Rückstand zur Abscheidung von Siliziumdioxyd und Wolframtrioxyd auf dem Sandbad oder dem Finkenerturm auf 135⁰ C, bis keine salzsäurehaltigen Dämpfe mehr entweichen. Den Rückstand befeuchtet man wieder mit wenig rauchender Salzsäure, bringt die löslichen Stoffe durch leichtes Erwärmen und Zugabe von Salzsäure (spez. Gew. 1,12, und zwar nicht mehr als zur Lösung der Eisenverbindungen nötig ist) in Lösung und dampft hierauf den vorhandenen Salzsäureüberschuß soweit ab, als dies ohne Ausscheidung fester Eisenverbindungen eben möglich ist; die Eisenlösung ist dann sirupdick geworden. Diese Bedingungen müssen eingehalten werden, wenn man alles Wolfram als Trioxyd aus der Eisenlösung abscheiden will.

Nach Abkühlenlassen der dickflüssigen Eisenlösung verdünnt man sie mit salzsäurehaltigem Wasser etwa auf die doppelte Flüssigkeitsmenge, läßt einige Minuten absitzen und filtriert Siliziumdioxyd und Wolframtrioxyd durch ein Weißbandfilter ab. Die in der Schale zurückbleibenden Oxyde spritzt man mit Hilfe der verdünnte Salzsäure enthaltenden Spritzflasche

---

[1]) Es ist in jedem Falle zweckmäßig, möglichst feine Späne zu verwenden. Hochprozentige Chromwolframstahlspäne lassen sich nicht immer mit verdünnter Salpetersäure allein in Lösung bringen. In manchen Fällen gelangt man aber zum Ziel, wenn man nach der Einwirkung der Salpetersäure der heißen Lösung einige Tropfen konzentrierter Salzsäure zusetzt; nach Aufhören der Einwirkung wiederholt man diesen Zusatz bis die Späne gelöst sind.

aufs Filter. Bei Anwesenheit von Wolfram bleibt gewöhnlich ein festhaftender gelber Rand in der Schale zurück; nachdem die Schale, sowie Filter und Niederschlag mit verdünnter Salzsäure eisenfrei gewaschen sind, entfernt man den gelben Beschlag aus der Schale durch Ausreiben mit einem Stückchen ammoniakbefeuchteten Filtrierpapiers, das man zusammen mit der Hauptmenge des Niederschlags im gewogenen Platintiegel verascht. Die Schale reibt man zuletzt mit einem alkoholbefeuchteten Stückchen Filter aus, das man ebenfalls mit dem Hauptniederschlag verascht.

Wenn bei hohem Wolframgehalt zu befürchten steht, daß der Niederschlag schlecht filtriert, so kann man zweckmäßig vor dem Filtrieren etwas durch kräftiges Schütteln mit heißem Wasser aufgeschlämmte Papiermasse (aus aschefreiem Filtrierpapier hergestellt) auf das Filter geben, wodurch verhindert wird, daß die Poren des Filters gleich zu Anfang verstopft werden. Infolge trüben Filtrierens können in dem Filtrat noch geringe Mengen von Wolframtrioxyd vorhanden sein; um diese zu ermitteln, dampft man das Filtrat in jedem Falle, auch wenn das Filtrat klar erscheinen sollte, in einem Becherglas (z. B. von 250 ccm Inhalt, breite Form) so weit ein als dies ohne Abscheidung fester Salze möglich ist und läßt die Flüssigkeit abkühlen. Dabei setzt sich noch vorhandenes Wolframtrioxyd am Boden des Becherglases ab, das in der dunkeln Lösung leicht zu erkennen ist. Nach einigem Verdünnen filtriert man es ab, wäscht mit verdünnter Salzsäure eisenfrei und verascht Filter und Niederschlag mit der Hauptmenge.

Das Filtrat kann nunmehr zu weiteren Bestimmungen (Mangan, Nickel, Chrom, Phosphor usw.) verwendet werden, während der veraschte Niederschlag von rohem Wolframtrioxyd gereinigt werden muß.

Das erhaltene Wolframtrioxyd glüht man auf gutem Bunsenbrenner (oder Mastebrenner) bis zu konstantem Gewicht; stärkeres Glühen (z. B. auf dem Gebläse) muß vermieden werden, da anderenfalls das unreine Wolframtrioxyd ständig an Gewicht verliert.

Um das stets vorhandene Siliziumdioxyd abzurauchen, gibt man eine nicht zu geringe Menge verdünnter Schwefelsäure hinzu, hierauf 1 bis 2 ccm Flußsäure, verdampft auf dem Wasserbad soweit als möglich und raucht die Schwefelsäure vorsichtig auf dem Finkenerturm fort. Zuletzt erhitzt man über dem gleichen Brenner, den man vorher zum Glühen von Siliziumdioxyd $+$ Wolframtrioxyd bis zum konstanten Gewicht benutzt hatte, und wägt nach dem Erkalten. Der Gewichtsverlust entspricht der verflüchtigten Siliziumdioxydmenge, aus der man den Siliziumgehalt berechnet (vergl. S. 134). Der verbliebene Abrauchrückstand ist noch kein reines Wolframtrioxyd; er enthält in den meisten Fällen noch geringe Mengen von Oxyden des Eisens und Mangans, ferner können je nach der Zusammensetzung des Probematerials geringe Mengen von Chromoxyd, Titandioxyd und Spuren von Vanadinpentoxyd oder auch Molybdäntrioxyd darin vorhanden sein.

Zur Reinigung des Wolframtrioxyds schließt man mit etwa der sechsfachen Menge an reinem Natriumkarbonat auf; aus dem erkalteten Tiegel löst man die Schmelze in einem kleinen Becherglas mit wenig Wasser heraus, spült Tiegel und Deckel sorgfältig ab, filtriert das ungelöst Bleibende auf ein kleines Filter ab, wäscht gut mit warmem Wasser aus und verascht den Rückstand samt Filter in dem vorher benutzten, nicht weiter gereinigten

Tiegel. Das Gewicht des Tiegels samt den ungelöst gebliebenen Oxyden, von dem Gewicht des Tiegels nach Abrauchen des Siliziumdioxyds abgezogen, ergibt ziemlich genau die Menge des vorhandenen Wolframtrioxyds, vorausgesetzt, daß keine wesentlichen Mengen von Chrom im Aufschluß vorhanden sind.

Zur direkten Wägung des Wolframtrioxyds fällt man die beim Filtrieren der wässerigen Lösung des Aufschlusses erhaltene Natriumwolframatlösung, die je nach der vorhandenen Chrommenge mehr oder weniger gelb gefärbt ist, in folgender Weise mit Quecksilberoxydulnitratlösung.

Zu der in einem geräumigen Becherglas befindlichen Lösung des Wolframates gibt man ein kleines Stückchen Lackmuspapier, deckt ein Uhrglas auf und neutralisiert mit verdünnter Salpetersäure.

Das dabei frei werdende Kohlendioxyd vertreibt man durch Erhitzen der Lösung auf dem Asbestdrahtnetz. Zur heißen neutralisierten Lösung fügt man von der Quecksilberoxydulnitratlösung, solange als noch Niederschlag ausfällt, kocht auf unter Umrühren und läßt absitzen. Ist die über dem Niederschlag stehende Flüssigkeit klar geworden, so prüft man zunächst durch Zusatz weiterer Quecksilberlösung, ob alles Fällbare ausgefällt ist und fügt nötigenfalls weitere Quecksilbersalzlösung hinzu. Danach erhitzt man wieder zum Kochen, läßt absitzen und fügt jetzt wenige Tropfen (nicht mehr) 10%igen Ammoniaks[1]) hinzu. Dabei muß schwarzer Quecksilberniederschlag ausfallen. Man rührt die Lösung um und erhitzt kurze Zeit zum Sieden. Der graugewordene Niederschlag muß beim Erhitzen graue Farbe behalten; wird er wieder gelblich, so ist noch weiteres Ammoniak zuzufügen. Man filtriert den Niederschlag, sobald die Lösung klar geworden ist, durch ein gut laufendes Filter ab, zunächst ohne den Niederschlag aufs Filter zu bringen. Ist alle klare Lösung abgegossen, so übergießt man den Niederschlag im Becherglas mit kochendem Wasser, setzt einige Kubikzentimeter der Quecksilbersalzlösung hinzu und kocht auf. Nach Absitzen des Niederschlages gießt man wieder die klare Flüssigkeit ab und wiederholt das Auslaugen des Niederschlages, falls bei der Fällung größere Mengen von Alkalisalzen zugegen waren. Man erhält auf diese Weise nach 2 bis 4maligem Auswaschen alkalifreien Quecksilberniederschlag, den man schließlich aufs Filter bringt und noch einige Male mit Wasser auswäscht.

Den an den Becherglaswandungen und am Glasstab verbleibenden Niederschlag reibt man mit einem Stückchen aschefreie Filterpapiers ab, solange er noch feucht ist; falls er schwer abgehen sollte, verwendet man ein mit Salpetersäure befeuchtetes Stückchen Filtrierpapier. Die zum Abwischen benutzten Filtrierpapierstücke verascht man zuerst im gewogenen Platin-

---

[1]) Der Ammoniakzusatz bezweckt, die überschüssige Säure, die mit dem Zusatz größerer Mengen der stets etwas sauren Quecksilberoxydulnitratlösung (vergl. S. 208) in die Lösung gelangt, zu binden. Unterläßt man den Ammoniakzusatz, so kann infolge saurer Reaktion der Lösung leicht etwas Wolframat (als Metawolframat) in der Lösung zurückbleiben; andererseits kann auch Ammoniakzusatz in geringem Überschuß zur Folge haben, daß die Lösung wolframhaltig bleibt. Um sich vor dieser Wirkung des Ammoniaks zu schützen, kann man, wie vielfach empfohlen wird, statt Ammoniak mit Wasser aufgeschlämmtes, (gefälltes) Quecksilberoxyd zusetzen und durch längeres Erhitzen die Bindung der freien Säure herbeiführen.

tiegel für sich bei Luftzutritt. Danach bringt man den Hauptniederschlag samt Filter feucht dazu und verascht unter gut ziehendem Abzug über mittelgroßer Flamme und bei Luftzutritt[1]).

Nach Veraschen des Filters glüht man den Niederschlag über dem Bunsenbrenner, wägt nach Erkalten und wiederholt Glühen und Wägen, bis Gewichtskonstanz erreicht ist.

War die Lösung vor der Fällung mit Quecksilberoxydulnitrat farblos, so ist Chrom nicht vorhanden und der Niederschlag besteht nach dem Glühen in der Regel aus reinem Wolframtrioxyd, das in diesem Fall hellgelbe Farbe besitzt. Grünliche Färbung des Wolframtrioxyds würde auf Vorhandensein geringer Mengen von Alkalien oder auch auf geringe Mengen Molybdänoxyd hindeuten.

Zeigte hingegen die wässerige Lösung vor der Fällung des Wolframtrioxyds gelbe Farbe, so ist auch das nach Veraschen des Quecksilberniederschlags erhaltene Wolframtrioxyd chromoxydhaltig und dementsprechend grünlichgrau gefärbt.

Zur Bestimmung des Chromoxyds, das in dem aus stark sauren Lösungen abgeschiedenen Wolframtrioxyd meist nur in geringer Menge vorhanden ist, kann man entweder mit Natriumkarbonat nochmals aufschließen und das entstandene Chromat nach Lösen der Schmelze mit Wasser und Ansäuern mit Salzsäure und Thiosulfatlösung nach S. 210 titrieren oder aber man schließt das Wolframtrioxyd nach S. 213 mit Weinsteinmischung auf, löst mit Wasser alles Wolframat aus der erkalteten Schmelze, filtriert das ungelöst bleibende Chromoxyd und etwas Kohle durch ein kleines Filter ab, wäscht mit Wasser und schließlich mit etwas verdünnter Salpetersäure alkalifrei, verascht und wägt das rein grüne Chromoxyd. Das ungefärbte Filtrat kann man für weitere Bestimmung des Wolframs verwenden oder in besonderen Fällen für die Bestimmung weiterer vorhandener Stoffe (Vanadin, Molybdän).

Durch Abzug der gefundenen Menge Chromoxyd vom Gewicht des chromoxydhaltigen Wolframtrioxyds erhält man die Menge des reinen Wolframtrioxyds.

Berechnung. Bei einer Auswage von a Gramm reinem Wolframtrioxyd aus e Gramm Probematerial berechnet sich der Wolframgehalt des Materials zu

$$\% \ W = \frac{a}{e} \cdot 79{,}31 \,.$$

b) Trennung des Wolframs vom Eisen durch den Natriumsuperoxydaufschluß [2]).

Grundlagen des Verfahrens. Aus einem Gemisch der Oxyde des Eisens und des Wolframs kann man sämtliches Wolfram durch Aufschließen mit Natriumsuperoxyd und Auslaugen der Schmelze mit Wasser entfernen.

---

[1]) Das Veraschen der Quecksilberniederschläge kann ohne Schaden für den Platintiegel ausgeführt werden, wenn man stets für genügenden Luftzutritt sorgt und nicht mit zu kleiner Flamme erhitzt.

[2]) Hinrichsen, Mitteilungen aus dem Kgl. Materialprüfungsamt, 25. (1907). 308 und Stahl und Eisen 27. (1907). 1418.

Der durch Fällen der neutralisierten Lösung mit Quecksilberoxydulnitratlösung erzeugte Niederschlag enthält außer sämtlichem Wolfram auch andere im Probematerial vorhandene Stoffe, wie Phosphor, Chrom, Vanadin, Molybdän und je nach den Fällungsbedingungen mehr oder weniger Silizium in Form ihrer Oxyde. Um den Gehalt an reinem Wolframtrioxyd zu erfahren, muß der Niederschlag daher einer eingehenden Untersuchung unterzogen werden.

Ausführung der Bestimmung. Von Wolframstahl mit einem Gehalt bis zu etwa 5% Wolfram wägt man 2 g, von höherprozentigem Material 1 g in einer kleinen Porzellanschale ab, löst nach Aufdecken eines Uhrglases mit 30 bzw. 20 ccm verdünnter Salpetersäure (spez. Gew. 1,18) und dampft nach vollständiger Auflösung des Stahls zur Trockene ein. Den trockenen Rückstand erhitzt man auf der Asbestplatte weiter und schließlich auf dem Finkenerturm oder dem Asbestdrahtnetz bei aufgedecktem Uhrglas, bis keine Stickoxyddämpfe mehr entweichen. Die entstehenden Oxyde lösen sich dabei größtenteils von den Schalenwandungen ab.

Man entfernt sie möglichst vollständig aus der Porzellanschale unter Zuhilfenahme eines Platinspatels, zerreibt sie in einer Achatreibschale zu feinem Pulver, vermischt mit der sechs- bis achtfachen Menge der Einwage an Natriumsuperoxyd und trägt die Mischung in einen Nickeltiegel ein. Den Rest in der Reibschale überstreut man mit wenig Natriumsuperoxyd und bringt dieses ebenfalls in den Nickeltiegel. Den in der Schale fest anhaftenden Rest behandelt man mit etwas Wasser und wenig Natronhydrat in der Wärme; die erhaltene Lösung vereinigt man später mit der Lösung des Hauptaufschlusses.

Zum Aufschließen der Mischung im Nickeltiegel erhitzt man mit kleiner Flamme bis zum Schmelzen der Masse und hält etwa eine halbe Stunde lang im Schmelzen, ohne viel stärker zu erhitzen, als zum Flüssighalten der Schmelze nötig ist. Danach läßt man erkalten, bringt den Nickeltiegel samt Schmelze in ein Becherglas, das man soweit mit Wasser anfüllt, daß eben der Tiegel davon bedeckt wird. Nach Herauslösen der Schmelze, das man durch Erwärmen beschleunigt, nimmt man den Tiegel heraus und spritzt ihn sorgfältig mit heißem Wasser ab. Danach verdünnt man etwa zu 100—500 ccm, gibt, falls die Lösung nach Absitzen grün gefärbt sein sollte zur Reduktion des Manganats eine kleine Messerspitze voll Natriumsuperoxyd zu und rührt um. Den vorhandenen Niederschlag läßt man gründlich absitzen, filtriert dann, ohne den Niederschlag aufzurühren, in einen 250 ccm fassenden Meßkolben und wäscht den Niederschlag im Becherglas durch mehrmaliges Aufgießen von warmer verdünnter Natriumkarbonatlösung gut aus. Dem bis zur Marke aufgefüllten Filtrat, das bei Anwesenheit von Chrom gelb gefärbt, sonst farblos ist, entnimmt man je nach dem vorhandenen Wolframgehalt einen größeren oder kleineren Teil, z. B. $^2/_5$, füllt diese in ein 300—400 ccm fassendes Becherglas ab, fällt nach Neutralisieren mit verdünnter Salpetersäure mit Quecksilberoxydulnitratlösung wie im vorhergehenden Abschnitt (S. 235) beschrieben, raucht den vorsichtig verglühten Quecksilberniederschlag mit Flußsäure-Schwefelsäure ab und behandelt den Rückstand wie dort angegeben.

Um sich das Wiederaufschließen des gewogenen Niederschlages zum Zweck der Chrombestimmung zu ersparen, entnimmt man nach Hinrichsen der Hauptlösung einen gleich großen Anteil und bestimmt darin das vorhandene Chrom durch Titrieren nach einem der früher angegebenen Verfahren (S. 210).

Aus der Menge des gefundenen Chroms berechnet man durch Multiplizieren mit 1,462 die Menge des Chromoxyds, zieht diese von der Summe (Wolframtrioxyd $+$ Chromoxyd) ab und berechnet aus dem Rest den Wolframgehalt.

Zu berücksichtigen ist, daß bei Vorhandensein wesentlicher Mengen von Vanadin, Molybdän und auch von Phosphor in der Probe diese in dem Gesamtniederschlag vorhanden sind. Um in solchem Fall den reinen Wolframwert zu erhalten, müssen Vanadin und Molybdän nach weiter unten angegebenen Verfahren für sich bestimmt und nach Umrechnung auf die betreffenden Oxyde vom Gesamtniederschlag in Abzug gebracht werden. Da Vanadin die Genauigkeit der maßanalytischen Chrombestimmung beeinträchtigt, so bestimmt man bei vanadinhaltigem Material Chrom als Oxyd wie Seite 212 angegeben.

Bei Anwesenheit größerer Phosphormengen muß auch die Phosphorbestimmung im Wolframtrioxyd für sich ausgeführt werden; doch kommen in Wolframstrahlen selten so hohe Phosphorgehalte vor, daß ihre Bestimmung für die Ermittelung genauer Wolframwerte erforderlich wäre. Die durch kleine Phosphorgehalte (z. B. bis zu 0,03 % Phosphor) entstehenden Fehler bleiben innerhalb der Fehlergrenzen des Verfahrens. Die Berechnung des Wolframgehaltes erfolgt in gleicher Weise wie oben angegeben.

2. Bestimmung des Wolframs in säureunlöslichem Material.
(Ferrowolfram, Wolframmetall.)

Grundlagen des Verfahrens. Hochprozentige Wolframeisenlegierungen können, sofern sie sich zu feinem Pulver zerkleinern lassen, in gleicher Weise mit Magnesianatriumkarbonatmischung aufgeschlossen werden, wie bei der Siliziumbestimmung in säureunlöslichem Material Seite 137 beschrieben ist. Wolfram geht dabei in Natriumwolframat über, das sich aus der Aufschlußmasse durch Wasser ausziehen läßt.

Ausführung der Bestimmung. 1—3 g des fein gepulverten Materials wird in der Achatreibschale mit etwa der acht- bis zehnfachen Menge Magnesianatriumkarbonat (natriumkarbonatreiche Mischung) gut gemengt und die Mischung im Platintiegel etwa $^3/_4$ Stunden auf einem kräftigen Mastebrenner, sodann noch $^1/_2$—1 Stunde auf dem Gebläse erhitzt. Die zusammengesinterte Aufschlußmasse wird nach Erkalten in einem Becherglas mit heißem Wasser ausgezogen und die erhaltene Wolframatlösung nach Absitzen des ungelösten Rückstandes abfiltriert[1]). Der auf dem Filter gesammelte Rückstand wird mit heißem Wasser ausgezogen, sodann im zuerst benützten Platintiegel verascht, mit etwa der vierfachen Menge des eingewogenen Metalls an reinem Natriumkarbonat vermischt und nochmals während etwa 1 Stunde kräftig erhitzt. Durch diesen zweiten Aufschluß

---

[1]) Sollte die Lösung durch Manganat grün gefärbt sein, so gibt man eine kleine Menge Natriumsuperoxyd hinzu und erwärmt zur Zerstörung des Überschusses.

werden geringe Mengen Wolfram, die bei einmaligem Aufschließen noch im Rückstand verblieben sein können, gewonnen.

Man löst mit heißem Wasser und filtriert vom Ungelösten ab. Der ausgewaschene Rückstand kann nach Lösen mit Salzsäure zur Bestimmung von Eisen und Mangan dienen.

Die vereinigten klaren Filtrate verdünnt man in einem Meßkolben auf 500 ccm und entnimmt der Lösung je nach dem vorhandenen Wolframgehalt einen größeren oder kleineren Teil (100 ccm bzw. 50 ccm) zur Fällung des Wolframs, die man in der oben beschriebenen Weise (vergl. S. 235) vornimmt. Ist das Filtrat vom Aufschluß gelb gefärbt, so ist Chrom zugegen; in diesem Fall wird der Chromgehalt ermittelt und die entsprechende Menge Oxyd vom Gesamtwolframtrioxyd in Abzug gebracht.

Über die Ermittelung der Chrommenge vergl. S. 210 u. ff.

Ebenso muß bei Anwesenheit von Vanadin oder Molybdän der Gehalt an diesen Stoffen ermittelt und ein entsprechender Abzug gemacht werden.

Zum Aufschließen von Wolframmetall kann man ebenfalls Magnesianatriumkarbonat verwenden. Da aber für die Beurteilung einer Probe Wolframmetall die Kenntnis des Gehaltes an metallischem Wolfram häufig wichtiger ist, als die des Gesamtgehaltes an Wolfram[1], so bestimmt man zweckmäßiger die vorhandenen Verunreinigungen und berechnet den Metallgehalt der Probe durch Abziehen der Summe der Verunreinigungen von 100.

Zur Bestimmung von Eisen, Mangan, Nickel, Kalk, Magnesia, Titan schließt man die Probe mit Natriumkarbonat auf.

Man mischt zu diesem Zweck 2—4 g des fein gepulverten Metalls mit der fünf- bis sechsfachen Menge reinen Natriumkarbonats, bringt die Mischung in einen geräumigen Platintiegel, in dem man vorher eine kleine Menge Natriumkarbonat als Bodendecke angeschmolzen hat und erhitzt, während 1—2 Stunden auf dem Bunsenbrenner, womöglich so, daß der Inhalt des Tiegels noch nicht zum Schmelzen kommt. Zuletzt erhitzt man noch kurze Zeit auf dem Gebläse, und erhält auf diese Weise vollkommenen Aufschluß. Nach dem Lösen der Schmelze mit Wasser bleiben Eisenoxyd, Manganoxyd, Nickeloxyd, Kalziumkarbonat und Magnesiumkarbonat zurück. Eisen bleibt zum Teil an den Wänden des Tiegels haften und wird mit Salzsäure herausgelöst.

Weitere Verunreinigungen des Wolframmetalls werden nach entsprechenden Verfahren bestimmt (Kohlenstoff, Silizium, an Wolfram oder Eisen gebundener Sauerstoff, [woraus man Wolframtrioxyd bzw. Eisenoxyd berechnet], Phosphor, Chrom, Vanadin, Molybdän, Aluminium, wasserlösliches Alkaliwolframat u. a.).

Beispiele.

Versuche mit einer Natriumwolframatlösung. Bei der Gehaltsbestimmung der Lösung durch Fällen von 25 ccm mit Quecksilberoxydulnitratlösung wurden erhalten:

a) 0,0681 g WO_3.   b) 0,0682 g WO_3.

---

[1] Gesamtgehalt an Wolfram = Summe von metallischem Wolfram + dem an Sauerstoff (oder andere Stoffe) gebundenen, nichtmetallischen Wolfram.

Abscheidung des Wolframs als Trioxyd mit Salzsäure bei Gegenwart von Eisenchlorid. Angewandt 25 ccm obiger Wolframatlösung und 10 ccm (Versuch 1) bzw. 20 ccm (Versuch 2) Eisenchloridlösung.

Versuch 1. (10 ccm Eisenchloridlösung entsprechend 1,6 g Fe). Gewogen 0,0683 g WO_3.

Versuch 2. (20 ccm Eisenchloridlösung entsprechend 3,2 g Fe). Gewogen 0,0682 g WO_3.

Versuch 3. 5 ccm Wolframatlösung (enthaltend 0,0136 g WO_3) mit 10 ccm Eisenchloridlösung (entsprechend 1,6 g Fe). Gewogen 0,0127 g WO_3.

Gemeinsame Abscheidung von Siliziumdioxyd und Wolframtrioxyd mit Salzsäure aus eisenchloridhaltiger Lösung.

Tabelle 102.

Ver-such Nr.	Angewandt			Gefunden	
	Wolframat entsprechend g WO_3	Eisenchlorid entsprechend g Fe	Silikatlösung entsprechend g SiO_2	$WO_3 + SiO_2$ g	Nach Abrauchen des SiO_2 g WO_3
4	0,0204	5,0	0,0541	0,0739	0,0200
5	0,0204	5,0	0,1082	0,1268	0,0193

Vergleichende Wolframbestimmungen nach Verfahren a) und b) in Wolframstahl.

Tabelle 103.

Probe Nr. 1

Ver-such Nr.	Ver-fahren	Einwage g	Rohes WO_3 nach dem Abrauchen $(WO_3 + Fe_2O_3 + Cr_2O_3)$ g	Darin Cr_2O_3 g	Reines WO_3 g	Wolfram-gehalt in %
1	a)	5,0000	0,3782	0,0010	0,3678	5,83
2	a)	6,0000	0,4499	0,0013[1])	0,1779[1])	5,88
3	b)	1,0000 (zur Fällung ²/₅)	0,0630	0,0342	0,0288	5,71
4	b)	1,0006 (zur Fällung ²/₅)	0,0632	0,0342	0,0290	5,75

Probe Nr. 2[2])

Ver-such Nr.	Ver-fahren	Einwage g	Rohes WO_3 nach dem Abrauchen $(WO_3 + Fe_2O_3 + Cr_2O_3)$ g	Darin Cr_2O_3 g	Reines WO_3 g	Wolfram-gehalt in %
5	a)	4,0000	0,3728	0,0338	0,2167	4,29
6	a)	4,0000	0,3765	0,0624	0,2119	4,20
7	b)	1,0000 (zur Fällung ²/₅)	0,0821	0,0602	0,0219	4,34
8	b)	1,0000 (zur Fällung ²/₅)	0,0820	0,0609	0,0211	4,17

[1]) Für die Bestimmung wurden ²/₅ des Aufschlusses der rohen WO_3 verwendet.

[2]) Probe Nr. 2 war in verdünnter Salpetersäure sehr schwer löslich; sie konnte aber durch zeitweiliges Zufügen von geringen Mengen Salzsäure allmählich in Lösung gebracht werden.

Hochprozentiger Wolframchromstahl. Nach Verfahren 1 a) untersucht.

Tabelle 104.

Ver-such Nr.	Einwage g	Rohes Wolframtrioxyd [SiO$_2$, WO$_3$, Fe$_2$O$_3$, Cr$_2$O$_3$] g	Nach Aufschluß ^{2}/$_5$ gefällt [WO$_3$, Cr$_2$O$_3$] g	Darin Cr$_2$O$_3$ g	Rein WO$_3$ g	Wolfram %
1	3,0022	0,7331	0,2872	0,0019	0,2853	18,84
2	2,0000	0,4930	0,1921	0,0022	0,1899	18,83

Genauigkeit des Verfahrens und zulässige Abweichungen.

Als noch einhaltbar lassen sich bei Wolframbestimmungen erfahrungsgemäß folgende Abweichungen bezeichnen:

bei Gehalten von	zulässige Abweichung
0,2— 0,5 %	$\pm$ 0,01 %
0,5— 1,0 „	$\pm$ 0,02 „
1,0— 5,0 „	$\pm$ 0,03 „
5,0—10 „	$\pm$ 0,05 „
10 und mehr	$\pm$ 0,1 „

Geringere Mengen als etwa 0,02 % lassen sich wohl noch qualitativ erkennen; die genaue Ermittelung ihrer Menge ist nach vorstehenden Verfahren nicht mehr sicher möglich.

Q. Vanadin.

Kleine Mengen von Vanadin gelangen nicht selten aus vanadinhaltigen Erzen in das Roheisen.

Da Vanadin große Verwandtschaft zum Sauerstoff besitzt, so werden bei der Herstellung besonderer Eisen- und Stahlsorten Vanadinzusätze verwendet, um eine ähnliche günstige auf Desoxydation beruhende Wirkung zu erzielen, wie z. B. mit Aluminium oder Titan.

Ist der Vanadinzusatz gering, so braucht dabei nicht notwendigerweise Vanadin im fertigen Material nachweisbar sein.

Außerdem dient Vanadin zur Herstellung solcher Sorten von Spezialstahlen, die Vanadin als Bestandteil der Legierung enthalten.

1. Bestimmung des Vanadins in Roheisen und Stahl nach dem Ätherverfahren.

Grundlagen der Bestimmung. Eisen und Vanadin lassen sich aus salzsaurer oxydierter Lösung in ähnlicher Weise durch das Ätherverfahren trennen, wie dies z. B. für Eisen und Mangan u. a. möglich ist.

Arbeitet man genau nach dem für die Trennung von Eisen und Mangan (S. 142) angegebenen Verfahren, so können jedoch kleine Mengen Vanadin in der ätherischen Eisenchloridlösung verbleiben, die dann auch beim Nachschütteln der Eisenchloridlösung mit Äthersalzsäure 1,10 nur sehr langsam entfernt werden können. Um das gesamte Vanadin vom Eisen getrennt zu erhalten, benützt man zum Nachschütteln Äthersalzsäure 1,10 und wenig Wasserstoffsuperoxyd, wodurch das bei der ersten Ätherbehandlung in der ätherischen Eisenchloridlösung verbliebene Vanadin in ätherunlösliche Pervanadinsäure übergeht und auf diesem Wege schnell und sicher vom Eisen getrennt wird[1].

Zur weiteren Reinigung der Vanadinlösung wird Mangan und Nickel durch oxydierendes Schmelzen, vorhandenes Chrom durch Schmelzen mit Weinsteinmischung entfernt, während Vanadin im wässerigen Auszug dieser Schmelze nach dem Verfahren von Holverscheit[2] jodometrisch ermittelt wird.

Das Verfahren Holverscheits beruht auf der Umsetzung zwischen Vanadinsäure und Bromwasserstoff, die gemäß der Gleichung:

$$2\,V^{\cdots\cdot} + 2\,Br' = 2\,V^{\cdots\cdot} + Br_2$$

erfolgt. Das freiwerdende Brom wird in Jodkaliumlösung geleitet und das entstehende Jod durch Titrieren mit Thiosulfatlösung bestimmt. Nach der Gleichung entspricht 1 ccm Zehntelnormalthiosulfatlösung $= 0,005106$ g Vanadin (bzw. $0,009106$ g Vanadinpentoxyd).

Da es sich bei der Bestimmung des Vanadins in Roheisen und Stahl häufig nur um kleine Vanadinmengen handelt, so verwendet man zweckmäßig schwächere Lösungen, z. B. $\frac{1}{50}$ Normalthiosulfatlösung, die man durch Verdünnen von 100 ccm Zehntelnormallösung mit frisch ausgekochtem und wieder abgekühltem destilliertem Wasser auf 1 Liter herstellt. Ihren Titer ermittelt man durch Titrieren von etwa 0,1 g reinem Jod in der auf S. 206 beschriebenen Weise. Ein ccm $\frac{1}{50}$ Normalthiosulfatlösung zeigt $0,001021$ g Vanadin an.

Erforderliche Apparate und Lösungen. Für die Ausätherung des Eisens dient ein Rothescher Schüttelapparat nach S. 142, ferner

Äthersalzsäure 1,19 und
Äthersalzsäure 1,10.

Zur Titration des Vanadins nach Holverscheit verwendet man einen Bunsenapparat nach Abb. 127.

Ausführung der Bestimmung. Man wägt 10—15 g des Materials ab, löst in flacher Porzellanschale mit verdünnter Salpetersäure (spez. Gew. 1,18) und scheidet Siliziumdioxyd nach Verfahren 1 b (S. 133) ab. Zur Beschleunigung der Bestimmung kann man die Probe nach Seite 152 behandeln. Aus der von Siliziumdioxyd befreiten Lösung entfernt man Eisenchlorid durch Ausäthern (S. 142), wobei man jedoch zur Entfernung sämtlichen Vanadins aus der ätherischen Eisenchloridlösung drei- bis viermal mit je 10 ccm Äthersalzsäure 1,10 unter Zusatz einiger (3—5) Tropfen konzentrierter Wasserstoffsuperoxydlösung nachschüttelt, anstatt mit Äthersalzsäure allein[3].

---

[1] Deiß und Leysaht, Chemikerzeitung 35. (1911). 869.
[2] Dissertation. Berlin 1890.
[3] Ausführlicheres über das Verhalten des Vanadins beim Ausäthern vergl. Deiß und Leysaht a. a. O.

Geringe Vanadingehalte geben bei der Hauptausschüttelung des Eisens infolge des im käuflichen Äther fast immer vorhandenen Superoxydgehalts Rotbraunfärbung; bei größeren Vanadinmengen ist der salzsaure Hauptauszug (bei dem noch kein Wasserstoffsuperoxyd verwendet wurde) blaugrün oder blau gefärbt. Besonders bei größeren Vanadingehalten hält die ätherische Eisenchloridlösung noch erhebliche Mengen Vanadin zurück, was man daran erkennt, daß beim Zugeben von Wasserstoffsuperoxyd in der olivgrünen Eisenchloridlösung dunkelrotbraune Wolken von Pervanadinsäure entstehen, die beim Schütteln mit Äthersalzsäure 1,10 in diese übergehen.

Die salzsauren von Eisen befreiten Auszüge werden in der beim Mangan (S. 145) beschriebenen Weise — nach Abrauchen mit Schwefelsäure — aufgeschlossen und zwar verwendet man Natriumhydroxyd und Natriumsuperoxyd dazu. Die Schmelze wird mit Wasser gelöst.

Nach Abfiltrieren des im wesentlichen aus Oxyden des Mangans und Nickels bestehenden Niederschlages wird das bei Anwesenheit von Chrom gelb gefärbte Filtrat zum Kochen erhitzt, um alles Superoxyd zu zerstören, dann mit verdünnter Salpetersäure neutralisiert und in der beim Chrom (S. 211) beschriebenen Weise mit Quecksilberoxydulnitratlösung gefällt. Das wasserhelle Filtrat wird durch Zusatz weiterer Quecksilberlösung geprüft, ob alles Fällbare ausgefällt ist. Blieb das Filtrat klar, so fügt man etwas Salpetersäure und einige Tropfen Wasserstoffsuperoxyd zu, wobei keine Färbung der Lösung eintreten darf. Der erhaltene Quecksilberniederschlag, der alles Chrom und Vanadin und außerdem Phosphor enthält, wird abfiltriert und sorgfältig ausgewaschen. Man verascht

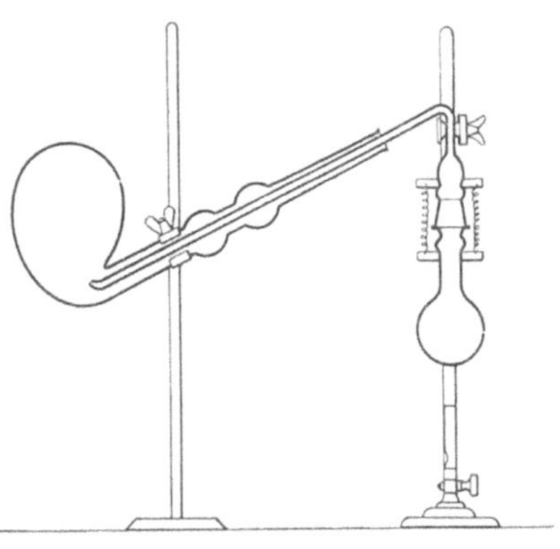

Abb. 127.

unter den erforderlichen Vorsichtsmaßregeln, schließt den Rückstand mit Weinsteinmischung (vergl. beim Chrom, S. 213) auf und zieht die erkaltete Schmelze mit wenig heißem Wasser aus.

War die Menge des beim Veraschen der Quecksilbersalze verbliebenen Rückstandes einigermaßen erheblich, so empfiehlt es sich zur größeren Sicherheit das bei der ersten Schmelze mit Weinsteinmischung verbliebene Chromoxyd nochmals mit dieser Mischung zu schmelzen. Oder aber man schmilzt den Rückstand zuerst mit Natriumkarbonat allein und schließt darauf zur Reduktion entstandenen Chromates mit Weinsteinmischung auf.

Ist der Aufschluß in einem Becherglas mit wenig Wasser ausgezogen, so wird die Lösung von vorhandenem Chromoxyd, sowie von Kohlenstoff abfiltriert und der Rückstand auf dem Filter sorgfältig ausgewaschen. Das Filtrat engt man auf etwa 30 oder 40 ccm ein, spült dann die Lösung in den Zersetzungskolben eines Bunsenschen Apparates (nach Abb. 127) über, wozu man nur möglichst wenig Wasser verwendet.

Man neutralisiert hierauf die Lösung im Kolben mit konzentrierter, chlorfreier Salzsäure, fügt der gelb gewordenen Flüssigkeit etwa 30 ccm

16*

konzentrierte Salzsäure und 1—3 g reines Bromkalium hinzu und setzt
den Apparat nach Abb. 127 zusammen, wobei man die Vorlage mit Jodkaliumlösung (etwa 5—10 g jodatfreies Jodkalium enthaltend) beschickt.
Man stellt den Apparat so auf, daß man die Jodkaliumlösungvorlage in der
sie haltenden Klammer während der Destillation leicht drehen kann, um
die übergegangene Luft herauszulassen. Das zum Einleiten des über-
gehenden Broms in die Vorlage dienende Rohr besitzt an der Spitze eine
1 bis 2 mm weite Öffnung.

Man erhitzt die Flüssigkeit im Kolben allmählich zum Sieden und
entfernt von Zeit zu Zeit die übergegangene Luft aus der Vorlage durch
Drehen der letzteren. Wenn die Destillation beginnt, wobei der übergehende Dampf mit zischendem Geräusch absorbiert wird, erhitzt man
noch etwa 10 Minuten lang; inzwischen hat die gelbgefärbte Flüssigkeit
ihre Farbe über grün und blaugrün in blau verändert, wodurch die völlige
Reduktion des Vanadins zur vierwertigen Stufe angezeigt wird. Man macht
dann, ohne mit dem Erhitzen des Kolbens aufzuhören, die Vorlage los und
zieht sie von dem Einleitrohr weg; darauf nimmt man die Flamme vom
Kolben fort. Die Vorlage wird in fließendem Wasser abgekühlt; ihr mehr
oder weniger durch freies Jod gefärbter Inhalt wird in einen Erlenmeyerkolben gespült und mit eingestellter Thiosulfatlösung unter Zugabe von
etwas Jodzinkstärkelösung in üblicher Weise titriert. Um sicher zu sein,
daß im Zersetzungskolben kein unzersetztes Vanadat bzw. freies Brom
mehr zurückgeblieben ist, füllt man die Vorlage mit frischer Jodkaliumlösung und wiederholt die Destillation.

Berechnung. Aus dem Verbrauch an Thiosulfatlösung vom Titer T,
der n ccm betragen mag, und der verwendeten Einwage an Probematerial
(e Gramm) berechnet sich der Prozentgehalt der Probe an Vanadin zu

$$\% \ V = \frac{n}{e}\ 100\ T.$$

Bei Verwendung genau $\frac{1}{50}$ normaler Thiosulfatlösung z. B. ist der
Gehalt an Vanadin

$$\% \ V = \frac{n}{e}\ .\ 0{,}1021.$$

2. Bestimmung des Vanadins nach dem Aufschlußverfahren.

Grundlagen des Verfahrens. Zur raschen Bestimmung des Vanadingehaltes schließt man das Probematerial, sofern man es in feinpulverige
Form bringen kann, mit einem geeigneten Mittel auf, laugt mit Wasser aus,
filtriert vom Ungelösten ab und bestimmt das Vanadin in gleicher Weise
wie oben angegeben. Zur Sicherheit schließt man den beim ersten Aufschluß bleibenden Rückstand nochmals auf, um geringe Reste darin vorhandenen Vanadins zu gewinnen.

Kann man das Probematerial nicht zu Pulver zerkleinern, so empfiehlt
es sich, zuerst mit Salpetersäure (spez. Gew. 1,18) zu lösen, die Nitrate
durch Erhitzen in Oxyde überzuführen und diese nach S. 214 aufzuschließen.

Handelt es sich um vollständige Untersuchung einer hochprozentigen
Vanadinlegierung, so kann man zweckmäßig eine größere Probemenge nach

dem ersten Verfahren behandeln, das Eisen nach dem Ätherverfahren (Seite 142) entfernen usf.

Ausführung der Bestimmung. Von feinpulverigem Material mischt man 1—2 g in einer Achatreibschale mit 6—12 g Magnesianatriumkarbonat (1 : 2) nach Rothe und schließt die Mischung nach S. 137 im Platintiegel auf.

Von kohlenstoffarmem Ferrovanadin z. B., das sich nicht pulvern läßt, löst man 2—3 g in kleiner Porzellanschale mit Salpetersäure (spez. Gew. 1,18), führt die Nitrate in Oxyde über und schließt diese nach Mischung mit etwa 12—18 g Natriumsuperoxyd im Nickeltiegel auf (vergl. S. 214).

In beiden Fällen laugt man die erhaltene Aufschlußmasse mit Wasser gründlich aus; ist nach einigem Erwärmen die Lösung von vorhandenem Manganat noch grün gefärbt, so reduziert man dieses durch Zugabe von wenig Natriumsuperoxyd zu Mangandioxyd.

Danach wird der ungelöste Rückstand durch ein aschefreies Filter abfiltriert, gründlich mit heißem Wasser ausgewaschen und im Platintiegel verascht. Der Rückstand im Platintiegel wird mit 3—6 g Natriumkarbonat gemischt, nochmals aufgeschlossen und nach Erkalten wie zuerst mit heißem Wasser ausgelaugt.

Die vereinigten Filtrate, die sämtliches Vanadin und außerdem Kieselsäure, Phosphorsäure, Chromsäure, Wolframsäure usw. enthalten, werden mit Salpetersäure neutralisiert und nach S. 211 mit Quecksilberoxydulnitratlösung gefällt[1]).

Steht ein großer Niederschlag an Quecksilbersalzen zu erwarten, so fällt man nur einen Teil der im Meßkolben zur Marke aufgefüllten Flüssigkeitsmenge.

Der Quecksilberniederschlag wird abfiltriert, ausgewaschen und vorsichtig verascht; die zurückbleibenden Oxyde werden mit Weinsteinmischung aufgeschlossen, der Aufschluß mit Wasser gelöst und die Lösung von Kohle und Chromoxyd durch Abfiltrieren befreit. Das eingeengte Filtrat wird mit Salzsäure neutralisiert, mit Bromkalium und Salzsäure im Bunsen'schen Apparat, wie im vorhergehenden beschrieben, destilliert und das in der Vorlage freigemachte Jod titriert.

Unter Umständen kann man das vorhandene Vanadin gewichtsanalytisch ermitteln; diese Bestimmungsart setzt voraus, daß Wolfram und Chrom, sowie Siliziumdioxyd nicht zugegen sind. (Bei Gegenwart von Wolfram wählt man den bei Verfahren 1 (Seite 242) angegebenen Weg — Auflösen von z. B. 5 g Probematerial mit Salpetersäure, Abscheiden von SiO_2 und WO_3 aus salzsaurer Lösung, Ausäthern des Eisens, Aufschluß der in salzsaurer Lösung zurückbleibenden Stoffe in der Platinschale usf.)

Nach Veraschen des Quecksilberniederschlages entfernt man wiederum Chrom durch die Weinsteinschmelze, löst mit Wasser, filtriert von Chromoxyd und Kohle ab, neutralisiert jetzt mit Salpetersäure und macht die gelb gefärbte Lösung durch Zugabe von wenig Ammoniak und Erwärmen farblos. Man bestimmt danach annähernd den Rauminhalt der Lösung, die man

---

[1]) Falls Chrom nicht vorhanden, die Filtrate also farblos sind, kann man die Vanadinbestimmung in einem Teil der Lösung direkt ausführen, man kocht zur Zerstörung des überschüssigen Superoxydes und neutralisiert dann die Lösung mit Salzsäure statt mit Salpetersäure.

erforderlichenfalls noch etwas einengt und setzt der abgekühlten Flüssigkeit auf je 10 ccm Lösung 2,5 g reines Chlorammonium auf einmal hinzu und bringt dieses durch Umrühren rasch in Lösung. Die Lösung kühlt sich ab und scheidet alsbald unter Trübwerden weißes, flockiges Ammoniummetavanadat ab, ohne an den Wänden festsitzende Kristalle dieses Salzes abzusetzen, wie dies der Fall ist bei anderen Abscheidungsarten [1]).

Nach mindestens achtstündigem Stehen filtriert man den Vanadatniederschlag ab, wäscht ihn mit 25 %iger Chlorammoniumlösung aus und verascht im Platintiegel. Das zurückbleibende Vanadinpentoxyd erhitzt man bis es vollkommen schmilzt.

Nach dem Wägen schließt man es durch Erhitzen mit wenig konzentrierter Natronlauge auf, wobei es sich ohne Rückstand zu hinterlassen lösen muß.

Um es auf Reinheit zu prüfen, kann man auch nach dem Wägen mit Natriumkarbonat aufschließen, die Lösung der Schmelze im Bunsenapparat mit Bromkalium und Salzsäure destillieren und das frei gemachte Jod titrieren.

Die **Berechnung** des prozentischen Vanadingehaltes aus dem Verbrauch an Thiosulfatlösung wird wie oben ausgeführt. Bei der gewichtsanalytischen Bestimmung berechnet sich aus der erhaltenen Menge (a Gramm) Vanadinpentoxyd und der Einwage von e Gramm der Vanadingehalt der Probe in Prozenten zu:

$$ \%\,V = \frac{a}{e} \cdot 56{,}07. $$

Beispiele.

Bestimmung des Vanadins in Lösungen bekannten Gehaltes.

a) Fällung mit Quecksilberoxydulnitratlösung.

50 ccm einer Natriumvanadatlösung ergaben 0,3051 g V_2O_5.

b) Titration nach Holverscheit mit $^1/_{10}$ Normalthiosulfatlösung.

10 ccm der Vanadatlösung verbrauchten 6,65 ccm Thiosulfatlösung entsprechend 0,0606 g V_2O_5, demnach 50 ccm = 0,3030 g.
25 ccm derselben Vanadatlösung 16,65 ccm Thiosulfatlösung entsprechend 0,1517 g V_2O_5, demnach 50 ccm = 0,3034 g.
50 ccm derselben Lösung 33,3 ccm Thiosulfatlösung entsprechend 0,3034 g V_2O_5.

c) Fällung mit Chlorammonium.

25 ccm der Vanadatlösung auf 50 ccm verdünnt, durch Zusatz von

---

[1]) Das Chlorammoniumverfahren ist nicht anwendbar, wenn Wolframat zugegen ist (vergl. Rosenheim, Ztschr. anorg. Chem. 32. (1902). 181); ferner wirkt Chromat störend durch teilweises Mitfallen, während Vanadin gleichzeitig in geringer Menge gelöst bleibt; die dadurch entstehenden Fehler heben sich oft gerade auf, so daß scheinbar richtige Werte erhalten werden. Wesentliche Störungen der Vanadatabscheidung konnten bei oben angegebener Arbeitsweise nicht festgestellt werden, wenn die Fällung des Vanadins bei Gegenwart von Phosphat, Arsenat, Molybdat, Sulfat ausgeführt wurde. (Vergl. die Beispiele in Tab. 105.)

12,5 g festem Chlorammonium gefällt, gaben 0,1528 g V_2O_5, demnach 50 ccm = 0,3056 g.

5 ccm derselben Lösung nach Verdünnung auf 50 ccm und Fällung mit 12,5 g Chlorammonium 0,0304 g V_2O_5, demnach 50 ccm = 0,304 g,

Fällungen mit Chlorammonium bei Gegenwart verschiedener Salze aus neutraler Lösung.

Angewandt je 25 ccm Vanadatlösung entsprechend 0,1526 g V_2O_5; nach Zugabe von je 1 g der angegebenen, festen Salze (Tabelle 105) wurde jedesmal auf 50 ccm verdünnt und mit 12,5 g festem, reinem Chlorammonium gefällt.

Tabelle 105.

Versuch Nr.	Zugesetztes Salz (je 1 g)	Gewogene Menge V_2O_5 g	Bemerkung
1	Kaliumazetat	0,1525	Klarschmelzendes Vanadinpentoxyd; Filtrate waren frei von Vanadin.
2	Natriumnitrat	0,1520	
3	Natriumsulfat (wasserfrei)	0,1523	
4	Natriumphosphat . . .	0,1526	
5	Kaliumarsenat	0,1528	
6	Ammoniummolybdat . .	0,1544	Das Pentoxyd[1]) zeigte geringe Verunreinigung; Filtrat war vanadinfrei.
7	Kaliumchromat	0,1447	Enthielt noch 0,0051 g Cr_2O_3. Filtrat enthielt noch Vanadin.
8	Natriumwolframat . . .	0,1396	Nicht klar schmelzend, gefärbtes Filtrat; Niederschlag war wolframhaltig.

d) **Trennung von Vanadin und Eisen durch das Ätherverfahren.**

Die angewandte Vanadinlösung wurde durch Lösen von Vanadinpentoxyd mit Salzsäure erhalten.

10 ccm der Vanadinlösung gaben 0,2300 g V_2O_5.

1. 10 ccm obiger Vanadinlösung wurden mit Eisenchloridlösung enthaltend 3,2 g metallisches Eisen, eingedampft und ausgeäthert; nach Aufschließen der eisenfreien Lösung wurde Vanadin mit Chlorammon gefällt.

Gefunden 0,2304 g V_2O_5.

2. 10 ccm obiger Vanadinlösung mit Eisenchloridlösung enthaltend 6,5 g Eisen ebenso behandelt gaben 0,2295 g V_2O_5.

3. 5 ccm einer Vanadinlösung, deren Vanadingehalt 0,0058 g V_2O_5 entsprach, wurden mit Eisenchloridlösung entsprechend 6,5 g Eisen eingedampft und die Mischung wie oben behandelt.

Gefunden 0,0060 g V_2O_5.

---

[1]) Infolge der Verunreinigung trat beim Erstarren des geschmolzenen Pentoxyds, auch bei wiederholtem Schmelzen, Aufblähen des Pentoxyds ein.

Bestimmung des Vanadins in verschiedenen Proben.

e) Untersuchung einer Probe Roheisen.

Je 4 g der Probe gaben nach Veraschen der Quecksilbersalzfällungen Phosphor, Chrom und Vanadin enthaltende Rückstände:

Tabelle 106.

Ver-such Nr.	Gesamt-niederschlag	nach Weinstein-aufschluß		Vanadin	
		g Cr_2O_3	% Cr	g V_2O_5	% V
1	0,0238	0,0006	0,01	0,0021	0,03
2	0,0160	0,0005	0,01	0,0018	0,03

f) **Gußeisen.** Je 5 Gramm nach Veraschen der Quecksilbersalz-fällungen, Abscheiden des Chroms als Oxyd und Titration der Vanadin-lösung mit $\frac{n}{50}$ Thiosulfatlösung verbrauchten

Versuch 1. 6,8 ccm $\frac{n}{50}$ Thiosulfatlösung entsprechend 0,13₉ % V.

Versuch 2. 6,5 „ „   „   „   0,13₃ „ „

g) **Spezialstahl** enthaltend Wolfram, Chrom, Molybdän und Vanadin. Wolfram wurde nach Verfahren 1a (Seite 233) entfernt, die Haupt-menge des Eisens durch Ausäthern (Seite 142); aus der eisenfreien Lösung wurden Mangan und Nickel durch oxydierendes Schmelzen und Lösen der Schmelze mit Wasser abgeschieden (Seite 145). Aus dem Filtrat wurden Vanadat und Chromat als Quecksilbersalze gefällt; diese wurden verglüht und der Rückstand mit Natriumkarbonat und Weinsteinmischung geschmolzen (Seite 213). Nach Lösen mit Wasser wurde Chromoxyd abfiltriert und im Filtrat Vanadin nach Holverscheit titriert.

Tabelle 107.

Versuch Nr.	Einwage g	Zur Titration verwendet	Verbraucht $\frac{n}{10}$ Thiosulfat ccm	Vanadin %
1.	5,607	²/₅	9,4	2,14
2.	4,703	²/₅	8,0	2,17

R. Molybdän.

Molybdän findet sich in Stahl und Eisen in der Regel nur nach ab-sichtlichem Zusatz. Für die Herstellung molybdänhaltiger Spezialstahle dient hauptsächlich Ferromolybdän; außer diesem werden noch andere Molybdänlegierungen (z. B. Chrommolybdän) und Molybdänmetall hergestellt.

Bestimmung des Molybdäns.

Grundlagen des Verfahrens. Zur Trennung des Eisens vom Molybdän wird am zweckmäßigsten ein geeignetes Aufschlußverfahren benützt. Aus der Lösung des Aufschlusses wird Molybdän als Sulfid gefällt und dieses nach Veraschen in Form von Molybdäntrioxyd gewogen. Das erhaltene Trioxyd muß danach noch auf Reinheit geprüft werden.

Ausführung der Bestimmung. Von feinpulverigem Material schließt man 1—2 g mit 6—12 g Magnesia-Natriumkarbonatmischung bei nicht zu hoher Temperatur auf und zieht die Schmelze mit heißem Wasser aus (S. 137). Von Stahlspänen werden 2—3 g mit Salpetersäure (spez. Gew. 1,18) in Lösung gebracht, die Nitrate nach S. 214 bei nicht zu hoher Temperatur geglüht und die Oxyde mit Superoxyd im Nickeltiegel bei niedriger Temperatur geschmolzen.

Nach Behandeln der Aufschlüsse mit Wasser in der Wärme filtriert man von Ungelösten ab, wäscht gut aus, schließt das auf dem Filter Verbliebene durch Erhitzen mit etwa 3—6 g Natriumkarbonat im Platintiegel nochmals auf, um noch vorhandene Reste von Molybdän zu entfernen und zieht gründlich mit Wasser aus.

Die gesammelten Filtrate, die außer Molybdän noch Vanadin, Wolfram, Chrom, Phosphor, Silizium u. a. enthalten können, werden, falls die Molybdänmenge erheblich ist, in einer Meßflasche gesammelt und nach Auffüllen zur Marke ein Teil daraus zur Bestimmung des Molybdäns verwendet; bei geringen Molybdänmengen verwendet man das ganze Filtrat.

Zur Fällung des Molybdäns neutralisiert man die Hauptmenge des Alkalis mit verdünnter Schwefelsäure, engt die Lösung auf eine kleine Flüssigkeitsmenge ein (etwa 50—100 ccm), fügt etwa 25 ccm starkes Ammoniak hinzu und sättigt die Lösung mit Schwefelwasserstoffgas. Darauf säuert man mit verdünnter Schwefelsäure an, erwärmt unter anhaltendem Durchleiten von gasförmigem Schwefelwasserstoff zum Sieden und läßt im Schwefelwasserstoffstrom abkühlen.

Ist Wolfram zugegen, so setzt man der Lösung vor dem Ansäuern Weinsäurelösung hinzu, um die Wolframsäure beim Ansäuern am Ausfallen zu verhindern[1]).

Das sich rasch absetzende Schwefelmolybdän filtriert man durch ein Weißbandfilter ab, wäscht mit schwach schwefelsäurehaltigem, danach mit reinem Wasser aus und verascht Filter samt Schwefelmolybdänniederschlag im gewogenen Porzellantiegel bei möglichst niedriger Temperatur.

Man erhitzt den Porzellantiegel mit einem kleinen etwa 1—2 cm hohen nichtleuchtenden Flämmchen, so daß die Spitze des Flämmchens gerade den Porzellantiegel berührt und dreht den Tiegel von Zeit zu Zeit ein klein wenig, um den Tiegelinhalt nach und nach in Molybdäntrioxyd überzuführen. Zum Schluß, wenn nur noch wenige Reste von Filterkohle vorhanden sind, läßt man abkühlen, löst mit Ammoniak das Molybdäntrioxyd auf, fügt einige Kristalle von reinem Ammoniumnitrat hinzu, dampft zur Trockene ein und erhitzt, um alles Ammonsalz zu vertreiben und den Rest von Kohle zu verbrennen, in gleich vorsichtiger Weise wie zuerst[2]).

Bei Anwesenheit von Vanadin besitzt das Molybdäntrioxyd dunkle Farbe; man löst dann die gewogenen Oxyde mit wenig Natronlauge und

---

[1]) Friedheim und Meyer, Ztschr. anorg. Chem. 1. (1892). 76.
[2]) Über die Wägung des Molybdäns als Trioxyd vergl. Friedheim und Eule, Berichte 28. (1895). 2061.

bestimmt den Gehalt an Vanadinpentoxyd nach Holverscheits Verfahren (S. 243). Dabei entspricht 1 ccm verbrauchter Zehntelnormalthiosulfatlösung 0,009106 g V_2O_5. Die ermittelte Vanadinpentoxydmenge bringt man vom Gewicht des rohen Molybdäntrioxyds in Abzug.

Vorhandenes Siliziumdioxyd bleibt nach Lösen des Molybdäntrioxyds mit Ammoniak zurück; man bestimmt seine Menge nach Abfiltrieren, Auswaschen und Veraschen und bringt die gefundene Menge vom rohen Trioxyd in Abzug.

Das Filtrat vom Schwefelmolybdänniederschlag, das bei Gegenwart von Chrom oder Vanadin violett bzw. blaugrün gefärbt erscheint, wird durch nochmaliges Einleiten von Schwefelwasserstoff unter Erwärmen auf Molybdän geprüft; etwa ausfallende Reste behandelt man wie den Hauptniederschlag.

Reines Molybdäntrioxyd ist nach dem Erkalten hellgelb gefärbt.

Berechnung. Aus der gefundenen Menge Molybdäntrioxyd (a Gramm) berechnet sich der Gehalt der Probe an Molybdän bei e Gramm Einwage zu

$$\% \; Mo = \frac{a}{e} \; 66{,}67.$$

S. Sauerstoff.

Kohlenstoffarme Flußeisen enthalten häufig gebundenen Sauerstoff und zwar kann der Gehalt daran um so höher sein, je weiter bei der Herstellung des Materials die Entkohlung durch Oxydieren getrieben ist.

Der Sauerstoff ist in der Hauptsache in Verbindung mit Eisen als Eisenoxydul im Flußeisen gelöst vorhanden; außerdem kann ein Teil des Sauerstoffs noch in Form anderer Oxyde (Manganoxydul, Chromoxyd u. a.) vorhanden sein. Letzterer Sauerstoff wird aber bei nachstehend beschriebenem Verfahren nicht mitbestimmt.

Bestimmung des Sauerstoffs (Verfahren von Ledebur)[1].

Grundlagen des Verfahrens. An Eisen gebundener Sauerstoff läßt sich durch Erhitzen des Materials im Wasserstoffstrom in Wasser überführen und durch Wägen des entstandenen Wassers bestimmen. Um genaue Werte zu erhalten, muß das Probematerial vor Ausführung der Bestimmung sorgfältig von Feuchtigkeit und organischen Stoffen befreit und das benützte Wasserstoffgas in geeigneter Weise sauerstofffrei gemacht werden.

Erforderliche Apparate. Den für die Reduktion erforderlichen Wasserstoff entnimmt man am besten einem Finkenerschen Wasserstoffapparat[2]; ist die Bestimmung des Sauerstoffs nur selten auszuführen, so kann der nötige Wasserstoff auch aus einem Kippschen Apparat entwickelt werden.

Die Apparate werden mit Zinkstücken und verdünnter Salzsäure beschickt. Der entwickelte Wasserstoff wird durch mehrere hintereinander

---

[1] Stahl und Eisen 2. (1882). 193.

[2] Zu beziehen durch die Firma Warmbrunn & Quilitz, Berlin NW. 40, Haidestr. 55/57. Vergl. in Abb. 128 rechts.

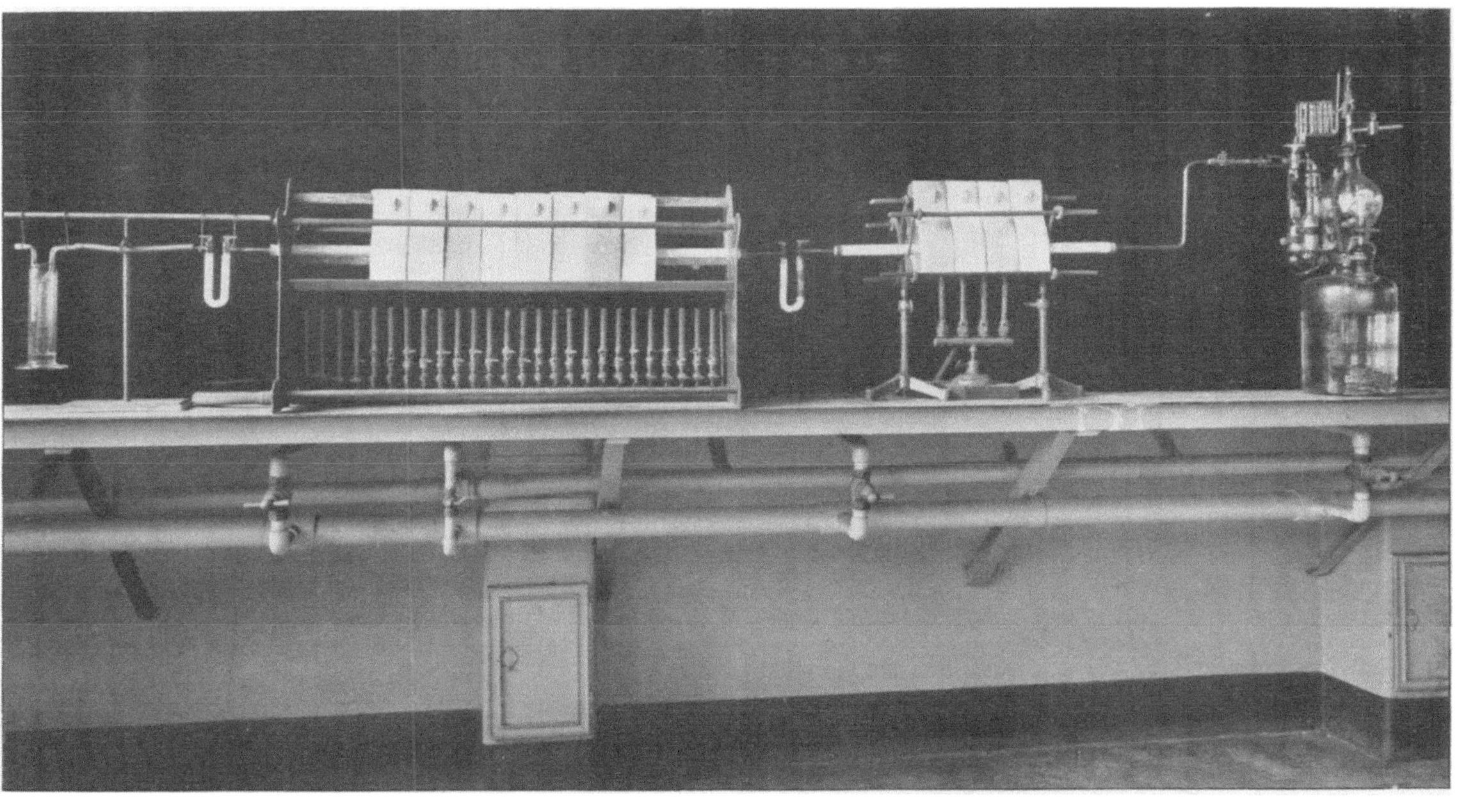

Abb. 128. Aufbau des Apparates zur Sauerstoffbestimmung [Verbrennen im Wasserstoffstrom).

geschaltete Waschflaschen [1]) von Verunreinigungen befreit; zuletzt noch etwa vorhandener Sauerstoff wird entfernt, indem man das Wasserstoffgas durch ein erhitztes, mit platiniertem Asbest gefülltes Porzellanrohr leitet. Das dabei gebildete Wasser wird in einem an das Platinasbestrohr angeschlossenen Absorptionsröhrchen, das zwischen Glaswollstopfen lose eingeschüttetes Phosphorpentoxyd enthält, aufgefangen.

Von letzterem Phosphorpentoxydröhrchen geht der Wasserstoffstrom in ein Verbrennungsrohr aus Porzellan, das sich in einem durch Gas heizbaren Verbrennungsofen befindet und das zur Aufnahme des Probematerials dient. Das bei der Verbrennung entstehende Wasser wird in einem unmittelbar an das Verbrennungsrohr angeschlossenen Phosphorpentoxydröhrchen aufgefangen, das vor und nach der Verbrennung gewogen wird.

Um das letzte Phosphorpentoxydrohr vor dem Zutreten von Feuchtigkeit zu schützen, wird es mit einer Waschflasche verbunden, die konzentrierte Schwefelsäure enthält und gleichzeitig dazu dient, die Geschwindigkeit des durchgehenden Gasstromes erkennen und regeln zu können. Den zusammengesetzten Apparat zeigt Abb. 128.

Ausführung der Bestimmung. Für die Bestimmung des Sauerstoffgehaltes ist das Probematerial mit besonderer Sorgfalt vorzubereiten. Organische Stoffe werden durch Abspülen der Späne mit rückstandsfreiem Chloroform, Alkohol, Äther usw. entfernt; rostige Teile, Hammerschlag usw. müssen durch Abfeilen, Auslesen usw. entfernt werden (falls es sich nur um Bestimmung des im Eisen gelösten Sauerstoffs handelt).

Das gereinigte Probematerial wird dann von anhaftender Feuchtigkeit durch Trocknen im Trockenschrank bei 105⁰ C befreit. Ehe man mit der eigentlichen Sauerstoffbestimmung beginnt, empfiehlt es sich stets, durch Ausführung eines blinden Versuchs festzustellen, ob nicht schon bei Versuchen ohne Probematerial, die unter sonst gleichen Bedingungen wie die Versuche mit Probematerial ausgeführt werden, wesentliche Gewichtszunahmen des Phosphorpentoxydröhrchens auftreten.

Man leitet zunächst eine Zeitlang Wasserstoffgas durch den ganzen Apparat ohne zu erhitzen. Nach etwa $^{1}/_{2}$ bis $^{3}/_{4}$ Stunde prüft man eine am Ende des Apparates mittels Reagensglases entnommene Wasserstoffgasprobe, ob sie beim Entzünden lautlos verbrennt. Wenn dies der Fall ist, so erhitzt man das Platinasbestrohr — die Erhitzung dieses Rohres wird so lange ununterbrochen fortgesetzt, als man Wasserstoff durch den Apparat leitet — dann wägt man das Phosphorpentoxydrohr, schaltet es wieder an und erhitzt das leere Verbrennungsrohr während etwa 30—45 Minuten zum Glühen. Dann löscht man die Flammen des Verbrennungsofens und läßt im Wasserstoffstrom abkühlen. Das abgenommene Absorptionsrohr bleibt 20—30 Minuten im Wägeraum liegen und wird dann wieder gewogen. Wenn die dabei sich ergebende Gewichtszunahme unter 1 mg bleibt, so kann man mit der Verbrennung des Probematerials beginnen.

15 g (oder auch mehr) Probematerial werden auf einem Porzellan-

---

[1]) Man benützt z. B. 3 Waschflaschen; die erste wird mit Kalilauge gefüllt (um Salzsäure, Schwefelwasserstoff u. dergl. zurückzuhalten), die zweite mit alkalischer Pyrogallollösung (um Reste von Sauerstoff zu entfernen), während die dritte starke Phosphorsäurelösung zur Trocknung des Gases enthält.

schiffchen abgewogen; wenn größere Mengen als etwa 15—20 g verwendet werden sollen, wägt man sie auf einem Uhrglas ab, trocknet die Probe im Trockenschrank bei 105⁰ C und ermittelt die Gewichtsabnahme. Zeigt sich nach weiterem Trocknen und Wägen keine wesentliche Gewichtsabnahme mehr, so bringt man das Probematerial (entweder im Porzellanschiffchen oder bei grösseren Einwagen ohne ein solches unmittelbar zwischen Stopfen von ausgeglühtem Asbest) in das im Wasserstoffstrom sorgfältig ausgeglühte Verbrennungsrohr und leitet zunächst, ohne das Verbrennungsrohr zu erhitzen, während einer Stunde sauerstoff- und wasserfreien Wasserstoff über die Probe, um allen Luftsauerstoff zu verdrängen.

Man schaltet das gewogene Absorptionsröhrchen wieder an und beginnt mit dem Erhitzen des Verbrennungsrohres. Nach allmählichem Steigern der Hitze läßt man etwa während 30 Minuten das Rohr bei heller Glut, dreht dann die Flammen des Verbrennungsofens aus und läßt abkühlen. Das abgenommene Phosphorpentoxydröhrchen wird nach 20—30 Minuten gewogen.

Nach Auskühlen des Verbrennungsofens im Wasserstoffstrom entfernt man das Probematerial aus dem Rohr und kann dann eine neue, getrocknete Probe einsetzen und in gleicher Weise verbrennen.

Berechnung. Der Prozentgehalt des Probematerials an Sauerstoff ergibt sich aus der angewandten Probemenge von e Gramm Eisen und der gefundenen Wassermenge (a Gramm) zu:

$$\text{⁰/₀ } O = \frac{a}{e} \cdot 88{,}81.$$

Anwendbarkeit des Verfahrens. Außer zur Bestimmung von gebundenem Sauerstoff im Eisen läßt sich das beschriebene Verfahren auch verwerten für die annähernde Bestimmung des Rostsauerstoffs von Eisenspänen und ferner für die Bestimmung des an Wolfram und Molybdän gebundenen Sauerstoffs in diesen Metallen oder ihren Legierungen mit Eisen.

Beispiele.

1. Sauerstoffbestimmung in weichem Flußeisen.

Die ausgeführten blinden Versuche ergaben keine merkliche Gewichtszunahme des Phosphorpentoxydrohres.

Tabelle 108.

Probe Nr.	Einwage g	Gewogene Wassermenge g	Sauerstoffgehalt %
1	40	0,0080	0,01₈
	40	0,0092	0,02₀
2	40	0,0072	0,01₆
	40	0,0069	0,01₅

2. Bestimmung des Rostgehaltes von Gußeisenspänen.

Da die Späne aus sehr groben und sehr feinen Teilen bestanden, so wurden sie durch Absieben in drei Korngrößen geteilt und für die Bestimmung von jeder der drei Siebproben Teile im Verhältnis der abgesiebten Mengen entnommen. (Vergl. Teil I, Seite 46.)

15 g Späne setzten sich zusammen aus

$$6{,}795 \text{ g feinen Spänen,}$$
$$4{,}747 \text{ „ mittleren „ und}$$
$$3{,}458 \text{ „ groben „}$$

Die Gewichtszunahme des Phosphorpentoxydröhrchens nach Verbrennung von je 15 g des getrockneten Materials betrugen

Versuch 1. 0,4398 g,   Versuch 2. 0,4222 g.

Hieraus ergeben sich bei Berechnung der ermittelten Gewichtszunahmen der Phosphorpentoxydröhrchen auf Sauerstoff folgende Werte[1])

Versuch 1. $2{,}6_0$ %,   Versuch 2. $2{,}5_0$ %.

3. Bestimmung des Sauerstoffgehaltes in Ferrowolfram.

Je 10 g des getrockneten, gepulverten Materials ergaben beim Verbrennen im Wasserstoff

Versuch 1. 0,0063 g H_2O entsprechend $0{,}05_6$ % Sauerstoff,
Versuch 2. 0,0056 g „   „ $0{,}05_0$ %   „

4. Bestimmung des Sauerstoffgehaltes in Wolfram-metallpulver.

Blinder Versuch ergab keine Gewichtszunahme. Das zu den Versuchen verwendete Probematerial wurde bei 105^0 C getrocknet.

Tabelle 109.

Ver-such Nr.	Einwage g	Gewogen g H_2O	Sauerstoff %
1	28,063	0,0138	$0{,}04_4$
2	30,196	0,0146	$0{,}04_3$

5. Sauerstoffbestimmung in einigen Proben Wolframmetall und Molybdänmetall.

Die Proben wurden nach Verbrennung im Wasserstoffstrom wieder gewogen und die Gewichtsabnahmen ermittelt. Sie finden sich in nachstehender Tabelle 109 angegeben.

Tabelle 110.

Probe Nr.	Probematerial	Einwage g	Gewichtsabnahme nach Glühen g	Gefunden H_2O g	Aus gefund. H_2O berechneter Sauerstoffgehalt %
1	Wolframmetall	10	0,0463	0,0520	$0{,}4_6$
2	Wolframmetall N	10	0,0568	0,0586	$0{,}5_2$
3	Molybdänmetall G	10	0,0252	0,0249	$0{,}2_2$
4	Molybdänmetall N	10	0,0659	0,0663	$0{,}5_9$

---

[1]) Die Gewichtsabnahmen des Probematerials beim Glühen im Wasserstoffstrom sind infolge Mitverflüchtigung anderer Stoffe wesentlich höher als dem Sauerstoffgehalt entsprechen würde; sie betrugen im vorliegenden Falle: Versuch 1. 0,6553 g; Versuch 2. 0,6593 g.

Tafel der benützten Atomgewichte. (1911).

(Auszug).

Ag	Silber	107,88	Mo	Molybdän	96,0
Al	Aluminium	27,1	N	Stickstoff	14,01
As	Arsen	74,96	Na	Natrium	23,00
Au	Gold	197,2	Nb	Niobium	93,5
B	Bor	11,0	Ni	Nickel	58,68
Ba	Barium	137,37	O	Sauerstoff	16,000
Bi	Wismut	208,0	Os	Osmium	190,9
Br	Brom	79,92	P	Phosphor	31,04
C	Kohlenstoff	12,00	Pb	Blei	207,10
Ca	Kalzium	40,09	Pd	Palladium	106,7
Cd	Kadmium	112,40	Pt	Platin	195,2
Ce	Cerium	140,25	S	Schwefel	32,07
Cl	Chlor	35,46	Sb	Antimon	120,2
Co	Kobalt	58,97	Se	Selen	79,2
Cr	Chrom	52,0	Si	Silizium	28,3
Cu	Kupfer	63,57	Sn	Zinn	119,0
F	Fluor	19,0	Sr	Strontium	87,63
Fe	Eisen	55,85	Ta	Tantal	181,0
H	Wasserstoff	1,008	Te	Tellur	127,5
Hg	Quecksilber	200,0	Ti	Titan	48,1
Ir	Iridium	193,1	U	Uran	238,5
J	Jod	126,92	V	Vanadium	51,06
K	Kalium	39,10	W	Wolfram	184,0
Mg	Magnesium	24,32	Zn	Zink	65,37
Mn	Mangan	54,93	Zr	Zirkonium	90,6

Alphabetisches Sachverzeichnis.

Analytische Methoden für Thomasstahlhütten - Laboratorien.
Zum Gebrauche für Chemiker und Laboranten bearbeitet von **Albert Wencé-lius**, Chef-Chemiker der Werke in Neuves-Maisons der Hüttengesellschaft Châtillon, Commentry und Neuves-Maisons, ehemaliger Chef-Chemiker der Stahlwerke von Micheville und Differdingen. Autorisierte deutsche Ausgabe von **Ed. de Lorme**, Chemiker. Mit 14 Textfiguren.
In Leinwand gebunden Preis Mk. 2.40.

Chemisch-technische Untersuchungsmethoden, unter Mitwirkung zahlreicher hervorragender Fachmänner herausgegeben von Prof. **Dr. G. Lunge,** Zürich und **Dr. E. Berl**, Tubize. Sechste, vollständig umgearbeitete und vermehrte Auflage. In 4 Bänden.
   I. Band. Mit 163 Textabb. Preis Mk. 18.—; in Halbleder gebunden Mk. 20.50.
   II. Band. Mit 138 Textabbildungen (enth. u. a. Eisen und übrige Metalle).
Preis Mk. 20.—; in Halbleder gebunden Mk. 22.50.
   III. Band. Mit 150 Textabb. Preis Mk. 22.—; in Halbleder gebunden Mk. 24.50.
   IV. Band. Mit 56 Textfiguren. Preis Mk. 24.—; in Halbleder gebunden Mk. 26.50.

Grundlagen der Koks-Chemie. Von **Oskar Simmersbach**, Professor an der Kgl. Technischen Hochschule. Zweite, vermehrte Auflage in Vorbereitung.

Studie über die Ermüdung des Eisenbahnschienenmaterials.
Von Dipl.-Ing. **Otto Wawrziniok**, Privatdozent an der Kgl. Technischen Hochschule zu Dresden. Mit 17 Textfiguren. Preis Mk. 1.40.

Hilfsbuch für Wärme- und Kälteschutz. Von **F. Andersen**, Ingenieur, beim Amts- und Landgericht Dresden vereidigter Sachverständiger. Mit 3 Textfiguren. Preis Mk. 3.60; in Leinwand gebunden Mk. 4.60.

Die Entstehung von Großeisenindustrie an der deutschen Seeküste. Von Dr. **Colin Roß**, Ingenieur. Mit 4 Textfiguren. Preis Mk. 3.60.

Entwicklung und gegenwärtiger Stand der Kokereiindustrie Niederschlesiens. Von **F. Schreiber**, Waldenburg. Mit 33 Textabbild.
Preis Mk. 2.20.

Die Stahlindustrie der Vereinigten Staaten von Amerika in ihren heutigen Produktions- und Absatzverhältnissen. Von **Dr. Hermann Levy,** Privatdozent der Nationalökonomie an der Universität Halle. Preis Mk. 7.—.

Die Abmessungen von Martinöfen. Nach empirischen Daten bestimmt. Von Prof. **M. A. Pavloff**, St. Petersburg. Mit 5 Textfiguren, 1 Tabelle und 1 Tafel. Preis Mk. —.80.

Berichte des Internationalen Kongresses für Bergbau, Hüttenwesen, angewandte Mechanik und praktische Geologie, Düsseldorf 1910. 19. bis 23. Juli. Fünf Teile. Mit zahlreichen Textabbild. u. Tafeln. I. Bergbau. IIa. Praktisches Hüttenwesen. IIb. Theoretisches Hüttenwesen. III. Angewandte Mechanik. IV. Praktische Geologie.
   Einzeln jeder Band Preis Mk. 20.—; 2 verschiedene Bände (nach Wahl) zusammen Mk. 30.—; 3 verschiedene Bände zusammen Mk. 40.—; 4 verschiedene Bände zusammen Mk. 45.—; 5 verschiedene Bände zusammen Mk. 50.—

Handbuch
der
Eisen- und Stahlgießerei

Unter Mitarbeit von

Professor Dipl.-Ing. O. Bauer-Groß-Lichterfelde, Professor Dr. $\mathfrak{Dr}$.-$\mathfrak{Ing}$. h. c. L. Beck-Biebrich, Obering. G. Buzek-Trzynietz, Ing. M. Escher-Mannheim, Ing. C. Irresberger-Mülheim-Ruhr, Dipl.-Ing. C. Kazmeyer-Sterkrade, Ing. A. Kessner-Charlottenburg, $\mathfrak{Dr}$.-$\mathfrak{Ing}$. E. Leber-Charlottenburg, Professor Dr. B. Neumann-Darmstadt, $\mathfrak{Dr}$.-$\mathfrak{Ing}$. M. Philips-Düsseldorf, Privatdozent $\mathfrak{Dr}$.-$\mathfrak{Ing}$. E. Preuß-Darmstadt, Ing. Ernst A. Schott-Cassel, Dr. E. Trescher-Düsseldorf, Ing. L. Treuheit-Elberfeld, Direktor W. Venator-Dresden, Professor A. Widmaier-Stuttgart,

herausgegeben von

$\mathfrak{Dr}$.-$\mathfrak{Ing}$. C. Geiger.

Erster Band. — Grundlagen.

Mit 171 Figuren im Text und auf 5 Tafeln. — In Leinwand gebunden Preis Mk. 20.—.

Inhaltsübersicht des I. Bandes.

Der zweite Band wird im Herbst 1912 erscheinen und ein Bild des Betriebes der Eisen- und Stahlgießereien mit den darin benötigten Öfen und Apparaten sowie Erläuterungen über Herstellung der Modelle und Formen, über Gattieren, Schmelzen, Gießen und Behandlung der Gußwaren zwecks Veredelung bringen.

Ein dritter Band soll sich mit dem Bau von Gießereianlagen, der Kalkulation der Gußwaren und der Organisation von Gießereien beschäftigen. Damit wird das Werk etwa zum Frühjahr 1913 vollständig vorliegen.

Zeitschrift des Vereins deutscher Ingenieure 1912, Nr. 3. Die Literatur über das Gießereiwesen zeigt noch erhebliche Lücken, besonders dem Gießereitechniker wird deshalb das vorliegende Handbuch sehr willkommen sein. Der Herausgeber hat sich eine sehr dankbare Aufgabe gestellt, und der erste Band des Werkes läßt erkennen, daß ihm unter der Mitarbeit namhafter Fachgenossen die Lösung dieser Aufgabe gut gelingen wird. Wie die Inhaltsübersicht des Werkes zeigt, sollen alle Gebiete des Gießereiwesens in diesem Handbuch behandelt werden. Es wird, wenn das vorhandene Material wie im ersten Bande weiter gute Verarbeitung findet, für alle, die mit dem Gießereibetriebe und seinen Erzeugnissen zu tun haben, ein gern gesehener Ratgeber werden. Wie der Herausgeber mit vollem Recht sagt, ist es dem einzelnen nicht mehr möglich, alle Gebiete des Gießereiwesens völlig gleich zu beherrschen; auch von den Fachleuten wird deshalb das im Handbuch Gebotene dankbar angenommen. Im reichsten Maße ist in den verschiedenen Abschnitten des Buches auf die neueste Literatur verwiesen, man kann also, falls einzelne Fragen nicht ausführlich behandelt sind, durch den Literaturnachweis das Gewünschte leicht in den Quellen finden. Die Abbildungen und Tafeln bilden eine sehr wertvolle Ergänzung des Werkes, sie sind mit größter Sorgfalt, ebenso wie der Druck und die Ausstattung, ausgeführt und sprechen für den Verlag. Wenn auch die einzelnen Arbeiten im ersten Band etwas kurz gefaßt sind, das Buch ist deshalb nicht weniger brauchbar; es wird sowohl dem Studierenden wie dem Gießereitechniker ein guter Ratgeber sein und sollte in keinem Gießereibureau fehlen. Dem Erscheinen der weiteren Bände darf mit Interesse entgegengesehen werden.

Werkstattstechnik.

Zeitschrift für Anlage und Betrieb von Fabriken und für Herstellungsverfahren.

Herausgegeben

von

Dr.-Ing. G. Schlesinger,
Professor an der Technischen Hochschule zu Berlin.

Vom 6. Jahrgang (1912) ab jährlich 24 Hefte.

Preis des Jahrgangs Mk. 12.—.

Die Werkstattstechnik, die inhaltlich mit dem Eintritt in den neuen Jahrgang (1912) eine Erweiterung durch ständige, schnelle Berichte über alle wichtigen Fortschritte amerikanischer Werkstattspraxis erfahren hat, wendet sich an alle in der Maschinenindustrie technisch oder kaufmännisch Tätigen.

Sie bringt dem kaufmännischen Leiter und dem Bureaubeamten Musterbeispiele aus der Fabrikorganisation mit allen Einzelheiten der Buchführung, Lohnberechnung, Lagerverwaltung, sowie des Vertriebes, der Reklame, der Montage usw.

Dem Ingenieur am Konstruktionstisch wie im Betrieb der Werkstatt zeigt sie neuzeitige Fabrikationsverfahren, Neuerungen an Werkzeugmaschinen usw., wobei sie den größten Wert auf sachliche und klare Konstruktionszeichnungen legt.

Der Bezug erfolgt durch jede Buchhandlung, durch die Post oder direkt vom Verlag.

Probehefte jederzeit kostenlos vom

Verlag von Julius Springer in Berlin.